FIRE
WALL

네트워크 보안 방화벽

한 권으로 끝내는
FIREWALL 네트워크 보안 방화벽

초판　　발행　　　2011년 6월 30일
개정판 발행　　　2016년 7월 25일
개정판　2쇄　　　2018년 5월 15일

지은이 | 피터 전, 최치원, 하예성, 윤석훈
펴낸이 | 김상일
펴낸곳 | 네버스탑

주　　소 | 서울 송파구 도곡로 62길 15-17(잠실동), 201호
전　　화 | 031) 919-9851
팩시밀리 | 031) 919-9852
등록번호 | 제25100-2013-000058호

ISBN | 978-89-97030-07-1　93560

한 권으로 끝내는

FIRE WALL

네트워크 보안 방화벽

진정한 네트워크 보안 전문가들의 필독서

피터 전, 최치원, 하예성, 윤석훈 공저

NEVER STOP
정상을 향한 멈추지 않는 도전

서문

'네트워크 보안 방화벽(firewall)' 초판이 세상에 나온 지 어느덧 5년이 지났습니다.

본 개정판에서 다룬 방화벽인 ASA도 5년 전과는 비교할 수 없을 정도로 많은 발전이 있었습니다. 이전 판에서 사용한 PIX를 대신하여 ASA가 나오면서 성능과 기능면에 많은 변화가 있었고, 이후 8.4 버전을 전후로 다시 한 번 탈바꿈하여 현재에는 많은 기업이 시스코의 방화벽인 ASA를 사용하고 있습니다.

네트워크를 통한 보안 침해 방지를 위한 많은 보안장비가 있습니다. 동적으로 침입을 탐지하고 방어하는 침입방지시스템(IPS), 인터넷과 같은 공중망을 사설망처럼 사용할 수 있도록 인증, 암호화, 무결성 보장 기능을 제공해주는 가상사설망(VPN) 게이트웨이, 분산형 서비스 거부 공격(DDoS)을 차단하는 Anti-DDoS 장비, 웹으로부터 들어오는 공격을 막기 위한 웹 방화벽(WAF) 등 여러 가지가 있지만 그중 가장 기초적인 보안장비는 방화벽입니다.

본서는 라우터의 다양한 방화벽 기능과 시스코의 전용 방화벽 장비인 ASA를 이용하여 유해 트래픽을 차단하는 방법들에 대하여 다루고 있습니다.

이 책이 외부의 보안 위협에 대처하기 위하여 최전선에서 싸우시는 보안 엔지니어들에게 많은 도움이 되길 기대합니다.

2016년 7월

피터 전, 최치원, 하예성, 윤석훈

내용 소개

본서의 주요 내용은 다음과 같습니다.

1장부터 7장까지는 라우터의 방화벽 기능을 다룹니다. 8장부터 18장까지는 시스코의 통합 네트워크 보안장비인 ASA의 기능과 동작방식을 설명합니다.

1장과 2장에서는 가장 기본적이면서도 많이 사용하는 방화벽 기능인 액세스 리스트에 대하여 설명하였습니다. 3장에서는 내부망에서 외부망으로의 통신만 할 수 있도록 하는 리플렉시브 액세스 리스트 및 반대로 외부에 나가 있는 직원들이 내부망으로 접속할 수 있도록 하는 다이내믹 액세스 리스트에 대하여 다루었습니다.

4장과 5장은 라우터의 방화벽 기능을 거의 전용 방화벽 수준까지 끌어올린 CBAC과 존(zone) 기반 방화벽인 ZFW에 대하여 설명하였고, 6장과 7장은 NAT/PAT의 다양한 사용방법과 HSRP나 동적인 라우팅과 연동된 NAT/PAT의 이중화에 대하여 설명하였습니다.

8장은 ASA의 기본적인 동작방식에 대하여 설명하였고, 9장은 ASA와의 접속을 제어하는 방법에 대하여 다루었습니다. 10장은 ASA의 액세스 리스트에 대한 내용이며, 11장은 ASA의 NAT 및 PAT에 대하여 다루었습니다.

12장부터 14장까지는 ASA 방화벽의 핵심기능인 응용계층을 제어하는 방법에 대하여 설명하였습니다. 아울러 가장 많이 사용하는 프로토콜중 하나인 HTTP와 DNS의 동작방식에 대하여도 설명하였습니다.

15장은 하나의 방화벽을 여러 대의 가상 방화벽으로 동작시키는 기술인 시큐리티 컨텍스트에 대하여 설명하였고, 16장은 기본적으로 L3 스위치처럼 동작하는 방화벽을 L2로 동작시키는 트랜스패런트 모드에 대하여 설명하였습니다.

17장은 장애에 대비한 방화벽 이중화에 대하여, 18장은 GUI 방식 관리 프로그램인 ASDM을 설치하고 설정하는 법을 다루었습니다. 부록에서는 에뮬레이터를 이용하여 본서의 내용을 그대로 실습할 수 있는 방법에 대하여 설명하였습니다.

제1장 표준 액세스 리스트

제2장 확장 액세스 리스트

제3장 RACL과 DACL

제6장 NAT

제7장 NAT 이중화

제8장 방화벽 기본 동작

제9장 방화벽 접속 제어

제10장 방화벽 액세스 리스트와 오브젝트 그룹

제11장 방화벽 NAT

제14장 MPF와 DNS 트래픽 제어

제15장 시큐리티 컨텍스트

제16장 트랜스패런트 모드

제17장 방화벽 이중화

제18장 ASDM

부록

제1장
표준 액세스 리스트

액세스 리스트 개요

표준 액세스 리스트

액세스 리스트 개요

네트워크 보안을 담당하는 주요 장비 또는 프로그램은 방화벽(firewall), 가상 사설망(VPN) 장비, 침입방지시스템(IPS) 등이 있다. 이외에도, DDoS(분산형 서비스 거부 공격) 방어 장비, NAC(네트워크 접속 제어) 장비, AAA(인증, 인가, 어카운팅) 서버 등 다양한 네트워크 보안 기술과 장비들이 사용된다.

이 중에서 가장 널리 보급되어 있고, 많이 사용하는 것이 방화벽이다. 방화벽은 사전에 지정한 규칙(룰)에 따라 특정 패킷을 차단 또는 허용하는 역할을 한다. 방화벽 제품으로는 윈도우즈, 유닉스, 리눅스 등 OS에 기본적으로 탑재된 것들을 비롯하여, 방화벽 전용 서버나 별도의 박스 타입(appliance) 형태가 있다.

IOS 방화벽과 액세스 리스트

현실 세계에서 이중 삼중의 방범 대책을 세우는 것과 마찬가지로 네트워크를 방어하기 위해서도 여러 가지의 보안 대책을 동시에 사용한다. 일반적으로 기업체, 정부기관 등 대부분의 네트워크에서 인터넷과 연결되는 가장 앞단에는 라우터(router)가 위치한다. 따라서 네트워크의 보안 대책은 라우터에서부터 필요하다.

라우터에서 보안 정책을 설정하는 두 가지 목적 중 하나는 라우터 자체를 보호하기 위한 것이고, 두 번째는 내부에서 전용 방화벽이나 IPS 등이 추가적인 방어 기능을 제공하지만, 내부로 향하는 유해한 트래픽을 라우터가 가장 먼저 탐지하고 차단하기 위함이다. 이처럼 라우터에서 제공하는 방화벽 기능을 라우터 방화벽이라고 한다. 또, OS의 이름을 따서 IOS 방화벽이라고도 한다.

IOS 방화벽은 기본적으로 액세스 리스트(ACL, access control list)를 이용하여 구현한다. 액세스 리스트는 표준 ACL, 확장 ACL을 비롯하여 RACL, DACL, CBAC, ZFW 등으로 성능 및 기능이 발전되어 왔다.

본서의 1장부터 7장까지가 라우터 방화벽과 관련된 내용을 설명하고 실습으로 확인한다. 8장 이후부터는 시스코의 전용 방화벽 장비인 ASA와 관련된 내용이다.

액세스 리스트의 종류

액세스 리스트는 가장 기본적이고 중요한 방화벽의 기능으로 특정한 패킷을 차단하거나 허용할 때 사용한다.

액세스 리스트의 종류로는 출발지 IP 주소만으로 패킷의 허용 및 차단을 결정하는 표준 ACL과 출발지/목적지 IP 주소, 프로토콜 종류(TCP, UDP 등), 출발지/목적지 포트번호 등을 참조하여 패킷의 허용 및 차단을 결정하는 확장 ACL이 있다.

액세스 리스트를 만들 때 번호를(numbered ACL) 사용하거나 이름을(named ACL) 사용할 수도 있다. 그러나 번호를 사용한 ACL은 직관적이지 않으므로 가능한 한 named ACL을 사용하는 것이 좋다.

액세스 리스트 동작 순서

액세스 리스트가 적용된 장비는 통과하는 트래픽을 아래 그림과 같은 순서로 처리하여 입력된 패킷의 허용 또는 차단 여부를 결정한다.

그림 1-1 ACL 동작 순서

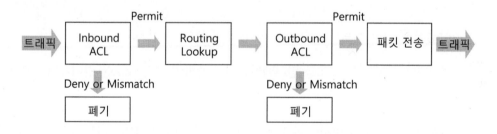

1) 입력 인터페이스에 트래픽이 도착하면 Inbound ACL의 첫 번째 조건부터 부합하는지 체크한다.

2) 조건에 맞는다면 허용(Permit) 또는 차단(Deny)할지 결정한다. 허용된 패킷은 계속해서 4단계로 이동하게 되며 차단일 경우 패킷을 폐기한다.

3) 조건에 부합하지 않는다면 다음 조건으로 넘어가서 부합하는 리스트가 나올 때까지 위의 동작을 반복한다. 만약 패킷이 Inbound ACL 내의 모든 규칙에 맞지 않는다면 폐기된다.

4) Inbound ACL을 통과한 패킷은 라우팅 테이블을 참조하여(routing lookup) 출구 인터페이스로 전송한다.

5) 만약 출구 인터페이스에 Outbound ACL이 적용되어 있다면, Inbound ACL과 마찬가지로 설정된 액세스 리스트에 따라 허용 또는 차단된다.

액세스 리스트 규칙

액세스 리스트를 사용하기 앞서 아래의 액세스 리스트 규칙과 주의사항을 알아두면 효율적으로 액세스 리스트를 사용할 수 있고, 장비의 자원을 효과적으로 관리할 수 있다.

1. 좁은 범위의 문장을 먼저 설정한다. ACL은 먼저 설정된 문장부터 검사하여, 조건에 맞을 경우 즉시 처리하고 이후의 문장은 검사하지 않는다. 결과적으로 조건 범위가 넓은 문장을 앞에 배치하면 이후의 좁은 범위의 문장은 동작하지 않는다.

2. 자주 부합하는 문장을 먼저 설정한다. 조건 문장에 맞으면 이후는 무시하기 때문에 ACL을 처리하는 속도가 빨라진다.

3. ACL 설정을 완료한 후 인터페이스에 적용한다. 콘솔 포트가 아닌 텔넷이나 SSH를 이용해 원격으로 ACL을 설정할 때, ACL을 인터페이스에 적용한 상태로 작성하면 원격 접속이 끊어지는 상황이 발생할 수 있다.

4. 정의되어 있지 않은 ACL을 인터페이스에 적용하면 해당 ACL은 인터페이스에서 permit any로 동작한다.

5. 기본적으로 ACL의 마지막 문장 다음에는 모든 패킷을 폐기한다는 deny any가 묵시적으로 적용되어 있다. 따라서, permit 문장이 하나도 없는 ACL은 모든 패킷을 차단한다. ACL 마지막에 deny ip any any 문장을 명시하면 폐기되는 패킷의 수량을 확인 할 수 있기 때문에 공격여부 판단에 도움이 된다.

이외의 특징이나 규칙들은 실습을 통해 살펴보기로 한다.

기본적인 네트워크 구성

본서는 이론을 설명하기 전에 항상 실습을 위한 기본적인 네트워크를 미리 구축하고, 각 이론들을 실습으로 확인하면서 설명해 나간다. 실습을 위한 네트워크를 구축하는 방법은 부록에 자세히 설명하였다.

액세스 리스트 설정을 위해서 다음과 같은 네트워크를 구성한다. 서브넷 마스크는 모두 24비트를 사용하기로 한다. 예를 들어, R1, R2간에는 1.1.12.0/24 네트워크를 사용한다.

그림 1-2 ACL 설정을 위한 네트워크

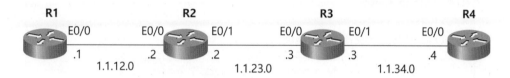

각 라우터의 인터페이스 설정은 다음과 같다.

예제 1-1 각 라우터의 인터페이스 설정

```
R1(config)# interface e0/0
R1(config-if)# ip address 1.1.12.1 255.255.255.0
R1(config-if)# no shut
R1(config-if)# exit

R2(config)# interface e0/0
R2(config-if)# ip address 1.1.12.2 255.255.255.0
R2(config-if)# no shut
R2(config-if)# exit
R2(config)# interface e0/1
R2(config-if)# ip address 1.1.23.2 255.255.255.0
R2(config-if)# no shut
R2(config-if)# exit

R3(config)# interface e0/0
R3(config-if)# ip address 1.1.23.3 255.255.255.0
R3(config-if)# no shut
R3(config-if)# exit
R3(config)# interface e0/1
R3(config-if)# ip address 1.1.34.3 255.255.255.0
R3(config-if)# no shut
```

```
R3(config-if)# exit

R4(config)# interface e0/0
R4(config-if)# ip address 1.1.34.4 255.255.255.0
R4(config-if)# no shut
R4(config-if)# exit
```

설정이 끝나면 라우팅 테이블을 확인하고, 인접한 IP 주소까지의 통신을 핑으로 확인한다. 예를 들어, R1에서 다음과 같이 확인한다.

예제 1-2 R1에서의 확인

```
R1# show ip route
    (생략)
Gateway of last resort is not set

     1.0.0.0/8 is variably subnetted, 2 subnets, 2 masks
C        1.1.12.0/24 is directly connected, Ethernet0/0
L        1.1.12.1/32 is directly connected, Ethernet0/0

R1# ping 1.1.12.2
Type escape sequence to abort.
Sending 5, 100-byte ICMP Echos to 1.1.12.2, timeout is 2 seconds:
.!!!!
Success rate is 80 percent (4/5), round-trip min/avg/max = 1/1/1 ms
```

넥스트 홉 IP 주소까지 통신이 이루어지면, 다음과 같이 각 라우터에서 OSPF 에어리어 0을 설정한다.

예제 1-3 OSPF 에어리어 0 설정

```
R1(config)# router ospf 1
R1(config-router)# network 1.1.12.1 0.0.0.0 area 0

R2(config)# router ospf 1
R2(config-router)# network 1.1.12.2 0.0.0.0 area 0
R2(config-router)# network 1.1.23.2 0.0.0.0 area 0

R3(config)# router ospf 1
R3(config-router)# network 1.1.23.3 0.0.0.0 area 0
R3(config-router)# network 1.1.34.3 0.0.0.0 area 0
```

```
R4(config)# router ospf 1
R4(config-router)# network 1.1.34.4 0.0.0.0 area 0
```

라우팅 설정이 끝나면 각 라우터의 라우팅 테이블을 확인하고, 라우터간의 통신을 핑으로 확인한다. 예를 들어, R1에서 다음과 같이 R4로 통신이 되는지 확인한다.

예제 1-4 R1에서의 확인

```
R1# ping 1.1.34.4

Type escape sequence to abort.
Sending 5, 100-byte ICMP Echos to 1.1.34.4, timeout is 2 seconds:
!!!!!
Success rate is 100 percent (5/5), round-trip min/avg/max = 1/1/1 ms
```

방화벽을 공부하기 전에 라우팅과 스위칭에 대해서 미리 잘 알고 있다면 좋지만 본서를 따라 하기 위해서 그렇게 많은 지식이 필요한 것은 아니다.

앞서와 같이 간단한 OSPF 설정만 할 줄 알면 된다. 그러나 VPN 등 네트워크 보안 공부를 계속하려면 언젠가 라우팅도 마스터하는 것이 편하다.

이제 액세스 리스트를 테스트할 네트워크가 구성되었다.

표준 액세스 리스트

번호를 사용하는 표준 액세스 리스트(numbered standard access list, ACL)는 ACL을 정의할 때 1 – 99, 1300 – 1999 사이의 번호를 사용하며, 출발지 IP 주소만으로 패킷의 허용 여부를 판단한다.

예제 1-5 사용 가능한 액세스 리스트 번호

```
R1(config)# access-list ?
  <1-99>             IP standard access list
  <100-199>          IP extended access list
  <1100-1199>        Extended 48-bit MAC address access list
  <1300-1999>        IP standard access list (expanded range)
  <200-299>          Protocol type-code access list
  <2000-2699>        IP extended access list (expanded range)
  <2700-2799>        MPLS access list
  <300-399>          DECnet access list
  <700-799>          48-bit MAC address access list
  compiled           Enable IP access-list compilation
  dynamic-extended   Extend the dynamic ACL absolute timer
  rate-limit         Simple rate-limit specific access list
```

액세스 리스트는 IPv4, IPv6 등 프로토콜 별, 인터페이스 별, 입력 및 출력 방향 별로 하나씩만 사용할 수 있다. 따라서, ACL을 설정하기 전에 어느 라우터의 어느 인터페이스에 어느 방향으로 적용할지를 미리 결정해야 한다.

그림 1-3 네트워크의 구분

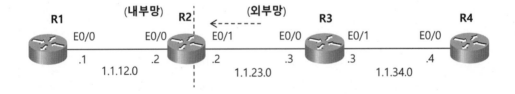

보통 앞의 그림과 같이 내부망과 외부망을 연결하는 경계 라우터의 외부망과 연결되는 인터페이스에서 입력방향으로 설정하는 것이 일반적이다.

번호를 사용한 표준 액세스 리스트 설정

번호를 사용한 표준 액세스 리스트를 이용하여 경계 라우터인 R2의 E0/1 인터페이스에 출발지 IP 주소가 1.1.34.4인 패킷이 내부망으로 전송되는 것을 차단해 보자.

예제 1-6 번호를 사용한 표준 액세스 리스트 설정

```
① R2(config)# access-list 1 deny 1.1.34.4
② R2(config)# access-list 1 permit any

③ R2(config)# int e0/1
④ R2(config-subif)# ip access-group 1 in
   R2(config-subif)# exit
```

① 전체 설정모드에서 **access-list** 명령어 다음에 1-99, 1300-1999 사이의 번호를 사용하여 표준 ACL 문장을 만든다. 번호 다음에 **permit** 옵션을 사용하면 해당 패킷이 허용되며, **deny** 옵션을 사용하면 차단된다. 따라서, 이 문장은 출발지 IP 주소가 1.1.34.4이면 차단하라는 의미이다.

② ACL에서 여러 개의 문장을 사용할 경우, 순차적으로 검사하다가 해당되는 문장이 있으면 실행하고 액세스 리스트를 빠져나온다. 따라서, 범위가 좁은 내용을 먼저 설정해야 한다.

특정 패킷이 ACL에 해당되지 않으면 모두 차단한다. 즉, ACL의 마지막에는 묵시적으로 '모두 차단하라'는 문장이 있다. 만약, ACL에서 모두 **deny** 옵션만 사용하면 모든 패킷이 차단된다. 예제에서는 **permit any** 명령어를 사용하여 출발지 IP 주소가 1.1.34.4가 아니면 모두 허용하였다. **any**는 '모든 패킷'을 의미한다.

③ ACL을 적용할 인터페이스의 설정모드로 들어간다.

④ **ip access-group** 명령어를 사용하여 앞서 만든 ACL 번호와 적용할 방향을 지정한다.

특히, 원격접속에서 ACL을 설정할 때에는 반드시 ACL을 먼저 정의한 다음에 인터페이스에 적용해야 한다. 만약, ACL을 인터페이스에 먼저 적용한 다음 수정하거나 새로 만드는 경우 ACL의 내용에 따라 원격접속이 차단되는 곤란한 경우가 발생할 수 있다.

설정 후 R4에서 R1로 핑을 해보자. 출발지 IP 주소가 1.1.34.4이므로 통신이 차단된다.

예제 1-7 R4에서 R1로 핑하기

```
R4# ping 1.1.12.1

Type escape sequence to abort.
Sending 5, 100-byte ICMP Echos to 1.1.12.1, timeout is 2 seconds:
U.U.U
Success rate is 0 percent (0/5)
```

R4에서 전송된 핑 패킷이 R2의 1.1.23.2에서 ACL에 의해 차단되면 이를 패킷의 출발지 IP 주소로 알려준다. 이것이 앞의 핑 테스트 화면에서 'U'로 표시된다. 모든 차단 패킷에 대해 'U'를 표시하지 않는 이유는 표시하는 것이 라우터에 부하를 주어, 이것 자체가 DDoS 공격이 되는 것을 막기 위해서이다.

ACL에 의해서 패킷이 차단되었음을 알려주지 않으려면 다음과 같이 설정한다.

예제 1-8 패킷 차단 메시지 보내지 않기

```
R2(config)# int e0/1
R2(config-subif)# no ip unreachables
```

다시 R4에서 1.1.12.1로 핑을 해보면 이번에는 'U'가 표시되지 않는다.

예제 1-9 R4에서 1.1.12.1로 핑하기

```
R4# ping 1.1.12.1

Type escape sequence to abort.
Sending 5, 100-byte ICMP Echos to 1.1.12.1, timeout is 2 seconds:
.....
Success rate is 0 percent (0/5)
```

R3에서 1.1.12.1로 핑을 해보면 통과한다.

예제 1-10 R3에서 1.1.12.1로 핑하기

```
R3# ping 1.1.12.1
```

```
Type escape sequence to abort.
Sending 5, 100-byte ICMP Echos to 1.1.12.1, timeout is 2 seconds:
!!!!!
Success rate is 100 percent (5/5), round-trip min/avg/max = 36/93/176 ms
```

R3에서 핑을 하면 출발지 IP 주소가 1.1.23.3이므로 차단되지 않기 때문이다. 특정 ACL에 의해서 차단 또는 허용된 패킷을 확인하려면 다음과 같이 **show ip access-list** 명령어를 사용한다.

예제 1-11 ACL 동작 확인

```
R2# show ip access-lists
Standard IP access list 1
    10 deny    1.1.34.4 (16 matches)
    20 permit any (11 matches)
```

결과를 보면 각 ACL 문장별로 번호가 매겨지며, 해당 문장과 매칭되어 허용 또는 차단된 패킷의 수를 표시한다.

번호를 사용한 액세스 리스트 수정

만약, 출발지 IP 주소가 1.1.34.3인 패킷도 차단하기 위하여 다음과 같이 ACL에 문장을 추가해 보자.

예제 1-12 번호를 사용한 ACL 문장 추가

```
R2(config)# access-list 1 deny 1.1.34.3
% Access rule can't be configured at higher sequence num as it is part of the
existing rule at sequence num 20
```

'IP 주소 1.1.34.3은 20번 문장의 일부분이므로 더 높은 번호로 설정될 수 없다'는 에러 메시지가 표시된다. 즉, 20번에서 **permit any** 문장에 의해 모든 패킷을 허용했으므로 이후에 다시 좁은 범위의 문장을 사용할 수 없다는 의미이다.

다음과 같이 **permit any** 문장을 삭제해 보자.

예제 1-13 번호를 사용한 ACL 문장 삭제

```
R2(config)# no access-list 1 permit any
```

확인해 보면 액세스 리스트 1 자체가 제거되었다.

예제 1-14 한 문장을 제거하면 액세스 리스트가 모두 제거된다

```
R2# show ip access-lists

R2#
```

그러나 인터페이스에는 그대로 적용되어 있다. 이처럼 인터페이스에 적용된 ACL이 실제로는 정의되어 있지 않았을 때에는 모든 패킷이 허용된다.

예제 1-15 인터페이스에 적용된 ACL이 실제로는 정의되어 있지 않은 경우

```
R2# show running-config int e0/1
Building configuration...

Current configuration : 106 bytes
!
interface Ethernet0/1
 ip address 1.1.23.2 255.255.255.0
 ip access-group 1 in
 no ip unreachables
end
```

기본적으로 번호를 사용한 ACL은 특정 문장을 수정하거나 삭제하는 방법이 약간 까다롭다.

앞서 살펴본 바와 같이 특정 문장 삭제 시 전체 ACL이 제거된다. 따라서, 번호를 사용한 ACL을 수정하려면 기존의 ACL을 메모장 등에 복사하여 수정 후 다시 새로운 것을 붙여 넣어야 한다.

번호를 사용한 ACL을 다음과 같이 수정할 수도 있다. 테스트를 위해 번호를 사용한 ACL을 만든다.

번호를 사용한 ACL 만들기

```
R2(config)# access-list 10 deny 1.1.34.4
R2(config)# access-list 10 permit any
```

설정 후 show ip access-lists 명령어를 사용해서 확인해 보면 다음과 같다.

예제 1-17 ACL 동작 확인

```
R2# show ip access-lists

Standard IP access list 10
    10 deny    1.1.34.4
    20 permit any
```

예를 들어, 출발지 IP 주소가 1.1.34.3인 패킷도 차단하려면 다음과 같이 ip access-list standard 명령어와 함께 ACL 번호를 지정한다. 이후, 적당한 순서번호와 함께 원하는 문장을 설정한다.

예제 1-18 ACL 문장 추가하기

```
R2(config)# ip access-list standard 10
R2(config-std-nacl)# 15 deny 1.1.34.3
```

설정 후 show running-config 명령어를 사용해서 확인해보면 다음과 같이 번호를 사용한 ACL이 수정되어 있다.

예제 1-19 수정된 ACL

```
R2# show run | section access-list 10
access-list 10 deny    1.1.34.3
access-list 10 deny    1.1.34.4
access-list 10 permit any
```

show ip access-lists 명령어를 사용해서 확인해보면 다음과 같다.

예제 1-20 ACL 동작 확인

```
R2# show ip access-lists
Standard IP access list 10
     15 deny    1.1.34.3
     10 deny    1.1.34.4
     20 permit any
```

ip access-list standard 명령어를 사용하는 경우에는 특정 문장을 삭제하여도 전체 ACL이 제거되지 않는다. 특정한 문장을 삭제하려면 no 명령어 다음에 문장 번호를 지정한다.

예제 1-21 특정 문장 제거하기

```
R2(config)# ip access-list standard 10
R2(config-std-nacl)# no 15
```

설정 후 show running-config 명령어를 사용해서 확인해보면 다음과 같이 해당 문장만 제거된다.

예제 1-22 특정 문장이 제거된 ACL

```
R2# show run | section access-list 10
access-list 10 deny    1.1.34.4
access-list 10 permit any
!
```

이상으로 번호를 사용한 표준 ACL에 대해서 살펴보았다.

이름을 사용한 액세스 리스트 설정

이번에는 앞서 실습한 표준 ACL을 이름을 이용하여(named ACL) 설정해 보자.

예제 1-23 이름을 사용한 표준 ACL

```
                    ①              ②      ③
R2(config)# ip access-list standard inbound-acl
R2(config-std-nacl)# deny 1.1.34.4
R2(config-std-nacl)# permit any
R2(config-std-nacl)# exit

R2(config)# int e0/1   ④
R2(config-subif)# ip access-group inbound-acl in
R2(config-subif)# exit
```

① **ip access-list** 명령어를 사용하여 IP ACL임을 정의한다.

② **standard** 옵션을 사용하여 표준 ACL임을 나타낸다. 만약 **extended** 옵션을 사용하면 확장 ACL임을 나타낸다.

③ 적당한 ACL 이름을 지정한다. ACL 이름은 대소문자를 구분한다.

④ 인터페이스 설정모드에서 해당 ACL을 적용한다.

설정 후 테스트를 해보면 R4에서는 핑이 차단되고 R3에서는 통과한다.

예제 1-24 설정 후 핑 테스트

```
R4# ping 1.1.12.1
Type escape sequence to abort.
Sending 5, 100-byte ICMP Echos to 1.1.12.1, timeout is 2 seconds:
.....
Success rate is 0 percent (0/5)

R3# ping 1.1.12.1 source 1.1.34.3
Type escape sequence to abort.
Sending 5, 100-byte ICMP Echos to 1.1.12.1, timeout is 2 seconds:
Packet sent with a source address of 1.1.34.3
!!!!!
Success rate is 100 percent (5/5), round-trip min/avg/max = 1/1/1 ms
```

R2에서 **show ip access-lists** 명령어를 사용하여 확인해 보면 차단 및 허용된 패킷수를 알 수 있다.

예제 1-25 차단 및 허용된 패킷수 확인하기

```
R2# show ip access-lists
    (생략)
Standard IP access list inbound-acl
    10 deny    1.1.34.4 (5 matches)
    20 permit any (55 matches)
```

ACL은 첫 문장부터 조건에 맞는지를 검사하면서 내려가다가 해당되는 문장이 있으면 실행하고 거기서 끝난다. 따라서 ACL에 적용되는 패킷이 많은 문장을 먼저 지정하면 라우터에 부하가 적게 걸린다.

ACL의 마지막 문장은 실제 명시 여부와 상관없이 항상 **deny any**이다. 따라서, 많은 경우에 이 문장을 생략한다. 그러나 이 문장을 명시하면 거부된 패킷의 수도 알 수 있어 공격여부를 판단하기 쉽다.

출발지 IP 주소가 1.1.23.3인 패킷만 허용하는 ACL을 새로 생성하고 다음과 같이 **deny any** 문장도 사용해 보자.

예제 1-26 출발지 IP 주소가 1.1.23.3인 패킷만 허용하는 ACL

```
R2(config)# ip access-list standard in-acl
R2(config-std-nacl)# permit 1.1.23.3
R2(config-std-nacl)# deny any
R2(config-std-nacl)# exit

R2(config)# int e0/1
R2(config-subif)# ip access-group in-acl in
```

설정을 마쳤으면 다음과 같이 R3과 R4에서 R1으로 핑을 해보자.

예제 1-27 R3과 R4에서 R1으로의 핑 테스트

```
R3# ping 1.1.12.1
R4# ping 1.1.12.1
```

다음과 같이 확인해보면 거부된 패킷의 수를 알 수 있다.

예제 1-28 거부된 패킷 수 확인하기

```
R2# show ip access-lists in-acl
Standard IP access list in-acl
    10 permit 1.1.23.3 (28 matches)
    20 deny    any (5 matches)
```

이름을 사용한 액세스 리스트 수정

이번에는 이름을 사용한 ACL을 수정해 보자. 예를 들어, 출발지 IP 주소가 1.1.34.3
인 패킷을 차단하려면 다음과 같이 해당 ACL 설정모드로 들어가서 10과 20 사이의
적당한 순서번호를 지정한 다음 원하는 문장을 사용한다.

예제 1-29 이름을 사용한 ACL 문장 추가하기

```
R2(config)# ip access-list standard in-acl
R2(config-std-nacl)# 15 deny 1.1.34.3
R2(config-std-nacl)# exit
```

다음과 같이 출발지 IP 주소가 1.1.34.3인 패킷이 차단된다.

예제 1-30 출발지가 1.1.34.3인 패킷이 차단된다

```
R3# ping 1.1.12.1 source 1.1.34.3

Type escape sequence to abort.
Sending 5, 100-byte ICMP Echos to 1.1.12.1, timeout is 2 seconds:
Packet sent with a source address of 1.1.34.3
.....
Success rate is 0 percent (0/5)
```

잠시 후 **show ip access-lists** 명령어를 사용하여 확인해 보면 다음과 같다.

```
R2# show ip access-lists in-acl
Standard IP access list in-acl
    10 permit 1.1.23.3 (20 matches)
    15 deny   1.1.34.3 (5 matches)
    20 deny   any (5 matches)
```

표준 ACL에서 특정 IP를 지정할 때에는 순서번호와 상관없이 IOS에 의해서 ACL 문장의 순서가 지정되는 경우가 있다. 시스템을 다시 부팅하거나 다음과 같이 **ip access-list resequence** 명령어를 사용하면 다시 번호가 매겨진다.

예제 1-32 순서 번호 재설정

```
                              ①    ② ③
R2(config)# ip access-list resequence in-acl 10 10
```

① 번호를 정리한 ACL의 이름을 지정한다.

② ACL의 처음 문장의 번호를 지정한다.

③ 번호의 증가폭을 지정한다.

다시 확인해보면 다음과 같이 번호가 정리된다.

예제 1-33 재설정된 순서 번호

```
R2# show ip access-lists in-acl
Standard IP access list in-acl
    10 permit 1.1.23.3 (62 matches)
    20 deny   1.1.34.3 (5 matches)
    30 deny   any (5 matches)
```

특정한 문장을 제거하려면 다음과 같이 해당 ACL 설정모드로 들어가서 **no** 명령어 다음에 원하는 문장번호를 지정하면 된다.

특정 문장 제거하기

```
R2(config)# ip access-list standard in-acl
R2(config-std-nacl)# no 10
```

설정 후 확인해 보면 해당 ACL 문장이 제거되었다.

예제 1-35 특정 문장 제거 확인

```
R2# show ip access-lists in-acl
Standard IP access list in-acl
    20 deny    1.1.34.3 (5 matches)
    30 deny    any (6 matches)
```

이상으로 이름을 사용한 표준 ACL에 대해서 살펴보았다.

와일드 카드 마스크

와일드 카드 마스크(wildcard mask)란 특정 비트와의 일치 여부를 지정할 때 사용되는 툴이다. 와일드 카드 마스크를 적절히 사용하면 ACL에서 여러 개의 문장을 아주 간단하게 표현할 수 있다.

와일드 카드 마스크에서는 반드시 일치해야 하는 비트는 0으로 지정하고, 일치 여부와 상관없는 비트는 1로 지정한다. 예를 들어, 172.16.0.0 0.0.255.255의 의미는 172.16으로 시작하는 모든 IP 주소라는 의미이다.

출발지가 10.1.2.0/24이거나 10.1.3.0/24인 두 개의 네트워크를 모두 차단할 때, 와일드 카드 마스크를 적용하면 한 문장으로 표현할 수 있다.

예제 1-36 와일드 카드 마스크를 사용한 간결한 표현

```
access-list 2 deny 10.1.2.0 0.0.1.255
```

그 이유를 살펴보자. 10.1.1.0부터 10.1.4.0까지를 2진수로 표시하면 다음과 같다.

10.1.1.0 :　**00001010.00000001.0000000**1.00000000

10.1.2.0 :　**00001010.00000001.0000001**0.00000000

10.1.3.0 :　**00001010.00000001.0000001**1.00000000

10.1.4.0 :　**00001010.00000001.0000010**0.00000000

여기서 10.1.2.0을 기준으로 진한 색으로 표시된 23개의 비트 값이 같은 네트워크는 10.1.3.0뿐이다. 따라서, 10.1.2.0 네트워크에 와일드 카드 마스크를 다음과 같이 적용하면 10.1.2.0/24과 10.1.3.0/24 네트워크 2개가 지정된다.

00001010.00000001.00000010.00000000　　(10.1.2.0)
00000000.00000000.00000001.11111111　　(와일드 카드 마스크)
10.1.2.0 0.0.1.255　　　　　　　　　　　　(십진수 표기)

다른 예를 더 살펴보자. 172.16.0.0/16부터 172.31.0.0/16까지 16개의 네트워크를 하나의 문장으로 표현하면 다음과 같다.
172.16.0.0 0.15.255.255

그 이유를 알아보자.

172.15.0.0 : **10101100.00001111**.00000000.00000000

172.16.0.0 : **10101100.0001**0000.00000000.00000000

172.17.0.0 : **10101100.0001**0001.00000000.00000000

172.18.0.0 : **10101100.0001**0010.00000000.00000000

(생략)

172.30.0.0 : **10101100.0001**1110.00000000.00000000

172.31.0.0 : **10101100.0001**1111.00000000.00000000

172.32.0.0 : **10101100.0010**0000.00000000.00000000

여기서 172.16.0.0을 기준으로 진한 색으로 표시된 12개의 비트 값이 같은 네트워크는 172.16.0.0에서 172.31.0.0까지이다. 따라서, 172.16.0.0 네트워크에 와일드카드 마스크를 다음과 같이 적용하면 172.16.0.0에서 172.31.0.0까지 네트워크 16개가 지정된다.

10101100.00010000.00000000.00000000   (172.16.0.0)
00000000.00001111.11111111.11111111   (와일드카드 마스크)
172.16.0.0 0.15.255.255   (십진수 표기)

이상을 정리하면 다음과 같다.

1) 와일드카드 마스크로 지정할 수 있는 최대 네트워크의 수는 기준 되는 수에 따라 다르다.

표 1-1 한꺼번에 표현할 수 있는 네트워크 수

기준 되는 수	한꺼번에 표현할 수 있는 네트워크 수
0	256
2의 배수 (2, 4, 6, ...)	2
4의 배수 (4, 8, 12, ...)	4
8의 배수 (8, 16, 24, ...)	8
16의 배수 (16, 32, 48, ...)	16
32의 배수 (32, 64, 96, ...)	32

앞에서 예로 들었던 172.16.0.0에서 172.31.0.0 까지의 네트워크는 기준되는 수가 16이므로 와일드 카드 마스크로 한꺼번에 표현할 수 있는 최대 네트워크 개수는 16개이다.

2) 10진수로 변환시킨 와일드 카드 마스크는 네트워크 개수 - 1이다.

예를 들어 172.16.0.0에서 172.31.0.0까지의 네트워크를 나타내는 와일드카드 마스크는 네트워크가 16개이므로 16-1 즉, 15가 된다. 이 법칙을 사용하면 간단하게 와일드카드 마스크를 알 수 있다.

10.0.0.0/8 - 11.0.0.0/8의 와일드카드 마스크는 1.255.255.255이다. 시작하는 수가 10이고, 2의 배수이므로 최대로 표현할 수 있는 개수는 2개이다. 또, 네트워크 수가 2이므로 결과적으로 와일드카드 마스크는 1이다.

10.1.1.0/24 - 10.1.2.0/24는 기준되는 수가 진한색으로 표시된 1이므로 와일드카드 마스크를 사용하여 더 줄일 수 없다. 따라서, 다음처럼 2개의 문장을 사용해야 한다.
10.1.1.0 0.0.0.255
10.1.2.0 0.0.0.255

192.168.32.0/24 - 192.168.40.0/24를 와일드카드 마스크를 사용하여 표현하면 다음처럼 2개의 문장을 사용해야 한다.
192.168.32.0 0.0.7.255
192.168.40.0 0.0.0.255

1이 연속되어야 하는 서브넷 마스크와 달리 와일드카드 마스크는 0이 연속되지 않아도 상관없다. 예를 들어, 192.168.0.0/24 - 192.168.15.0/24 사이의 짝수 네트워크만 지정하려면 다음과 같이 설정한다.

먼저, 짝수만이 아닌 전체 네트워크 16개 모두를 지정하려면 다음과 같다.
192.168.0.0 0.0.15.255
즉, 0에서 15까지를 나타내는 와일드카드 마스크가 00001111이다.

이 중에서 짝수 네트워크만 지정하려면 맨 마지막 비트가 반드시 0이어야 하므로 와일드카드 마스크가 00001110으로 되어야 한다. 따라서 192.168.0.0 0.0.14.255가 된다.

모든 네트워크를 지정하려면 0.0.0.0 255.255.255.255로 하면 된다. 액세스 리스트에서는 이것을 줄여서 **any** 라고 해도 된다. 즉, 다음 두 문장은 의미가 같다.

예제 1-37 의미가 같은 두 문장

```
access-list 50 permit 0.0.0.0 255.255.255.255
access-list 50 permit any
```

특정한 호스트, 예를 들어, IP 주소가 10.1.1.254인 호스트는 10.1.1.254 0.0.0.0 이다. 이것을 **host** 10.1.1.254라고도 한다.

이상으로 와일드카드 마스크에 대해서 살펴보았다.

제2장
확장 액세스 리스트

확장 액세스 리스트

IPv6 액세스 리스트

확장 액세스 리스트

확장 액세스 리스트(extended ACL)는 출발지 주소 외에, 목적지 IP 주소, 프로토콜의 종류, 출발지/목적지 포트 번호까지를 제어할 수 있으며, 100-199, 2000-2699 사이의 번호를 사용하여 정의하거나, 이름을 사용할 수 있다.

IP 헤더 정보를 이용한 확장 ACL 설정

확장 ACL을 설정할 때 **permit**이나 **deny** 명령어 다음에 IP 헤더의 프로토콜 필드에 명시된 프로토콜의 종류를 지정한다.

그림 2-1 IP 헤더

버전	헤더길이	DSCP	ECN	총길이	
ID				플래그	분할 옵셋
TTL		프로토콜		헤더 책섬	
출발지 IP 주소					
목적지 IP 주소					
옵션					

다음과 같이 직접 상위 계층인 레이어 4의 프로토콜 번호를 지정하거나, 프로토콜 이름을 지정한다.

예제 2-1 프로토콜 지정하기

```
R2(config)# access-list 100 permit ?
  <0-255>     An IP protocol number
  ahp         Authentication Header Protocol
  eigrp       Cisco's EIGRP routing protocol
  esp         Encapsulation Security Payload
  gre         Cisco's GRE tunneling
  icmp        Internet Control Message Protocol
  igmp        Internet Gateway Message Protocol
  ip          Any Internet Protocol
  ipinip      IP in IP tunneling
```

```
nos              KA9Q NOS compatible IP over IP tunneling
object-group     Service object group
ospf             OSPF routing protocol
pcp              Payload Compression Protocol
pim              Protocol Independent Multicast
sctp             Stream Control Transmission Protocol
tcp              Transmission Control Protocol
udp              User Datagram Protocol
```

만약, 상위 계층 프로토콜 종류와 무관하게 IP 주소만으로 패킷을 제어하려면
permit ip 명령어를 사용하면 된다. 예를 들어, 1.1.34.4에서 1.1.12.1로 가는 모든
패킷을 차단하는 방법은 다음과 같다.

예제 2-2 모든 IP 패킷 제어하기

```
R2(config)# access-list 100 deny ip host 1.1.34.4 host 1.1.12.1
R2(config)# access-list 100 permit ip any any

R2(config)# int e0/1
R2(config-subif)# ip access-group 100 in
```

설정 후 다음과 같이 R4에서 1.1.12.1로는 핑이 되지 않는다.

예제 2-3 R4에서 1.1.12.1로의 핑 테스트

```
R4# ping 1.1.12.1

Type escape sequence to abort.
Sending 5, 100-byte ICMP Echos to 1.1.12.1, timeout is 2 seconds:
.....
Success rate is 0 percent (0/5)
```

R4에서 1.1.12.1로는 텔넷을 시도해 보면 액세스 리스트에 의해 접속이 차단된다.

※ 최신 IOS 버전은 텔넷이 기본적으로 허용되지 않는다. 따라서 부록을 참조하여
   R1로 텔넷 접근을 허용하고 실습하도록 한다.

예제 2-4 R4에서 1.1.12.1로의 텔넷 테스트

```
R4# telnet 1.1.12.1
Trying 1.1.12.1 ...
% Connection timed out; remote host not responding
```

그러나 1.1.12.2로는 핑이 된다.

예제 2-5 1.1.12.2로의 핑 테스트

```
R4# ping 1.1.12.2
Type escape sequence to abort.
Sending 5, 100-byte ICMP Echos to 1.1.12.2, timeout is 2 seconds:
!!!!!
Success rate is 100 percent (5/5), round-trip min/avg/max = 1/1/1 ms
```

만약, 1.1.34.4에서 1.1.12.1로 가는 패킷 중 TCP만 차단하려면 다음과 같이 프로토
콜 부분에 **tcp** 라고 지정하면 된다. 또, 나머지 패킷들은 다 허용해야 하므로 **permit
ip any any** 명령어를 사용한다.

예제 2-6 TCP 패킷 차단하기

```
R2(config)# access-list 101 deny tcp host 1.1.34.4 host 1.1.12.1
R2(config)# access-list 101 permit ip any any

R2(config)# int e0/1
R2(config-subif)# ip access-group 101 in
```

설정 후 다음과 같이 R4에서 1.1.12.1로 핑은 된다.

예제 2-7 R4에서 1.1.12.1로의 핑 테스트

```
R4# ping 1.1.12.1
Type escape sequence to abort.
Sending 5, 100-byte ICMP Echos to 1.1.12.1, timeout is 2 seconds:
!!!!!
Success rate is 100 percent (5/5), round-trip min/avg/max = 1/1/1 ms
```

그러나 R4에서 1.1.12.1로 TCP를 사용하는 텔넷은 되지 않는다.

예제 2-8 R4에서 1.1.12.1로의 텔넷 테스트

```
R4# telnet 1.1.12.1
Trying 1.1.12.1 ...
% Connection timed out; remote host not responding
```

IP 헤더에서 우선순위를 나타내는 DSCP나 IP 프리시던스 값을 이용하여 ACL을 만들 수도 있다. 예를 들어, IP DSCP 값이 AF11인 패킷을 허용하는 이름을 사용한 확장 ACL을 만드는 방법은 다음과 같다.

예제 2-9 DSCP 값을 지정하는 ACL

```
R2(config)# ip access-list extended check-dscp
R2(config-ext-nacl)# permit ip any any dscp af11
```

IP 헤더의 플래그(flag) 필드중 세 번째 비트는 MF(more fragments)를 의미한다. 즉, 이 비트값이 1이면 해당 패킷은 분할된 것이며, 분할된 나머지 패킷이 더 존재한다는 것을 나타낸다. 분할된 IPv4 패킷은 종단장비가 다시 조립한다.

분할된 패킷을 대량으로 전송하면 서버, 라우터, 방화벽 등 타겟 장비에 부하가 많이 걸린다. 이와 같은 상황을 방지하기 위해 분할된 패킷을 차단해야 하는 경우가 있다. 예를 들어, 1.1.34.4에서 1.1.12.1로 가는 분할된 패킷을 차단하는 방법은 다음과 같다.

예제 2-10 분할된 패킷 차단하기

```
R2(config)# ip access-list extended no-frag
R2(config-ext-nacl)# deny ip host 1.1.34.4 host 1.1.12.1 fragments
R2(config-ext-nacl)# permit ip any any
R2(config-ext-nacl)# exit

R2(config)# int e0/1
R2(config-subif)# ip access-group no-frag in
```

설정 후 R4에서 1.1.12.1로 일반 핑은 된다.

예제 2-11 R4에서 1.1.12.1로 일반 핑 테스트

```
R4# ping 1.1.12.1
Type escape sequence to abort.
Sending 5, 100-byte ICMP Echos to 1.1.12.1, timeout is 2 seconds:
!!!!!
Success rate is 100 percent (5/5), round-trip min/avg/max = 1/1/1 ms
```

그러나 다음과 같이 사이즈가 큰 패킷을 전송하여 분할이 일어나게 하면 통신이
되지 않는다.

예제 2-12 R4에서 1.1.12.1로 분할 패킷 핑 테스트

```
R4# ping 1.1.12.1 size 5000

Type escape sequence to abort.
Sending 5, 5000-byte ICMP Echos to 1.1.12.1, timeout is 2 seconds:
.....
Success rate is 0 percent (0/5)
```

R2에서 확인해 보면 다음과 같이 분할된 패킷들이 차단된다.

예제 2-13 분할된 패킷들이 차단된다

```
R2# show ip access-lists no-frag
Extended IP access list no-frag
    10 deny ip host 1.1.34.4 host 1.1.12.1 fragments (15 matches)
    20 permit ip any any (15 matches)
```

IP 헤더의 옵션 필드 내용을 참조하여 ACL을 만들 수도 있다. 다음과 같이 **option**
명령어 다음에 필요한 옵션의 내용을 지정한다.

예제 2-14 IP 헤더의 옵션 필드 내용을 참조하는 ACL

```
R2(config)# ip access-list extended option-control
R2(config-ext-nacl)# deny ip any any option ?
  <0-255>       IP Options value
  add-ext       Match packets with Address Extension Option (147)
  any-options   Match packets with ANY Option
  com-security  Match packets with Commercial Security Option (134)
```

```
dps            Match packets with Dynamic Packet State Option (151)
encode         Match packets with Encode Option (15)
eool           Match packets with End of Options (0)
ext-ip         Match packets with Extended IP Option (145)
ext-security   Match packets with Extended Security Option (133)
finn           Match packets with Experimental Flow Control Option (205)
imitd          Match packets with IMI Traffic Desriptor Option (144)
lsr            Match packets with Loose Source Route Option (131)
mtup           Match packets with MTU Probe Option (11)
mtur           Match packets with MTU Reply Option (12)
no-op          Match packets with No Operation Option (1)
nsapa          Match packets with NSAP Addresses Option (150)
record-route   Match packets with Record Route Option (7)
router-alert   Match packets with Router Alert Option (148)
sdb            Match packets with Selective Directed Broadcast Option (149)
security       Match packets with Basic Security Option (130)
ssr            Match packets with Strict Source Routing Option (137)
stream-id      Match packets with Stream ID Option (136)
timestamp      Match packets with Time Stamp Option (68)
traceroute     Match packets with Trace Route Option (82)
ump            Match packets with Upstream Multicast Packet Option (152)
visa           Match packets with Experimental Access Control Option (142)
zsu            Match packets with Experimental Measurement Option (10)
```

예를 들어, 패킷이 통과하는 경로를 기록하는 **record-route** 옵션이 설정된 것을 차단하는 방법은 다음과 같다.

예제 2-15 record-route 옵션이 설정된 것을 차단하는 ACL

```
R2(config)# ip access-list extended option-control
R2(config-ext-nacl)# deny ip any any option record-route
R2(config-ext-nacl)# permit ip any any
R2(config-ext-nacl)# exit

R2(config)# int e0/1
R2(config-subif)# ip access-group option-control in
```

설정 후 R4에서 확장 핑을 이용하여 다음과 같이 **record-route** 옵션을 사용하면 해당 패킷들은 모두 차단된다.

예제 2-16 record-route 옵션을 사용한 트래픽 발생시키기

```
R4# ping
Protocol [ip]:
Target IP address: 1.1.12.1
Repeat count [5]:
Datagram size [100]:
Timeout in seconds [2]:
Extended commands [n]: yes
Source address or interface:
Type of service [0]:
Set DF bit in IP header? [no]:
Validate reply data? [no]:
Data pattern [0xABCD]:
Loose, Strict, Record, Timestamp, Verbose[none]: record
Number of hops [ 9 ]:
Loose, Strict, Record, Timestamp, Verbose[RV]:
Sweep range of sizes [n]:
Type escape sequence to abort.
Sending 5, 100-byte ICMP Echos to 1.1.12.1, timeout is 2 seconds:
Packet has IP options:  Total option bytes= 39, padded length=40
 Record route: <*>
   (0.0.0.0)
   (0.0.0.0)
   (0.0.0.0)
   (0.0.0.0)
   (0.0.0.0)
   (0.0.0.0)
   (0.0.0.0)
   (0.0.0.0)
   (0.0.0.0)
Request 0 timed out
Request 1 timed out
Request 2 timed out
Request 3 timed out
Request 4 timed out
Success rate is 0 percent (0/5)
```

R2에서 확인해 보면 레코드 루트 옵션이 있는 패킷들은 차단된다.

예제 2-17 record-route 옵션을 사용한 패킷들은 모두 차단된다

```
R2# show ip access-lists option-control
Extended IP access list option-control
    10 deny ip any any option record-route (5 matches)
    20 permit ip any any (41 matches)
```

그러나 레코드 옵션이 없는 일반 핑은 성공한다.

예제 2-18 레코드 옵션이 없는 핑은 성공한다

```
R4# ping 1.1.12.1

Type escape sequence to abort.
Sending 5, 100-byte ICMP Echos to 1.1.12.1, timeout is 2 seconds:
!!!!!
Success rate is 100 percent (5/5), round-trip min/avg/max = 1/1/1 ms
```

IP 헤더의 TTL 값을 이용하여 해당 패킷을 제어하려면 다음과 같이 **ttl** 명령어 다음에 적당한 옵션을 사용하면 된다.

예제 2-19 TTL 값을 이용한 패킷 제어

```
R2(config)# ip access-list extended check-ttl
R2(config-ext-nacl)# deny ip any any ttl ?
  eq     Match only packets on a given TTL number
  gt     Match only packets with a greater TTL number
  lt     Match only packets with a lower TTL number
  neq    Match only packets not on a given TTL number
  range  Match only packets in the range of TTLs
```

TTL 값이 0 또는 1인 상태로 들어온 패킷들은 ACL을 통한 제어가 불가능하다. 그 이유는 TTL 값이 0이거나 1이면 더 이상 다른 장비로 전송될 수 없으므로, 해당 장비에서 패킷을 확인하여 송신자에게 TTL 만료 메시지를 전송하기 때문이다. 따라서 이와 같은 패킷은 Control Plane에서 폴리시 맵을 설정하여 따로 제어해야 한다.

이상으로 IP 헤더의 각 필드를 이용하여 ACL을 만드는 방법에 대해서 살펴보았다.

ACL 로그 표시하기

특정 패킷에 대해서 적용된 ACL 내용을 로그로 나타내려면 다음과 같이 **log** 옵션을 사용한다.

예제 2-20 log 옵션

```
R2(config)# ip access-list extended show-log
R2(config-ext-nacl)# deny ip host 1.1.34.4 host 1.1.12.1 log
R2(config-ext-nacl)# permit ip any any
R2(config-ext-nacl)# exit

R2(config)# int e0/1
R2(config-subif)# ip access-group show-log in
```

설정 후 다음과 같이 R4에서 1.1.12.1로 연속하여 핑을 전송해보자.

예제 2-21 R4에서 1.1.12.1로 연속하여 핑하기

```
R4# ping 1.1.12.1 repeat 1000000
```

그러면, R2에서 다음과 같이 약 5분마다 해당 ACL 문장이 적용된 패킷 수를 표시해 준다.

예제 2-22 생성된 로그 메시지

```
*May 14 09:52:24.343: %SEC-6-IPACCESSLOGDP: list show-log denied icmp 1.1.34.4
-> 1.1.12.1 (0/0), 1 packet
R2#
*May 14 09:58:01.960: %SEC-6-IPACCESSLOGDP: list show-log denied icmp 1.1.34.4
-> 1.1.12.1 (0/0), 168 packets
```

특정 패킷에 대해서 적용된 ACL 내용을 패킷이 입력된 인터페이스와 함께 로그로 나타내려면 다음과 같이 **log-input** 옵션을 사용한다. 이 옵션은 공격 패킷이 어느 인터페이스를 통하여 들어오는지를 판단할 때 유용하게 사용된다.

log-input 옵션

```
R2(config)# access-list 150 permit tcp any any log-input
R2(config)# access-list 150 permit ip any any

R2(config)# int e0/1
R2(config-subif)# ip access-group 150 in
```

설정 후 R4에서 1.1.12.1로 텔넷을 해보자.

예제 2-24 R4에서 1.1.12.1로 텔넷하기

```
R4# telnet 1.1.12.1
Trying 1.1.12.1 ... Open
User Access Verification

Password:
R1> quit

[Connection to 1.1.12.1 closed by foreign host]
```

그러면, 다음과 같이 패킷이 수신된 인터페이스, MAC 주소 , IP 주소와 함께 해당
ACL 문장이 적용된 패킷 수를 표시해 준다.

예제 2-25 로그 메시지

```
R2#
*May 14 10:00:11.935: %SEC-6-IPACCESSLOGP: list 150 permitted tcp 1.1.34.4(0)
(Ethernet0/1 aabb.cc00.0300) -> 1.1.12.1(0), 1 packet
```

이상으로 ACL 문장이 적용된 로그를 표시하는 방법에 대해서 살펴보았다.

ICMP 트래픽 제어

이번에는 ICMP(internet control message protocol) 패킷을 제어하는 방법에 대해서 살펴보자. 1.1.34.4에서 1.1.12.1로 핑을 허용해 보자. 다음과 같이 OSPF 패킷을 허용하고, R4에서 R1로 가는 핑 요청 패킷을 허용하였다.

예제 2-26 핑 요청 패킷 허용하기

```
R2(config)# ip access-list extended outside-acl-in
R2(config-ext-nacl)# permit ospf host 1.1.23.3 any
R2(config-ext-nacl)# permit icmp host 1.1.34.4 host 1.1.12.1 echo
R2(config-ext-nacl)# exit

R2(config)# int e0/1
R2(config-subif)# ip access-group outside-acl-in in
```

설정 후 R4에서 R1로 핑을 해보면 성공한다.

예제 2-27 R4에서 R1로 핑하기

```
R4# ping 1.1.12.1

Type escape sequence to abort.
Sending 5, 100-byte ICMP Echos to 1.1.12.1, timeout is 2 seconds:
!!!!!
Success rate is 100 percent (5/5), round-trip min/avg/max = 44/116/232 ms
```

그러나 R1에서 R4로는 핑이 되지 않는다.

예제 2-28 R1에서 R4로 핑하기

```
R1# ping 1.1.34.4

Type escape sequence to abort.
Sending 5, 100-byte ICMP Echos to 1.1.34.4, timeout is 2 seconds:
.....
Success rate is 0 percent (0/5)
```

R2에서 외부로 나갈 때는 ACL이 없으므로 패킷이 통과하지만 R4에서 R1로 돌아오는 패킷들이 R2의 E0/1 인터페이스에서 차단된다. 따라서, 다음과 같이 1.1.34.4에서 1.1.12.1로 돌아가는 핑 응답 패킷을 허용한다.

예제 2-29 핑 응답 패킷 허용하기

```
R2(config)# ip access-list extended outside-acl-in
R2(config-ext-nacl)# permit icmp host 1.1.34.4 host 1.1.12.1 echo-reply
R2(config-ext-nacl)# exit
```

이제, R1에서 1.1.34.4로 핑이 된다.

예제 2-30 R1에서 1.1.34.4로 핑하기

```
R1# ping 1.1.34.4

Type escape sequence to abort.
Sending 5, 100-byte ICMP Echos to 1.1.34.4, timeout is 2 seconds:
!!!!!
Success rate is 100 percent (5/5), round-trip min/avg/max = 76/111/160 ms
```

ICMP는 핑 외에도 트레이스 루트 등 다양한 기능이 있으며, 다음과 같이 직접 ICMP 메시지 타입과 코드 타입을 사용하거나, 동작 특성을 지정하여 ACL을 정의할 수 있다.

예제 2-31 ICMP 메시지 타입과 코드 타입

```
R2(config)# access-list 101 permit icmp any any ?
  <0-255>                     ICMP message type
  administratively-prohibited  Administratively prohibited
  alternate-address           Alternate address
  conversion-error            Datagram conversion
  dod-host-prohibited         Host prohibited
  dod-net-prohibited          Net prohibited
  dscp                        Match packets with given dscp value
  echo                        Echo (ping)
  echo-reply                  Echo reply
  fragments                   Check non-initial fragments
      (생략)
```

이상으로 ICMP 패킷을 제어하는 방법에 대해서 살펴보았다.

TCP/UDP 패킷 제어

TCP/IP 통신시 출발지와 목적지의 IP주소, TCP/UDP 포트 번호는 다음 그림과 같이 방향에 따라 변화한다. 예를 들어, 텔넷의 경우, 텔넷 전용 포트 번호 (well-known port number)인 23은 처음 세션을 시작하는 장비에서 목적지 포트 번호로 사용된다. 이 패킷이 돌아올 때는 23번이 출발지 포트 번호로 사용된다.

그림 2-2 IP 주소와 TCP/UDP 포트 번호의 변화

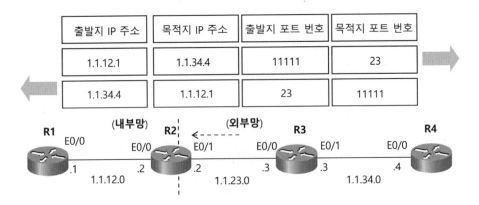

위 그림과 같이 R1(1.1.12.1)에서 R4 (1.1.34.4)로 텔넷시, TCP의 목적지 포트 번호가 23이며, 출발지 포트 번호는 임의로 정해진다. 이 패킷이 돌아올 때는 출발지 포트가 23으로 설정된다.

테스트를 위하여 앞서 R2에 설정한 ACL을 제거한다.

예제 2-32 R2에 설정한 ACL 제거하기

```
R2(config)# int e0/1
R2(config-subif)# no ip access-group outside-acl-in in
R2(config-subif)# exit
R2(config)# no ip access-list extended outside-acl-in
```

다음으로 R1에서 TCP만 디버깅 하도록 설정한다.

예제 2-33 R1에서 TCP만 디버깅하기

```
R1(config)# access-list 101 permit tcp any any
R1(config)# end
R1# debug ip packet detail 101
```

R1에서 1.1.34.4로 텔넷을 한 다음, 패스워드를 입력하지 말고 계속 엔터키를 눌러 텔넷을 끝낸다. 디버깅 결과는 다음과 같다.

예제 2-34 R1에서 1.1.34.4로 텔넷하기

```
R1# telnet 1.1.34.4
Trying 1.1.34.4 ... Open
User Access Verification
Password:
Password:

IP: s=1.1.12.1 (local), d=1.1.34.4 (Ethernet0/0), len 44, sending
    TCP src=25828, dst=23, seq=215498479, ack=0, win=4128 SYN
           ①         ②

IP: s=1.1.34.4 (Ethernet0/0), d=1.1.12.1 (Ethernet0/0), len 44, rcvd 3
       TCP src=23, dst=25828, seq=225524523, ack=215498480, win=4128 ACK SYN
            ③         ④

IP: s=1.1.12.1 (local), d=1.1.34.4 (Ethernet0/0), len 40, sending
    TCP src=25828, dst=23, seq=215498480, ack=225524524, win=4128 ACK
       (생략)
R1# un all
All possible debugging has been turned off
```

① R1에서 R4로 가는 패킷의 TCP 출발지 포트번호는 임의의 번호인 25828이다.

② R1에서 R4로 가는 패킷의 TCP 목적지 포트번호는 텔넷을 위해 예약된 23번을 사용한다. 이처럼 웰논(well known) 포트번호는 통신을 처음 시작하는 측에서의 목적지 포트번호로 사용된다.

③ R4에서 R1로 돌아올 때 사용되는 출발지 포트번호는 R1에서 R4로 갈 때의 목적지 포트번호이다.

④ R4에서 R1로 돌아올 때 사용되는 목적지 포트번호는 R1에서 R4로 갈 때의 출발지 포트번호이다.

이처럼 패킷 송수신 시 IP 주소 및 TCP/UDP 포트 변화를 이해하는 것이 보안 설정에서 대단히 중요하다. IOS 보안뿐만 아니라, 전용 방화벽, 침입 탐지/방지 시스템 등을 설정할 때에도 이것이 널리 사용된다.

이와 같은 사실을 염두에 두고 TCP 패킷을 제어해 보자. 먼저, R4의 1.1.34.4에서 목적지가 R1의 1.1.12.1인 텔넷을 R2에서 허용해 보자.

예제 2-35 R1의 1.1.12.1로의 텔넷 허용하기

```
R2(config)# ip access-list extended outside-acl-in
R2(config-ext-nacl)# permit ospf host 1.1.23.3 any
R2(config-ext-nacl)# permit tcp host 1.1.34.4 host 1.1.12.1 eq telnet
R2(config-ext-nacl)# exit

R2(config)# int e0/1
R2(config-subif)# ip access-group outside-acl-in in
```

목적지 IP 주소 다음에 **eq**(equal) 명령어를 사용하고 목적지 TCP 포트 번호나 프로토콜 이름을 지정한다. 다음과 같이 R4에서 1.1.12.1로 텔넷을 해보면 성공한다.

예제 2-36 R4에서 1.1.12.1로 텔넷하기

```
R4# telnet 1.1.12.1
Trying 1.1.12.1 ... Open
User Access Verification

Password:
Password:
Password:
% Bad passwords

[Connection to 1.1.34.4 closed by foreign host]
```

R2에서 **show ip access-lists outside-acl-in** 명령어를 사용하여 확인해 보면 허용된 패킷의 수량이 표시된다.

예제 2-37 허용된 패킷 수량 확인하기

```
R2# show ip access-lists outside-acl-in
Extended IP access list outside-acl-in
```

```
10 permit ospf host 1.1.23.3 any (2 matches)
20 permit tcp host 1.1.34.4 host 1.1.12.1 eq telnet (18 matches)
```

그러나 다음과 같이 R1에서 1.1.34.4로 텔넷을 해보면 실패한다.

예제 2-38 R1에서 1.1.34.4로 텔넷하기

```
R1# telnet 1.1.34.4
Trying 1.1.34.4 ...
% Connection timed out; remote host not responding
```

그 이유는 1.1.34.4로 갔다가 돌아오는 텔넷 패킷이 차단되기 때문이다. 텔넷을 도
중에 끝내려면 **Ctrl + Shift + 6** 키를 누른 다음 손을 떼고, **x**를 누르면 된다.

R1에서 R4로의 텔넷도 허용하려면 다음과 같이 세 번째 문장을 추가한다.

예제 2-39 R1에서 R4로의 텔넷 허용하기

```
R2(config)# ip access-list extended outside-acl-in
R2(config-ext-nacl)# permit tcp host 1.1.34.4 eq telnet host 1.1.12.1
```

텔넷을 R1에서 시작했기 때문에 R4에서 돌아오는 패킷의 출발지 포트 번호가 23
또는 telnet이다. 설정후 R1에서 1.1.34.4로 텔넷이 성공한다.

예제 2-40 R1에서 1.1.34.4로 텔넷하기

```
R1# telnet 1.1.34.4
Trying 1.1.34.4 ... Open
User Access Verification

Password:
Password:
Password:
% Bad passwords

[Connection to 1.1.34.4 closed by foreign host]
```

R2에서 **show ip access-lists outside-acl-in** 명령어를 사용하여 확인해보면 허
용된 패킷의 수량이 표시된다.

예제 2-41 허용된 패킷 수량 확인하기

```
R2# show ip access-lists outside-acl-in
Extended IP access list outside-acl-in
    10 permit ospf host 1.1.23.3 any (38 matches)
    20 permit tcp host 1.1.34.4 host 1.1.12.1 eq telnet (18 matches)
    30 permit tcp host 1.1.34.4 eq telnet host 1.1.12.1 (14 matches)
```

해당 라우터가 출발지이거나 목적지인 텔넷 세션을 제어하려면 다음과 같이 ACL을 텔넷 라인에 access-class 명령어를 사용하여 적용해도 된다.

예제 2-42 해당 라우터가 출발지이거나 목적지인 텔넷 제어

```
R2(config)# ip access-list standard telnet-only
R2(config-std-nacl)# permit 1.1.12.1
R2(config-std-nacl)# exit

R2(config)# line vty 0 4
R2(config-line)# access-class telnet-only in
```

이상으로 TCP나 UDP의 포트번호를 이용하여 패킷을 제어하는 방법을 살펴보았다.

시간대별 패킷 제어

이번에는 시간대 별로 트래픽을 제어해 보자. 시간대 별로 트래픽을 제어하려면 다음과 같이 time-range 명령어를 사용하여 시간대를 지정한 다음 이것을 ACL에 적용하면 된다.

예제 2-43 시간대 설정 옵션

```
① R2(config)# time-range WorkHour
   R2(config-time-range)# ?
   Time range    configuration commands:
②   absolute      absolute time and date
     default       Set a command to its defaults
     exit          Exit from time-range configuration mode
     no            Negate a command or set its defaults
③   periodic      periodic time and date

   R2(config-time-range)# periodic ?
```

```
④    Friday        Friday
     Monday        Monday
     Saturday      Saturday
     Sunday        Sunday
     Thursday      Thursday
     Tuesday       Tuesday
     Wednesday     Wednesday
⑤    daily         Every day of the week
⑥    weekdays      Monday thru Friday
⑦    weekend       Saturday and Sunday
```

① 전체 설정모드에서 **time-range** 명령어 다음에 적당한 이름을 지정한다.

② **absolute** 옵션을 사용하면 2016년 5월 20일 12시 00분 등과 같이 절대시간을 지정할 수 있다.

③ **periodic** 옵션을 사용하면 주기적인 시간을 지정할 수 있다.

④ 각 요일을 지정할 수 있다.

⑤ **daily** 옵션을 사용하면 매일 반복되는 시간을 지정할 수 있다.

⑥ **weekdays** 옵션을 사용하면 주중 즉, 월요일부터 금요일까지의 시간을 지정할 수 있다.

⑦ **weekend** 옵션을 사용하면 주말 즉, 토요일부터 일요일까지의 시간을 지정할 수 있다.

예를 들어, 주중 오전 9시부터 오후 5시까지만 외부의 1.1.34.4로 텔넷을 허용하려면 R2에서 다음과 같이 설정하면 된다.

예제 2-44 주기적인 시간대 설정하기

```
①  R2(config)# time-range daytime
②  R2(config-time-range)# periodic weekdays 09:00 to 17:00
    R2(config-time-range)# exit

    R2(config)# ip access-list extended inside-acl-in
    R2(config-ext-nacl)# permit ospf host 1.1.12.1 any
③  R2(config-ext-nacl)# permit tcp any host 1.1.34.4 eq telnet time-range daytime
④  R2(config-ext-nacl)# deny tcp any host 1.1.34.4 eq telnet
```

```
    R2(config-ext-nacl)# exit

    R2(config)# int e0/0
⑤  R2(config-subif)# ip access-group inside-acl-in in
```

① time-range 명령어와 함께 적당한 시간대 이름을 지정한다.

② 주중 9시부터 오후 5시까지의 시간을 지정한다.

③ daytime 시간대에는 1.1.34.4로의 텔넷을 허용하는 ACL을 만든다.

④ daytime 시간대 이외에는 텔넷을 차단하는 ACL을 만든다. 이 문장이 없어도
   ACL 마지막 차단 문장에 의해 텔넷이 차단된다.

⑤ R2의 내부 인터페이스에 해당 ACL을 적용한다.

이번에는 R2의 시간을 금요일 오후 1시로 설정한다.

예제 2-45 현재 시간 설정하기

```
R2# clock set 13:00:00 1 jan 2016
```

다음과 같이 확인해 보면 현재 시간이 금요일 오후 1시로 **time-range**에서 지정한
daytime 시간대이다.

예제 2-46 현재 시간 확인하기

```
R2# show clock
01:01:06.583 CET Fri Jan 1 2016
```

결과적으로 다음과 같이 **time-range**를 사용한 해당 ACL이 active 상태이다. 즉,
해당 ACL이 동작하므로 텔넷이 가능한 상태다.

예제 2-47 ACL이 inactive인 상태

```
R2# show ip access-lists inside-acl-in
Extended IP access list inside-acl-in
    10 permit ospf host 1.1.12.1 any (2 matches)
```

```
20 permit tcp any host 1.1.34.4 eq telnet time-range daytime (active)
30 deny tcp any host 1.1.34.4 eq telnet
```

R1에서 1.1.34.4로 텔넷을 하면 주중 시간대이므로 성공한다.

예제 2-48 R1에서 1.1.34.4로 텔넷하기

```
R1# telnet 1.1.34.4
Trying 1.1.34.4 ... Open

User Access Verification

Password:
R4>
```

다음과 같이 **show ip access-lists inside-acl-in** 명령어를 사용하여 확인해 보면
두 번째 ACL 문장에 의해서 패킷이 허용된다.

예제 2-49 ACL 동작 결과 확인하기

```
R2# show ip access-lists inside-acl-in
Extended IP access list inside-acl-in
    10 permit ospf host 1.1.12.1 any (7 matches)
    20 permit tcp any host 1.1.34.4 eq telnet time-range daytime (active) (20 matches)
    30 deny tcp any host 1.1.34.4 eq telnet
```

이번에는 R2의 시간을 주말 시간대로 변경해보자.

예제 2-50 R2의 시간 변경하기

```
R2# clock set 10:0:0 2 jan 2016
```

변경 후 R1에서 1.1.34.4로 텔넷을 하면 주말 시간대이므로 차단된다.

예제 2-51 R1에서 1.1.34.4로 텔넷하기

```
R1# telnet 1.1.34.4
Trying 1.1.34.4 ...
% Destination unreachable; gateway or host down
```

다음과 같이 **show ip access-lists inside-acl-in** 명령어를 사용하여 확인해 보면 두 번째 ACL 문장이 비활성화되어 있고, 세 번째 문장에 의해서 패킷이 차단된다.

예제 2-52 ACL 동작 확인하기

```
R2# show ip access-lists inside-acl-in
Extended IP access list inside-acl-in
    10 permit ospf host 1.1.12.1 any (7 matches)
    20 permit tcp any host 1.1.34.4 eq telnet time-range daytime (active) (20
matches)
    30 deny tcp any host 1.1.34.4 eq telnet (9 matches)
```

이상으로 시간대 별로 트래픽을 제어하는 방법에 대해서 살펴보았다.

허용/차단 패킷 찾아내기

특정한 트래픽을 허용 또는 차단하려면 해당 패킷이 사용하는 출발지/목적지 IP 주소, 프로토콜 종류(TCP, UDP 등), 포트번호 등에 대한 정보를 알아야 한다. 보통 매뉴얼이나 인터넷 등을 참조하여 이와 같은 정보를 확인할 수 있다. 그래도, 알아내기가 힘들면 허용 또는 차단되는 패킷을 디버깅 해보면 된다.

예를 들어, NTP(network time protocol) 라는 프로토콜을 이용하여 R3의 시간을 R2에게서 받아가도록 설정해보자. 먼저, 다음과 같이 R2를 NTP 서버로 설정한다.

예제 2-53 NTP 서버 설정

```
R2# clock set 10:00:00 1 jan 2016
R2# conf t
R2(config)# ntp master
```

특정 라우터를 시간 정보를 알려주는 NTP 서버로 설정할 때 앞서와 같이 먼저, 시간을 맞추어 놓은 다음에 **ntp master** 명령어를 사용한다. 즉, 다른 장비가 시간을 물어오면 알려주라는 명령어를 사용한다. 다음에는 R3에서 NTP를 이용하여 R2에게서 시간 정보를 받아오게 한다.

예제 2-54 NTP 서버 지정

```
R3(config)# ntp server 1.1.23.2
```

잠시 후 R3에서 확인해보면 시간 정보를 받아오지 못하고 기본적인 시간을 사용하고 있다. **show clock** 명령어를 사용하여 시간을 확인했을 때 앞에 별표(*)가 있으면 조정된 시간이 아닌 기본적인 시간이라는 의미이다.

예제 2-55 현재 시간 확인

```
R3# show clock
*17:22:54.292 CET Tue Feb 2 2016
```

다음과 같이 **show ntp status** 명령어를 사용해서 확인해 보아도 시간이 동기화되지 않았다는 정보를 알려준다.

예제 2-56 동기화되지 않은 시간

```
R3# show ntp status
Clock is unsynchronized, stratum 16, no reference clock
nominal freq is 250.0000 Hz, actual freq is 250.0000 Hz, precision is 2**10
ntp uptime is 2700 (1/100 of seconds), resolution is 4000
reference time is 00000000.00000000 (01:00:00.000 CET Mon Jan 1 1900)
clock offset is 0.0000 msec, root delay is 0.00 msec
root dispersion is 0.42 msec, peer dispersion is 0.00 msec
loopfilter state is 'FSET' (Drift set from file), drift is 0.000000000 s/s
system poll interval is 8, never updated.
```

그 이유는 R3이 NTP 프로토콜을 이용하여 R2에게 시간을 묻지만 해당 패킷이 R2의 E0/1 인터페이스에서 ACL에 의해 차단되고 있기 때문이다. 따라서 이 패킷을 허용해야 한다.

debug ip packet detail 명령어를 사용하여 차단되는 패킷을 확인해도 되지만 라우터에 부하가 걸려 네트워크가 다운될 가능성이 크기 때문에 실무에서는 이 명령어는 절대 사용하면 안 된다.

NTP는 UDP를 사용한다. 따라서, 다음과 같이 ACL을 사용하여 디버깅되는 패킷의 범위를 줄인다. 즉, 1.1.23.3이 전송하는 UDP 패킷만 디버깅 해본다. 이때에도 만약 1.1.23.3이 전송하는 UDP 패킷이 많으면 네트워크에 장애가 발생할 수 있으므로 주의한다.

예제 2-57 디버깅을 위한 ACL

```
R2(config)# access-list 123 permit udp host 1.1.23.3 any
R2(config)# end

R2# debug ip packet detail 123
```

잠시 기다리면 다음과 같이 현재 ACL에 의해서 차단되고 있는 패킷이 디버깅된다. 결과를 보면 NTP는 UDP 출발지 포트번호와 목적지 포트번호를 동일하게 123번으로 설정하여 동작하고 있다.

예제 2-58 디버깅 결과

```
R2#
IP: s=1.1.23.3 (Ethernet0/0.23), d=1.1.23.2, len 76, access denied
    UDP src=123, dst=123
FIBipv4-packet-proc: route packet from Ethernet0/0.23 src 1.1.23.3 dst 1.1.23.2
FIBfwd-proc: Default:1.1.23.2/32 receive entry
FIBipv4-packet-proc: packet routing failed
IP: tableid=0, s=1.1.23.3 (Ethernet0/0.23), d=1.1.23.2 (Ethernet0/0.23), routed
via RIB
IP: s=1.1.23.3 (Ethernet0/0.23), d=1.1.23.2, len 76, input feature
    UDP src=123, dst=123, packet consumed, Access List(44), rtype 0, forus
FALSE, sendself FALSE, mtu 0, fwdchk FALSE
```

패킷이 확인되면 디버깅을 중지한다.

예제 2-59 디버깅 중지하기

```
R2# un all
All possible debugging has been turned off
```

다음과 같이 차단되고 있는 패킷을 허용해보자.

예제 2-60 차단 패킷 허용하기

```
R2(config)# ip access-list extended outside-acl-in
R2(config-ext-nacl)# permit udp host 1.1.23.3 eq 123 host 1.1.23.2 eq 123
```

잠시 후 R3에서 **show clock** 명령어를 사용하여 시간을 확인해보면 시간 앞의 별표가 사라지고, R2에서 받아온 시간을 사용하고 있다.

예제 2-61 현재 시간 확인하기

```
R3# show clock
10:18:25.090 UTC Sat Jan 1 2011
```

다음과 같이 **show ntp status** 명령어를 사용해서 확인해 보면 1.1.23.2와 시간을 동기화시키고 있다는 정보를 알려준다.

예제 2-62 동기화된 시간

```
R3# show ntp status
Clock is synchronized, stratum 9, reference is 1.1.23.2
nominal freq is 250.0000 Hz, actual freq is 250.0000 Hz, precision is 2**10
ntp uptime is 1800 (1/100 of seconds), resolution is 4000
reference time is DA5C2F81.570A3E60 (10:03:21.340 CET Wed Feb 3 2016)
clock offset is 0.0000 msec, root delay is 0.00 msec
        (생략)
```

다음과 같이 R2에서 **show access-lists outside-acl-in** 명령어를 사용하여 확인해 보면 적용된 패킷 수를 알 수 있다.

예제 2-63 ACL 확인하기

```
R2# show access-lists outside-acl-in
Extended IP access list outside-acl-in
    10 permit ospf host 1.1.23.3 any (209 matches)
    20 deny tcp any host 1.1.12.1 eq telnet time-range daytime (active) (8 matches)
    30 permit tcp any host 1.1.12.1 eq telnet (17 matches)
    40 permit udp host 1.1.23.3 eq ntp host 1.1.23.2 eq ntp (4 matches)
```

이상으로 확장 ACL에 대해서 살펴보았다.

IPv6 액세스 리스트

IPv6 ACL은 지금까지 살펴본 IPv4 ACL과 다음과 같은 차이가 있다.

- 이름을 사용한 확장 ACL만 사용할 수 있다.
- 와일드카드 마스크를 사용하지 않고 대신 /n 형태의 네트워크 마스크를 사용한다.
- 인터페이스에 적용할 때 **ip access-group** 명령어 대신 **ipv6 traffic-filter** 명령어를 사용한다.

IPv6 ACL을 위한 네트워크 구성

IPv6 ACL을 테스트하기 위하여 다음과 같이 IPv6 주소를 부여하고, OSPFv3을 설정해보자.

그림 2-3 IPv6 ACL을 위한 네트워크

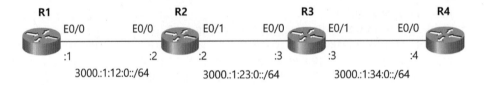

먼저, 다음과 같이 각 라우터의 인터페이스에 IPv6 주소를 부여한다.

예제 2-64 인터페이스에 IPv6 주소 부여하기

```
R1(config)# ipv6 unicast-routing
R1(config)# router ospfv3 1
R1(config-router)# router-id 1.1.1.1
R1(config)# int e0/0
R1(config-subif)# ipv6 address 3000:1:1:12::1/64

R2(config)# ipv6 unicast-routing
R2(config)# router ospfv3 1
R2(config-router)# router-id 1.1.2.2
R2(config)# int e0/0
R2(config-subif)# ipv6 address 3000:1:1:12::2/64
R2(config-subif)# int e0/1
R2(config-subif)# ipv6 address 3000:1:1:23::2/64
```

```
R3(config)# ipv6 unicast-routing
R3(config)# router ospfv3 1
R3(config-router)# router-id 1.1.3.3
R3(config)# int e0/0
R3(config-subif)# ipv6 address 3000:1:1:23::3/64
R3(config-subif)# int e0/1
R3(config-subif)# ipv6 address 3000:1:1:34::3/64

R4(config)# ipv6 unicast-routing
R4(config)# int e0/0
R4(config-subif)# ipv6 address 3000:1:1:34::4/64
```

설정 후 인접 라우터까지 IPv6로 핑이 되는지 확인한다. 예를 들어, R1에서는 다음과 같이 확인한다.

예제 2-65 IPv6 핑 확인

```
R1# ping 3000:1:1:12::2
Type escape sequence to abort.
Sending 5, 100-byte ICMP Echos to 3000:1:1:12::2, timeout is 2 seconds:
!!!!!
Success rate is 100 percent (5/5), round-trip min/avg/max = 1/1/1 ms
```

다음에는 각 라우터에서 OSPFv3을 설정한다. 에어리어 번호는 0을 사용하기로 한다.

예제 2-66 OSPFv3 설정하기

```
R1(config)# int e0/0
R1(config-subif)# ipv6 ospf 1 area 0

R2(config)# int e0/0
R2(config-subif)# ipv6 ospf 1 area 0
R2(config-subif)# int e0/1
R2(config-subif)# ipv6 ospf 1 area 0

R3(config)# int e0/0
R3(config-subif)# ipv6 ospf 1 area 0
R3(config-subif)# int e0/1
R3(config-subif)# ipv6 ospf 1 area 0

R4(config)# int e0/0
R4(config-subif)# ipv6 ospf 1 area 0
```

설정 후 각 라우터에서 IPv6 라우팅 테이블을 확인하고 원격지까지의 통신을 핑으로 확인한다. 예를 들어, R1의 IPv6 라우팅 테이블은 다음과 같다.

예제 2-67 R1의 IPv6 라우팅 테이블

```
R1# show ipv6 route
IPv6 Routing Table - default - 5 entries
    (생략)
C   3000:1:1:12::/64 [0/0]
      via Ethernet0/0.12, directly connected
L   3000:1:1:12::1/128 [0/0]
      via Ethernet0/0.12, receive
O   3000:1:1:23::/64 [110/20]
      via FE80::A8BB:CCFF:FE00:200, Ethernet0/0.12
O   3000:1:1:34::/64 [110/30]
      via FE80::A8BB:CCFF:FE00:200, Ethernet0/0.12
L   FF00::/8 [0/0]
      via Null0, receive
```

R1에서 R3, R4까지 핑도 된다.

예제 2-68 R1에서 R3, R4까지 핑 확인하기

```
R1# ping 3000:1:1:23::3
Type escape sequence to abort.
Sending 5, 100-byte ICMP Echos to 3000:1:1:23::3, timeout is 2 seconds:
!!!!!
Success rate is 100 percent (5/5), round-trip min/avg/max = 1/1/1 ms

R1# ping 3000:1:1:34::4
Type escape sequence to abort.
Sending 5, 100-byte ICMP Echos to 3000:1:1:34::4, timeout is 2 seconds:
!!!!!
Success rate is 100 percent (5/5), round-trip min/avg/max = 1/1/1 ms
```

이것으로 IPv6 ACL 테스트를 위한 네트워크가 완성되었다.

IPv6 ACL 설정 및 동작 확인

기존의 IPv4의 ACL을 제거하고, R4의 3000:1:1:34::0/64 네트워크에서 R1의 3000:1:1:12::1로 핑을 허용하는 IPv6 ACL을 경계 라우터인 R2에서 설정해 보자.

예제 2-69 IPv6 ACL

```
    R2(config)# no ip access-list extended outside-acl-in

①  R2(config)# ipv6 access-list outside-acl-in
②  R2(config-ipv6-acl)# permit 89 any any
③  R2(config-ipv6-acl)# permit icmp 3000:1:1:34::/64 host 3000:1:1:12::1 echo-request
    R2(config-ipv6-acl)# exit

    R2(config)# int e0/1
④  R2(config-subif)# ipv6 traffic-filter outside-acl-in in
```

① ipv6 access-list 명령어 다음에 적당한 ACL 이름을 지정한다. 확장 ACL만 사용할 수 있기 때문에 IPv4의 경우와 달리 standard 또는 extended 옵션이 없다.

② OSPFv3 패킷을 허용한다.

③ 3000:1:1:34::/64와 같이 와일드카드 마스크 대신 네트워크 비트수를 바로 지정한다. 핑 요청 패킷을 지정하기 위하여 echo-request 옵션을 사용하였다.

④ 인터페이스에서 ipv6 traffic-filter 명령어를 사용하여 IPv6 ACL을 적용하였다.

설정 후 다음과 같이 R4에서 3000:1:1:12::1로 핑을 해보면 성공한다.

예제 2-70 R4에서 3000:1:1:12::1으로 핑 테스트

```
R4# ping 3000:1:1:12::1
```

다음과 같이 show ipv6 access-list 명령어를 사용하여 확인해보면 각 ACL 문장별로 적용된 패킷 수를 알 수 있다.

예제 2-71 ACL 동작 결과 확인

```
R2# show ipv6 access-list
IPv6 access list outside-acl-in
    permit 89 any any (17 matches) sequence 10
    permit icmp 3000:1:1:34::/64 host 3000:1:1:12::1 echo-request (5 matches) sequence 20
```

다음과 같이 R1에서는 3000:1:1:34::4로 핑을 해보면 실패한다.

예제 2-72 R1에서 3000:1:1:34::4로의 핑 테스트

```
R1# ping 3000:1:1:34::4
Type escape sequence to abort.
Sending 5, 100-byte ICMP Echos to 3000:1:1:34::4, timeout is 2 seconds:
.....
Success rate is 0 percent (0/5)
```

이를 허용하려면 다음과 같이 ACL 문장을 추가한다.

예제 2-73 ACL 문장 추가하기

```
R2(config)# ipv6 access-list outside-acl-in
R2(config-ipv6-acl)# permit icmp 3000:1:1:34::/64 host 3000:1:1:12::1 echo-reply
```

이제 다음과 같이 R1에서 3000:1:1:34::4로 핑을 해보면 성공한다.

예제 2-74 R1에서 3000:1:1:34::4로의 핑 테스트

```
R1# ping 3000:1:1:34::4
```

R4에서 R1로 텔넷을 하면 실패한다.

예제 2-75 R4에서 R1로의 텔넷 테스트

```
R4# telnet 3000:1:1:12::1
Trying 3000:1:1:12::1 ...
% Destination unreachable; gateway or host down
```

이를 허용하려면 다음과 같이 ACL 문장을 추가한다.

예제 2-76 ACL 문장 추가하기

```
R2(config)# ipv6 access-list outside-acl-in
R2(config-ipv6-acl)# permit tcp host 3000:1:1:34::4 host 3000:1:1:12::1 eq telnet
```

이제, R4에서 3000:1:1:12::1로 텔넷이 성공한다.

예제 2-77 R4에서 3000:1:1:12::1로의 텔넷 테스트

```
R4# telnet 3000:1:1:12::1
Trying 3000:1:1:12::1 ... Open
    (생략)
```

R1에서 R4로도 텔넷이 되게 하려면 다음과 같이 ACL 문장을 추가한다.

예제 2-78 ACL 문장 추가하기

```
R2(config)# ipv6 access-list outside-acl-in
R2(config-ipv6-acl)# permit tcp host 3000:1:1:34::4 eq telnet host 3000:1:1:12::1
```

이상으로 IPv6 ACL을 설정하고 동작을 확인해 보았다.

제3장

RACL과 DACL

리플렉시브 ACL

다이내믹 ACL

리플렉시브 ACL

리플렉시브 액세스 리스트(RACL, reflexive access control list)란 패킷이 내부에서
외부로 전송될 때, 돌아오는 패킷을 허용하기 위한 임시 ACL을 만드는 것을 말한다.
RACL은 내부에서는 제한 없이 외부와 통신이 가능하고, 외부에서 내부로의 접속은 차단
할 때 사용한다.

RACL을 위한 테스트 네트워크 구축

다음과 같이 RACL을 위한 테스트 네트워크를 구축한다. 1장에서 사용한 것과 동일한
네트워크를 구축하기로 한다.

그림 3-1 RACL 설정을 위한 네트워크

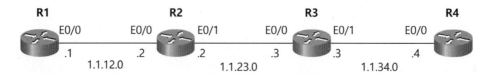

각 라우터의 인터페이스에 위 그림과 같이 IP 주소를 부여한다. 이후 모든 라우터에서
OSPF 에어리어 0을 설정한다. 설정 방법은 1장과 동일하므로 설명은 생략한다.
설정이 끝난 후 각 라우터에서 라우팅 테이블을 확인하고, 원격지 네트워크와의 통신을
핑으로 확인한다. 예를 들어, R4의 라우팅 테이블은 다음과 같다.

예제 3-1 R4의 라우팅 테이블

```
R4# show ip route
     (생략)
Gateway of last resort is not set

      1.0.0.0/8 is variably subnetted, 4 subnets, 2 masks
O        1.1.12.0/24 [110/30] via 1.1.34.3, 00:45:08, Ethernet0/0
O        1.1.23.0/24 [110/20] via 1.1.34.3, 00:51:33, Ethernet0/0
C        1.1.34.0/24 is directly connected, Ethernet0/0
L        1.1.34.4/32 is directly connected, Ethernet0/0
```

R4에서 R1의 1.1.12.1까지 핑이 된다.

R4에서 R1의 1.1.12.1까지의 핑 테스트

```
R4# ping 1.1.12.1
Type escape sequence to abort.
Sending 5, 100-byte ICMP Echos to 1.1.12.1, timeout is 2 seconds:
!!!!!
Success rate is 100 percent (5/5), round-trip min/avg/max = 1/1/1 ms
```

이상으로 RACL 설정 및 동작 확인을 위한 네트워크를 구축하였다.

TCP established 옵션

TCP의 경우 RACL을 사용하지 않아도 외부에서 시작되는 세션을 차단할 수 있다. TCP에서 세션을 시작할 때는 ACK 또는 RST 비트가 설정되어 있지 않으므로, 일반 ACL에서 established 옵션을 사용하여 ACK나 RST 비트가 설정된 패킷만 허용하면 된다.

예를 들어, established 옵션을 사용하여 외부에서 시작되는 TCP 세션을 차단하는 방법은 다음과 같다.

예제 3-3 established 옵션을 사용한 ACL

```
R2(config)# ip access-list extended outside-acl-in
R2(config-ext-nacl)# permit ospf host 1.1.23.3 any
R2(config-ext-nacl)# permit tcp any any established
R2(config-ext-nacl)# exit

R2(config)# int e0/1
R2(config-subif)# ip access-group outside-acl-in in
```

외부에서 TCP 세션을 시작하지 않도록 설정하려면 라우터의 외부 인터페이스에 적용될 ACL 만들고, ACK 또는 RST 비트가 설정되어 있는 패킷만 허용한다. 그러면 마지막 차단 문장에 의해 ACK 또는 RST 비트가 설정되어 있지 않은 패킷은 차단되어 외부에서 내부로 세션을 만들 수 없다.

설정 후 다음과 같이 R1에서 외부의 1.1.34.4로 텔넷을 하면 성공한다.

예제 3-4 R1에서 1.1.34.4으로 텔넷

```
R1# telnet 1.1.34.4
Trying 1.1.34.4 ... Open

User Access Verification

Password:
R4>quit

[Connection to 1.1.34.4 closed by foreign host]
```

R2에서 **show ip access-lists** 명령어를 사용하여 확인해보면 **established** 옵션을 사용한 두 번째 ACL 문장에 의해서 패킷들이 허용된 것을 알 수 있다.

예제 3-5 ACL 동작 결과 확인

```
R2# show ip access-lists
Extended IP access list outside-acl-in
    10 permit ospf host 1.1.23.3 any (7 matches)
    20 permit tcp any any established (61 matches)
```

그러나 외부망인 R4에서 내부망인 1.1.12.1로 텔넷을 해보면 차단된다.

예제 3-6 R4에서 1.1.12.1로의 텔넷

```
R4# telnet 1.1.12.1
Trying 1.1.12.1 ...
% Destination unreachable; gateway or host down
```

하지만, 이와 같은 일반 ACL은 인터페이스에 늘 적용되어 있으므로, ACK나 RST 비트를 설정하여 적당히 속이면 외부에서 접근이 가능하다. 또, **established** 키워드는 TCP를 이용한 프로토콜만 제어할 수 있다.

RACL의 동작 원리

RACL은 새로운 세션이 내부에서 외부로 시작될 때 새로운 임시 ACL을 만든다. 이 엔트리가 현재 세션의 일부분을 이루는 트래픽이 네트워크 내부로 들어가는 것을 허용한다. 그러나 세션의 일부분이 아니면 허용하지 않는다. 임시 엔트리는 다음과 같은 특징을 가진다.

• 원래의 외부로 향하는 TCP 또는 UDP 패킷과 동일한 출발지 및 목적지 포트 번호를 가진다. 이 특징은 TCP와 UDP 패킷에만 적용된다. ICMP, IGMP 등과 같은 프로토콜들은 포트 번호가 없고, 다른 규정이 적용된다. 예를 들어, ICMP의 경우에 타입 번호가 사용된다.

• RACL은 세션 기간 동안 변화하는 포트 번호를 사용하는 어플리케이션에 대해서는 동작하지 않는다. 예를 들어, 돌아오는 패킷의 포트 번호가 원래 나갔던 패킷과 다르다면, 돌아오는 패킷은 비록 동일한 세션의 일부분이라도 차단된다.

• RACL의 엔트리들은 세션이 끝나면 제거된다. TCP 세션에 대해서는 두 셋트의 FIN 비트가 검출된 다음 5초 후나, RST 비트가 설정된 TCP 패킷을 수신한 즉시 엔트리가 제거된다.

• 타임아웃 기간 동안 해당 세션에 속하는 패킷이 검출되지 않으면 엔트리가 제거된다. TCP가 아닌 프로토콜들은 패킷 내에 세션의 종료를 추적할 수 있는 정보가 없다. 따라서, 세션의 종료는 타임아웃 기간 동안 해당 세션의 패킷이 없는 것으로 알아낸다.

RACL 설정 및 동작 확인

RACL을 이용하여 내부에서 시작된 TCP, UDP, ICMP를 허용해보자.

예제 3-7 RACL 설정

```
① R2(config)# no ip access-list extended outside-acl-in

② R2(config)# ip access-list extended outside-acl-out
③ R2(config-ext-nacl)# permit tcp any any reflect myracl
④ R2(config-ext-nacl)# permit udp any any reflect myracl
⑤ R2(config-ext-nacl)# permit icmp any any reflect myracl
```

```
⑥ R2(config-ext-nacl)# permit ip any any
   R2(config-ext-nacl)# exit

⑦ R2(config)# ip access-list extended outside-acl-in
⑧ R2(config-ext-nacl)# permit ospf host 1.1.23.3 any
⑨ R2(config-ext-nacl)# evaluate myracl
   R2(config-ext-nacl)# exit

   R2(config)# int e0/1
⑩ R2(config-subif)# ip access-group outside-acl-out out
⑩ R2(config-subif)# ip access-group outside-acl-in in
   R2(config-subif)# exit
```

① 앞서 만든 ACL을 제거한다.

② RACL을 동작시키려면 임시 ACL을 만들기 위한 패킷 검사용 ACL과 임시 ACL
을 적용하기 위한 ACL 등 두 개의 ACL을 만들어야 한다.
패킷이 외부로 전송될 때 임시 ACL을 만들기 위한 패킷 검사용 ACL을 만든다.

③ TCP 패킷이 외부로 전송되는 것을 허용하면서 동시에 이 패킷이 돌아올 때도
허용하기 위한 myracl이라는 임시 ACL을 만들게 한다.

④ UCP 패킷이 외부로 전송되는 것을 허용하면서 동시에 이 패킷이 돌아올 때도
허용하기 위한 myracl이라는 임시 ACL을 만들게 한다.
각 프로토콜 별로 임시 ACL의 이름을 달리해도 된다. 본 예제에서는 TCP, UDP,
ICMP용 임시 ACL의 이름을 모두 myracl이라는 동일한 것을 사용하였다.

⑤ ICMP 패킷이 외부로 전송되는 것을 허용하면서 동시에 이 패킷이 돌아올 때도
허용하기 위한 myracl이라는 임시 ACL을 만들게 한다.

⑥ 나머지 패킷들은 임시 ACL을 만들지 않고 통과시킨다.

⑦ 외부에서 들어오는 패킷에 대해 적용할 ACL을 만든다.

⑧ OSPF는 RACL과 상관없이 허용한다.

⑨ evaluate 명령어를 사용하여 RACL용 임시 ACL인 myracl을 적용할 위치를 지정한다.

⑩ 앞서 만든 두 개의 ACL을 출력 및 입력 방향으로 적용한다.

설정 후 R1에서 1.1.34.4로 핑을 해보고, 텔넷을 해보자.

예제 3-8 R1에서 1.1.34.4로의 핑 테스트

```
R1# ping 1.1.34.4

Type escape sequence to abort.
Sending 5, 100-byte ICMP Echos to 1.1.34.4, timeout is 2 seconds:
!!!!!
Success rate is 100 percent (5/5), round-trip min/avg/max = 80/178/340 ms

R1# telnet 1.1.34.4
Trying 1.1.34.4 ... Open
User Access Ver
ification

Password:
R4>
```

텔넷 세션을 끊지말고 R2에서 **show ip access-lists** 명령어를 사용하여 확인해보면 다음과 같이 RACL에 의한 임시 ACL이 만들어져 적용된다.

예제 3-9 RACL이 만든 임시 ACL

```
R2# show ip access-lists
Reflexive IP access list myracl
     permit tcp host 1.1.34.4 eq telnet host 1.1.12.1 eq 11240 (32 matches)
(time left 288)
     permit icmp host 1.1.34.4 host 1.1.12.1  (10 matches) (time left 284)
Extended IP access list outside-acl-in
    10 permit ospf host 1.1.23.3 any (50 matches)
    20 evaluate myracl
Extended IP access list outside-acl-out
    10 permit tcp any any reflect myracl (19 matches)
    20 permit udp any any reflect myracl
    30 permit icmp any any reflect myracl (6 matches)
    40 permit ip any any
```

외부망인 1.1.34.4에서 내부망인 1.1.12.1로의 통신은 차단된다.

예제 3-10 1.1.34.4에서 1.1.12.1로의 텔넷

```
R4# telnet 1.1.12.1
Trying 1.1.12.1 ...
% Destination unreachable; gateway or host down
```

1.1.34.4에서 1.1.12.1로 가는 텔넷을 허용하려면 다음과 같이 ACL에 추가하면 된다.

예제 3-11 ACL 추가하기

```
R2(config)# ip access-list extended outside-acl-in
R2(config-ext-nacl)# permit tcp host 1.1.34.4 host 1.1.12.1 eq telnet
```

이제, 외부망인 1.1.34.4에서 내부망인 1.1.12.1로의 텔넷이 허용된다.

예제 3-12 1.1.34.4에서 1.1.12.1로의 텔넷

```
R4# telnet 1.1.12.1
Trying 1.1.12.1 ... Open

User Access Verification

Password:
R1> quit

[Connection to 1.1.12.1 closed by foreign host]
```

이상으로 RACL에 대해서 살펴보았다.

다이내믹 ACL

다이내믹 ACL(DACL, Dynamic ACL)을 락 앤 키(Lock and Key)라고도 한다. 앞서 살펴 본 RACL은 주로 내부 사용자를 위한 것인 반면, DACL은 외부에 나가있는 직원들이 내부의 자원을 접속할 수 있도록 하는 것이다.

DACL를 사용하면 필요할 때만 임시적으로 내부와의 통신이 허용되고, 기본적으로는 차단되어 있기 때문에 보안 침해 가능성을 줄여준다.

다이내믹 ACL 동작 방식

DACL이 동작하는 방식은 다음과 같다.

그림 3-2 DACL 동작 방식

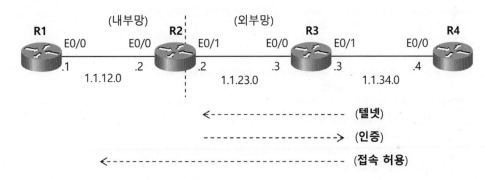

1) 외부 사용자가 DACL이 설정된 경계 라우터에 텔넷으로 접속한다.

2) 라우터가 인증을 한다. 인증은 해당 리우터기 할 수도 있고, AAA 시버에서 할 수도 있다.

3) 인증을 통과하면 텔넷이 끊기고, 내부 접속을 허용하는 임시의 다이내믹 ACL이 생성된다.

다이내믹 ACL 설정 및 동작 확인

R2에서 다음과 같이 다이내믹 ACL을 설정한다.

예제 3-13 다이내믹 ACL

```
① R2(config)# no ip access-list extended outside-acl-in
   R2(config)# no ip access-list extended outside-acl-out
   R2(config)# int e0/1
   R2(config-subif)# no ip access-group outside-acl-in in
   R2(config-subif)# no ip access-group outside-acl-out out
   R2(config-subif)# exit

② R2(config)# username user_R3 password r3pw
   R2(config)# username user_R4 password r4pw

③ R2(config)# ip access-list extended outside-acl-in
   R2(config-ext-nacl)# permit ospf host 1.1.23.3 any
④ R2(config-ext-nacl)# permit tcp any host 1.1.23.2 eq telnet
⑤ R2(config-ext-nacl)# dynamic DACL permit ip any any
   R2(config-ext-nacl)# exit

   R2(config)# int e0/1
⑥ R2(config-subif)# ip access-group outside-acl-in in
   R2(config-subif)# exit

⑦ R2(config)# line vty 0 4
⑧ R2(config-line)# login local
⑨ R2(config-line)# autocommand access-enable host timeout 10
   R2(config-line)# exit
```

① 앞서 설정한 ACL을 제거한다.

② DACL에서 사용할 로컬 데이터베이스를 만든다. DACL에서 이용자를 인증하는
방법은 AAA 서버, 로컬 데이터베이스 또는 텔넷 패스워드를 이용하는 세 가지
방식이 있다. 이중 AAA 서버를 사용하면 각 사용자 별로 정밀하게 인증하고,
정교한 트래킹 기능을 제공한다. 그러나 텔넷 패스워드를 이용하는 방식은 패스
워드만 알면 누구나 접속할 수 있으므로 보안성이 떨어진다.

③ 인터페이스에 적용할 확장 액세스 리스트를 만든다.

④ DACL을 이용하여 내부와 접속하려면 먼저, 인증을 통과해야 한다. 인증을 위한 세션을 허용한다.

⑤ dynamic 키워드를 사용하여 인증을 받은 후에 자동으로 생성되는 임시 액세스 리스트의 내용을 정의한다.

임시 액세스 리스트에서 유일하게 대체되는 것은 입력 또는 출력 액세스 리스트 이냐에 따라 출발지 또는 목적지 주소이다. 즉, permit ip any any 라고 설정한 다음 입력 액세스 리스트로 지정하고, 인증을 통과하면, 액세스 리스트가 permit ip 1.1.23.3 any 등과 같이 출발지 IP 주소로 대체된다.

⑥ 인터페이스 설정 모드로 들어가서 앞서 만든 ACL을 적용한다.

⑦ 텔넷 설정 모드로 들어간다.

⑧ 인증 방식을 지정한다. 본 설정에서는 login local 명령어를 이용하여 로컬 데이터베이스를 이용한 인증방식을 사용하기로 한다.

⑨ autocommand 명령어 다음에 access-enable 옵션을 사용하여 텔넷 접속 시 DACL이 동작하도록 한다. autocommand 명령어 이후에 지정하는 옵션이 텔넷 인증 통과시 자동으로 실행된다. 예를 들어, autocommand show ip route 라고 하면 텔넷 인증을 통과하면 show ip route 명령어 실행 결과가 출력된 다음 세션이 종료된다.

host 옵션을 사용하면 permit ip any any 문장에서 출발지 IP 주소가 임시 액세스 리스트에서 인증 통과자의 IP 주소로 대체된다. 만약, 이 옵션을 사용하지 않으면, 누구든 한 사람만 인증을 통과하면 permit ip any any 문장이 적용되므로 이후로는 누구라도 내부 네트워크와 접속되므로 주의해야 한다.

autocommand access-enable 명령어에서 timeout 키워드를 사용하여 아이들 타임아웃 값을 설정하거나, access-list 명령어에서 절대시간을 정의한다.

설정 후 R4에서 1.1.12.1로 통신을 해보면 다음과 같이 실패한다.

예제 3-14 R4에서 R1로 통신이 실패한다

```
R4# ping 1.1.12.1

Type escape sequence to abort.
Sending 5, 100-byte ICMP Echos to 1.1.12.1, timeout is 2 seconds:
U.U.U
Success rate is 0 percent (0/5)
```

R2의 액세스 리스트를 확인해 보면 다음과 같다.

예제 3-15 ACL 동작 결과 확인

```
R2# show ip access-lists
Extended IP access list outside-acl-in
    10 permit ospf host 1.1.23.3 any (6 matches)
    20 permit tcp any host 1.1.23.2 eq telnet
    30 Dynamic applythis permit ip any any
```

R4에서 DACL이 설정된 R2로 먼저 텔넷을 해보자. 그러면, 다음과 같이 R2가 인증
(user_R4 / r4pw)을 성공하면 자동으로 세션을 끊는다.

예제 3-16 DACL 인증받기

```
R4# telnet 1.1.23.2
Trying 1.1.23.2 ... Open
User Access Verification

Username: user_R4
Password:
[Connection to 1.1.23.2 closed by foreign host]
```

다시 R4에서 1.1.12.1로 통신을 해보면 다음과 같이 성공한다.

예제 3-17 R4에서 1.1.12.1로 핑하기

```
R4# ping 1.1.12.1
Type escape sequence to abort.
Sending 5, 100-byte ICMP Echos to 1.1.12.1, timeout is 2 seconds:
```

```
!!!!!
Success rate is 100 percent (5/5), round-trip min/avg/max = 96/144/192 ms
```

R2의 액세스 리스트를 확인해 보면 다음과 같이 임시 ACL이 추가되어 있다.

예제 3-18 DACL이 추가한 임시 ACL

```
R2# show ip access-lists
Extended IP access list outside-acl-in
    10 permit ospf host 1.1.23.3 any (23 matches)
    20 permit tcp any host 1.1.23.2 eq telnet (54 matches)
    30 Dynamic DACL permit ip any any
        permit ip host 1.1.34.4 any (5 matches) (time left 581)
```

R3에서도 R2로 텔넷을 한 다음 인증을 받아보자.

예제 3-19 DACL 인증받기

```
R3# telnet 1.1.23.2
Trying 1.1.23.2 ... Open
User Access Verification

Username: user_R3
Password:
[Connection to 1.1.23.2 closed by foreign host]
```

R3에서도 1.1.12.1로 통신을 해보면 다음과 같이 성공한다.

예제 3-20 R3에서 1.1.12.1로의 핑 테스트

```
R3# ping 1.1.12.1
Type escape sequence to abort.
Sending 5, 100-byte ICMP Echos to 1.1.12.1, timeout is 2 seconds:
!!!!!
Success rate is 100 percent (5/5), round-trip min/avg/max = 16/107/200 ms
```

R2의 액세스 리스트에 다음과 같이 임시 ACL에 출발지 IP 주소 1.1.23.3도 추가된다.

예제 3-21 DACL이 만든 임시 ACL

```
R2# show ip access-lists
Extended IP access list outside-acl-in
    10 permit ospf host 1.1.23.3 any (29 matches)
    20 permit tcp any host 1.1.23.2 eq telnet (88 matches)
    30 Dynamic DACL permit ip any any
       permit ip host 1.1.23.3 any (5 matches) (time left 598)
       permit ip host 1.1.34.4 any (8 matches) (time left 591)
```

간편한 실습을 위해 R2와의 인증에서 텔넷을 사용하였지만 텔넷은 암호화되지 않은 상태에서 통신하기 때문에 스푸핑 공격에 취약하다. 따라서, 실제 적용 시에는 텔넷이 아닌 SSH과 같은 암호화 통신을 사용하는 것이 좋다.

제4장
CBAC

CBAC 개요

응용계층 제어 및 유해 사이트 차단

CBAC을 이용한 다수 개의 영역 제어

CBAC 개요

CBAC(context-based access control)은 L3/L4 계층의 트래픽을 제어할 뿐만 아니라 응용계층의 트래픽도 제어할 수 있다.

또, NAT나 PAT에서 내부 주소까지 변환시켜 주며, FTP, H.323과 같이 복수 개의 세션을 사용하는 어플리케이션에 대해서도 스테이트풀(stateful) 방화벽 기능을 지원한다. 스테이트풀 방화벽 기능이란 외부에서 수신하는 패킷에 대하여 내부에서 출발한 것인지 또는 처음 외부에서 시작된 세션인지를 구분할 수 있는 것을 말한다.

CBAC 동작 방식

CBAC은 내부에서 출발한 패킷이 돌아올 때 허용하는 역할만 하므로 패킷들을 차단할 때에는 ACL과 함께 사용해야 한다.

CBAC의 동작 방식은 다음과 같다.

1) 인터페이스에 CBAC이 설정된 방향으로 패킷을 수신 또는 송신할 때, 돌아오는 패킷을 허용하는 임시 ACL을 만들어 기존 ACL의 상단에 추가한다. 만약 CBAC에서 검사되는 트래픽을 제어하는 ACL이 있을 경우, 해당 ACL이 먼저 패킷을 제어한다.

2) 해당 세션의 패킷이 돌아올 때 허용한다.

3) 해당 세션이 끝나면 임시 ACL을 제거한다.

TCP 세션의 종료는 FIN 패킷으로 감지하며, FIN 패킷 감지 후 5초가 지나면 상태 테이블에서 해당 세션을 제거한다.

UDP 세션은 기본적으로 30초간 해당 트래픽이 없으면 종료된 것으로 간주하고 해당 CBAC 상태 테이블에서 제거한다. DNS 스푸핑 공격과 DoS 공격을 방지하기 위하여 내부 장비가 외부로 DNS 질의를 보내고 5초 이내에 응답이 없거나 DNS 서버가 정상적으로 응답하면 해당 세션을 테이블에서 제거한다.

ICMP 세션은 10초 이내에 응답이 없으면 해당 앤트리를 제거한다. 응답 시 해당 메시지 타입만 허용한다. ICMP의 경우 일부 타입만 스테이트풀 기능을 지원하므로 지원하지 않는 타입은 일반 ACL에서 허용해 주어야 정상적으로 동작한다.

표 4-1 CBAC에서 지원하는 ICMP 메시지 타입

ICMP 패킷 타입	이 름	설 명
0	Echo Reply	Echo Request의 응답패킷
3	Destination Unreachable	목적지 접근 불가 메시지
8	Echo Request	ICMP 요청 패킷
11	Time Exceeded	TTL 시간만료 패킷
13	Timestamp Request	Timestamp 요청 패킷
14	Timestamp Reply	Timestamp Request의 응답패킷

CBAC 테스트를 위한 네트워크 구성

다음과 같이 CBAC을 위한 테스트 네트워크를 구축한다. 1장에서 사용한 것과 동일한 네트워크를 사용하기로 한다.

그림 4-1 CBAC을 위한 테스트 네트워크

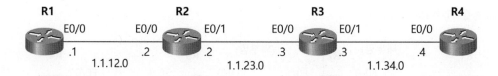

라우터의 인터페이스에 위 그림과 같이 IP 주소를 부여한다. 이후 모든 라우터에서 OSPF 에어리어 0을 설정한다. 설정 방법은 1장과 동일하므로 설명은 생략한다.

설정이 끝난 후 각 라우터에서 라우팅 테이블을 확인하고, 원격지 네트워크와의 통신을 핑으로 확인한다. 예를 들어, R4의 라우팅 테이블은 다음과 같다.

예제 4-1 R4의 라우팅 테이블

```
R4# show ip route
    (생략)
Gateway of last resort is not set

        1.0.0.0/8 is variably subnetted, 4 subnets, 2 masks
O        1.1.12.0/24 [110/30] via 1.1.34.3, 00:19:59, Ethernet0/0
O        1.1.23.0/24 [110/20] via 1.1.34.3, 00:17:18, Ethernet0/0
C        1.1.34.0/24 is directly connected, Ethernet0/0
L        1.1.34.4/32 is directly connected, Ethernet0/0
```

R4에서 R1의 1.1.12.1까지 핑이 된다.

예제 4-2 R4에서 1.1.12.1으로의 핑 테스트

```
R4# ping 1.1.12.1
Type escape sequence to abort.
Sending 5, 100-byte ICMP Echos to 1.1.12.1, timeout is 2 seconds:
!!!!!
Success rate is 100 percent (5/5), round-trip min/avg/max = 1/1/1 ms
```

이제, CBAC 설정 및 동작 확인을 위한 네트워크가 완성되었다.

기본적인 CBAC 설정 및 동작 확인

다음 그림과 같이 경계 라우터인 R2에서 CBAC을 설정해보자.

그림 4-2 내부망과 외부망

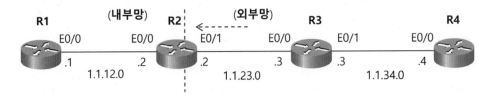

CBAC을 설정하기 앞서 어떤 종류의 트래픽을 허용할 것인지 먼저 결정한다. 기본적으로 RACL과 DACL처럼 외부에서 내부로 접근하는 모든 트래픽은 차단할 것이므로 OSPF를 제외한 모든 패킷을 차단하는 ACL을 외부 인터페이스에 설정해 준다.

예제 4-3 ACL 설정하기

```
① R2(config)# ip access-list extended outside-acl-in
   R2(config-ext-nacl)# permit ospf host 1.1.23.3 any
   R2(config-ext-nacl)# deny ip any any
   R2(config-ext-nacl)# exit

   R2(config)# int e0/1
② R2(config-if)# ip access-group outside-acl-in in
```

① 외부에서 시작되는 패킷 중 필요한 것들은 이 ACL에서 허용한다. 현재 설정된 ACL은 R3에서 전송하는 OSPF 패킷만 허용되고 나머지 패킷들은 다 차단한다.

② 앞서 만든 ACL을 적용한다.

설정 후 확인을 위해 외부에서 R1으로 텔넷과 핑을 하면 접근할 수 없다.

예제 4-4 외부에서 접근하는 통신 확인

```
R4# ping 1.1.12.1
Type escape sequence to abort.
Sending 5, 100-byte ICMP Echos to 1.1.12.1, timeout is 2 seconds:
U.U.U
Success rate is 0 percent (0/5)

R4# telnet 1.1.12.1
Trying 1.1.12.1 ...
% Destination unreachable; gateway or host down

R4#
```

또, 내부에서 외부로 통신을 시도하여도 되돌아오는 패킷이 차단되기 때문에 통신이 되지 않는다.

예제 4-5 내부에서 시작하는 통신 확인

```
R1# ping 1.1.34.4
Type escape sequence to abort.
Sending 5, 100-byte ICMP Echos to 1.1.34.4, timeout is 2 seconds:
.....
```

이제 내부에서 시작하는 TCP, UDP 및 ICMP 패킷만 되돌아 올 수 있도록 허용하는 CBAC을 설정해보자.

예제 4-6 CBAC 설정하기

```
① R2(config)# ip inspect name Outside-outbound tcp
   R2(config)# ip inspect name Outside-outbound udp
   R2(config)# ip inspect name Outside-outbound icmp

② R2(config)# int e0/1
③ R2(config-if)# ip inspect Outside-outbound out
```

① ip inspect name 명령어 다음에 적당한 CBAC 이름을 지정하고 검사할 프로토콜을 지정한다. 설정과 같이 tcp 옵션을 사용하면 TCP 패킷을 모두 검사하고 돌아올 때 허용할 임시 ACL을 만들어 기존의 ACL 문장 상단에 추가한다.

② CBAC을 적용할 인터페이스 설정모드로 들어간다.

③ ip inspect 명령어 다음에 앞서 만든 CBAC 이름과 방향을 지정한다. 이때 지정하는 방향은 임시 ACL을 만드는 시점을 의미한다. 즉, E0/1 인터페이스에서 방향을 out 으로 설정하였으므로, 결과적으로 E0/1 인터페이스에서 패킷이 외부로 빠져나가는 시점에 임시 ACL이 만들어진다.

만약, CBAC을 내부와 연결되는 E0/0 인터페이스에 적용한다면 방향을 in 으로 설정하면 된다.

이제 R1에서 외부 네트워크인 1.1.34.4로 텔넷을 해보면 성공한다.

예제 4-7 R1에서 1.1.34.4로 텔넷하기

```
R1# telnet 1.1.34.4
Trying 1.1.34.4 ... Open

User Access Verification

Password:
R4>
```

R2에서 **show ip inspect sessions detail** 명령어를 사용하여 확인해 보면 내부
망인 1.1.12.1에서 외부망인 1.1.34.4으로 전송된 텔넷 패킷이 돌아올 때 허용
하는 임시 ACL이 만들어져 있고, 이것에 의해서 R1에서 R4로 갔다가 돌아오는
텔넷 패킷이 허용된다.

예제 4-8 CBAC이 만든 세션 정보

```
R2# show ip inspect sessions detail
Established Sessions
 Session F2DD72F8 (1.1.12.1:41259)=>(1.1.34.4:23) tcp SIS_OPEN
  Created 00:00:17, Last heard 00:00:14
  Bytes sent (initiator:responder) [49:87]
  In  SID 1.1.34.4[23:23]=>1.1.12.1[41259:41259] on ACL outside-acl-in   (21 matches)
R2#
```

다음과 같이 R1에서 외부망인 1.1.34.4으로 핑을 해보면 성공한다.

예제 4-9 R1에서 1.1.34.4으로의 핑 테스트

```
R1# ping 1.1.34.4
Type escape sequence to abort.
Sending 5, 100-byte ICMP Echos to 1.1.34.4, timeout is 2 seconds:
!!!!!
Success rate is 100 percent (5/5), round-trip min/avg/max = 1/1/1 ms
```

다시 R2에서 **show ip inspect sessions detail** 명령어를 사용하여 확인해 보면
내부망인 1.1.12.1에서 외부망인 1.1.34.4으로 전송된 핑 패킷이 돌아올 때 허용하
는 임시 ACL이 만들어져 있고, 이것에 의해서 R1에서 R4로 갔다가 돌아오는 핑은
허용된다.

예제 4-10 CBAC 동작 확인

```
R2# show ip inspect sessions detail
Established Sessions
 Session F2DD70D8 (1.1.12.1:8)=>(1.1.34.4:0) icmp SIS_OPEN
  Created 00:00:00, Last heard 00:00:00
   ECHO request
  Bytes sent (initiator:responder) [360:360]
  In  SID 1.1.34.4[0:0]=>1.1.12.1[0:0] on ACL outside-acl-in   (5 matches)
```

```
In  SID 0.0.0.0[0:0]=>1.1.12.1[3:3]  on ACL outside-acl-in
In  SID 0.0.0.0[0:0]=>1.1.12.1[11:11]  on ACL outside-acl-in
```

그러나 다음과 같이 R1에서 R4로 트레이스 루트를 사용하면 정상적으로 동작하지
않는다. 트레이스 루트를 중단하려면 **Ctrl + Shift + 6**을 누르면 된다.

예제 4-11 R1에서 1.1.34.4으로의 트레이스 루트 테스트

```
R1# traceroute 1.1.34.4
Type escape sequence to abort.
Tracing the route to 1.1.34.4
VRF info: (vrf in name/id, vrf out name/id)
  1 1.1.12.2 1 msec 0 msec 0 msec
  2  *  *  *
  3  *  *  *
  4  *  *  *
      (생략)
```

라우터에서 사용되는 트레이스 루트는 목적지까지 ICMP가 아닌 UDP 프로토콜을
이용하여 패킷을 전송하므로 CBAC은 UDP에 대한 임시 ACL을 생성한다. 그러나
이후 목적지에서 응답할 때 사용하는 프로토콜은 UDP가 아니라 ICMP이므로 임시
ACL을 통과하지 못한다.

R2에서 CBAC의 동작을 확인해 보면 허용된 프로토콜이 ICMP가 아닌 UDP로 되어
있는 것을 알 수 있다.

예제 4-12 CBAC 동작 확인

```
R2# show ip inspect sessions detail
Half-open Sessions
 Session B4B378B0 (1.1.12.1:49231)=>(1.1.34.4:33437) udp SIS_OPENING
  Created 00:00:02, Last heard 00:00:02
  Bytes sent (initiator:responder) [0:0]
  In  SID 1.1.34.4[33437:33437]=>1.1.12.1[49231:49231] on ACL outside-acl-in
```

트레이스 루트를 사용하기 위해서는 기존의 R2에 적용되어 있는 ACL에 ICMP를
허용하는 문장을 추가한다.

CBAC 설정하기

```
    R2(config)# ip access-list extended outside-acl-in
①  R2(config-ext-nacl) 15 permit icmp any any ttl-exceeded
②  R2(config-ext-nacl) 16 permit icmp any any unreachable
```

① 중간 장비에서 TTL값이 0이 되면 전송하는 ICMP ttl-exceeded 메시지를 허용
   하도록 한다.

② UDP로 전송된 트레이스 루트 패킷의 포트 번호는 목적지에 도착하면 사용하지
   않는다. 목적지 장비는 목적지 도달 불가를 의미하는 ICMP unreachable 메시
   지를 전송하므로 이를 허용해 주는 문장을 추가한다.

ACL에 문장을 추가한 후 다시 R1에서 1.1.34.4로 트레이스 루트를 하면 정상적으
로 동작하는 것을 확인할 수 있다.

R1에서 1.1.34.4으로의 트레이스 루트 테스트

```
R1# traceroute 1.1.34.4
Type escape sequence to abort.
Tracing the route to 1.1.34.4
VRF info: (vrf in name/id, vrf out name/id)
  1 1.1.12.2 1 msec 0 msec 1 msec
  2 1.1.23.3 0 msec 1 msec 1 msec
  3 1.1.34.4 0 msec 1 msec *
```

또, 외부에서 내부로 들어오는 패킷들은 모두 차단된다.

외부에서 시작된 패킷들은 모두 차단된다

```
R4# ping 1.1.12.1
Type escape sequence to abort.
Sending 5, 100-byte ICMP Echos to 1.1.12.1, timeout is 2 seconds:
U.U.U
Success rate is 0 percent (0/5)

R4# telnet 1.1.12.1
Trying 1.1.12.1 ...
% Destination unreachable; gateway or host down
```

이상으로 기본적인 CBAC을 설정하고 동작을 테스트해 보았다.

응용계층 제어 및 유해 사이트 차단

CBAC은 기본적인 TCP, UDP, ICMP 외에도 아주 다양한 응용계층 프로토콜을 상세히 제어할 수 있다.

CBAC을 이용한 응용계층 트래픽 제어

CBAC으로 제어 가능한 응용계층 프로토콜 중 일부를 살펴보면 다음과 같다.

예제 4-16 CBAC으로 제어 가능한 프로토콜

```
R2(config)# ip inspect name mycbac ?
  802-11-iapp        IEEE 802.11 WLANs WG IAPP
  ace-svr            ACE Server/Propagation
  appfw              Application Firewall
  appleqtc           Apple QuickTime
  bgp                Border Gateway Protocol
  biff               Bliff mail notification
  bootpc             Bootstrap Protocol Client
  bootps             Bootstrap Protocol Server
  cddbp              CD Database Protocol
  cifs               CIFS
  cisco-fna          Cisco FNATIVE
  cisco-net-mgmt     cisco-net-mgmt
  cisco-svcs         cisco license/perf/GDP/X.25/ident svcs
  cisco-sys          Cisco SYSMAINT
  cisco-tdp          Cisco TDP
  cisco-tna          Cisco TNATIVE
  citrix             Citrix IMA/ADMIN/RTMP
  citriximaclient    Citrix IMA Client
  clp                Cisco Line Protocol
  creativepartnr     Creative Partnr
  creativeserver     Creative Server
  daytime            Daytime (RFC 867)
  dbase              dBASE Unix
  dbcontrol_agent    Oracle dbControl Agent po
  ddns-v3            Dynamic DNS Version 3
  dhcp-failover      DHCP Failover
  discard            Discard port
  dns                Domain Name Server
  dnsix              DNSIX Securit Attribute Token Map
  echo               Echo port
     (생략)
```

예를 들어, 내부로 돌아오는 TCP 패킷 중 HTTP만 허용하는 방법은 다음과 같다.

예제 4-17 HTTP만 허용하기

```
① R2(config)# no ip inspect name Outside-outbound
② R2(config)# ip inspect name mycbac http audit-trail on

   R2(config)# int e0/0
③ R2(config-if)# ip inspect mycbac in
```

① 앞서 설정한 CBAC을 제거한다. 이처럼 CBAC을 제거하면 인터페이스에 적용된
  것도 동시에 제거된다. 다음과 같이 확인해 보면 E0/1 인터페이스에 적용되었던
  CBAC이 제거되고 없다.

예제 4-18 CBAC을 제거하면 인터페이스에 적용된 것도 동시에 제거된다

```
R2# show run int e0/1
Building configuration...

Current configuration : 120 bytes
!
interface Ethernet0/1
 ip address 1.1.23.2 255.255.255.0
 ip access-group outside-acl-in in
 duplex auto
 speed auto
end
```

② HTTP만 검사하는 CBAC을 정의하였다. **audit-trail on** 옵션을 사용하면 해당되
  는 패킷의 로그를 표시해 준다.

③ E0/1 인터페이스에 **out** 방향으로 적용하는 대신, E0/0 인터페이스에 **in** 방향으
  로 CBAC을 적용하였다. 현재 테스트 네트워크에서 경계 라우터인 R2에는 내부
  및 외부와 연결되는 인터페이스가 각각 하나씩만 있으므로 이처럼 처음 패킷을
  수신하는 내부 인터페이스에 **in** 방향으로 설정해도 결과는 동일하다.

설정 후 R1에서 외부로 텔넷을 해보면 다음과 같이 차단된다.

예제 4-19 R1에서 외부로의 텔넷

```
R1# telnet 1.1.23.3
Trying 1.1.23.3 ...
% Connection timed out; remote host not responding
```

그러나 HTTP 패킷은 다음과 같이 허용된다.

예제 4-20 HTTP 트래픽 발생

```
R1# telnet 1.1.23.3 80
Trying 1.1.23.3, 80 ... Open
```

audit-trail on 옵션을 사용했기 때문에 다음과 같이 CBAC에 의해서 허용된 패킷에 대한 정보가 표시된다.

예제 4-21 CBAC 로그

```
R2#
%FW-6-SESS_AUDIT_TRAIL_START: Start http session: initiator (1.1.12.1:17643) --
responder (1.1.23.3:80)
```

다음과 같이 show ip inspect sessions detail 명령어를 사용하여 확인해 보면 돌아오는 HTTP 패킷을 허용하는 임시 ACL이 만들어져 있다.

예제 4-22 HTTP 패킷을 허용하는 임시 ACL

```
R2# show ip inspect sessions detail
Established Sessions
 Session F2DD6858 (1.1.12.1:17643)=>(1.1.23.3:80) http SIS_OPEN
  Created 00:00:54, Last heard 00:00:54
  Bytes sent (initiator:responder) [0:0]
  In  SID 1.1.23.3[80:80]=>1.1.12.1[17643:17643] on ACL outside-acl-in  (2 matches)
```

이상과 같이 CBAC을 이용하여 특정한 어플리케이션용 패킷이 내부에서 출발하는 것만 허용하는 작업을 간단히 수행할 수 있다.

CBAC 타이머

CBAC에서 사용하는 TCP 타이머를 조정하는 방법은 다음과 같다.

예제 4-23 CBAC TCP 타이머 조정

```
R2(config)# ip inspect tcp ?
  block-non-session       Block non-session TCP traffic
  finwait-time            Specify timeout for TCP connections after a FIN
  idle-time               Specify idle timeout for tcp connections
  max-incomplete          Specify max half-open connection per host
  reassembly              Specify parameters for Out of Order queue processing
  synwait-time            Specify timeout for TCP connections after a SYN and
                          no further data
  window-scale-enforcement  Window scale option for TCP packet
```

CBAC에서 사용하는 UDP 타이머를 조정하는 방법은 다음과 같다.

예제 4-24 CBAC UDP 타이머 조정

```
R2(config)# ip inspect udp ?
  idle-time   Specify idle timeout for udp (30)
```

DNS 타임 아웃을 조정하려면 다음과 같이 한다.

예제 4-25 DNS 타임 아웃 조정

```
R2(config)# ip inspect dns-timeout ?
  <1-2147483>   Timeout in seconds (5)
```

이처럼 전체적인 타이머를 사용하는 외에 각각의 **name** 별로 별도의 타이머를 설정할 수도 있다.

예제 4-26 name 별 별도의 타이머 설정

```
R2(config)# ip inspect name MY-CBAC tcp timeout ?
  <5-43200>   Timeout in seconds
```

자바 차단

CBAC을 이용하면 자바 애플릿(java applet)을 차단할 수 있다. 그러나 압축, 암호화되어 있거나, FTP나 PAM(port address mapping)이 설정되지 않은 비표준 HTTP 포트를 사용하는 경우에는 차단할 수 없다.

예를 들어, 1.1.1.0/24에서만 자바 애플릿이 다운로딩되는 것을 허용하려면 다음과 같이 설정한다.

예제 4-27 자바 애플릿 차단

```
R2(config)# ip inspect name myCBAC http java-list 1
R2(config)# access-list 1 permit 1.1.1.0 0.0.0.255

R2(config)# int f0/1
R2(config-if)# ip inspect myCBAC in
```

URL 차단

URL 차단(필터링, filtering)이란 유해 사이트 리스트를 유지하는 서버(contents filtering server)를 이용하여 특정한 사이트를 차단하는 것을 말한다. 시스코 라우터에서 지원되는 컨텐츠 필터링 서버는 N2H2와 Websense가 있다. URL 차단이 동작하는 순서는 다음과 같다.

1) 이용자의 트래픽을 라우터가 검사한다.

2) 트래픽을 목적지 서버와 필터링 서버로 동시에 전송한다.

3) 필터링 서버가 트래픽의 허용(permit) 또는 차단(deny)을 결정하여 라우터에게 전송한다.

4) 차단 트래픽이면'유해한 내용'이라는 안내 문구가 있는 URL을 이용자에게 전송한다.

5) 허용 트래픽이면 웹 서버로부터의 트래픽을 이용자에게 차단 없이 전송한다.

URL 필터를 설정하려면 먼저 다음과 같이 CBAC을 이용하여 URL 필터링을 지정한다.

예제 4-28 URL 필터링

```
R2(config)# ip inspect name mycbac http urlfilter
```

다음과 같이 시스코에서 지원하는 URL 필터 서버인 N2H2나 websense를 지정하고, 해당 서버의 IP 주소를 지정한다. 옵션으로 포트 번호를 변경할 수 있다. 기본 포트 번호는 N2H2가 4005, 웹센스가 15868번을 사용한다. 서버로부터 응답을 기다리는 타임아웃은 기본값이 5초이며, 재전송 횟수는 기본값이 2회이다.

예제 4-28 URL 필터 서버 지정

```
R2(config)# ip urlfilter server vendor ?
  n2h2      Turn on N2H2 URL filtering.
  websense  Turn on WebSense URL filtering

R2(config)# ip urlfilter server vendor websense 100.1.1.1
```

필요에 따라 다음과 같이 URL 필터 서버를 경유하지 않고 직접 허용하거나 차단할 도메인을 지정한다.

예제 4-29 직접 허용/차단 도메인 지정

```
R2(config)# ip urlfilter exclusive-domain permit .mycompany.com
R2(config)# ip urlfilter exclusive-domain deny .badcompany.com
```

CBAC은 URL 필터 캐시를 사용하여 허용 또는 차단하는 IP 주소를 저장한다. 기본값은 5000이며, 다음과 같이 변경할 수 있다.

예제 4-30 URL 필터 캐시 크기 조정

```
R2(config)# ip urlfilter cache ?
  <0-2147483647>  Number of cache entries
```

URL 캐시는 12시간 동안 저장된다. 용량의 80%가 되면, 지난 10분간 통신이 없는 IP 주소를 1분 간격으로 제거하여 80% 이하를 유지한다. 캐시를 삭제하려면 다음과 같이 한다.

예제 4-31 URL 필터 캐시 제거

```
R2# clear ip urlfilter cache ?
  A.B.C.D  IP address of an entry to be removed
  all      Delete all cache entries
```

URL 필터 서버가 동작하지 않을 때 기본적으로 모든 트래픽은 차단된다. 이 때
모든 트래픽을 통과시키려면 다음과 같이 한다.

예제 4-32 URL 필터 allow-mode

```
R2(config)# ip urlfilter allow-mode ?
  off   Turn off allowmode
  on    Turn on allowmode

R2(config)# ip urlfilter allow-mode on
```

기본적으로 라우터들은 동시 1000개의 URL 요청을 보낼 수 있다. 이 한계를 초과하
면 새로운 접속은 드롭된다. 동시 요청수를 조정하려면 다음과 같이 한다.

예제 4-33 동시 요청 수 조정

```
R2(config)# ip urlfilter max-request ?
  <1-2147483647>  Number of pending requests
```

라우터는 목적지 서버에서 응답이 먼저 오면 URL 서버로부터의 응답을 기다린다.
이 때 URL 서버로부터의 응답을 기다리는 접속수가 200이 넘어가면 드롭시킨다.
이를 조정하려면 다음과 같이 한다.

예제 4-34 URL 서버로부터의 응답을 기다리는 접속 수 조정

```
R2(config)# ip urlfilter max-resp-pak ?
  <0-20000>  Number of http response packets

R2(config)# ip urlfilter max-resp-pak 300
```

기본적으로 URL 서버가 다운되거나, 타임아웃되면 URL 필터링 경고를 보낸다. 이를 조정하는 방법은 다음과 같다.

예제 4-35 URL 필터링 경고 설정

```
R2(config)# ip urlfilter alert
```

누가 HTTP 접속을 시도하는지 등을 알려주는 감사 기록이 기본적으로는 비활성화 되어 있다. 이를 조정하는 방법은 다음과 같다.

예제 4-36 감사 기록 설정

```
R2(config)# ip urlfilter audit-trail
```

URL 필터링의 동작을 확인하는 명령어는 다음과 같다.

예제 4-37 URL 필터링 동작 확인 명령어

```
R2# sh ip urlfilter ?
  cache         urlfilter ip cache
  config        urlfilter configuration
  statistics    urlfilter statistics
```

이상으로 CBAC을 이용한 응용계층 제어 대해 살펴보았다.

CBAC을 이용한 다수 개의 영역 제어

이번에는 CBAC이 설정된 라우터를 경계로 3개 이상의 영역이 존재할 때 TCP, UDP, ICMP 및 응용계층 프로토콜을 제어해 보자. 설정이 조금 복잡해 보이지만 예제 순서대로 설정하면 어렵지 않다.

CBAC 테스트를 위한 네트워크 구성

다음과 같이 테스트를 위한 기본적인 네트워크를 구성한다. CBAC이 설정되는 R4를 중심으로 Inside, Outside, DMZ 3개의 영역이 존재한다.

모든 구간의 통신이 가능하도록 스위치, 라우터에서 기본 설정을 한다. 라우팅 프로토콜로는 OSPF를 사용한다.

그림 4-3 CBAC을 위한 테스트 네트워크

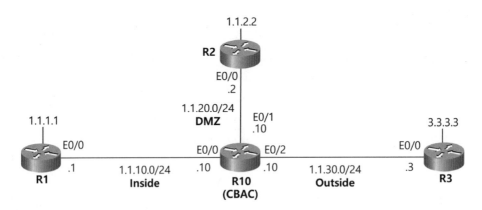

R1의 설정은 다음과 같다.

예제 4-38 R1의 인터페이스 설정

```
R1(config)# interface e0/0
R1(config-if)# ip address 1.1.10.1 255.255.255.0
R1(config-if)# no shut
R1(config-if)# exit
R1(config)# interface lo 0
R1(config-if)# ip address 1.1.1.1 255.255.255.0
R1(config-if)# exit
```

R2의 설정은 다음과 같다.

예제 4-39 R2의 인터페이스 설정

```
R2(config)# interface e0/0
R2(config-if)# ip address 1.1.20.2 255.255.255.0
R2(config-if)# no shut
R2(config-if)# exit

R2(config)# interface lo 0
R2(config-subif)# ip address 1.1.2.2 255.255.255.0
R2(config-subif)# exit
```

R3의 설정은 다음과 같다.

예제 4-40 R3의 인터페이스 설정

```
R3(config)# interface e0/0
R3(config-if)# ip address 1.1.30.3 255.255.255.0
R3(config-if)# no shut
R3(config-if)# exit

R3(config)# interface lo 0
R3(config-subif)# ip address 3.3.3.3 255.255.255.0
R3(config-subif)# exit
```

R10의 설정은 다음과 같다.

예제 4-41 R10의 인터페이스 설정

```
R10(config)# interface e0/0
R10(config-if)# ip address 1.1.10.10 255.255.255.0
R10(config-if)# no shut
R10(config-if)# exit

R10(config)# interface e0/1
R10(config-if)# ip address 1.1.20.10 255.255.255.0
R10(config-if)# no shut
R10(config-if)# exit

R10(config)# interface e0/2
R10(config-if)# ip address 1.1.30.10 255.255.255.0
R10(config-if)# no shut
```

설정이 끝나면 라우팅 테이블을 확인하고, 넥스트 홉 IP 주소까지의 통신을 핑으로 확인한다.

예제 4-42 넥스트 홉 IP 주소까지의 통신 확인

```
R10# show ip route
     (생략)
Gateway of last resort is not set

    1.0.0.0/8 is variably subnetted, 6 subnets, 2 masks
C       1.1.10.0/24 is directly connected, Ethernet0/0
L       1.1.10.10/32 is directly connected, Ethernet0/0
C       1.1.20.0/24 is directly connected, Ethernet0/1
L       1.1.20.10/32 is directly connected, Ethernet0/1
C       1.1.30.0/24 is directly connected, Ethernet0/2
L       1.1.30.10/32 is directly connected, Ethernet0/2

R10# ping 1.1.10.1
R10# ping 1.1.20.2
R10# ping 1.1.30.3
```

다음에는 각 라우터에서 라우팅을 설정한다. 외부 라우터인 R3에서는 1.1.0.0/12 네트워크에 대한 경로를 정적으로 설정한다.

예제 4-43 정적 경로 설정

```
R3(config)# ip route 1.1.0.0 255.255.0.0 1.1.30.10
```

이번에는 R1, R2, R4에서 OSPF 에어리어 0을 설정한다. 외부망과 연결되는 R4에서는 디폴트 루트를 설정하고 이를 OSPF를 통하여 재분배한다.

예제 4-44 OSPF 에어리어 0 설정

```
R1(config)# router ospf 1
R1(config-router)# network 1.1.10.1 0.0.0.0 area 0
R1(config-router)# network 1.1.1.1 0.0.0.0 area 0

R2(config)# router ospf 1
R2(config-router)# network 1.1.20.1 0.0.0.0 area 0
R2(config-router)# network 1.1.2.2 0.0.0.0 area 0

R10(config)# ip route 0.0.0.0 0.0.0.0 1.1.30.3
```

```
R10(config)# router ospf 1
R10(config-router)# network 1.1.10.10 0.0.0.0 area 0
R10(config-router)# network 1.1.20.10 0.0.0.0 area 0
R10(config-router)# default-information originate
```

라우팅 설정이 끝나면 각 라우터의 라우팅 테이블을 확인하고, 라우터 간의 통신을 핑으로 확인한다. 예를 들어, R1에서 R2, R3의 루프백 인터페이스로 통신이 되는지 확인한다.

예제 4-45 R1에서의 핑 테스트

```
R1# ping 1.1.2.2
R1# ping 3.3.3.3
```

이제 CBAC 설정 및 동작 확인을 위한 기본 네트워크가 구성되었다.

CBAC 설정 및 동작 확인

이번에는 ACL, CBAC 설정을 통해 보안 정책을 설정한다. 다음은 경계 라우터인 R4에 적용될 보안 정책을 표로 정리한 것이다.

표 4-1 허용 트래픽의 종류

출발 존	목적 존	허용 트래픽
DMZ	Outside	X
DMZ	Inside	X
Outside	DMZ	ICMP, HTTP, DNS, SMTP,
Outside	Inside	X
Inside	DMZ	ICMP, SSH, HTTP, SMTP
Inside	Outside	ICMP, HTTP, HTTPS, DNS

- DMZ에서 inside, outside 방향으로 세션을 시작할 수 없다.

- Outside에서 DMZ로 향하는 트래픽은 특정 호스트(1.1.2.2)로의 ICMP, HTTP, DNS, SMTP 서비스가 가능하다.

- Outside에서 inside 방향으로는 세션을 시작할 수 없다.

- Inside에서 DMZ로 향하는 트래픽은 특정 호스트(1.1.1.2)로의 ICMP, HTTP, DNS, SSH, SMTP 서비스가 가능하다.

- Inside에서 Outside 향하는 트래픽은 모든 호스트로의 ICMP, HTTP, HTTPS, DNS 서비스가 가능하다.

보안 정책을 적용하기에 앞서 R2, R3를 HTTP 서버로 동작시키기 위하여 다음과 같이 설정한다.

예제 4-46 HTTP 서버로 설정하기

```
R2(config)# ip http server
R3(config)# ip http server
```

이제 다음 그림과 같이 DMZ 구간에서 시작되는 트래픽을 제어해보자. DMZ에서 Inside 또는 Outside로 향하는 대부분의 트래픽은 ACL을 통해 차단한다. 그러나 DMZ 구간으로 돌아오는 트래픽이 없으므로 CBAC 설정은 필요하지 않다.

그림 4-4 DMZ에서 시작되는 세션

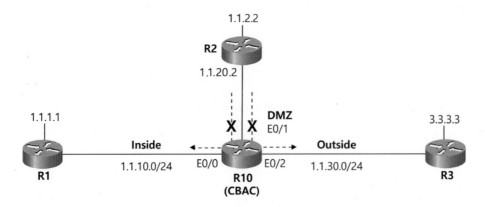

R10에서 다음과 같이 ACL을 설정한다.

예제 4-47 DMZ에서 시작되는 패킷 제어를 위한 ACL

```
① R10(config)# ip access-list extended DMZ-inbound
② R10(config-ext-nacl)# permit ospf host 1.1.20.2 any
③ R10(config-ext-nacl)# deny ip any any log
   R10(config-ext-nacl)# exit

④ R10(config)# int e0/1
⑤ R10(config-if)# ip access-group DMZ-inbound in
```

① DMZ에서 시작되는 패킷을 제어하기 위해 ACL을 만든다. 해당 ACL은 DMZ와 연결된 인터페이스에 입력 방향으로 적용되므로 **DMZ-inbound** 라는 이름을 사용하였다.

② 라우팅을 위해 OSPF 패킷은 허용한다.

③ OSPF 패킷을 제외하고, DMZ에서 Inside 또는 Outside 구간으로 향하는 모든 트래픽을 차단한다. **log** 옵션을 사용하면 콘솔 창에 해당 문장의 적용 결과가 표시된다.

④ DMZ 구간과 연결된 E0/1 인터페이스에 ACL을 적용한다.

⑤ E0/1 인터페이스의 입력 방향으로 들어오는 패킷에 **DMZ-inbound** ACL 정책이 적용된다.

설정 후 DMZ에서 Inside 방향으로 핑을 사용하면 패킷이 차단된다.

예제 4-48 DMZ에서 inside 방향으로의 통신 확인

```
R2# ping 1.1.1.1
Type escape sequence to abort.
Sending 5, 100-byte ICMP Echos to 1.1.1.1, timeout is 2 seconds:
U.U.U
Success rate is 0 percent (0/5)
```

R10의 콘솔 창을 확인해 보면, 차단된 패킷에 대한 로그 메시지가 표시된다.

차단된 패킷에 대한 로그메시지

```
R10#
*May 16 01:49:12.601: %SEC-6-IPACCESSLOGDP: list DMZ-inbound denied icmp
1.1.20.2 -> 1.1.1.1 (0/0), 1 packet
```

DMZ에서 Outside 방향으로 핑을 해도 ACL에 의해 차단된다.

예제 4-50 DMZ에서 outside 방향으로의 통신 확인

```
R2# ping 3.3.3.3
Type escape sequence to abort.
Sending 5, 100-byte ICMP Echos to 3.3.3.3, timeout is 2 seconds:
U.U.U
Success rate is 0 percent (0/5)
```

마찬가지로 R10의 콘솔 창에 차단된 패킷에 대한 로그 메시지가 표시된다.

예제 4-51 차단된 패킷에 대한 로그메시지

```
R10#
*May 16 01:50:05.363: %SEC-6-IPACCESSLOGDP: list DMZ-inbound denied icmp
1.1.20.2 -> 1.1.3.3 (0/0), 1 packet
```

이어서 다음 그림과 같이 Outside 구간에서 시작되는 트래픽을 제어하기 위해 ACL
을 설정한다. 또한 Outside 구간으로 돌아오는 패킷을 위해 CBAC 설정을 한다.

그림 4-5 outside에서 시작되는 세션

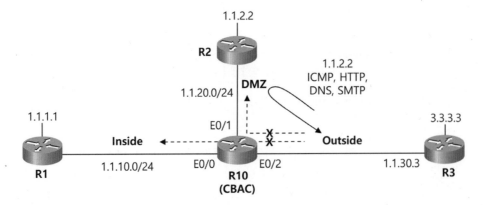

R10에서 다음과 같이 ACL을 설정한다.

예제 4-52 Outside에서 시작되는 패킷 제어를 위한 ACL

```
① R10(config)# ip access-list extended Outside-inbound
② R10(config-ext-nacl)# permit ospf host 1.1.30.3 any
③ R10(config-ext-nacl)# permit ip any host 1.1.2.2
④ R10(config-ext-nacl)# deny ip any any log
   R10(config-ext-nacl)# exit

⑤ R10(config)# int e0/2
⑥ R10(config-if)# ip access-group Outside-inbound in
```

① Outside에서 시작되는 패킷을 제어하기 위해 ACL을 만든다. 해당 ACL은
Outside와 연결된 인터페이스에 입력 방향으로 적용되므로 **Outside-inbound**
라는 이름을 사용하였다.

② 라우팅을 위해 OSPF 패킷은 허용한다.

③ Outside에서 DMZ 구간 특정 호스트(1.1.2.2)로의 연결을 허용한다.

④ Outside에서 DMZ 또는 Inside 구간으로 향하는 나머지 모든 패킷은 차단된다.

⑤ Outside 구간과 연결된 E0/2 인터페이스에 ACL을 적용한다.

⑥ E0/2 인터페이스의 입력 방향으로 들어오는 패킷에 **Outside-inbound** ACL
정책이 적용된다.

설정 후 Outside에서 Inside로 핑을 사용하면 패킷이 차단된다.

예제 4-53 outside에서 inside 방향으로의 통신 확인

```
R3# ping 1.1.1.1
Type escape sequence to abort.
Sending 5, 100-byte ICMP Echos to 1.1.1.1, timeout is 2 seconds:
U.U.U
Success rate is 0 percent (0/5)
```

R10의 콘솔 창을 확인해보면, **Outside-inbound** ACL에 의해 패킷이 차단된 것이
표시된다. 즉, R3에서 시작된 패킷이 R10를 통과하지 못하고 차단된다.

차단된 패킷에 대한 로그메시지

```
R10#
*May 16 01:52:47.001: %SEC-6-IPACCESSLOGDP: list Outside-inbound denied
icmp 1.1.30.3 -> 1.1.1.1 (0/0), 1 packet
```

Outside에서 DMZ 구간 호스트 1.1.2.2로의 통신은 허용하도록 설정하였다. 하지만 다음과 같이 통신이 실패한다.

예제 4-55 outside에서 DMZ 방향으로의 통신 확인

```
R3# ping 1.1.2.2
Type escape sequence to abort.
Sending 5, 100-byte ICMP Echos to 1.1.2.2, timeout is 2 seconds:
.....
Success rate is 0 percent (0/5)
```

그 이유는 Outside로 돌아오는 icmp 패킷이 차단되었기 때문이다. R4의 콘솔 창을 확인해 보면, E0/1 인터페이스에 설정된 **DMZ-inbound** ACL에 의해 패킷이 차단된 것을 볼 수 있다. 즉, R3에서 시작된 패킷이 R4를 지나 R2에 도달한 후에 R4를 통과하지 못하고 차단된다.

예제 4-56 차단된 패킷에 대한 로그메시지

```
R10#
*May 16 01:53:22.228: %SEC-6-IPACCESSLOGDP: list DMZ-inbound denied icmp
1.1.2.2 -> 1.1.30.3 (0/0), 1 packet
```

CBAC 설정을 통해 Outside에서 DMZ로 향하는 패킷을 검사하면, DMZ에서 Outside로 돌아오는 패킷을 임시로 허용할 수 있다. 이를 위해 다음과 같이 R10에서 CBAC을 설정한다.

예제 4-57 Outside에서 시작되는 패킷 제어를 위한 CBAC 설정

```
① R10(config)# ip inspect name CB-outside-DMZ icmp
   R10(config)# ip inspect name CB-outside-DMZ http
   R10(config)# ip inspect name CB-outside-DMZ dns
   R10(config)# ip inspect name CB-outside-DMZ smtp
```

```
② R10(config)# int e0/2
③ R10(config-if)# ip inspect CB-outside-DMZ in
```

① 검사할 트래픽은 Outside에서 DMZ로 향하는 트래픽이므로 **CB-outside-DMZ**
  라는 이름을 사용하였다. DMZ에서 Outside로 돌아오는 트래픽에 대해 ICMP,
  HTTP, DNS, SMTP 서비스를 허용한다.

② E0/2 인터페이스에 CBAC 설정을 적용한다.

③ CBAC가 설정된 E0/2 인터페이스로 패킷이 들어올 때 해당 패킷을 검사하고,
  돌아오는 방향으로 ICMP, HTTP, DNS, SMTP 서비스를 허용하도록 임시 ACL
  이 만들어진다.

CBAC 설정 후 다음과 같이 Outside에서 DMZ로 핑을 사용하면, 패킷이 더 이상
차단되지 않고 통신에 성공한다.

예제 4-58 Outside에서 DMZ로의 테스트

```
R3# ping 1.1.2.2
Type escape sequence to abort.
Sending 5, 100-byte ICMP Echos to 1.1.2.2, timeout is 2 seconds:
!!!!!
```

이후 R10에서 **show ip inspect sessions detail** 명령어를 사용하여 확인해보면,
돌아오는 패킷을 차단했던 **DMZ-inbound** ACL에 ICMP를 허용하는 임시 ACL이
만들어진 것을 볼 수 있다.

예제 4-59 임시 ACL 확인

```
R10# show ip inspect sessions detail
Established Sessions
 Session F2DB22F8 (1.1.30.3:8)=>(1.1.2.2:0) icmp SIS_OPEN
  Created 00:00:01, Last heard 00:00:01
   ECHO request
  Bytes sent (initiator:responder) [360:360]
  In  SID 1.1.2.2[0:0]=>1.1.30.3[0:0] on ACL DMZ-inbound  (5 matches)
  In  SID 0.0.0.0[0:0]=>1.1.30.3[3:3] on ACL DMZ-inbound
  In  SID 0.0.0.0[0:0]=>1.1.30.3[11:11] on ACL DMZ-inbound
```

또한 http 서버로의 접속도 가능하다.

예제 4-60 outside에서 DMZ로의 텔넷

```
R3# telnet 1.1.2.2 80
Trying 1.1.2.2, 80 ... Open
```

HTTP 세션에 대한 임시 ACL을 확인해 본다.

예제 4-61 임시 ACL 확인

```
R10# show ip inspect sessions detail
Established Sessions
 Session F2DB22F8 (1.1.30.3:40724)=>(1.1.2.2:80) http SIS_OPEN
  Created 00:00:02, Last heard 00:00:02
  Bytes sent (initiator:responder) [0:0]
  In  SID 1.1.2.2[80:80]=>1.1.30.3[40724:40724] on ACL DMZ-inbound   (2 matches)
```

계속해서 Inside 구간에서 시작되는 패킷을 제어하기 위한 설정을 한다. Inside에서 시작되는 트래픽은 차단할 것이 없으므로 ACL 설정이 필요하지 않다. 그러나 Inside로 돌아오는 트래픽을 허용하기 위해 CBAC 설정이 필요하다.

그림 4-6 Inside에서 시작되는 세션

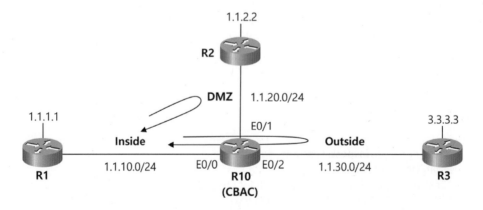

현재 Inside에서 DMZ 방향으로 핑을 사용하면 실패한다.

예제 4-62 inside에서 DMZ로 핑

```
R1# ping 1.1.2.2
Type escape sequence to abort.
Sending 5, 100-byte ICMP Echos to 1.1.2.2, timeout is 2 seconds:
.....
Success rate is 0 percent (0/5)
```

그 이유는 E0/1 인터페이스에 적용된 ACL이 돌아오는 패킷을 차단하기 때문이다.

예제 4-63 차단된 패킷에 대한 로그메시지

```
R10#
*May 16 01:57:51.747: %SEC-6-IPACCESSLOGDP: list DMZ-inbound denied icmp
1.1.2.2 -> 1.1.10.1 (0/0), 1 packet
```

돌아오는 패킷을 허용하기 위해서 R4에서 다음과 같이 CBAC를 설정한다.

예제 4-64 CBAC 설정

```
① R10(config)# ip inspect name CB-inside-DMZ icmp
   R10(config)# ip inspect name CB-inside-DMZ ssh
   R10(config)# ip inspect name CB-inside-DMZ http
   R10(config)# ip inspect name CB-inside-DMZ smtp

② R10(config)# int e0/1
③ R10(config-if)# ip inspect CB-inside-DMZ out
```

① 검사할 트래픽은 Inside에서 DMZ로 향하는 트래픽이므로 **CB-inside-DMZ** 라
   는 이름을 사용하였다. DMZ에서 Inside로 돌아오는 트래픽의 ICMP, SSH,
   HTTP, SMTP 서비스를 허용한다.

② E0/1 인터페이스에 CBAC 설정을 적용한다.

③ CBAC가 설정된 E0/1 인터페이스로 패킷이 빠져나갈 때 해당 패킷을 검사하고,
   돌아오는 방향으로 ICMP, SSH, HTTP, SMTP 서비스를 허용하도록 임시 ACL
   이 만들어진다.

CBAC 설정 후에는 Inside에서 DMZ로 핑이 성공하는 것을 확인할 수 있다.

예제 4-65 inside에서 DMZ로 핑

```
R1# ping 1.1.2.2
Type escape sequence to abort.
Sending 5, 100-byte ICMP Echos to 1.1.2.2, timeout is 2 seconds:
!!!!!
Success rate is 100 percent (5/5), round-trip min/avg/max = 1/1/1 ms
```

이번에는 Inside에서 Outside 방향으로 핑을 사용해보면 실패한다.

예제 4-66 inside에서 outside로 핑

```
R1# ping 3.3.3.3
Type escape sequence to abort.
Sending 5, 100-byte ICMP Echos to 3.3.3.3, timeout is 2 seconds:
.....
Success rate is 0 percent (0/5)
```

그 이유는 E0/2 인터페이스에 적용된 ACL이 돌아오는 패킷을 차단하기 때문이다.

예제 4-67 차단된 패킷에 대한 로그메시지

```
R10#
*May 16 01:59:47.646: %SEC-6-IPACCESSLOGDP: list Outside-inbound denied
icmp 3.3.3.3 -> 1.1.10.1 (0/0), 1 packet
```

마찬가지로 돌아오는 패킷을 허용하기 위해 R4에서 CBAC를 설정한다.

예제 4-68 CBAC 설정

```
R4(config)# ip inspect name CB-inside-outsid icmp
R4(config)# ip inspect name CB-inside-outsid http
R4(config)# ip inspect name CB-inside-outsid https
R4(config)# ip inspect name CB-inside-outsid dns

R4(config)# int e0/2
R4(config-if)# ip inspect CB-inside-outsid out
```

설정 후에는 Inside에서 Outside로 핑이 성공하는 것을 확인할 수 있다.

예제 4-69 Inside에서 Outside로 핑

```
R1# ping 3.3.3.3
Type escape sequence to abort.
Sending 5, 100-byte ICMP Echos to 3.3.3.3, timeout is 2 seconds:
!!!!!
Success rate is 100 percent (5/5), round-trip min/avg/max = 1/1/1 ms
```

이상으로 CBAC을 이용한 라우터의 방화벽 기능에 대하여 살펴보았다.

제5장

ZFW

(존 기반 방화벽)

ZFW 개요

앞장에서 다룬 CBAC은 인터페이스를 기반으로 트래픽을 검사하기 때문에 세분화된 정책 설정 및 관리가 힘들고, 특히 다수 개의 인터페이스와 연결된 경우에는 설정이 더 복잡하다.

이러한 문제점을 개선한 ZFW(zone-based policy firewall)는 라우터의 각 인터페이스를 특정 존(zone)에 할당하고, 존 사이에 보안정책을 적용한다.

기존의 라우터 방화벽과는 달리, ZFW는 존을 이용해 트래픽을 제어하므로 설정이 유연하고, 전용방화벽인 ASA의 설정과도 유사하다. 뿐만 아니라 기능도 거의 전용 방화벽 수준으로 향상시켰다.

기본적인 설정에 앞서, 존 기반 방화벽에서 사용되는 용어를 알아보도록 한다. 8장부터 다루게 되는 ASA의 설정에서도 동일한 개념이 사용되기 때문에 이번 장에서 개념을 이해하면 많은 도움이 된다.

ZFW 관련 용어

- 존(zone) 또는 보안 존(security zone)이란 보안 정책이 적용되는 인터페이스 그룹을 말한다. ZFW에서는 유사한 기능을 하는 인터페이스들을 동일한 존으로 묶어 보안 정책을 한꺼번에 적용한다.

- 존 멤버(zone member)란 존에 속한 인터페이스를 말한다.

- 셀프 존(self-zone)이란 시스템에서 정의한 디폴트 존이다. 라우터는 자체적으로 self 라는 이름을 가진 보안 존에 정의되어 있다. 따라서 ZFW를 설정하는 라우터의 모든 인터페이스들은 특정 존 소속 여부와 상관없이 셀프 존에 포함된다.

  셀프 존은 해당 라우터가 출발지이거나 목적지인 패킷을 제어할 때 쓰이며, 사용자가 직접 셀프 존에 인터페이스를 추가하거나 제거할 수 없다.

- 존 페어(zone pair)란 출발지 존과 목적지 존을 묶어주는 것을 말한다. 존 페어를 설정하기 전까지는 서로 다른 존(셀프 존은 예외)으로 트래픽이 이동할 수 없다.

ZFW 테스트를 위한 네트워크 구성

다음과 같이 ZFW를 위한 테스트 네트워크를 구축한다. 1장에서 사용한 것과 동일한 네트워크를 구축하기로 한다.

그림 5-1 ZFW를 위한 테스트 네트워크

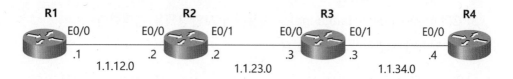

위 그림과 같이 각 라우터의 인터페이스 IP 주소를 부여한다. 이후 모든 라우터에서 OSPF 에어리어 0을 설정한다. 설정 방법은 1장과 동일하므로 설명을 생략한다. 설정이 끝난 후 각 라우터에서 라우팅 테이블을 확인하고, 원격지 네트워크와의 통신을 핑으로 확인한다. 예를 들어, R4에서 다음과 같이 확인한다.

예제 5-1 R4의 라우팅 테이블

```
R4# show ip route
    (생략)

Gateway of last resort is not set

     1.0.0.0/8 is variably subnetted, 4 subnets, 2 masks
O       1.1.12.0/24 [110/30] via 1.1.34.3, 00:00:02, Ethernet0/0
O       1.1.23.0/24 [110/20] via 1.1.34.3, 00:00:28, Ethernet0/0
C       1.1.34.0/24 is directly connected, Ethernet0/0
L       1.1.34.4/32 is directly connected, Ethernet0/0

R4# ping 1.1.12.1

Type escape sequence to abort.
Sending 5, 100-byte ICMP Echos to 1.1.12.1, timeout is 2 seconds:
!!!!!
```

이제, ZFW 테스트 네트워크가 완성되었다.

ZFW 설정과 동작 방식

ZFW를 설정하는 순서는 다음과 같다.

1) 존(zone)을 만들고, 각 인터페이스에 할당한다.
2) 존 페어(zone pair)를 만든다.
3) CPL(cisco policy language)을 이용하여 보안정책을 정의한다.
4) 존 페어에 보안정책을 적용한다.

다음 그림과 같이 경계 라우터인 R2에서 inside, outside 두 개의 존을 만들고 인터페이스에 할당한다.

그림 5-2 ZFW 동작 확인을 위한 테스트 네트워크

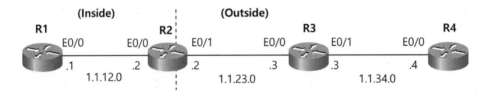

존 만들기

보안 존 설정을 설정할 때는 다음과 같은 규칙이 적용된다.

• 한 인터페이스는 오직 하나의 존에만 소속된다.

• 동일 보안 존에 소속되어 있는 인터페이스 간에는 어떤 정책도 적용되지 않고, 트래픽 이동이 자유롭게 허용된다.

• 서로 다른 보안 존에 소속되어 있는 인터페이스 간에는 폴리시 맵에서 명시적으로 허용하지 않는 한 모든 트래픽이 차단된다. 즉, 한 인터페이스가 보안 존에 소속되면 명시적인 허용 정책이 없는 이상 해당 인터페이스를 통하여 입출력되는 모든 트래픽이 차단된다.

• 셀프 존은 일반 보안 존과 반대로 폴리시 맵에서 명시적으로 차단하지 않는 이상 모든 트래픽을 허용한다.

- 어느 보안 존에도 소속되지 않은 인터페이스는 보안 존에 소속된 인터페이스와 통신할 수 없다. 폴리시 맵은 두 개의 존 사이에만 적용 가능하기 때문이다.

- 한 라우터에서 모든 인터페이스간의 통신이 이루어지기 위해서는 모든 인터페이스가 반드시 보안 존에 소속되어야 한다.

- 존과 존사이의 트래픽 관리에는 ACL을 적용시킬 수 없다. 존의 트래픽 관리는 존 페어를 통해서만 이루어지며, 필요시 해당 ACL을 클래스 맵에 포함시키고 폴리시 맵에서 패킷을 제어한다.

- 존 멤버에 속한 인터페이스에는 ACL을 적용시킬 수 있다.

- 특정 보안 존에 소속된 인터페이스들은 모두 동일한 VRF(virtual routing and forwarding)에 소속되어야 한다.

- 멤버 인터페이스가 서로 다른 VRF에 소속된 존들 사이에 정책을 설정할 수 있다. 그러나 설정에서 허용하지 않는다면 트래픽이 차단된다.

- 보안 존에 소속된 인터페이스는 CBAC을 설정할 수 없다. 즉, 한 인터페이스에 ZFW와 CBAC을 동시에 설정할 수 없다.

다음과 같이 적당한 이름의 존을 정의한다.

예제 5-2 존 정의하기

```
R2(config)# zone security inside
R2(config-sec-zone)# exit
R2(config)# zone security outside
R2(config-sec-zone)# exit
```

앞서 정의한 존을 다음과 같이 인터페이스에 할당한다.

예제 5-3 존 할당하기

```
① R2(config)# int e0/0
  R2(config-subif)# zone-member security inside
  R2(config-subif)# exit
```

```
② R2(config)# int e0/1
   R2(config-subif)# zone-member security outside
   R2(config-subif)# exit
```

① E0/0 인터페이스를 inside 존에 할당한다.

② E0/1 인터페이스를 outside 존에 할당한다.

설정 후 다음과 같이 show zone security 명령어를 사용하여 확인하면 현재 설정된 존과 각 존에 할당된 인터페이스를 알 수 있다.

결과에서 보이는 것처럼 self 라는 존은 기본적으로 만들어지며 해당 라우터에서 출발하거나 해당 라우터가 목적지인 패킷을 제어할 때 사용된다.

예제 5-4 존 설정 확인하기

```
R2# show zone security
zone self
Description: System Defined Zone

zone inside
 Member Interfaces:
 Ethernet0/0

zone outside
 Member Interfaces:
 Ethernet0/1
```

존 설정 후 1분 정도 기다린 후 R1의 라우팅 테이블을 보면 다음과 같이 1.1.34.0/24 네트워크가 여전히 인스톨되어 있다. 존에 소속된 인터페이스 사이의 트래픽은 폴리시 맵의 정책을 따르지만 존에 소속된 인터페이스가 최종 목적지인 패킷들은 모두 수신하는 것을 알 수 있다.

예제 5-5 R1의 라우팅 테이블

```
R1# show ip route
    (생략)
Gateway of last resort is not set

    1.0.0.0/8 is variably subnetted, 4 subnets, 2 masks
C       1.1.12.0/24 is directly connected, Ethernet0/0
L       1.1.12.1/32 is directly connected, Ethernet0/0
O       1.1.23.0/24 [110/20] via 1.1.12.2, 00:07:28, Ethernet0/0
O       1.1.34.0/24 [110/30] via 1.1.12.2, 00:07:28, Ethernet0/0
```

같은 이유로 R1에서 R2로 핑을 해보면 성공한다.

예제 5-6 R1에서 R2로의 핑

```
R1# ping 1.1.12.2
Type escape sequence to abort.
Sending 5, 100-byte ICMP Echos to 1.1.12.2, timeout is 2 seconds:
!!!!!
Success rate is 100 percent (5/5), round-trip min/avg/max = 1/1/1 ms
```

그러나 서로 다른 존에 소속된 패킷들은 기본적으로 모두 차단된다. 다음과 같이 R1에서 R3으로는 핑도 텔넷도 되지 않는다.

예제 5-7 R1에서 R3으로의 핑과 텔넷

```
R1# ping 1.1.23.3
Type escape sequence to abort.
Sending 5, 100-byte ICMP Echos to 1.1.23.3, timeout is 2 seconds:
.....
Success rate is 0 percent (0/5)

R1# telnet 1.1.23.3
Trying 1.1.23.3 ...
% Connection timed out; remote host not responding
```

이처럼 서로 다른 존에 소속된 장비간의 트래픽은 명시적으로 허용해야만 통과된다.

존 페어 만들기

존과 존 사이의 트래픽은 존 페어(zone pair)를 통해 제어한다. 존 페어는 **zone-pair security** 명령어를 사용하여 만들고, 출발지 및 목적지 존을 지정하여 트래픽의 방향을 지정한다.

존 페어 설정 시 출발지와 목적지를 명시하여 트래픽 방향이 지정되므로, 반대 방향인 트래픽에는 방화벽 정책이 적용되지 않는다. 즉, 존 페어를 사용하면 두 개의 존 간에는 단방향의 방화벽 정책을 정의할 수 있다.

만약, 양방향으로의 트래픽을 허용하려면 각 방향 당 하나씩의 존 페어를 만들어야 하겠지만, 돌아오는 리턴 트래픽(return traffic)은 자동으로 허용되므로 항상 두 개의 존 페어를 만들 필요는 없다.

필요시 self 존을 출발지나 목적지 존으로 선택할 수 있다. 셀프 존이 포함된 존 페어는 해당 라우터가 최종 목적지이거나 해당 라우터에서 시작되는 트래픽을 제어할 때 사용한다. 라우터를 통과하는 트래픽에는 적용되지 않는다. 셀프 존이 포함된 존 페어에는 검사 폴리시 맵을 사용할 수 없다.

다음 그림과 같이 inside 존에서 outside 존으로 갔다가 돌아오는 트래픽을 제어하기 위하여 적당한 이름의 존 페어를 만들어보자.

그림 5-3 존 페어의 방향

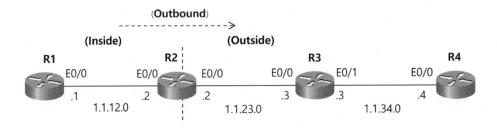

이를 위한 R2의 설정은 다음과 같다.

예제 5-8 존 페어 설정

```
R2(config)# zone-pair security Outbound source inside destination outside
```

설정 후 show zone-pair security 명령어를 사용하여 확인해보면 다음과 같다.

예제 5-9 존 페어 확인

```
R2# show zone-pair security
Zone-pair name Outbound
    Source-Zone inside   Destination-Zone outside
    service-policy not configured
```

CPL을 이용한 보안정책 정의 및 적용

ZFW에서 존 사이의 트래픽을 제어하려면 CPL(cisco policy language)을 이용하여 보안정책을 정의하고, 이를 존 페어에 적용하면 된다. CPL은 QoS를 설정할 때 사용하는 명령어 체계인 MQC(modular QoS CLI)와 거의 같다.

class-map 명령어를 사용하여 트래픽을 분류하고 policy-map 명령어로 정책을 설정한 다음 service-policy 명령어를 이용하여 존 페어에 보안정책을 적용한다. 필요시 클래스 맵에서 트래픽을 분류할 때 사용하기 위하여 ACL을 이용하여 미리 특정 트래픽을 지정할 수도 있다.

예를 들어, inside에서 outside로 가는 모든 트래픽을 허용하는 ZFW용 보안 정책을 설정해 보자. 먼저, 다음과 같이 클래스 맵을 만든다.

예제 5-10 클래스 맵 만들기

```
① R2(config)# ip access-list extended acl-outbound
   R2(config-ext-nacl)# permit ip any any
   R2(config-ext-nacl)# exit

② R2(config)# class-map type inspect class-outbound
③ R2(config-cmap)# match access-group name acl-outbound
   R2(config-cmap)# exit
```

① 클래스 맵에서 트래픽을 분류할 때 사용할 ACL을 만든다. 모든 트래픽을 허용하거나 IP 주소를 이용하여 특정 트래픽을 분류하려면 이처럼 미리 ACL을 만든다. 그러나 HTTP 등과 같이 프로토콜의 종류만으로 트래픽을 분류하는 경우 이와

같은 ACL 설정이 필요 없다.

② class-map type inspect 명령어를 이용하여 클래스 맵을 정의한다. QoS에서 사용하는 MQC나 전용방화벽인 ASA에서 사용하는 명령어와 달리 ZFW에서는 이처럼 **class-map**, **policy-map** 및 **service-policy** 다음에 항상 **type inspect** 명령어를 함께 사용한다.

③ 클래스 맵 내에서 **match** 명령어를 사용하여 앞서 설정한 ACL을 참조하였다.

클래스 맵을 만든 후 다음과 같이 폴리시 맵을 정의한다.

예제 5-11 폴리시 맵 만들기

```
① R2(config)# policy-map type inspect policy-outbound
② R2(config-pmap)# class type inspect class-outbound
③ R2(config-pmap-c)# inspect
   R2(config-pmap-c)# exit
   R2(config-pmap)# exit
```

① **policy-map type inspect** 명령어와 함께 적당한 이름을 사용하여 폴리시 맵 설정 모드로 들어간다.

② 앞서 만든 클래스 맵을 호출한다.

③ **inspect** 명령어를 사용하여 해당 트래픽이 inside 존에서 outside 존으로 나가는 것과 이 트래픽들이 돌아오는 것을 허용한다.

폴리시 맵은 존 간의 트래픽에 대해서 세 가지 중 하나의 액션을 취한다.

• **drop** : 기본적인 동작이다. ACL과 달리 ZFW는 패킷이 폐기(drop)되어도 출발지로 ICMP 도달 불가 메시지를 전송하지 않는다.

• **pass** : 패킷을 통과시키지만 접속이나 세션정보를 기록하지 않는다. 따라서, 돌아오는 패킷을 자동으로 허용하지는 않는다. IPSec ESP, IPSec AH, ISAKMP 등과 같은 예측가 능한 프로토콜에 대해서는 유용하나 대부분의 경우에는 **inspect** 액션이 좋다.

• **inspect** : 패킷을 통과시키면서 접속이나 세션정보를 유지하여 돌아오는 패킷을 허용한다.

앞서 만든 폴리시 맵을 다음과 같이 Outbound 존 페어에 적용한다.

예제 5-12 폴리시 맵 적용하기

```
R2(config)# zone-pair security Outbound
R2(config-sec-zone-pair)# service-policy type inspect policy-outbound
R2(config-sec-zone-pair)# exit
```

설정 후 다음과 같이 inside에서 outside 존으로 핑이 된다.

예제 5-13 inside에서 outside 존으로의 핑

```
R1# ping 1.1.23.3
Type escape sequence to abort.
Sending 5, 100-byte ICMP Echos to 1.1.23.3, timeout is 2 seconds:
!!!!!
Success rate is 100 percent (5/5), round-trip min/avg/max = 1/1/1 ms
```

다음과 같이 inside에서 outside 존으로 텔넷도 된다.

예제 5-14 inside에서 outside 존으로의 텔넷

```
R1# telnet 1.1.23.3
Trying 1.1.23.3 ... Open


User Access Verification

Password:
R3>
```

R2에서 **show policy-map type inspect zone-pair sessions** 명령어를 사용하여
확인해 보면 현재 ZFW에 의해서 허용된 세션 정보를 알 수 있다.

예제 5-15 ZFW에 의해서 허용된 세션 정보 확인하기

```
R2# show policy-map ty ins zone-pair sessions

policy exists on zp Outbound
  Zone-pair: Outbound

  Service-policy inspect : policy-outbound

    Class-map: class-outbound (match-all)
      Match: access-group name acl-outbound
   Inspect
      Number of Established Sessions = 1
      Established Sessions
        Session F3F19BC8 (1.1.12.1:12577)=>(1.1.23.3:23) tcp SIS_OPEN/TCP_ESTAB
        Created 00:00:39, Last heard 00:00:38
        Bytes sent (initiator:responder) [39:84]

    Class-map: class-default (match-any)
      Match: any
      Drop
        0 packets, 0 bytes
```

그러나 outside 존에서 inside 존으로의 트래픽은 차단되어 다음과 같이 R3에서 R1로 핑이나 텔넷 모두 실패한다.

예제 5-16 R3에서 R1로 핑 및 텔넷 테스트

```
R3# ping 1.1.12.1
Type escape sequence to abort.
Sending 5, 100-byte ICMP Echos to 1.1.12.1, timeout is 2 seconds:
.....
Success rate is 0 percent (0/5)

R3# telnet 1.1.12.1
Trying 1.1.12.1 ...
% Connection timed out; remote host not responding
```

만약 outside 존에서 시작하여 inside 존으로 들어오는 트래픽을 허용하려면 추가적인 존 페어를 만들고 CPL을 이용하여 해당 트래픽을 지정해야 한다.

예를 들어, outside 존에서 inside 존으로의 텔넷을 허용하는 방법은 다음과 같다.

예제 5-17 outside 존에서 inside 존으로의 텔넷 허용하기

```
① R2(config)# class-map type inspect class-inbound
   R2(config-cmap)# match protocol telnet
   R2(config-cmap)# exit

② R2(config)# policy-map type inspect policy-inbound
   R2(config-pmap)# class class-inbound
   R2(config-pmap-c)# inspect
   R2(config-pmap-c)# exit
   R2(config-pmap)# exit

③ R2(config)# zone-pair security Inbound source outside destination inside
   R2(config-sec-zone-pair)# service-policy type inspect policy-inbound
   R2(config-sec-zone-pair)# end
```

① 텔넷 트래픽을 지정하는 클래스 맵을 만든다.

② 앞서 만든 클래스 맵을 불러 검사하는 폴리시 맵을 만든다.

③ 출발지가 outside 존이고 목적지가 inside 존인 존 페어를 만들고, 앞서 만든 폴리시 맵을 적용한다. 폴리시 맵의 마지막에는 항상 **class-default** 클래스 맵이 있다. MQC 폴리시 맵과 달리 별도로 지정하지 않으면 기본 액션은 **drop**이다.

설정 후 다음과 같이 outside 존에서 inside 존으로의 텔넷이 허용된다.

예제 5-18 outside 존에서 inside 존으로의 텔넷

```
R3# telnet 1.1.12.1
Trying 1.1.12.1 ... Open
User Access Verification

Password:
R1>
```

이상과 같이 기본적인 ZFW를 설정하고 동작을 확인해 보았다.

ZFW와 ACL의 관계

앞장에서 공부한 CBAC의 경우, CBAC이 검사한 트래픽에 대해서 임시 ACL이 만들어져 기존의 ACL 위에 추가되었다. 결과적으로 CBAC이 검사한 패킷들이 허용되고, CBAC과 무관한 트래픽들은 ACL에 의해서 제어되었다. 즉, ACL이 허용하면 통과하고 ACL이 차단하면 통과하지 못한다.

그러나 존에 소속된 인터페이스에 적용된 ACL과 ZFW의 동작 방식은 CBAC과 다르게 다음과 같이 동작한다.

1) 패킷을 수신하면 ACL이 먼저 적용된다. ACL에 의해서 차단된 패킷은 ZFW가 적용되지 않고 그대로 차단된다.

2) ACL이 통과시킨 패킷들에 대해서 ZFW가 적용된다. 즉, ACL에 의해서 허용된 패킷이라도 ZFW에서 허용되지 않으면 차단된다.

이를 확인하기 위하여 다음과 같이 R4에서 R1로 가는 텔넷을 차단하고, 나머지 트래픽은 모두 허용하는 ACL을 만들어 outside 존에 할당된 E0/1 인터페이스에 적용시켜보자.

예제 5-19 ACL 적용하기

```
R2(config)# ip access-list extended acl-inbound
R2(config-ext-nacl)# deny tcp host 1.1.34.4 host 1.1.12.1 eq 23
R2(config-ext-nacl)# permit ip any any

R2(config)# int e0/1
R2(config-subif)# ip access-group acl-inbound in
```

설정 후 R4에서 R1로 텔넷을 하면 R2에서 ZFW에 앞서 ACL이 적용되고 결과적으로 해당 트래픽이 차단된다.

예제 5-20 ZFW에 앞서 ACL이 적용되어 트래픽이 차단된다

```
R4# telnet 1.1.12.1
Trying 1.1.12.1 ...
% Destination unreachable; gateway or host down
```

R2에서 다음과 같이 액세스리스트를 확인해보면 텔넷 패킷이 차단되어 카운트가 오르는 것을 확인 할 수 있다.

예제 5-21 R2의 액세스 리스트 확인결과

```
R2)# show ip access-lists acl-inbound
Extended IP access list acl-inbound
    10 deny tcp host 1.1.34.4 host 1.1.12.1 eq telnet (1 match)
    20 permit ip any any (6 matches)
```

R4에서 R1로 핑을 해보면 **permit ip any any** 문장에 의해서 ACL을 통과하지만 외부에서 내부로는 텔넷만 허용하는 ZFW에 의해서 차단된다.

예제 5-22 R4에서 R1로의 핑

```
R4# ping 1.1.12.1

Type escape sequence to abort.
Sending 5, 100-byte ICMP Echos to 1.1.12.1, timeout is 2 seconds:
.....
Success rate is 0 percent (0/5)
```

R2에서 Outside 존으로부터 들어오는 패킷을 제어하는 존 페어를 확인해 보면 적용된 class-default 클래스맵이 패킷을 차단시킨 것을 알 수 있다.

예제 5-23 R2에서의 존 페어 세션 확인 결과

```
R2# show policy-map type inspect zone-pair Inbound
policy exists on zp Inbound
  Zone-pair: Inbound
  Service-policy inspect : policy-inbound
    Class-map: class-inbound (match-all)
      Match: protocol telnet

  Inspect
      Packet inspection statistics [process switch:fast switch]
      tcp packets: [0:37]

      Session creations since subsystem startup or last reset 1
      Current session counts (estab/half-open/terminating) [0:0:0]
```

```
        Maxever session counts (estab/half-open/terminating) [1:1:1]
        Last session created 00:35:44
        Last statistic reset never
        Last session creation rate 0
        Maxever session creation rate 1
        Last half-open session total 0
        TCP reassembly statistics
        received 0 packets out-of-order; dropped 0
        peak memory usage 0 KB; current usage: 0 KB
        peak queue length 0


   Class-map: class-default (match-any)
      Match: any
      Drop
         5 packets, 400 bytes
```

다음과 같이 R3에서 R1로 핑을 해보면 ACL을 통과하지만 외부에서 내부로는 텔넷만 허용하는 ZFW에 의해서 역시 차단된다.

예제 5-24 R3에서 R1로의 핑

```
R3# ping 1.1.12.1

Type escape sequence to abort.
Sending 5, 100-byte ICMP Echos to 1.1.12.1, timeout is 2 seconds:
.....
Success rate is 0 percent (0/5)
```

다음과 같이 R3에서 R1로 텔넷을 해보면 텔넷은 ACL과 ZFW를 모두 통과하여 허용된다.

예제 5-25 R3에서 R1로의 텔넷

```
R3# telnet 1.1.12.1
Trying 1.1.12.1 ... Open
User Access Verification

Password:
R1>
```

이상으로 ACL과 ZFW의 관계에 대해서 살펴보았다.

다수 개의 인터페이스 간 ZFW 설정

지금까지 기본적인 ZFW 기능에 대해서 살펴보았다. 이번에는 다수 개의 인터페이스 간 ZFW를 설정해 본다.

테스트 네트워크

먼저, 다음과 같은 네트워크를 구성한다. 각 라우터의 인터페이스에 IP 주소를 부여한다. 인터넷과 연결되는 R2의 E0/1 포트는 DHCP를 통하여 IP 주소를 받아오게 설정한다. 환경에 따라 직접 IP 주소를 부여해도 된다.

그림 5-4 ZFW 기능 설정을 위한 네트워크

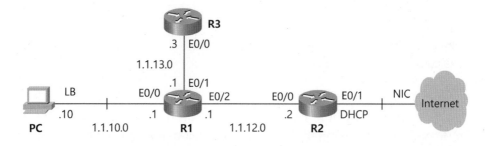

먼저 R1의 인터페이스 설정이다.

예제 5-26 R1의 인터페이스 설정

```
R1(config)# int e0/0
R1(config-if)# ip address 1.1.10.1 255.255.255.0
R1(config-if)# no shutdown
R1(config-if)# exit

R1(config)# int e0/1
R1(config-if)# ip address 1.1.13.1 255.255.255.0
R1(config-if)# no shutdown
R1(config-if)# exit

R1(config)# int e0/2
R1(config-if)# ip address 1.1.12.1 255.255.255.0
R1(config-if)# no shutdown
```

R2의 설정은 다음과 같다.

예제 5-27 R2의 인터페이스 설정

```
R2(config)# int e0/0
R2(config-if)# ip address 1.1.12.2 255.255.255.0
R2(config-if)# no shutdown

R2(config)# int e0/1
R2(config-if)# ip address dhcp
R2(config-if)# no shutdown
R2(config-if)# exit
```

R3의 설정은 다음과 같다.

예제 5-28 R3의 인터페이스 설정

```
R3(config)# int e0/0
R3(config-if)# ip address 1.1.13.3
R3(config-if)# no shutdown
```

설정이 끝나면 각 라우터에서 라우팅 테이블을 확인하고, 인접 IP 주소까지의 통신을 핑으로 확인한다. 예를 들어, R2의 라우팅 테이블은 다음과 같다.

예제 5-29 R2의 라우팅 테이블

```
R2# show ip route
     (생략)
Gateway of last resort is 192.168.1.254 to network 0.0.0.0

S*    0.0.0.0/0 [254/0] via 192.168.1.254
      1.0.0.0/8 is variably subnetted, 2 subnets, 2 masks
C         1.1.12.0/24 is directly connected, Ethernet0/0
L         1.1.12.2/32 is directly connected, Ethernet0/0
      192.168.1.0/24 is variably subnetted, 2 subnets, 2 masks
C         192.168.1.0/24 is directly connected, Ethernet0/1
L         192.168.1.81/32 is directly connected, Ethernet0/1
```

R2가 DHCP를 통해 IP 주소를 받아올 때, R2의 라우팅 테이블에는 디폴트 루트가 자동으로 인스톨된다. 따라서, 사용자가 따로 정적 경로를 설정하지 않아도 된다.

인접한 R1까지의 통신을 핑으로 확인한다.

예제 5-30 R1까지의 핑

```
R2# ping 1.1.12.1
Type escape sequence to abort.
Sending 5, 100-byte ICMP Echos to 1.1.12.1, timeout is 2 seconds:
.!!!!
Success rate is 80 percent (4/5), round-trip min/avg/max = 1/1/1 ms
```

다음에는 각 라우터에서 OSPF 에어리어 0을 설정한다.

예제 5-31 OSPF 에어리어 0 설정하기

```
    R1(config)# router ospf 1
    R1(config-router)# network 1.1.12.1 0.0.0.0 area 0
    R1(config-router)# network 1.1.13.1 0.0.0.0 area 0
①  R1(config-router)# redistribute connected subnets

    R2(config)# router ospf 1
    R2(config-router)# network 1.1.12.2 0.0.0.0 area 0
②  R2(config-router)# default-information originate
③  R2(config-router)# passive-interface e0/1

    R3(config)# router ospf 1
    R3(config-router)# network 1.1.13.3 0.0.0.0 area 0
```

① R1에서 PC와 연결되는 네트워크는 보안을 위해 **redistribute connected subnets**
   명령어를 사용하여 재분배시킨다.

② 인터넷과 연결되는 R2에서는 OSPF 디폴트 루트를 내부로 전송하게 했다.

③ **passive-interface** 명령어를 사용하면 해당 명령어가 적용된 인터페이스로는
   OSPF 헬로우 패킷을 전송하지 않을 뿐만 아니라 상대가 헬로 패킷을 전송하여도
   무시한다. 따라서, OSPF 네트워크를 외부로부터 보호할 수 있다.

잠시 후 각 라우터에서 라우팅 테이블을 확인하고 원격지까지의 통신을 핑으로 확인
한다. 예를 들어, R3의 라우팅 테이블은 다음과 같다.

예제 5-32 R3의 라우팅 테이블

```
R3# show ip route
     (생략)



Gateway of last resort is 1.1.13.1 to network 0.0.0.0

O*E2  0.0.0.0/0 [110/1] via 1.1.13.1, 00:00:13, Ethernet0/0
         1.0.0.0/8 is variably subnetted, 4 subnets, 2 masks
O E2    1.1.10.0/24 [110/20] via 1.1.13.1, 00:01:12, Ethernet0/0
O       1.1.12.0/24 [110/20] via 1.1.13.1, 00:01:12, Ethernet0/0
C       1.1.13.0/24 is directly connected, Ethernet0/0
L       1.1.13.3/32 is directly connected, Ethernet0/0
```

R2까지 핑도 된다.

예제 5-33 R2까지의 핑

```
R3# ping 1.1.12.2
Type escape sequence to abort.
Sending 5, 100-byte ICMP Echos to 1.1.12.2, timeout is 2 seconds:
!!!!!
Success rate is 100 percent (5/5), round-trip min/avg/max = 1/1/1 ms
```

인터넷과의 통신을 위하여 다음과 같이 R2에서 NAT를 설정한다. NAT 설정은 6장
에서 자세히 다룬다.

예제 5-34 NAT 설정

```
R2(config)# ip access-list standard private
R2(config-std-nacl)# permit 1.0.0.0 0.255.255.255
R2(config-std-nacl)# exit

R2(config)# ip nat inside source list private int e0/1 overload

R2(config)# int e0/0
R2(config-subif)# ip nat inside
R2(config-subif)# exit
R2(config)# int e0/1
R2(config-subif)# ip nat outside
```

NAT 설정 후 R1에서 인터넷과의 통신을 핑으로 확인한다. 예를 들어, 구글의 DNS 서버와 통신이 되는지 핑을 해본다.

예제 5-35 R1에서 인터넷과의 통신 확인

```
R1# ping 8.8.8.8

Type escape sequence to abort.
Sending 5, 100-byte ICMP Echos to 8.8.8.8, timeout is 2 seconds:
.!!!!
Success rate is 80 percent (4/5), round-trip min/avg/max = 32/33/38 ms
```

다음은 테스트 PC에서 사용할 인터페이스를 설정한다. 테스트 PC를 구성하는 방법은 다음과 같다.

1) 윈도우 루프백 인터페이스를 이용하는 방법
2) UNetLAB에서 윈도우 이미지를 등록하는 방법
3) VMware나 Virtual Box에서 가상 윈도우를 이용하는 방법

위 세 가지 구성은 실습 방법에 큰 차이가 없다. 여기서는 간단하게 루프백 인터페이스를 사용하여 테스트를 해보기로 한다.

UnetLab 에뮬레이터로 테스트 네트워크를 구성한 경우에는 PC(루프백 인터페이스)와 연결되는 R2의 E0/0 인터페이스를 Pnet으로 구성하면 된다. 구성 방법은 부록에 자세히 설명되어 있다.

윈도우의 '내 네트워크 환경'에서 루프백 인터페이스 연결을 선택하고, '인터넷 프로 토콜 버전 4(TCP/IPv4)'의 속성 버튼을 누른다.

그림 5-5 TCP/IPv4의 속성

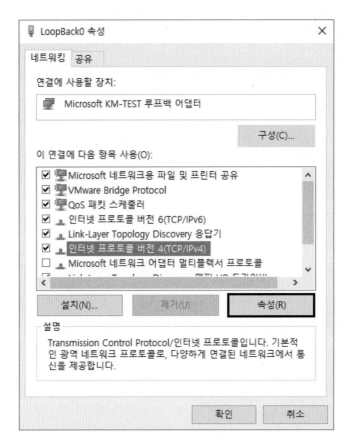

PC의 IP 주소를 1.1.10.10/24, 기본 게이트웨이를 R1의 주소 1.1.10.1, DNS 서버 를 8.8.8.8로 지정하고 확인 버튼을 누른다.

그림 5-6 루프 백 인터페이스 등록 정보

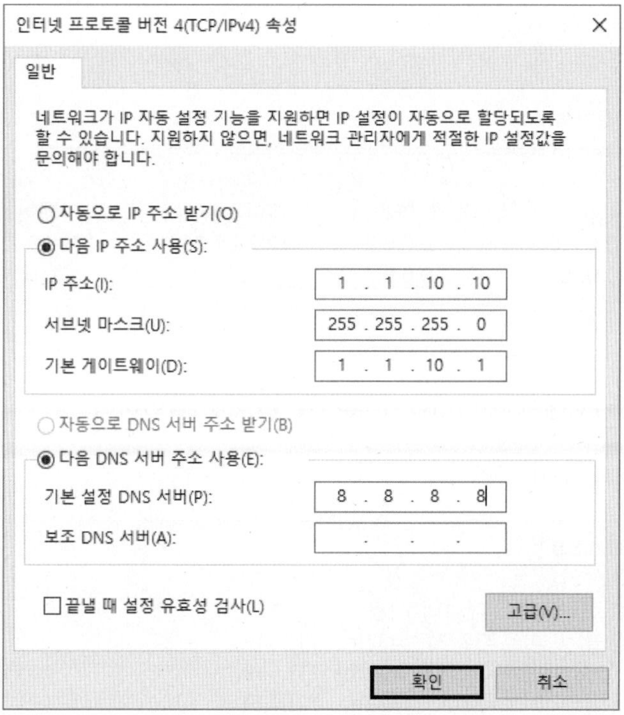

인터넷 프로토콜 버전 4(TCP/IPv4) 속성

일반

네트워크가 IP 자동 설정 기능을 지원하면 IP 설정이 자동으로 할당되도록 할 수 있습니다. 지원하지 않으면, 네트워크 관리자에게 적절한 IP 설정값을 문의해야 합니다.

○ 자동으로 IP 주소 받기(O)
● 다음 IP 주소 사용(S):

IP 주소(I):	1 . 1 . 10 . 10
서브넷 마스크(U):	255 . 255 . 255 . 0
기본 게이트웨이(D):	1 . 1 . 10 . 1

○ 자동으로 DNS 서버 주소 받기(B)
● 다음 DNS 서버 주소 사용(E):

| 기본 설정 DNS 서버(P): | 8 . 8 . 8 . 8 |
| 보조 DNS 서버(A): | . . . |

□ 끝낼 때 설정 유효성 검사(L)   고급(V)...

확인   취소

설정 후 윈도우 화면 좌측 하단의 '시작', '실행' 버튼을 차례로 누르고 '열기' 창에서 cmd 명령어를 입력한 다음 '확인' 버튼을 눌러 DOS 명령어 창으로 들어간다.

다음과 같이 PC 게이트웨이를 1.1.10.1로 설정한다.

예제 5-36 PC 게이트웨이 설정

```
C:\> route add 0.0.0.0 mask 0.0.0.0 1.1.10.1
```

설정 후 route print -4 명령어를 사용하여 PC의 라우팅 테이블을 확인하고, 디폴트 게이트웨이가 1.1.10.1로 설정되어 있는지 확인한다.

PC의 라우팅 테이블

```
C:\> route print -4
(생략)

IPv4 경로 테이블
===============================================================
활성 경로:
네트워크 대상      네트워크 마스크        게이트웨이        인터페이스    메트릭
        0.0.0.0         0.0.0.0    172.30.1.254    172.30.1.11    15
        0.0.0.0         0.0.0.0       1.1.10.1       1.1.10.10    11
```

다음과 같이 PC에서 인터넷과의 통신을 핑으로 확인한다.

예제 5-38 인터넷과의 통신 확인

```
C:\> ping 8.8.8.8

Ping 8.8.8.8 32바이트 데이터 사용:
8.8.8.8의 응답: 바이트=32 시간=32ms TTL=49
8.8.8.8의 응답: 바이트=32 시간=32ms TTL=49
8.8.8.8의 응답: 바이트=32 시간=32ms TTL=49
8.8.8.8의 응답: 바이트=32 시간=33ms TTL=49

8.8.8.8에 대한 Ping 통계:
    패킷: 보냄 = 4, 받음 = 4, 손실 = 0 (0% 손실),
왕복 시간(밀리초):
    최소 = 32ms, 최대 = 33ms, 평균 = 32ms
```

일부 환경에서는 루프 백 인터페이스를 이용하여 설정할 경우 R1으로 향하는 디폴트 게이트웨이의 메트릭 값이 기존의 이더넷 인터페이스보다 더 높게 설정되어 루프백 인터페이스로 통신하지 않는 경우가 있다. 이럴 경우에는 이더넷 인터페이스의 설정을 수정해야 한다.

설정을 위해 루프 백 인터페이스 때와 마찬가지로 이더넷 인터페이스의 TCP/IPv4의 속성 버튼을 누른다.

그림 5-7 이더넷 인터페이스 등록 정보

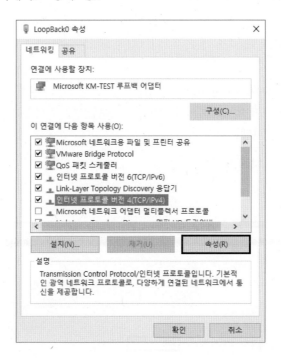

속성 창 우측 하단의 고급 버튼을 누른다.

그림 5-8 IPv4 고급 설정

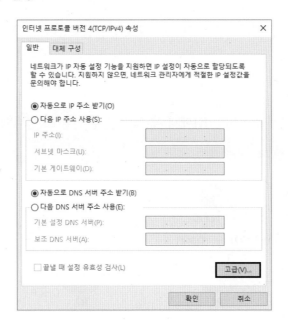

고급 TCP/IP 설정창 하단의 자동 메트릭의 체크를 해제하고 루프 백 인터페이스보다 높은 메트릭 값을 설정한 뒤 확인을 눌러준다.

그림 5-9 메트릭 설정

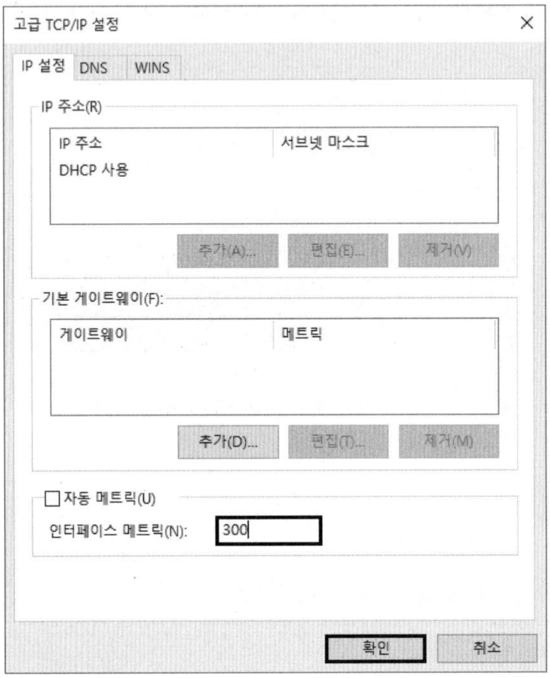

이제, ZFW 기능 테스트를 위한 네트워크가 완성되었다.

존 및 존 페어 만들기

다음과 같이 경계 라우터인 R1에서 세 개의 존을 만들고, 인터페이스에 할당한다.

그림 5-10 인터페이스별 존 이름

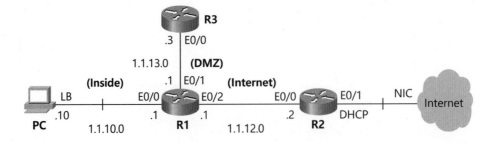

먼저, 다음과 같이 존을 만든다.

예제 5-39 존 만들기

```
R1(config)# zone security inside
R1(config-sec-zone)# exit

R1(config)# zone security internet
R1(config-sec-zone)# exit

R1(config)# zone security dmz
R1(config-sec-zone)# exit
```

다음에는 각 인터페이스를 존에 할당한다.

예제 5-40 존 할당하기

```
R1(config)# int e0/0
R1(config-subif)# zone-member security inside
R1(config-subif)# exit

R1(config)# int e0/1
R1(config-subif)# zone-member security dmz
R1(config-subif)# exit
R1(config)# int e0/2
R1(config-subif)# zone-member security internet
```

다음과 같이 각 존 사이에 필요한 트래픽을 허용해 보자.

표 5-1 허용 트래픽의 종류

출발 존	목적 존	허용 트래픽
inside	internet	HTTP, HTTPS, DNS, ICMP
internet	inside	X
inside	dmz	SSH, FTP, POP, IMAP, SMTP, HTTP
dmz	inside	X
dmz	internet	X
internet	dmz	HTTP, DNS, SMTP

각 존 사이의 트래픽을 제어하기 위하여 다음 표와 같이 3개의 존 페어를 만든다.

표 5-2 존 페어의 이름

존 페어 이름	출발 존	목적 존
zp_inside_internet	inside	internet
zp_inside_dmz	inside	dmz
zp_internet_dmz	internet	dmz

이를 위한 R1의 설정은 다음과 같다.

예제 5-41 R1의 설정

```
R1(config)# zone-pair security zp_inside-internet source inside destination internet
R1(config-sec-zone-pair)# exit
R1(config)# zone-pair security zp_inside-dmz source inside destination dmz
R1(config-sec-zone-pair)# exit
R1(config)# zone-pair security zp_internet-dmz source internet destination dmz
R1(config-sec-zone-pair)# exit
```

내부망과 인터넷간의 트래픽 제어

이제, 다음과 같이 CPL(cisco policy language)을 이용하여 내부망과 인터넷 사이의 트래픽을 제어해 보자. 허용할 트래픽을 클래스 맵으로 지정한다. 이때 다음과 같이 **match-any** 옵션을 사용한다. 해당 옵션을 사용하면 다음의 **match** 문장 조건 중 하나라도 만족되면 트래픽이 분류된다.

예제 5-42 허용할 트래픽을 클래스 맵으로 지정하기

```
R1(config)# class-map type inspect match-any class_inside-internet
R1(config-cmap)# match protocol http
R1(config-cmap)# match protocol https
R1(config-cmap)# match protocol dns
R1(config-cmap)# match protocol icmp
R1(config-cmap)# exit
```

다음과 같이 폴리시 맵을 만들고 앞서 설정한 클래스 맵을 불러 **inspect** 명령어를 적용한다.

예제 5-43 폴리시 맵 만들기

```
R1(config)# policy-map type inspect policy_inside-internet
R1(config-pmap)# class type inspect class_inside-internet
R1(config-pmap-c)# inspect
R1(config-pmap-c)# exit
R1(config-pmap)# exit
```

다음과 같이 존페어에 앞서 설정한 폴리시 맵을 적용한다.

예제 5-44 폴리시 맵 적용하기

```
R1(config)# zone-pair security zp_inside-internet
R1(config-sec-zone-pair)# service-policy type inspect policy_inside-internet
```

PC에서 브라우저를 이용하여 인터넷 접속을 해보자. **show policy-map type inspect zone-pair sessions** 명령어를 사용하여 확인해 보면 다음과 같이 각 프로토콜별 ZFW가 적용된 패킷 수량 및 세션 정보가 표시된다.

예제 5-45 ZFW 동작 확인

```
R1# show policy-map type inspect zone-pair zp_inside-internet sessions

policy exists on zp zp_inside-internet
  Zone-pair: zp_inside-internet

  Service-policy inspect : policy_inside-internet

    Class-map: class_inside-internet (match-any)
      Match: protocol http
        76 packets, 2432 bytes
        30 second rate 1000 bps
      Match: protocol https
        16 packets, 512 bytes
        30 second rate 0 bps
      Match: protocol dns
        298 packets, 12766 bytes
        30 second rate 3000 bps
      Match: protocol icmp
        1 packets, 256 bytes
```

```
        30 second rate 0 bps

    Inspect
        Number of Established Sessions = 62
        Established Sessions
        Session F2E4EC70 (1.1.10.10:56547)=>(168.62.21.207:80) http:tcp SIS_OPEN/TCP_ESTAB
            Created 00:00:17, Last heard 00:00:17
            Bytes sent (initiator:responder) [677:662]
            (생략)
    Class-map: class-default (match-any)
        Match: any
        Drop
            0 packets, 0 bytes
No policy attached on zp zp_inside-dmz
No policy attached on zp zp_internet-dmz
```

내부망과 DMZ간의 트래픽 제어

이번에는, 다음과 같이 내부망과 DMZ 사이의 트래픽을 제어해 보자. 웹 서버와
DNS 서버의 IP 주소가 1.1.13.3, FTP와 SMTP 서버의 IP 주소가 1.1.13.4라고
가정한다. 먼저, 해당 서버의 IP 주소를 지정하는 ACL을 만든다.

예제 5-46 ACL 만들기

```
R1(config)# ip access-list extended ip_http-dns
R1(config-ext-nacl)# permit ip any host 1.1.13.3
R1(config-ext-nacl)# exit
R1(config)# ip access-list extended ip_ftp-smtp
R1(config-ext-nacl)# permit ip any host 1.1.13.4
R1(config-ext-nacl)# exit
```

다음과 같이 각 프로토콜을 지정하는 클래스 맵을 만든다.

예제 5-47 클래스 맵 만들기

```
R1(config)# class-map type inspect match-any class_http-dns
R1(config-cmap)# match protocol http
R1(config-cmap)# match protocol dns
R1(config-cmap)# exit
R1(config)# class-map type inspect match-any class_ftp-smtp
```

```
R1(config-cmap)# match protocol ftp
R1(config-cmap)# match protocol smtp
```

앞서 만든 ACL과 클래스 맵을 묶어서 다음과 같이 해당 서비스를 제공하는 서버를
지정하는 클래스 맵을 만든다. 이때 match-all 옵션을 사용한다. match-all 옵션
을 사용하면 다음의 모든 match 문장 조건을 만족하는 트래픽만 적용된다.

예제 5-48 클래스 맵 만들기

```
R1(config)# class-map type inspect match-all class_http-dns_server
R1(config-cmap)# match access-group name acl_http-dns
R1(config-cmap)# match class-map class_http-dns
R1(config-cmap)# exit
R1(config)# class-map type inspect match-all class_ftp-smtp_server
R1(config-cmap)# match access-group name acl_ftp-smtp
R1(config-cmap)# match class-map class_ftp-smtp
R1(config-cmap)# exit
```

다음과 같이 폴리시 맵을 만들고 앞서 설정한 클래스 맵을 불러 inspect 명령어를 적용한다.

예제 5-49 폴리시 맵 만들기

```
R1(config)# policy-map type inspect policy_inside-dmz
R1(config-pmap)# class type inspect class_http-dns_server
R1(config-pmap-c)# inspect
R1(config-pmap-c)# exit
R1(config-pmap)# class type inspect class_ftp-smtp_server
R1(config-pmap-c)# inspect
R1(config-pmap-c)# end
```

다음과 같이 존페어에 앞서 설정한 폴리시 맵을 적용한다.

예제 5-50 폴리시 맵 적용하기

```
R1(config)# zone-pair security zp_inside-dmz
R1(config-sec-zone-pair)# service-policy type inspect policy_inside-dmz
```

이상으로 내부망과 DMZ 사이의 트래픽을 제어하는 ZFW를 설정해 보았다. 인터넷과
DMZ 사이의 트래픽 제어는 앞서 설정한 것과 유사하므로 설정 및 설명은 생략한다.

ZFW를 이용한 응용계층 제어

앞서 L3/L4 계층의 정보를 이용하여 ZFW를 설정해 보았다. 이번에는 ZFW를 이용하여 응용계층 트래픽을 제어해 보자.

L7 트래픽 제어를 위한 ZFW 설정 순서

ZFW를 이용하여 응용계층 트래픽을 제어하는 방법은 다음과 같다.

1) L7 클래스 맵을 이용하여 특정 응용계층 트래픽을 분류한다.
2) L7 폴리시 맵에서 특정 트래픽에 대한 동작을 정의한다.
3) L3/L4 클래스 맵으로 특정 L3/L4 트래픽을 분류한다.
4) L3/L4 폴리시 맵에서 L3/L4 클래스 맵을 불러, L7 폴리시 맵을 적용한다.
5) L3/L4 폴리시 맵을 존 페어에 적용한다.

L7 클래스 맵

L3/L4 클래스 맵은 L3 정보인 네트워크 주소나 프로토콜 이름 및 L4 정보인 포트 번호를 이용하여 트래픽을 분류하며, class-map type inspect **my_class**와 같이 **inspect** 명령어 다음에 **http** 등과 같은 특정한 프로토콜 이름을 사용하지 않는다. 지금까지 사용한 것들은 모두 L3/L4 클래스 맵이다.

반면, L7 클래스 맵은 응용계층 트래픽을 분류할 때 사용하며, class-map type inspect **http** my_L7_class와 같이 **inspect** 명령어 다음에 ZFW에서 검사하려는 프로토콜을 지정한다.

L7 클래스 맵으로 분류할 수 있는 프로토콜들은 다음과 같다.

예제 5-51 L7 클래스 맵으로 분류할 수 있는 프로토콜들

```
R1(config)# class-map type inspect ?
  aol        Configure Firewall class-map for IM-AOL protocol
  h323       Configure Firewall class-map for H323 protocol
  http       Configure Firewall class-map for HTTP protocol
  icq        Configure Firewall class-map for IM-ICQ protocol
```

```
imap       Configure Firewall class-map for IMAP protocol
msnmsgr    Configure Firewall class-map for IM-MSN protocol
pop3       Configure Firewall class-map for POP3 protocol
sip        Configure Firewall class-map for SIP protocol
smtp       Configure Firewall class-map for SMTP protocol
sunrpc     Configure Firewall class-map for RPC protocol
winmsgr    Configure Firewall class-map for IM-WINMSGR protocol
ymsgr      Configure Firewall class-map for IM-YAHOO protocol
```

응용계층에서 동작하는 HTTP 요청 패킷에 gambling이나 game이라는 문자열이
포함된 URI(uniform resource identifier)가 있으면 로그 메시지를 생성하도록
해보자.

먼저, 다음과 같이 파라미터 맵(parameter map)을 사용하여 원하는 문자열을 지정
한다. 파라미터 맵은 이처럼 문자열을 지정하는 외에도 용도가 다양하며 나중에
자세히 설명한다.

예제 5-52 파라미터 맵

```
R1(config)# parameter-map type regex uri_bad_sites
R1(config-profile)# pattern .*gambling
R1(config-profile)# pattern .*game
R1(config-profile)# exit
```

이어서 L7 클래스 맵을 사용하여 해당 문자열이 포함된 트래픽을 분류한다. **match
request** 명령어를 사용하여 지정한 파라미터에 부합되는 URI를 가진 HTTP 요청
메시지를 분류한다.

예제 5-53 L7 클래스 맵

```
R1(config)# class-map type inspect http class_bad_sites
R1(config-cmap)# match request uri regex uri_bad_sites
R1(config-cmap)# exit
```

L7 폴리시 맵

L7 폴리시 맵은 L7 클래스 맵으로 분류한 트래픽에 **reset**, **log** 등과 같은 특정한 정책을 적용할 때 사용한다.

L3/L4 폴리시 맵과 달리, policy-map type inspect **http** my_L7_policy와 같이 **inspect** 명령어 다음에 검사할 프로토콜 이름을 지정한다. 또한 L7 폴리시 맵은 직접 존 페어에 적용하지 않고 L3/L4 폴리시 맵의 하위 폴리시로 적용되어 사용된다.

이번에는 L7 폴리시 맵을 사용하여 앞서 만든 L7 클래스 맵에 해당되는 트래픽에 대해서 로그 메시지를 표시하게 한다.

예제 5-54 L7 폴리시 맵

```
R1(config)# policy-map type inspect http policy_bad_sites
R1(config-pmap)# class type inspect http class_bad_sites
R1(config-pmap-c)# log
R1(config-pmap-c)# exit
R1(config-pmap)# exit
```

HTTP와 기타 트래픽을 분류하는 L4 클래스 맵 2개를 정의한다.

예제 5-55 L4 클래스 맵 정의하기

```
R1(config)# class-map type inspect class_http
R1(config-cmap)# match protocol http
R1(config-cmap)# exit

R1(config)# class-map type inspect match-any class_other_traffic
R1(config-cmap)# match protocol dns
R1(config-cmap)# match protocol smtp
R1(config-cmap)# match protocol icmp
R1(config-cmap)# match protocol telnet
R1(config-cmap)# exit
```

다음과 같이 L4 폴리시 맵에서 **service-policy http policy_bad_sites** 명령어를 이용하여 앞서 만든 L7 폴리시 맵을 적용한다.

예제 5-56 L7 폴리시 맵 적용하기

```
R1(config)# policy-map type inspect policy_inside-internet2
R1(config-pmap)# class type inspect class_http
R1(config-pmap-c)# inspect
R1(config-pmap-c)# service-policy http policy_bad_sites
R1(config-pmap-c)# exit
R1(config-pmap)# class type inspect class_other_traffic
R1(config-pmap-c)# inspect
R1(config-pmap-c)# exit
R1(config-pmap)# exit
```

L4 폴리시 맵을 존 페어에 적용한다. 이때, 앞서 적용한 폴리시 맵을 제거한 후 새로운 폴리시 맵을 존 페어에 적용한다.

예제 5-57 L4 폴리시 맵 적용

```
R1(config)# zone-pair security zp_inside-internet
R1(config-sec-zone-pair)# no service-policy type inspect policy_inside-internet
R1(config-sec-zone-pair)# service-policy type inspect policy_inside-internet2
```

설정 후 PC에서 브라우저를 이용하여 www.game.co.uk 사이트를 접속하면 다음과 같은 로그 메시지가 표시된다.

예제 5-58 로그 메시지

```
R1#
*May 16 10:30:06.023: %APPFW-4-HTTP_URI_REGEX_MATCHED: URI regex (.*game)
matched - session 1.1.10.10:52895 213.221.187.31:80 on zone-pair zp_inside-
internet class class_http appl-class class_bad_sites
```

파라미터 맵

클래스 맵 내에서 상세한 매치 조건을 제공하고, 폴리시 맵 내에서 상세한 액션을 정의할 수 있는 기능을 가진 맵을 파라미터 맵(parameter map)이라고 한다. 파라미터 맵은 다음과 같이 여러 가지 타입을 가진다.

예제 5-59 파라미터 맵 타입

```
R1(config)# parameter-map type ?
  consent        Parameter type consent
  content-scan   Content-scan parameter-map
  inspect        inspect parameter-map
  ooo            TCP out-of-order parameter-map for FW and IPS
  protocol-info  protocol-info parameter-map
  regex          regex parameter-map
  urlf-glob      URLF glob parameter-map
  urlfpolicy     Parameter maps for urlfilter policy
  waas           WAAS Parameter Map
```

type consent 파라미터 맵은 동의(consent) 웹 페이지를 통해 일시적으로 인터넷이나 내부 자원과 접속할 수 있도록 하는 기능을 제공할 때 사용한다.

예제 5-60 type consent 파라미터 맵

```
R1(config)# parameter-map type consent pmap_consent
R1(config-profile)# ?
parameter-map commands:
  authorize  Authorization policy
  copy       Copy file from
  exit       Exit from parameter-map
  file       File to be used
  logging    Logging of Events
  no         Negate or set default values of a command
  timeout    Timeout parameters
```

type inspect 파라미터 맵은 다음과 같이 ZFW에서 최대 세션 수 등 특정 임계치 초과 통지(alert), 출발지-목적지 주소 등 트래픽 추적(audit-trail), DNS, TCP, UDP 등의 타임아웃 값 조정, TCP SYNC 플러딩 공격 완화, 최대 세션 수 제한 등의 용도로 사용된다.

type inspect 파라미터 맵

```
R1(config)# parameter-map type inspect pmap_insp
R1(config-profile)# ?
parameter-map commands:
  alert          Turn on/off alert
  audit-trail    Turn on/off audit trail
  dns-timeout    Specify timeout for DNS
  exit           Exit from parameter-map
  icmp           Config timeout values for icmp
  ipv6           Config IPv6 specific parameters
  max-incomplete Specify maximum number of incomplete connections before
                 clamping
  no             Negate or set default values of a command
  one-minute     Specify one-minute-sample watermarks for clamping
  sessions       Maximum number of inspect sessions
  tcp            Config timeout values for tcp connections
  udp            Config timeout values for udp flows
```

type protocol-info 파라미터 맵은 메신저 트래픽의 서버를 지정할 때 사용한다.

예제 5-62 type protocol-info 파라미터 맵

```
R1(config)# parameter-map type protocol-info pmap_protocol
R1(config-profile)# ?
  exit     Exit from parameter-map
  no       Negative or set default values of a command
  server   Specify identity of an IM Server
  <cr>
```

type regex 파라미터 맵은 특정 문자열을 지정할 때 사용한다.

예제 5-63 type regex 파라미터 맵

```
R1(config)# parameter-map type regex pmap_my_regex
R1(config-profile)# ?
  exit      Exit from parameter-map
  no        Negative or set default values of a command
  pattern   Configure pattern to match
```

type urlfilter 파라미터 맵은 유해 사이트 차단용 서버를 지정할 때 사용한다.

예제 5-64 type urlfilter 파라미터 맵

```
R1(config)# parameter-map type urlfilter pmap_perm_or_deny
R1(config-profile)# ?
parameter-map commands:
  alert              Enable alerts
  allow-mode         Turn on/off allow-mode
  audit-trail        Enable logging of URL information at router
  cache              Specify size of the cache and timeout value of cache
                     entries
  exclusive-domain   Specify the exclusive domain name
  exit               Exit from parameter-map
  max-request        Specify maximum number of pending request
  max-resp-pak       Specify the number of http responses that can be buffered
  no                 Negate or set default values of a command
  server             Specify the URL filter server ip address
  source-interface   Specify source-interface for connection to server
  truncate           Truncate url
  urlf-server-log    Enable logging of URL information at URL filter server
```

이상으로 파라미터 맵에 대해서 살펴보았다.

ZFW 폴리싱

ZFW에서 폴리싱(policing)을 시킬 수 있다. ZFW 폴리싱의 방향은 존 페어의 방향을 따른다. 인터페이스에 MQC 폴리싱이 설정되어 있는 경우 MQC 입력 폴리싱, ZFW 폴리싱, MQC 출력 폴리싱의 순서로 적용된다. 테스트를 위하여 ICMP 트래픽을 분류하는 클래스 맵을 만든다.

예제 5-65 ICMP 트래픽을 분류하는 클래스 맵

```
R1(config)# class-map type inspect class_icmp
R1(config-cmap)# match protocol icmp
R1(config-cmap)# exit
```

폴리시 맵에서 앞서 만든 클래스 맵을 참조하고, **inspect** 명령어를 사용한 다음, **police** 명령어를 사용하여 원하는 만큼 폴리싱을 시킨다.

예제 5-66 폴리싱하기

```
R1(config)# policy-map type inspect policy_out_in
R1(config-pmap)# class type inspect class_icmp
R1(config-pmap-c)# inspect
R1(config-pmap-c)# police rate 1000000 burst 2500
R1(config-pmap-c)# exit
R1(config-pmap)# exit
```

internet에서 inside 방향의 존페어를 만들고, 앞서 만든 폴리시 맵을 적용한다.

예제 5-67 폴리시 맵 적용

```
R1(config)# zone-pair security zp_internet_inside source internet destination
inside
R1(config-sec-zone-pair)# service-policy type inspect policy_out_in
R1(config-sec-zone-pair)# end
```

테스트를 위하여 다음과 같이 internet의 장비인 R2에서 inside 장비인 PC로 핑
패킷을 발생시킨다.

예제 5-68 핑 패킷 발생

```
R2# ping 1.1.10.10 repeat 10000
```

show policy-map type inspect zone-pair zp_internet_inside sessions 명령
어를 사용하여 확인한 결과는 다음과 같다.

예제 5-69 ZFW 동작 확인

```
R1# show policy-map type inspect zone-pair zp_internet_inside sessions
policy exists on zp zp_internet_inside
  Zone-pair: zp_internet_inside

  Service-policy inspect : policy_out_in

    Class-map: class_icmp (match-all)
      Match: protocol icmp

  Inspect
```

```
Number of Established Sessions = 1
Established Sessions
  Session F2E276F8 (1.1.12.2:8)=>(1.1.10.10:0) icmp SIS_OPEN
    Created 00:02:22, Last heard 00:00:01
    ECHO request
    Bytes sent (initiator:responder) [79416:76896]

  Police
  rate 1000000 bps,2500 limit
  conformed 2579 packets, 294006 bytes; actions: transmit
  exceeded 80 packets, 9120 bytes; actions: drop
  conformed 14000 bps, exceed 0 bps

Class-map: class-default (match-any)
  Match: any
  Drop
    0 packets, 0 bytes
```

이상으로 ZFW에 대해서 살펴보았다.

제6장
NAT

NAT 개요

NAT 설정과 동작 확인

NAT 개요

NAT(network address translation)는 외부와 라우팅이 불가능한 사설 IP주소를 공인 IP 주소로 변환하여 외부와 통신이 가능하게 만들거나, 조직 내부의 주소가 외부로 공개되지 않도록 하여 보안을 강화하기 위한 목적으로 만들어졌다.

NAT는 IP 패킷의 출발지 또는 목적지 IP 주소를 다른 IP 주소로 변환 할 수 있으며, 설정에 따라 전송 계층의 TCP/UDP 포트 번호도 변환할 수 있다.

NAT 사용 목적

기본적으로 NAT가 설정된 장비는 네트워크의 출구에 위치하며, 설정에 따라 적절한 주소 변환이 이루어져 다음과 같은 사용 목적을 만족시킨다.

- IPv4에서 공인 IP주소 부족 문제로 사설 IP 주소를 사용할 때, 사설 IP주소를 가진 호스트가 인터넷과 통신하려면 경계 라우터에서 NAT 기능을 설정한다.

- 외부에 알려줄 IP가 변경되었을 때, 내부망 모든 장비의 IP 주소를 변경하려면 상당한 시간이 소요되기 때문에 NAT 설정만으로 변경된 IP를 통해 통신할 수 있게 한다.

- 보안의 목적으로 주소 변환 기능을 사용하면 내부 IP 주소가 외부에 알려지지 않기 때문에, 외부로터 직접적인 공격을 막을 수 있다.

NAT 관련 용어

NAT 설정은 다음의 두 가지 유형이 가능하다. 하나는 도메인 기반의 NAT이고, 다른 하나는 NVI(NAT Virtual Interface) 기반의 NAT이다.

도메인 기반의 NAT 설정에서는 NAT 장비를 기준으로 inside, outside 도메인이 존재해야만 주소 변환이 동작한다. 따라서 다음 그림과 같이 inside, outside로 선언될 각각의 인터페이스가 적어도 1개 이상 필요하다.

- **Inside**

관리자가 제어하는 네트워크로 보통 내부망이라고 한다. NAT 설정 장비에서 내부 망으로 연결된 인터페이스를 Inside 도메인으로 선언한다.

- **Outside**

인터넷과 같은 외부 네트워크를 말한다. NAT 설정 장비에서 외부망으로 연결되는 인터페이스를 Outside 도메인으로 선언한다.

- **Local address**

내부망에서 패킷을 캡쳐했을 때 설정된 패킷의 출발지 및 목적지 IP 주소를 Local address라고 한다.

내부망에서 외부망으로 전송되는 패킷을 내부망에서 캡쳐했을 때, 출발지 주소를 Inside Local address라고 하고, 목적지 주소를 Outside Local address라고 한다. 또, 외부망에서 내부망으로 전송되는 패킷을 내부망에서 캡쳐했을 때, 출발지 주소를 Outside Local address라고 하고, 목적지 주소를 Inside Local address라고 한다. 하여튼 내부망의 패킷에 설정된 주소는 모두 Local address이다.

보통, Inside Local address는 내부망의 PC나 서버 등에 설정된 사설 IP 주소이다. 그러나 경우에 따라서 공인 IP 주소를 사용할 수도 있다. 또, Outside Local address는 NAT 장비의 외부 인터페이스에 설정된 공인 IP 주소인 경우가 많다. 그러나 사설 IP 주소를 사용할 수도 있다.

- **Global address**

외부망에서 패킷을 캡쳐했을 때 설정된 패킷의 출발지 및 목적지 IP 주소를 Global address라고 한다.

이때, 내부망에서 외부망으로 전송되는 패킷의 출발지 주소를 Inside Global address라고 하고, 목적지 주소를 Outside Global address라고 한다. 또, 외부망에서 내부망으로 전송되는 패킷의 출발지 주소를 Outside Global address라고 하고, 목적지 주소를 Inside Global address라고 한다. 하여튼 외부망의 패킷에 설정된 주소는 모두 Global address이다.

보통, Inside Global address는 NAT 장비의 외부 인터페이스에 설정된 공인 IP 주소인 경우가 많다. 또, Outside Global address는 인터넷의 목적지 주소이다. 대부분의 경우, 모든 Global 주소는 공인 IP 주소이며, 인터넷에서 라우팅이 가능해야 한다.

표 6-1 NAT 관련 용어

도메인	주소 구분	설명
Inside	Local address	Inside 도메인에서만 사용하는 비공식적인 주소이다.
	Global address	Inside local 주소를 대신하여 외부로 알려지는 주소이다.
Outside	Local address	Inside 도메인에서 Outside 도메인으로 나갈 때 목적지로 사용되는 주소이다.
	Global address	Outside 도메인에서 사용되는 공식적인 주소이다. 예를 들어, 다른 조직이 외부에서 사용하는 공인 IP 주소이다.

NAT의 동작 방식

NAT는 액세스 리스트처럼 지정된 조건에 부합될 경우, 설정된 정책에 따라 IP주소를 변환한다.

다음 그림에서 1.1.1.0 대역의 네트워크를 인터넷에서 라우팅 불가능한 주소라고 가정한다면, 호스트가 서버로 통신하기 위해서는 NAT 설정이 필요하다.

NAT 장비인 R1에서 패킷의 출발지 주소가 1.1.1.1일 경우 2.2.2.225로 변환하도록 NAT 정책을 설정한다면, 출발지가 1.1.1.1인 패킷들은 R1을 통과하면서 출발지 주소가 2.2.2.225로 변경되어 목적지로 전송된다.

되돌아오는 패킷을 호스트로 전송하기 위해 NAT 장비에서 주소 변환을 할 때 생성한 NAT 테이블에 기록된 정보를 참조한다. 서버가 전송한 IP 패킷의 목적지 주소를 호스트에 설정된 IP 주소로 변환한다.

그림 6-1 NAT 동작 순서

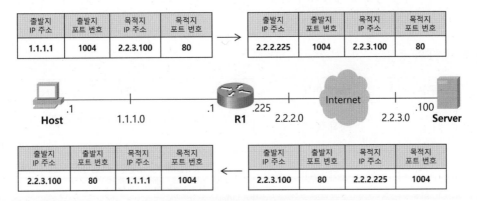

If Src=1.1.1.1 변환 Src=2.2.2.255

출발지 IP 주소	출발지 포트 번호	목적지 IP 주소	목적지 포트 번호
1.1.1.1	1004	2.2.3.100	80

출발지 IP 주소	출발지 포트 번호	목적지 IP 주소	목적지 포트 번호
2.2.2.225	1004	2.2.3.100	80

출발지 IP 주소	출발지 포트 번호	목적지 IP 주소	목적지 포트 번호
2.2.3.100	80	1.1.1.1	1004

출발지 IP 주소	출발지 포트 번호	목적지 IP 주소	목적지 포트 번호
2.2.3.100	80	2.2.2.225	1004

If Dst=2.2.2.225 변환 Dst=1.1.1.1

NAT 동작 시점

트래픽의 방향에 따라, NAT가 동작하는 시점은 달라진다. 트래픽이 Inside에서 Outside 방향으로 이동할 때, NAT 장비에서 주소 변환과 그 밖의 기능들을 처리하는 순서는 다음과 같다.

1) 패킷의 출발지와 연결된 인터페이스에 Inbound ACL이 설정되어 있다면, 해당ACL을 먼저 체크한다.

2) 체크가 끝났다면 폴리시 라우팅(Policy-routing) 대상 패킷인지 확인한다.

3) 라우팅 테이블을 참조하여 출구 인터페이스를 찾는다.

4) NAT 정책에 부합하는지 확인하여 주소 변환을 실시한다.

5) CBAC이 설정되어 있다면 CBAC의 검사(Inspect)를 수행한다.

6) 출구 인터페이스에 적용되어 있는 Outbound ACL 체크를 마지막으로 패킷은 주소를 변환한채 목적지를 향해 전송된다.

트래픽이 Outside에서 Inside 방향으로 이동할 때는 주소 변환 이후에 라우팅이 이루어진다.

NAT 설정과 동작 확인

NAT는 여러 상황에 대응하기 위해 다양한 종류의 주소 변환을 지원한다. 아래 표는 사용 가능한 NAT의 종류이다.

표 6-2 NAT의 종류

구분	NAT 이름	내용
NAT	정적 NAT	· NAT 테이블에 주소 변환 정보가 고정됨 · 1:1 변환
	동적 NAT	· NAT 테이블에 주소 변환 정보가 임시로 등록됨 · 변환 IP 주소 대역 지정
PAT	정적 PAT	· NAT 테이블에 주소 변환 정보가 고정됨 · TCP/UDP 포트번호별 변환 주소 지정
	동적 PAT(NAT overload)	· NAT 테이블에 주소 변환 정보가 임시로 등록됨 · 변환 IP 주소를 인터페이스 또는 IP 대역으로 지정 가능

테스트 네트워크 구축

여러 가지 NAT 설정과 동작 확인을 위하여 다음과 같은 네트워크를 구축한다.

그림 6-2 NAT 테스트 네트워크

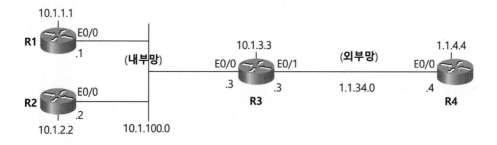

먼저 R1의 인터페이스에 IP 주소를 부여하고 활성화시킨다.

예제 6-1 R1 인터페이스 설정

```
R1(config)# interface lo0
R1(config-if)# ip address 10.1.1.1 255.255.255.0
R1(config-if)# exit

R1(config)# interface e0/3
R1(config-if)# ip address 10.1.100.1 255.255.255.0
R1(config-if)# no shut
R1(config-if)# exit
```

R2의 설정은 다음과 같다.

예제 6-2 R2 인터페이스 설정

```
R2(config)# interface lo0
R2(config-if)# ip address 10.1.2.2 255.255.255.0
R2(config-if)# exit

R2(config)# interface e0/3
R2(config-if)# ip address 10.1.100.2 255.255.255.0
R2(config-if)# no shut
```

R3의 설정은 다음과 같다.

예제 6-3 R3 인터페이스 설정

```
R3(config)# interface lo0
R3(config-if)# ip address 10.1.3.3 255.255.255.0
R3(config-if)# exit

R3(config)# interface e0/0
R3(config-if)# ip address 10.1.100.3 255.255.255.0
R3(config-if)# no shut
R3(config-if)# exit

R3(config)# interface e0/1
R3(config-if)# ip address 1.1.34.3 255.255.255.0
R3(config-if)# no shut
```

R4의 설정은 다음과 같다.

R4 인터페이스 설정

```
R4(config)# interface lo0
R4(config-if)# ip address 1.1.4.4 255.255.255.0
R4(config-if)# exit

R4(config)# interface e0/3
R4(config-if)# ip address 1.1.34.4 255.255.255.0
R4(config-if)# no shut
R4(config-if)# exit
```

인터페이스 설정이 끝나면 다음과 같이 R3의 라우팅 테이블을 확인한다.

예제 6-5 R3의 라우팅 테이블

```
R3# show ip route
     (생략)
Gateway of last resort is not set

     1.0.0.0/8 is variably subnetted, 2 subnets, 2 masks
C       1.1.34.0/24 is directly connected, Ethernet0/1
L       1.1.34.3/32 is directly connected, Ethernet0/1
     10.0.0.0/8 is variably subnetted, 4 subnets, 2 masks
C       10.1.3.0/24 is directly connected, Loopback0
L       10.1.3.3/32 is directly connected, Loopback0
C       10.1.100.0/24 is directly connected, Ethernet0/0
L       10.1.100.3/32 is directly connected, Ethernet0/0
```

라우팅 테이블이 제대로 보이면 다음과 같이 인접한 장비까지의 통신을 핑으로 확인한다.

예제 6-6 핑 테스트하기

```
R3# ping 1.1.34.4
R3# ping 10.1.100.1
R3# ping 10.1.100.2
```

다음에는 각 라우터에서 라우팅을 설정한다. R1, R2, R3 간에는 OSPF 에어리어 0을 설정한다. 또, R3에서 ISP(internet service provider, 인터넷 회사) 라우터로 동작시킬 R4로 디폴트 루트를 설정하고, 이를 OSPF를 통하여 내부 라우터인 R1, R2에게 광고한다.

R3의 설정은 다음과 같다.

예제 6-7 R3의 라우팅 설정

```
R3(config)# ip route 0.0.0.0 0.0.0.0 1.1.34.4

R3(config)# router ospf 1
R3(config-router)# network 10.1.3.3 0.0.0.0 area 0
R3(config-router)# network 10.1.100.3 0.0.0.0 area 0
R3(config-router)# default-information originate
R3(config-router)# exit
```

R1과 R2의 설정은 다음과 같다.

예제 6-8 R1, R2의 라우팅 설정

```
R1(config)# router ospf 1
R1(config-router)# network 10.1.1.1 0.0.0.0 area 0
R1(config-router)# network 10.1.100.1 0.0.0.0 area 0

R2(config)# router ospf 1
R2(config-router)# network 10.1.2.2 0.0.0.0 area 0
R2(config-router)# network 10.1.100.2 0.0.0.0 area 0
```

설정 후 R3의 라우팅 테이블은 다음과 같다.

예제 6-9 R3의 라우팅 테이블

```
R3# show ip route
     (생략)
Gateway of last resort is 1.1.34.4 to network 0.0.0.0

S*   0.0.0.0/0 [1/0] via 1.1.34.4
     1.0.0.0/8 is variably subnetted, 2 subnets, 2 masks
C       1.1.34.0/24 is directly connected, Ethernet0/1
L       1.1.34.3/32 is directly connected, Ethernet0/1
     10.0.0.0/8 is variably subnetted, 6 subnets, 2 masks
O       10.1.1.1/32 [110/11] via 10.1.100.1, 00:00:36, Ethernet0/0
O       10.1.2.2/32 [110/11] via 10.1.100.2, 00:00:13, Ethernet0/0
C       10.1.3.0/24 is directly connected, Loopback0
L       10.1.3.3/32 is directly connected, Loopback0
C       10.1.100.0/24 is directly connected, Ethernet0/0
L       10.1.100.3/32 is directly connected, Ethernet0/0
```

다음과 같이 R3에서 원격 네트워크까지의 통신을 핑으로 확인한다.

예제 6-10 원격지 핑 테스트

```
R3# ping 1.1.4.4
R3# ping 10.1.1.1
R3# ping 10.1.2.2
```

이제 NAT를 설정하고, 동작을 확인하기 위한 테스트 네트워크가 구축되었다.

정적 NAT

정적 NAT는 변환되는 두 IP 주소를 미리 지정하는 것을 말한다. 정적 NAT는 주로 사설 IP 주소를 사용하는 서버를 외부에서 인터넷을 통하여 접속할 때 사용한다.

만약 NAT 설정이 없다면, R4는 내부 네트워크인 10.1.100.0/24 대역을 알지 못하므로 아래와 같이 핑을 해도 ICMP 응답 패킷을 전송 할 수 없다.

예제 6-11 내부에서 외부로의 핑 테스트

```
R1# ping 1.1.4.4
Type escape sequence to abort.
Sending 5, 100-byte ICMP Echos to 1.1.4.4, timeout is 2 seconds:
.....
Success rate is 0 percent (0/5)
```

이제 NAT를 설정하여 내부에서 외부로, 또 외부에서 내부로 접근할 수 있도록 설정해 보자. 실제 환경과 유사하게 ISP에서 2.2.2.0/24 네트워크를 할당받아 공인 IP 주소로 사용한다고 가정해 보자. 이 경우, ISP에서는 다음과 같이 정적 경로를 설정한다.

예제 6-12 정적 경로 설정

```
R4(config)# ip route 2.2.2.0 255.255.255.0 1.1.34.3
```

사설 IP 주소 10.1.100.1를 사용하는 웹 서버와 공인 IP 주소 2.2.2.200을 변환시키려면 다음과 같이 정적인 NAT를 사용하면 된다.

예제 6-13 정적 NAT 설정

① R3(config)# **ip nat inside source static 10.1.100.1 2.2.2.200**

　R3(config)# **interface e0/0**
② R3(config-if)# **ip nat inside**
　R3(config-if)# **exit**

　R3(config)# **interface e0/1**
③ R3(config-if)# **ip nat outside**

① 내부(inside)의 출발지 주소가 10.1.100.1인 패킷은 2.2.2.200으로 변환하여
　외부(outside)로 전송하도록 정적 NAT 정책을 설정한다.

② 해당 인터페이스를 NAT 장비의 inside 도메인으로 지정한다.

③ 해당 인터페이스를 NAT 장비의 outside 도메인으로 지정한다.

NAT 정책을 전체적으로 확인하기 위해 **show ip nat statistics** 명령어를 사용한다.

예제 6-14 NAT 테이블 확인

R3# **show ip nat statistics**

Total active translations: 1 (1 static, 0 dynamic; 0 extended)
Peak translations: 1, occurred 00:00:22 ago
Outside interfaces:
　Ethernet0/1
Inside interfaces:
　Ethernet0/0
Hits: 0　Misses: 0
CEF Translated packets: 0, CEF Punted packets: 0
Expired translations: 0
Dynamic mappings:
Total doors: 0
Appl doors: 0
Normal doors: 0
Queued Packets: 0

설정 후 R1에서 R4의 루프백 주소로 핑을 하면 통신이 되는 것을 알 수 있다.

예제 6-15 핑 테스트

```
R1# ping 1.1.4.4
Type escape sequence to abort.
Sending 5, 100-byte ICMP Echos to 1.1.4.4, timeout is 2 seconds:
!!!!!
```

이후 show ip nat translation를 통해 주소 변환 상태를 확인 할 수 있다.

예제 6-16 NAT 테이블 확인

```
R3# show ip nat translations
Pro Inside global    Inside local    Outside local    Outside global
icmp 2.2.2.200:8     10.1.100.1:8    1.1.4.4:8        1.1.4.4:8
--- 2.2.2.200        10.1.100.1      ---              ---
```

정적 NAT의 경우 NAT 테이블에 주소 변환 정보가 반영구적으로 존재하므로, 외부에서 먼저 세션을 시작하여도 주소 변환이 동작한다. 즉, 외부에서 Inside global 주소를 목적지로 하여 접근할 경우, 해당 패킷의 목적지 주소를 Inside local 주소로 변환시킨다.

확인을 위해 인터넷에 소속된 R4에서 2.2.2.200으로 텔넷을 해보자.

예제 6-17 텔넷 접속

```
R4# telnet 2.2.2.200
Trying 2.2.2.200 ... Open
User Access Verification

Password:
R1>
```

다시 NAT 테이블을 확인해 보면, R1과 R4와의 연결이 테이블에 등록되어 있다.

예제 6-18 NAT 테이블 확인

```
R3# show ip nat translations
Pro Inside global    Inside local    Outside local    Outside global
tcp 2.2.2.200:23     10.1.100.1:23   1.1.34.4:27488   1.1.34.4:27488
--- 2.2.2.200        10.1.100.1      ---              ---
```

이와 같이 내부 호스트 10.1.100.1이 외부로 나갈 때는 2.2.2.200으로 변환하고, 반대로 외부에서 2.2.2.200으로 접근하면 10.1.100.1로 연결되도록 해준다.

결과적으로 **ip nat inside source static**을 사용하여 설정한 정적 NAT는 Inside에서 출발한 패킷은 출발지 주소를 변환하고, Outside에서 들어오는 패킷은 목적지 주소를 변환해 주는 역할을 한다.

이번에는 **ip nat outside source static**을 사용하여 R2에서 목적지 5.5.5.5로 통신을 할 때 NAT 장비인 R3이 목적지 주소를 1.1.4.4로 변환하여 통신이 되도록 해보자.

그림 6-3 Outside NAT 테스트 네트워크

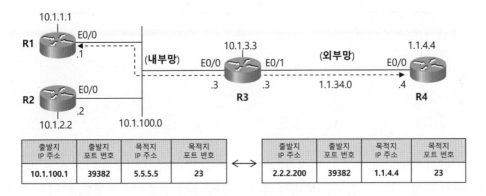

기존에 설정되어 있는 NAT정책을 제거하면 R4에서는 내부의 주소를 몰라 라우팅이 안된다. 따라서, 기존의 설정은 그대로 두고 outside NAT 정책을 추가하도록한다.

예제 6-19 정적 NAT 설정

```
R3(config)# ip nat outside source static 1.1.4.4 5.5.5.5
```

외부(outside)의 출발지 주소가 1.1.4.4인 패킷은 5.5.5.5로 변환하여 내부(inside)로 전송하겠다는 정적인 NAT 정책을 설정한다. 설정 후 R3에서 NAT 테이블을 확인하면 outside에 대한 주소 변환 정책이 새로 등록된 것을 알 수 있다.

NAT 테이블 확인

```
R3# show ip nat translations
Pro Inside global    Inside local    Outside local    Outside global
--- ---                  ---             5.5.5.5          1.1.4.4
--- 2.2.2.200         10.1.100.1      ---              ---
```

변환 동작을 확인하기 위해 NAT 디버깅을 동작시키고 R1에서 5.5.5.5로 텔넷을 시도해 본다.

디버깅과 텔넷 접속

```
R3# debug ip nat

R1# telnet 5.5.5.5
Trying 5.5.5.5 ... Open
User Access Verification

Password:
R4>
```

R1에서 5.5.5.5로 텔넷을 하면 R4로 연결이 되며, R3에서 디버깅 결과를 확인하면 이전에 설정한 Inside nat 정책에 따라 내부의 출발지 주소가 변경되고, 이후 내부의 목적지 주소도 변환되는 것을 알 수 있다.

NAT 디버깅 메시지

```
NAT*: s=10.1.100.1->2.2.2.200, d=5.5.5.5 [39382]
NAT*: s=2.2.2.200, d=5.5.5.5->1.1.4.4 [39382]
NAT*: s=1.1.4.4->5.5.5.5, d=2.2.2.200 [15295]
NAT*: s=5.5.5.5, d=2.2.2.200->10.1.100.1 [15295]
```

이상으로 정적 NAT을 이용한 내부 / 외부 NAT 설정을 해보았다.

동적 NAT

정적 NAT의 경우 NAT 테이블에 항상 변환 주소가 등록되어 있기 때문에 외부에서 내부로 항상 접근이 가능하다. 이러한 구조는 보안상 좋지 못하므로 가능하면 내부에서 연결을 시작할 때에만 주소변환이 일어날 수 있게 하는 것이 좋다.

동적 NAT는 평소에는 NAT 테이블에 등록 되어있지 않다가, 설정한 출발지에서 패킷이 나갈 경우 임시로 주소 변환 테이블에 등록하여 통신을 가능하게 한다.

예를 들어 R3에서 내부의 10.0.0.0/8 네트워크가 공인 IP 주소 2.2.2.1부터 2.2.2.100 사이의 주소로 변환되게 하려면 다음과 같이 설정한다.

먼저 이전에 설정하였던 정적 NAT 정책을 제거한다.

예제 6-23 R3의 기존 정적 NAT 정책 제거

```
R3(config)# no ip nat outside source static 1.1.4.4 5.5.5.5
R3(config)# no ip nat inside source static 10.1.100.1 2.2.2.200
```

다음으로 동적 NAT 정책을 설정한다.

예제 6-24 R3의 동적 NAT 설정

```
① R3(config)# ip access-list standard PRIVATE
   R3(config-std-nacl)# permit 10.0.0.0 0.255.255.255
   R3(config-std-nacl)# exit

② R3(config)# ip nat pool PUBLIC 2.2.2.1 2.2.2.100 netmask 255.255.255.0
③ R3(config)# ip nat inside source list PRIVATE pool PUBLIC
```

① 액세스 리스트를 사용하여 변환 대상 IP 주소를 지정한다.

② ip nat pool 명령어를 사용하여 공인 IP 주소를 지정한다.

③ ip nat inside source 명령어를 사용하여 사설 IP 주소와 공인 IP 주소를 연결한다.

설정 후, **show ip nat translations** 명령어를 통해 NAT 테이블을 확인하면 정적 NAT과 다르게 테이블에 등록된 정보가 없다.

예제 6-25 R3의 NAT 테이블

```
R3# show ip nat translations
R3#
```

이제 R1과 R2에서 텔넷을 사용하여 R4와 연결 한 후 다시 NAT 테이블을 확인해
보면 각기 다른 공인 IP 주소를 사용하여 R4와 통신하고 있는 것을 알 수 있다.

예제 6-26 R3의 NAT 테이블

```
R3# show ip nat translations
Pro Inside global     Inside local    Outside local   Outside global
tcp 2.2.2.2:55378     10.1.100.1:55378    1.1.4.4:23 1.1.4.4:23
--- 2.2.2.2           10.1.100.1          ---            ---
tcp 2.2.2.3:58281     10.1.100.2:58281    1.1.4.4:23 1.1.4.4:23
--- 2.2.2.3           10.1.100.2          ---            ---
```

변환된 내용을 자세히 확인하려면 **show ip nat translation verbose** 명령어를
사용한다.

예제 6-27 자세한 NAT 정보 보기

```
R3#show ip nat translations verbose

Pro Inside global    Inside local     Outside local   Outside global
tcp 2.2.2.2:55378    10.1.100.1:55378 1.1.4.4:23      1.1.4.4:23
    create 00:03:06, use 00:03:05 timeout:86400000, left 23:56:54, Map-Id(In): 1,
flags:
    (생략)
```

NAT에서 사용되는 타이머를 조정하려면 다음과 같이 한다. 괄호안의 숫자는 각
항목별 기본 값이며, 단위는 초(sec)이다.

예제 6-28 NAT에서 사용되는 타이머 조정

```
R3(config)# ip nat translation ?
  arp-ping-timeout      Specify timeout for WLAN-NAT ARP-Ping
  dns-timeout           Specify timeout for NAT DNS flows
  finrst-timeout        Specify timeout for NAT TCP flows after a FIN or RST
```

```
        icmp-timeout              Specify timeout for NAT ICMP flows
        max-entries               Specify maximum number of NAT entries
        port-timeout              Specify timeout for NAT TCP/UDP port specific flows
        pptp-timeout              Specify timeout for NAT PPTP flows
        routemap-entry-timeout    Specify timeout for routemap created half entry
        syn-timeout               Specify timeout for NAT TCP flows after a SYN and
                                  no further data
        tcp-timeout               Specify timeout for NAT TCP flows
        timeout                   Specify timeout for dynamic NAT translations
        udp-timeout               Specify timeout for NAT UDP flows
```

현재 변환된 NAT 테이블을 제거하려면 **clear ip nat translation *** 명령어를 사용한다.

다음 테스트를 위해 기존 설정을 제거한다.

예제 6-29 기존 설정 제거

```
R3(config)# no ip nat inside source list PRIVATE pool PUBLIC
```

이상으로 정적 NAT와 동적 NAT에 대하여 살펴보았다.

정적 PAT

PAT(port address translation)는 네트워크 주소 변환에서 TCP/UDP 포트 번호를 사용한다. 정적 PAT는 정적 NAT와 유사하지만, TCP/UDP의 포트 번호 별로 다양한 주소 변환이 가능하다.

정적 PAT를 PAR(port address redirection)이라고 부르기도 한다. PAR은 공인 IP 주소가 부족할 때 유용하다.

예를 들어, 사설 IP 주소를 사용하는 DNS, WEB, FTP 등의 서버 주소가 하나의 공인 IP 주소로 변환될 때, PAR을 설정하면 외부에서 동일한 주소를 사용하더라도 포트 번호에 따라(ICMP 등은 일련번호를 이용하여) 원하는 서버로 연결할 수 있다. 다음과 같이 R3에서 PAR을 설정해 보도록 한다.

PAR 설정

```
R3(config)# ip nat inside source static tcp 10.1.1.1 80 2.2.2.201 80
R3(config)# ip nat inside source static tcp 10.1.2.2 23 2.2.2.201 23
```

동일한 목적지인 2.2.2.201로 향하는 패킷이라도, HTTP 트래픽이면 10.1.1.1으로
연결하고, 텔넷이면 10.1.2.2로 연결한다.

R4에서 IP 주소 2.2.2.201을 사용하여 HTTP 서버로 접속해 보자.

HTTP 접속

```
R4# telnet 2.2.2.201 80
Trying 2.2.2.201, 80 ... Open
```

R3의 NAT 테이블을 확인해 보면, 외부 주소 1.1.34.4에서 2.2.2.201:80으로 가는
패킷의 목적지가 10.1.1.1:80으로 변환된다.

R3의 NAT 테이블

```
R3# show ip nat translations
Pro Inside global    Inside local    Outside local    Outside global
tcp 2.2.2.201:80     10.1.1.1:80     1.1.34.4:65145   1.1.34.4:65145
      (생략)
```

R4에서 exit 명령어를 사용하여 HTTP 접속을 종료한 다음, 이번에는 2.2.2.201
주소를 사용하여 텔넷으로 접속해 보자.

2.2.2.201로 텔넷하기

```
R4# telnet 2.2.2.201
Trying 2.2.2.201 ... Open
User Access Verification

Password:
R2>
```

R3의 NAT 테이블을 확인해 보면, 외부 주소 1.1.34.4에서 2.2.2.201:23으로 연결한 트래픽의 목적지 IP 주소가 10.1.2.2:23으로 변환된다.

예제 6-34 R3의 NAT 테이블

```
R3# show ip nat translations
Pro Inside global      Inside local       Outside local      Outside global
tcp 2.2.2.201:80       10.1.1.1:80        ---                ---
tcp 2.2.2.201:23       10.1.2.2:23        1.1.34.4:27279     1.1.34.4:27279
     (생략)
```

동적 PAT(NAT overload)

동적 NAT 설정에 **overload** 옵션을 사용하면 동적 PAT로 동작한다. 동적 PAT를 NAT overload라고 부르기도 한다.

동적 NAT에서는 변환시킬 주소가 부족하면 더 이상 추가적인 주소 변환이 일어나지 않는다. 이런 경우 동적 PAT를 사용하면, 소수의 공인 IP 주소만으로 다수의 사설 IP 주소를 변환시키는 N:M 또는 N:1 변환이 가능하다.

R2에서 기존의 정적 PAT을 제거 한 후, 다음과 같이 동적 PAT를 설정해 보자.

예제 6-35 R3의 동적 PAT 설정

```
R3(config)# no ip nat inside source static tcp 10.1.2.2 23 2.2.2.201 23 extendable
R3(config)# no ip nat inside source static tcp 10.1.1.1 80 2.2.2.201 80 extendable

R3(config)# ip nat inside source list PRIVATE pool PUBLIC overload
```

모든 사설 IP 주소를 한 개의 공인 IP 주소로 변환하는 N:1 변환의 경우, 다음과 같이 별도의 공인 IP 주소 풀을 지정하지 않고, 인터페이스 명을 지정해도 된다.

예제 6-36 인터페이스를 이용한 PAT

```
R3(config)# ip nat inside source list PRIVATE interface e0/1 overload
```

확인을 위해 R1, R2에서 R4를 향해 핑과 텔넷을 모두 해보자.

예제 6-37 R1, R2에서 1.1.4.4로 핑과 텔넷하기

```
R1# ping 1.1.4.4
Type escape sequence to abort.
Sending 5, 100-byte ICMP Echos to 1.1.4.4, timeout is 2 seconds:
!!!!!
Success rate is 100 percent (5/5), round-trip min/avg/max = 1/1/1 ms

R1# telnet 1.1.4.4
Trying 1.1.4.4 ... Open
User Access Verification

Password:
R4>


R2# ping 1.1.4.4
Type escape sequence to abort.
Sending 5, 100-byte ICMP Echos to 1.1.4.4, timeout is 2 seconds:
!!!!!
Success rate is 100 percent (5/5), round-trip min/avg/max = 1/1/1 ms

R2# telnet 1.1.4.4
Trying 1.1.4.4 ... Open
User Access Verification

Password:
R4>
```

핑과 텔넷을 하고 R3에서 NAT 테이블을 확인하면 IP 주소 2.2.2.2만 이용하여 R4
와 통신하고 있는 것을 알 수 있다.

예제 6-38 R3의 NAT 테이블

```
R3# show ip nat translations
Pro Inside global      Inside local       Outside local      Outside global
icmp 2.2.2.2:2         10.1.100.1:2       1.1.4.4:2          1.1.4.4:2
tcp  2.2.2.2:40636     10.1.100.1:40636   1.1.4.4:23         1.1.4.4:23
icmp 2.2.2.2:3         10.1.100.2:3       1.1.4.4:3          1.1.4.4:3
tcp  2.2.2.2:30514     10.1.100.2:30514   1.1.4.4:23         1.1.4.4:23
```

목적지에 따른 주소 변환

패킷의 목적지 주소 별로 서로 다른 공인 IP주소를 사용하여 변환시키려면 다음 두 가지 방법을 사용할 수 있다.

- 확장 ACL 사용한 PAT
- 루트맵을 사용한 NAT 또는 PAT

예를 들어, 목적지가 1.1.4.0/24이면 공인 IP 주소 2.2.2.250을 사용하고, 1.1.34.0/24이면 2.2.2.251을 사용하도록 설정해 보자.

예제 6-39 확장 ACL 사용한 PAT

```
R3(config)# no ip nat inside source list PRIVATE pool PUBLIC overload

① R3(config)# ip access-list extended REMOTE-PUBLIC1
   R3(config-ext-nacl)# permit ip any 1.1.4.0 0.0.0.255
   R3(config-ext-nacl)# exit
② R3(config)# ip access-list extended REMOTE-PUBLIC2
   R3(config-ext-nacl)# permit ip any 1.1.34.0 0.0.0.255
   R3(config-ext-nacl)# exit

③ R3(config)# ip nat pool LOCAL-PUBLIC1 2.2.2.250 2.2.2.250 prefix-length 24
   R3(config)# ip nat pool LOCAL-PUBLIC2 2.2.2.251 2.2.2.251 prefix-length 24

   R3(config)# ip nat inside source list REMOTE-PUBLIC1 pool LOCAL-PUBLIC1
overload
   R3(config)# ip nat inside source list REMOTE-PUBLIC2 pool LOCAL-PUBLIC2
overload
```

① 목적지 IP 주소를 확인하려면 확장 ACL을 사용해야 한다. 1.1.4.0/24 네트워크로 가는 트래픽을 지정한다.

② 목적지 네트워크 대역이 1.1.34.0/24 인 트래픽을 지정한다.

③ 사용할 공인 IP 주소를 NAT Pool로 지정한다. **prefix-length** 옵션을 사용하여 서브넷 마스크 길이를 지정한다. **network** 옵션을 사용하여 설정해도 된다.

④ ip nat inside source list 명령어를 이용하여 ACL과 NAT 풀을 연결한다. 특정 목적지로 가는 패킷의 출발지 IP 주소가 NAT 풀에서 정의한 공인 IP 주소로 변환된다.

예제 6-40 외부로 텔넷하기

```
R1# telnet 1.1.4.4
Trying 1.1.4.4 ... Open
User Access Verification

Password:
R4>
```

R3에서 확인해 보면 다음과 같이 사설 IP 주소 10.1.100.1이 공인 IP 주소 2.2.2.250
으로 변환된다.

예제 6-41 R3의 NAT 테이블

```
R3# show ip nat translations
Pro Inside global    Inside local    Outside local    Outside global
tcp 2.2.2.250:23744 10.1.100.1:23744 1.1.4.4:23      1.1.4.4:23
```

이번에는 R3에서 1.1.34.4로 텔넷을 해보자.

예제 6-42 R2에서 1.1.34.4로 텔넷하기

```
R2# telnet 1.1.34.4
Trying 1.1.12.1 ... Open
User Access Verification

Password:
R4>
```

그러면 사설 IP 주소 10.1.100.2이 공인 IP 주소 2.2.2.251로 변환된다.

예제 6-43 R3의 NAT 테이블

```
R3# show ip nat translations
Pro Inside global    Inside local    Outside local    Outside global
tcp 2.2.2.250:23744 10.1.100.1:23744 1.1.4.4:23       1.1.4.4:23
tcp 2.2.2.251:29060 10.1.100.2:29060 1.1.34.4:23      1.1.34.4:23
```

즉, 목적지(outside global) 주소가 1.1.4.4이면 사설(inside local) IP 주소
10.1.100.1이 공인(inside global) IP 주소 2.2.2.250로 변환되고, 목적지 주소가
1.1.34.4이면 10.1.100.2이 2.2.2.251로 변환된다.

목적지 별로 서로 다른 주소로 변환할 수 있는 또 다른 방법은 루트맵(Route-map)을 사용하는 것이다. 루트맵을 사용하면 **set ip next-hop** 등과 같이 NAT 외에도 추가적인 기능을 정의할 수 있다. 먼저, 다음과 같이 앞서 설정한 NAT를 제거한다.

예제 6-44 NAT 제거

```
R3(config)# no ip nat inside source list REMOTE-PUBLIC1 pool LOCAL-PUBLIC1
overload
R3(config)# no ip nat inside source list REMOTE-PUBLIC2 pool LOCAL-PUBLIC2
overload
```

루트맵을 사용하여 NAT를 설정하는 방법은 다음과 같다. 특정 목적지로 향하는 트래픽을 지정하기 위해 확장 ACL을 사용하고, 변환될 공인 IP 주소를 NAT 풀로 정의하는 것은 동일하다.

예제 6-45 루트맵을 사용한 NAT 설정

```
    R3(config)# ip access-list extended REMOTE-PUBLIC1
    R3(config-ext-nacl)# permit ip any 1.1.4.0 0.0.0.255
    R3(config-ext-nacl)# exit
    R3(config)# ip access-list extended REMOTE-PUBLIC2
    R3(config-ext-nacl)# permit ip any 1.1.34.0 0.0.0.255
    R3(config-ext-nacl)# exit

    R3(config)# ip nat pool LOCAL-PUBLIC1 2.2.2.250 2.2.2.250 prefix-length 24
    R3(config)# ip nat pool LOCAL-PUBLIC2 2.2.2.251 2.2.2.251 prefix-length 24

①  R3(config)# route-map REMOTE1
②  R3(config-route-map)# match ip address REMOTE-PUBLIC1
    R3(config-route-map)# exit
    R3(config)# route-map REMOTE2
    R3(config-route-map)# match ip address REMOTE-PUBLIC2
    R3(config-route-map)# exit

③  R3(config)# ip nat inside source route-map REMOTE1 pool LOCAL-PUBLIC1
overload
    R3(config)# ip nat inside source route-map REMOTE2 pool LOCAL-PUBLIC2
overload
```

① 특정 목적지로 향하는 트래픽을 분류하기 위한 루트맵을 만든다.

② **match ip address** 명령어를 사용하여 앞서 만든 ACL 조건에 해당하는 트래픽을 지정한다. 1.1.4.0/24 네트워크로 향하는 트래픽이 지정된다.

③ **ip nat inside source route-map** 명령어를 사용하여 루트맵과 NAT 풀을 연결한다. 해당 루트맵에서 지정된 트래픽만 주소 변환이 이루어진다.

설정 후 R1에서 1.1.4.4로 텔넷을 해보자.

예제 6-46 R1에서 1.1.4.4로 텔넷하기

```
R4# telnet 1.1.4.4
Trying 1.1.4.4 ... Open
        (생략)
```

R3에서 확인해 보면 사설 주소 10.1.100.1이 공인 주소 2.2.2.250으로 변환된다.

예제 6-47 R3의 NAT 테이블

```
R3# show ip nat translations
Pro Inside global      Inside local      Outside local     Outside global
tcp 2.2.2.250:42003    10.1.100.1:42003  1.1.4.4:23        1.1.4.4:23
```

이번에는 R2에서 1.1.34.4로 텔넷을 해보자.

예제 6-48 R2에서 1.1.34.4로 텔넷하기

```
R2# telnet 1.1.34.4
Trying 1.1.34.4 ... Open
        (생략)
```

그러면 사설 IP 주소 10.1.100.2이 공인 IP 주소 2.2.2.251로 변환된다.

예제 6-49 R3의 NAT 테이블

```
R3# show ip nat translations
Pro Inside global      Inside local      Outside local     Outside global
tcp 2.2.2.251:44160    10.1.100.2:44160  1.1.34.4:23       1.1.34.4:23
```

이상으로 NAT에 대해 알아보았다.

제7장
NAT 이중화

HSRP를 이용한 NAT 이중화

NAT Box-To-Box 이중화

HSRP를 이용한 NAT 이중화

NAT 이중화란 하나의 NAT 장비가 동작하지 않을 때 다른 NAT 장비를 동작시키는 것을 말한다. NAT 이중화는 다음과 같이 구분할 수 있다.

• HSRP를 이용한 NAT 이중화
• NAT Box-To-Box 이중화

HSRP(hot standby router protocol)는 시스코에서 개발한 게이트웨이 이중화 프로토콜이다. HSRP는 게이트웨이 역할을 하는 라우터 또는 L3 스위치 사이에서 동작한다. 이번 절에서는 HSRP를 이용한 NAT 이중화에 대하여 살펴보자.

테스트 네트워크 구축

HSRP를 이용한 NAT 이중화 테스트를 위하여 다음과 같은 네트워크를 구축한다. R1을 내부망의 PC, R4를 ISP 라우터라고 가정하고 경계 라우터인 R2, R3에서 NAT 이중화를 설정한다.

그림 7-1 HSRP를 이용한 NAT 이중화 테스트 네트워크

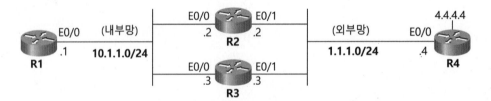

먼저 각 라우터에서 IP주소를 부여한다. 내부망에서 10.1.1.0/24 대역을 사용하고, 외부망에서 1.1.1.0/24 대역을 사용한다.

R1의 설정은 다음과 같다.

예제 7-1 R1의 설정

```
R1(config)# interface e0/0
R1(config-if)# ip address 10.1.1.1 255.255.255.0
R1(config-if)# no shutdown
R1(config-if)# exit
```

R2의 설정은 다음과 같다.

예제 7-2 R2의 설정

```
R2(config)# interface e0/0
R2(config-if)# ip address 10.1.1.2 255.255.255.0
R2(config-if)# no shutdown
R2(config-if)# exit

R2(config)# interface e0/1
R2(config-if)# ip address 1.1.1.2 255.255.255.0
R2(config-if)# no shutdown
R2(config-if)# exit
```

R3의 설정은 다음과 같다.

예제 7-3 R3의 설정

```
R3(config)# interface e0/0
R3(config-if)# ip address 10.1.1.3 255.255.255.0
R3(config-if)# no shutdown
R3(config-if)# exit

R3(config)# interface e0/1
R3(config-if)# ip address 1.1.1.3 255.255.255.0
R3(config-if)# no shutdown
R3(config-if)# exit
```

R4의 설정은 다음과 같다.

예제 7-4 R4의 설정

```
R4(config)# interface e0/0
R4(config-if)# ip address 1.1.1.4 255.255.255.0
R4(config-if)# no shutdown
R4(config-if)# exit
R4(config)# interface lo 0
R4(config-if)# ip address 4.4.4.4 255.255.255.0
```

설정이 끝나면 R2에서 인접 장비와의 통신을 핑으로 확인한다.

인접 장비와의 통신 확인

```
R2# ping 10.1.1.1
R2# ping 10.1.1.3
R2# ping 1.1.1.4
```

각 라우터에서의 라우팅 설정은 NAT 이중화 설정을 마친 후 하기로 한다.

HSRP를 이용한 NAT 이중화 설정

다음 그림과 같이 NAT 이중화를 구성해 본다. 먼저 액티브 라우터인 R2에서 주소 변환이 동작하고, 장애가 발생하면 스탠바이 라우터인 R3을 통해 주소 변환이 동작하도록 구성한다.

그림 7-2 HSRP와 NAT 설정

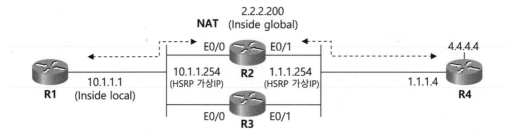

HSRP는 스탠바이 그룹(standby group) 별로 하나의 액티브(active) 라우터와 하나의 스탠바이(standby) 라우터를 뽑는다. 액티브 라우터는 게이트웨이 역할을 수행하며, 스탠바이 라우터는 액티브 라우터에 장애가 발생하면 해당 역할을 이어받는다.

먼저 내부망에 대해 R2를 HSRP 액티브 라우터로 설정해 보자.

예제 7-6 R2의 HSRP 설정

```
① R2(config)# track 1 interface e0/1 ip routing
   R2(config-track)# exit

② R2(config)# interface e0/0
③ R2(config-if)# standby 1 name HSRP-NAT
```

```
④ R2(config-if)# standby 1 ip 10.1.1.254
⑤ R2(config-if)# standby 1 priority 105
⑥ R2(config-if)# standby 1 track 1 decrement 10
⑦ R2(config-if)# standby 1 preempt
```

① 트래킹 리스트 1을 만들어 트래킹할 인터페이스를 E0/1로 지정한다.

② HSRP를 설정을 위해 인터페이스 설정모드로 들어간다.

③ stanby 1 name 명령어를 사용하여 HSRP 그룹 번호와 그룹 이름을 지정한다.

④ standby 1 ip 10.1.1.254 명령어를 사용하여 HSRP 그룹 번호와 가상 IP 주소
(virtual ip address)를 지정한다.

⑤ HSRP 그룹 1에서 R2의 우선순위 값을 105로 지정한다. HSRP 우선순위 값이
큰 라우터가 액티브 라우터로 동작한다.

⑥ standby 1 track 1 decrement 10 명령어를 사용하여 E0/1 포트가 다운되면
HSRP 우선순위 값을 10만큼 감소시키도록 설정한다.
IOS 버전이 낮은 경우, ①번 설정을 생략하고 standby 1 track e0/1 명령어를
사용하여 설정하면 된다.

⑦ standby 1 preempt 명령어는 R2가 스탠바이 라우터로 동작할 때 네트워크
장애가 복구되면, 다시 액티브 라우터로 동작하게 한다.

이어서 외부망에 대해서도 R2가 액티브 라우터로 동작하게 설정한다.

예제 7-7 R2의 HSRP 설정

```
R2(config)# track 2 interface e0/0 ip routing
R2(config-track)# exit

R2(config)# interface e0/1
R2(config-if)# standby 2 name HSRP-NAT2
R2(config-if)# standby 2 ip 1.1.1.254
R2(config-if)# standby 2 priority 105
R2(config-if)# standby 2 track 2 decrement 10
R2(config-if)# standby 2 preempt
R2(config-if)# exit
```

다음으로 R2에서 정적 NAT를 설정한다. HSRP를 이용한 NAT 이중화는 정적인 NAT만 지원된다.

예제 7-8 R2의 NAT 설정

```
① R2(config)# ip nat inside source static 10.1.1.1 2.2.2.200 redundancy HSRP-NAT

② R2(config)# interface e0/0
   R2(config-subif)# ip nat inside
   R2(config-subif)# exit
③ R2(config)# interface e0/1
   R2(config-subif)# ip nat outside
```

① 10.1.1.1 주소가 2.2.2.200로 변환하도록 정적 NAT를 설정한다. 이때 **redundancy** 옵션을 사용하여 HSRP를 이용한 NAT 이중화가 동작하도록 한다.

② E0/0 인터페이스를 inside 도메인으로 선언한다.

③ E0/1 인터페이스를 outside 도메인으로 선언한다.

R3에서도 다음과 같이 HSRP와 NAT를 설정한다. HSRP 설정에서 우선순위 값을 지정하지 않으면 디폴트값인 100으로 동작한다. 설정 후 R3은 HSRP 스탠바이 라우터로 동작한다. 설정 내용은 R2와 유사하므로 자세한 설명은 생략한다.

예제 7-9 R3의 HSRP와 NAT 설정

```
R3(config)# interface e0/0
R3(config-if)# standby 1 name HSRP-NAT
R3(config-if)# standby 1 ip 10.1.1.254
R3(config-if)# standby 1 preempt
R3(config-if)# exit

R3(config)# interface e0/1
R3(config-if)# standby 2 name HSRP-NAT2
R3(config-if)# standby 2 ip 1.1.1.254
R3(config-if)# standby 2 preempt
R3(config-if)# exit

R3(config)# ip nat inside source static 10.1.1.1 2.2.2.200 redundancy HSRP-NAT
```

```
R3(config)# interface e0/0
R3(config-if)# ip nat inside
R3(config-if)# exit

R3(config)# interface e0/1
R3(config-if)# ip nat outside
```

설정 후 확인해 보면 다음과 같이 R2가 HSRP 액티브 라우터로 동작한다.

예제 7-10 HSRP 동작 확인

```
R2# show standby brief
                     P indicates configured to preempt.
                     |
Interface   Grp  Pri P State   Active   Standby    Virtual IP
Et0/0       1    105 P Active  local    10.1.1.3   10.1.1.254
Et0/1       2    105 P Active  local    1.1.1.3    1.1.1.254
```

이제 NAT 이중화를 위한 HSRP 설정이 끝났다. 이번에는 다음 그림과 같이 각 라우터에서 라우팅을 설정해 보자.

그림 7-3 라우팅 설정

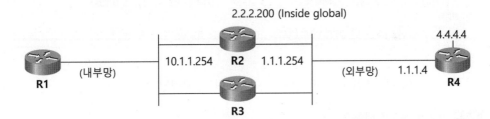

먼저 내부망 라우팅을 설정한다. R1에서 다음과 같이 HSRP 가상 IP주소를 디폴트 루트로 설정한다.

예제 7-11 R1의 디폴트 루트 설정

```
R1(config)# ip route 0.0.0.0 0.0.0.0 10.1.1.254
```

다음으로는 외부망 라우팅을 설정한다. 경계 라우터인 R2, R3에서 R4로 디폴트
루트를 설정한다.

예제 7-12 R2, R3의 디폴트 루트 설정

```
R2(config)# ip route 0.0.0.0 0.0.0.0 1.1.1.4
R3(config)# ip route 0.0.0.0 0.0.0.0 1.1.1.4
```

ISP 라우터인 R4에서는 R2, R3에서 사용할 공인 IP주소(inside global address)
2.2.2.0/24 네트워크에 대한 경로를 정적으로 설정한다.

예제 7-13 정적 경로 설정

```
R4(config)# ip route 2.2.2.0 255.255.255.0 1.1.1.254
```

라우팅 설정 후, R1에서 외부 네트워크인 4.4.4.4로 핑을 한다.

예제 7-14 외부 네트워크로 핑

```
R1# ping 4.4.4.4
Type escape sequence to abort.
Sending 5, 100-byte ICMP Echos to 4.4.4.4, timeout is 2 seconds:
!!!!!
Success rate is 100 percent (5/5), round-trip min/avg/max = 1/1/1 ms
```

R2에서 확인해 보면 다음과 같이 주소 변환이 일어난다.

예제 7-15 R2의 NAT 테이블

```
R2# show ip nat translations
Pro Inside global      Inside local      Outside local      Outside global
icmp 2.2.2.200:0       10.1.1.1:0        4.4.4.4:0          4.4.4.4:0
--- 2.2.2.200          10.1.1.1          ---                ---
```

이제 HSRP를 이용한 NAT 이중화 동작 확인을 위한 준비가 되었다.

HSRP를 이용한 NAT 이중화 동작 확인

이번에는 NAT 이중화 동작을 확인해 보도록 한다. 다음 그림과 같이 액티브 라우터에서 장애가 발생하면 스탠바이 라우터에서 NAT가 동작해야 한다.

그림 7-4 네트워크 장애 발생 시 NAT 동작

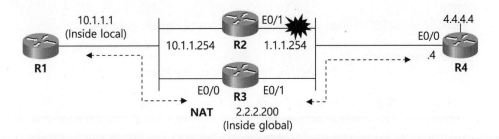

먼저 R4에서 외부 네트워크인 1.1.1.1로 트래픽을 발생시킨다.

예제 7-16 외부 네트워크로 트래픽 발생시키기

```
R1# ping 4.4.4.4 repeat 100000
```

이번에는 R2에서 네트워크 장애를 발생시킨다.

예제 7-17 네트워크 장애 발생시키기

```
R2(config)# interface e0/1
R3(config-if)# shutdown
```

R1에서 확인해 보면 다음과 같이 핑이 잠시 빠진 후 다시 성공한다.

예제 7-18 NAT 이중화 동작 확인

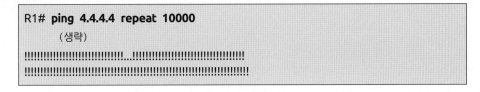

현재 R2의 HSRP 우선순위 값이 95로 감소하여, R3의 HSRP 우선순위 값 100이

더 크다. 따라서 다음과 같이 확인해 보면 R3가 HSRP 액티브 라우터로 동작하는 것을 볼 수 있다.

예제 7-19 NAT 이중화 동작 확인

```
R3#
%HSRP-5-STATECHANGE: Ethernet0/1 Grp 2 state Standby -> Active
R3#
%HSRP-5-STATECHANGE: Ethernet0/0 Grp 1 state Speak -> Active

R3# show standby br
                    P indicates configured to preempt.
                    |
Interface   Grp  Pri P State    Active      Standby       Virtual IP
Et0/0         1  100 P Active   local       10.1.100.2    10.1.100.254
```

이상으로 HSRP를 이용한 NAT 이중화에 대하여 살펴보았다.

NAT Box-To-Box 이중화

HSRP를 이용한 NAT 이중화는 정적 NAT만 지원하고, 비대칭 라우팅을 지원하지 않는다. 이후, IOS 15.0M 버전부터 정적/동적 NAT, 정적 PAT, 비대칭 라우팅 기능을 지원하면서 설정도 간편해진 NAT BtoB 이중화(NAT Box-to-Box High-Availibility) 기능이 지원된다.

NAT BtoB 이중화 특징

NAT BtoB는 서로 다른 NAT 장비들을 이중화 그룹(Redundancy Group, RG)에 포함시킨 후 액티브-스탠바이(active-standby)로 동작한다.

RG에 포함된 액티브 장비와 스탠바이 장비 간에는 물리적인 연결을 통해 RG의 관리 정보나 NAT 테이블과 같은 주소 변환 정보를 공유한다. 따라서 장애 발생 시 스탠바이 장비에 액티브 장비의 NAT 테이블이 존재하므로 기존의 연결을 유지시킨 채 NAT 서비스를 제공할 수 있다. 또한 물리적인 연결을 통해 비대칭 라우팅 기능도 활성화 시킬 수 있다.

그러나 아직까지 NAT 인터페이스 오버로드(interface overload), MPLS L3 VPN 등을 지원하지 않는다. 테스트 네트워크에서 NAT BtoB 이중화를 이용하여 정적 NAT, 동적 NAT를 구성해 보고, 비대칭 라우팅 지원 기능도 구현해 보기로 한다.

테스트 네트워크 구성

NAT BtoB 이중화 테스트를 위하여 다음과 같은 네트워크를 구성한다.

그림 7-5 NAT 이중화를 위한 네트워크

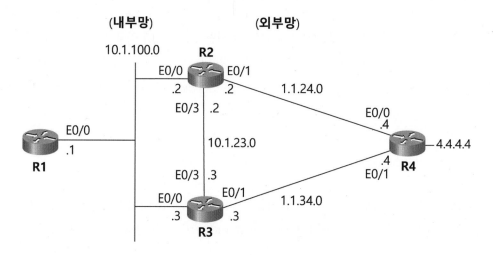

먼저 각 라우터에서 IP 주소를 부여한다. R1의 설정은 다음과 같다.

예제 7-20 R1의 설정

```
R1(config)# interface e0/0
R1(config-if)# ip address 10.1.100.1 255.255.255.0
R1(config-if)# no shut
R1(config-if)# exit
```

R2의 설정은 다음과 같다.

예제 7-21 R2의 설정

```
R2(config)# interface e0/0
R2(config-if)# ip address 10.1.100.2 255.255.255.0
R2(config-if)# no shut
R2(config-if)# exit

R2(config)# interface e0/1
R2(config-if)# ip address 1.1.24.2 255.255.255.0
R2(config-if)# no shut
R2(config-if)# exit

R2(config)# interface e0/3
R2(config-if)# ip address 10.1.23.2 255.255.255.0
R2(config-if)# no shut
```

R3의 설정은 다음과 같다.

예제 7-22 R3의 설정

```
R3(config)# interface e0/0
R3(config-if)# ip address 10.1.100.3 255.255.255.0
R3(config-if)# no shut
R3(config-if)# exit

R3(config)# interface e0/1
R3(config-if)# ip address 1.1.34.3 255.255.255.0
R3(config-if)# no shut
R3(config-if)# exit

R3(config)# interface e0/3
R3(config-if)# ip address 10.1.23.3 255.255.255.0
R3(config-if)# no shut
```

R4의 설정은 다음과 같다.

예제 7-23 R4의 설정

```
R4(config)# interface e0/0
R4(config-if)# ip address 1.1.24.4 255.255.255.0
R4(config-if)# no shut
R4(config-if)# exit
R4(config)# interface e0/1
R4(config-if)# ip address 1.1.34.4 255.255.255.0
R4(config-if)# no shut
R4(config-if)# exit
R4(config)# interface lo 0
R4(config-if)# ip address 4.4.4.4 255.255.255.0
```

설정이 끝나면 R2에서 인접 장비와의 통신을 핑으로 확인한다.

예제 7-24 인접 장비와의 통신 확인

```
R2# ping 10.1.100.1
R2# ping 10.1.100.3
R2# ping 10.1.23.3
R2# ping 1.1.24.4
```

이것으로 기본적인 테스트 네트워크 구성이 완료되었다.

NAT BtoB 이중화 설정

NAT BtoB 이중화 설정을 위해 먼저 RG(Redundancy Group)를 설정한다. 먼저, R2의 RG 설정은 다음과 같다.

예제 7-25 R2의 RG 설정

```
   R2(config)# redundancy
①  R2(config-red)# application redundancy
②  R2(config-red-app)# group 1
③  R2(config-red-app-grp)# name RG1
④  R2(config-red-app-grp)# priority 105
⑤  R2(config-red-app-grp)# preempt
⑥  R2(config-red-app-grp)# control ethernet 0/3 protocol 1
⑦  R2(config-red-app-grp)# data ethernet 0/3
   R2(config-red-app-grp)# exit
   R2(config-red-app)# exit
   R2(config-red)# exit
```

① RG 어플리케이션 설정모드로 들어간다.

② RG을 지정한다. 반대편 장비도 동일한 그룹으로 지정되어야 한다.

③ RG의 이름을 지정한다. 이것은 편의를 위한 것이며, 설정하지 않아도 된다.

④ 우선순위 값을 지정하여 R2를 액티브 장비로 설정한다. 기본값은 100이며, 이 값이 더 높은 장비가 액티브로 선출된다.

⑤ 프리엠션 기능을 활성화 시킨다. 이 기능을 통해 장애가 복구되면 기존의 액티브 장비가 다시 액티브로 동작하도록 해준다.

⑥ RG와 관련된 관리 정보를 상대편 장비에게 전송할 때 사용할 control 인터페이스를 지정한다.

⑦ 액티브 장비의 NAT 테이블을 스탠드바이로 전송할 때 사용할 data 인터페이스를 지정한다. control과 data에 사용할 인터페이스는 서로 다른 인터페이스를 설정하여도 되고 예제와 같이 동일한 인터페이스를 사용해도 된다.

R3의 RG 설정은 다음과 같다.

예제 7-26 R3의 RG 설정

```
R3(config)# redundancy
R3(config-red)# application redundancy
R3(config-red-app)# group 1
R3(config-red-app-grp)# name RG1
R3(config-red-app-grp)# preempt
R3(config-red-app-grp)# control ethernet 0/3 protocol 1
R3(config-red-app-grp)# data ethernet 0/3
R3(config-red-app-grp)# end
```

다음은 IP 트래킹 기능을 설정하여 RG에 적용한다. 이 기능은 비대칭 라우팅을 최대한 방지하기 위해 사용한다.

다음과 같이 내부의 게이트웨이 주소로 사용할 Virtual IP를 추적하여 액티브 장비만 외부로 라우팅 정보를 광고하도록 한다. 또한 외부망과의 연결이 끊어졌음을 확인하고 액티브 장비를 R2에서 R3으로 전환하도록 해준다.

예제 7-27 R2의 ip track 기능 설정

```
① R2(config)# track 100 ip route 10.1.100.254 255.255.255.255 reachability
   R2(config-track)# exit
② R2(config)# track 120 interface e0/1 ip routing
   R2(config-track)# exit

③ R2(config)# ip route 2.2.2.0 255.255.255.0 e0/1 track 100

   R2(config)# redundancy
   R2(config-red)# application redundancy
   R2(config-red-app)# group 1
④ R2(config-red-app)# track 120 decrement 20
```

① R2의 라우팅 테이블에 내부의 가상 게이트웨이 주소인 10.1.100.254가 등록되어 있는지를 추적한다.

② R2의 E0/1 인터페이스로 라우팅이 가능한지를 추적한다.

③ OSPF 재분배에 사용될 정적경로 설정이다. **track 100** 명령어를 사용하면 장비

의 라우팅 테이블에 10.1.100.254가 존재할 때만 해당 경로가 라우팅 테이블에 등록되고 재분배 된다. 따라서 R4는 2.2.2.0/24에 대한 패킷은 액티브 장비쪽으로만 전송한다.

④ R2의 RG설정으로 들어가서 어떤 track을 사용하여 액티브/스탠바이 전환을 할지 지정한다. decrement는 장비에 장애가 발생하면 지정한 숫자만큼 우선순위 값을 낮춘다.

R3의 설정은 다음과 같다.

예제 7-28 R3의 ip track 기능 설정

```
R3(config)# track 100 ip route 10.1.100.254 255.255.255.255 reachability
R3(config-track)# exit
R3(config)# track 120 interface e0/1 ip routing
R3(config-track)# exit
R3(config)# ip route 2.2.2.0 255.255.255.0 e0/0 track 100
R2(config)# redundancy
R2(config-red)# application redundancy
R2(config-red-app)# group 1
R2(config-red-app)# track 120 decrement 20
```

계속해서 RG를 적용할 인터페이스와 가상 게이트웨이 주소, RG에서 사용할 NAT 정책을 설정하고 적용한다. NAT 정책은 출발지가 10.1.100.1인 패킷은 2.2.2.100 으로 변환하여 보내도록 하는 정적 NAT를 설정한다.

예제 7-29 R2의 NAT BtoB 기능 설정 및 적용

```
   R2(config)# int e0/0
   R2(config-if)# ip nat in
①  R2(config-if)# redundancy rii 100
②  R2(config-if)# redundancy group 1 ip 10.1.100.254 exclusive decrement 100
   R2(config-if)# exit

   R2(config)# int e0/1
   R2(config-if)# ip nat out
③  R2(config-if)# redundancy rii 101
   R2(config-if)# exit
④  R2(config-if)# ip nat inside source static 10.1.100.1 2.2.2.100 redundancy 1
mapping-id 120
```

① RII 번호를 지정한다. 반대편 장비에서 **ip nat in** 역할을 수행하는 인터페이스에도 동일한 번호를 지정해 주어야 한다.

② RG에서 사용할 내부의 가상 게이트웨이 주소를 지정한다. HSRP를 따로 설정하지 않아도 이 명령어를 통해 가상 주소를 생성하여 관리할 수 있다.

③ **ip nat out**에 관련한 인터페이스 RII 번호를 지정한다.

④ NAT BtoB 이중화에 사용할 NAT 정책을 지정한다. 매핑 ID는 RG와 관련된 NAT 정책에는 모두 설정해 주어야 한다. 매핑 ID는 NAT 정책 별로 서로 다른 번호를 부여해야 하며, 반대편 장비의 동일한 정책은 같은 번호로 설정해야 한다.

R3의 설정은 다음과 같다.

예제 7-30 R3의 NAT BtoB 기능 설정 및 적용

```
R3(config)# int e0/0
R3(config-if)# ip nat in
R3(config-if)# redundancy rii 100
R3(config-if)# redundancy group 1 ip 10.1.100.254 exclusive decrement 100
R3(config-if)# exit

R3(config)# int e0/1
R3(config-if)# ip nat out
R3(config-if)# redundancy rii 101
R3(config-if)# exit
R3(config-if)# ip nat inside source static 10.1.100.1 2.2.2.100 redundancy 1
mapping-id 120
```

마지막으로 내부망 R1에서 가상 게이트웨이로 향하는 디폴트 루트를 설정하고 ,외부망에서는 OSPF를 이용하여 통신이 가능하게 설정한다.

예제 7-31 R1, R2, R3, R4의 라우팅 설정

```
R1(config)# ip route 0.0.0.0 0.0.0.0 10.1.100.254

R2(config)# router ospf 1
R2(config-router)# network 1.0.0.0 0.255.255.255 a 0
R2(config-router)# redistribute static subnets
```

```
R3(config)# router ospf 1
R3(config-router)# network 1.0.0.0 0.255.255.255 a 0
R3(config-router)# redistribute static subnets

R4(config)# router ospf 1
R4(config-router)# network 1.0.0.0 0.255.255.255 a 0
R4(config-router)# network 4.4.4.4 0.0.0.0 a 0
```

외부망에서의 통신 설정까지 마치면 액티브 장비인 R2에서 RG 설정을 shutdown
명령어를 통해 재활성화 시켜주면 이중화 설정이 완료된다.

예제 7-32 RG설정 재활성화

```
R2(config)# redundancy
R2(config-red)# application redundancy
R2(config-red-app)# group 1
R2(config-red-app-grp)# shutdown
R2(config-red-app-grp)# no shutdown
```

NAT BtoB 이중화 설정 확인

설정을 마쳤으면 show redundancy application group 1 명령어를 통하여 RG1
에 속한 NAT 장비가 액티브/스탠바이로 정상 동작하는지 확인한다.

예제 7-33 리던던시 그룹 상태 확인

```
R2# show redundancy application group 1
Group ID:1
Group Name:RG1

Administrative State: No Shutdown
Aggregate operational state : Up
My Role: ACTIVE
Peer Role: STANDBY
Peer Presence: Yes
Peer Comm: Yes
Peer Progression Started: Yes

RF Domain: btob-one
        RF state: ACTIVE
        Peer RF state: STANDBY HOT
```

확인하면 R2는 액티브 장비로, R3는 스탠바이로 동작하고 있음을 알 수 있다. 또한, **show ip nat redundancy 1** 명령어를 통하여 RG에 속한 장비들의 상태나 통과한 패킷의 양 등 주소 변환에 관한 정보들을 알 수 있다.

예제 7-34 R4에서 외부 네트워크로 텔넷하기

```
R2# show ip nat redundancy 1

      RG ID: 1          RG Name: RG1
      Current State: IPNAT_HA_RG_ST_ACT_BULK_DONE
      Previous State: IPNAT_HA_RG_ST_ACTIVE
      Recent Events: Curr: IPNAT_HA_RG_EVT_RF_ACT_STBY_HOT
                     Prev: IPNAT_HA_RG_EVT_RF_ACT_STBY_BULK_START

      Statistics :
             Static Mappings: 1,      Dynamic Mappings: 0
             Sync-ed Entries :
                    NAT Entries: 1, Door Entries: 0
             Mapping ID Mismatches: 0
             Forwarded Packets: 50,  Dropped Packets : 0
             Redirected Packets: 0
```

NAT가 동작하는지 확인하기 위해 R1에서 R4로 텔넷을 하면 연결이 되는 것을 알 수 있다.

예제 7-35 R4로의 텔넷 확인

```
R1# telnet 4.4.4.4
Trying 4.4.4.4 ... Open
      (생략)
```

show ip nat translations redundancy 1 명령어를 사용하면 BtoB로 설정된 장비 간 공유되고 있는 NAT 테이블을 확인 할 수 있다. 먼저, 액티브 장비인 R2의 NAT 테이블을 다음과 같다.

예제 7-36 액티브 장비 R2의 NAT 테이블

```
R2# show ip nat translations redundancy 1
Pro Inside global    Inside local    Outside local   Outside global
tcp 2.2.2.100:29853 10.1.100.1:29853  4.4.4.4:23      4.4.4.4:23
--- 2.2.2.100           10.1.100.1          ---             ---
```

계속해서 스탠바이 장비 R3의 NAT 테이블을 확인해 본다.

예제 7-37 스탠바이 장비 R3의 NAT 테이블

```
R3# show ip nat translations redundancy 1
Pro Inside global     Inside local     Outside local   Outside global
tcp 2.2.2.100:29853 10.1.100.1:29853  4.4.4.4:23       4.4.4.4:23
--- 2.2.2.100         10.1.100.1        ---             ---
```

NAT BtoB 이중화는 양쪽 NAT 장비에 NAT 테이블이 공유되는 스테이트풀 이중화이므로 액티브 장비에 장애가 발생하여도 세션은 그대로 유지된다. R1과 R4의 텔넷 연결을 유지한 채로 R2의 인터페이스를 다운시켜 본다.

예제 7-38 R2의 인터페이스 다운

```
R2(config)# int e0/0
R2(config-if)# shutdown
```

R2가 다운이 되는 즉시 스탠바이 장비 R3는 장애를 파악하고 곧바로 자신을 액티브 장비로 변환한다.

예제 7-39 R3의 역할 변경

```
*Mar  2 14:55:53.730: %RG_PROTOCOL-5-ROLECHANGE: RG id 1 role change
from Standby to Active
*Mar   2 14:56:01.666: %TRACK-6-STATE: 100 ip route 10.1.100.254/32
reachability Down -> Up
*Mar  2 14:56:03.753: %RG_VP-6-BULK_SYNC_DONE: RG group 1 BULK SYNC
to standby complete.
*Mar   2 14:56:03.757: %RG_VP-6-STANDBY_READY: RG group 1 Standby
router is in SSO state
```

R1의 텔넷 세션을 확인하면 인터페이스가 다운되어도 연결이 종료되지 않고 지속되고 있음을 알 수 있다.

비대칭 라우팅 환경에서의 NAT BtoB 이중화

비대칭 라우팅이란 전송한 패킷이 되돌아오면서 처음 전송한 곳이 아닌 다른 장비로 들어오는 것을 말한다. 기존의 NAT 이중화는 이러한 비대칭 라우팅 환경을 지원하지 않고 패킷을 폐기하여 통신이 불가능하였다.

그림 7-6 비대칭 라우팅 상황에서의 일반적인 NAT 동작

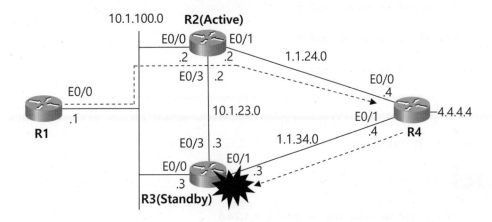

그러나 NAT BtoB 이중화의 경우 **asymmetric-routing interface** 과 **redundancy asymmetric-routing enable** 명령어를 이용하여 비대칭 라우팅 상황에서도 액티브와 스탠바이 사이에 맺어진 링크를 이용해 패킷을 액티브 장비로 재전송하기 때문에 통신을 할 수 있다.

그림 7-7 비대칭 라우팅 지원이 활성화된 NAT 동작

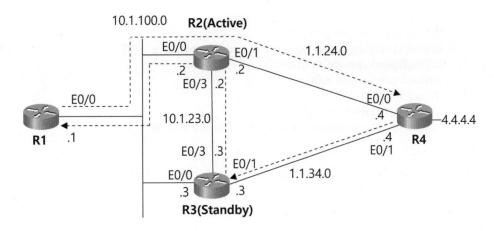

확인을 위해 기존에 다운시켰던 R2의 인터페이스를 다시 동작시키고 외부망 R2, R3, R4에 설정된 OSPF를 제거한다.

예제 7-40 기존의 OSPF망 제거

```
R2(config)# interface e0/1
R2(config-if)# no shutdown
R2(config-if)# exit
R2(config)# no router ospf 1

R3(config)# no router ospf 1

R4(config)# no router ospf 1
```

다음에는 정적 경로를 설정하여 R2에서 들어오는 패킷을 R3으로 전송하도록 비대칭 경로를 생성해 본다.

예제 7-41 디폴트 루트 설정

```
R2(config)# ip route 0.0.0.0 0.0.0.0 1.1.24.4
R3(config)# ip route 0.0.0.0 0.0.0.0 1.1.34.4
R4(config)# ip route 2.2.2.100 255.255.255.255 1.1.34.3
```

R2에 비대칭 라우팅 지원을 활성화하기 위한 설정을 추가한다.

예제 7-42 R2의 비대칭 라우팅 지원 설정

```
  R2(config)# redundancy
  R2(config-red)# application redundancy
  R2(config-red-app)# group 1
① R2(config-red-app-grp)# asymmetric-routing interface e0/3
  R2(config-red-app-grp)# exit
  R2(config-red-app)# exit
  R2(config-red)# exit
  R2(config)# interface e0/1
② R2(config-if)# redundancy asymmetric-routing enable
```

① 비대칭 라우팅 발생시 액티브 장비로 데이터를 전송시킬 인터페이스를 지정한다.

② 비대칭 라우팅 지원을 활성화한다. 해당 장비가 스탠바이일 때, 설정된 인터페이

스로 패킷이 들어오면 비대칭 라우팅 인터페이스를 통해 액티브 장비로 패킷을 재전송한다.

R3의 설정은 다음과 같다.

예제 7-43 R3의 비대칭 라우팅 지원 설정

```
R3(config)# redundancy
R3(config-red)# application redundancy
R3(config-red-app)# group 1
R3(config-red-app-grp)# asymmetric-routing interface e0/3
R3(config-red-app-grp)# exit
R3(config-red-app)# exit
R3(config-red)# exit
R3(config)# interface e0/1
R3(config-if)# redundancy asymmetric-routing enable
```

설정 후 패킷의 흐름을 확인하기 위해 각 라우터에서 디버깅을 동작시킨다.

예제 7-44 디버깅 설정

```
R2# debug ip nat redundancy packet
R3# debug ip nat redundancy packet
R4# debug ip packet
```

debug ip nat redundancy packet 명령어는 RG그룹 내에서의 패킷처리를 확인하기 위한 명령어이다. 이제 R1에서 R4로 핑을 보낸 후 각 라우터에서 표시되는 메시지를 확인해 본다.

예제 7-45 R1에서 R4로 핑 테스트

```
R1# ping 4.4.4.4 repeat 1
Type escape sequence to abort.
Sending 1, 100-byte ICMP Echos to 4.4.4.4, timeout is 2 seconds:
!
Success rate is 100 percent (1/1), round-trip min/avg/max = 5/5/5 ms
```

R4에서 다음과 같은 디버깅 메시지를 확인할 수 있다.

예제 7-46 R4의 디버깅 결과

```
R4#
*May 17 04:44:58.511: IP: s=2.2.2.100 (Ethernet0/0), d=4.4.4.4, len 100, rcvd 4
*May 17 04:44:58.511:      ICMP type=8, code=0
    (생략)
*May 17 04:44:58.511: IP: s=4.4.4.4 (local), d=2.2.2.100 (Ethernet0/1), len 100, sending
*May 17 04:44:58.511:      ICMP type=0, code=0
```

먼저 R4에서 액티브 장비인 R2를 통해 R1의 패킷을 수신한다. 그리고 정적 경로를
통해 스탠바이 장비인 R3으로 ICMP 응답 패킷을 전송한다. 다음은 R3에서의 디버
깅 결과이다.

예제 7-47 R3의 디버깅 결과

```
R3#
*Mar  3 02:01:36.358: NAT-HA-PAK: redir: pak: [38386] rg_id: 1 ftype: 0, on_int: 4
*Mar  3 02:01:36.358: NAT-HA-PAK: redir: RG-id: 1 rii: 101 ftype: 0 pak:
[38386] mapp_id: 0 skip_flag: 0
*Mar  3 02:01:36.358: NAT-HA-PAK: redir: pak: [38386] successful
```

R4로부터 ICMP 응답 패킷을 수신한 스탠바이 장비 R3은 비대칭 라우팅이 일어난
것을 확인하고 해당 패킷을 액티브 장비인 R2로 재전송한다. 다음은 R2에서의 디버
깅 결과이다.

예제 7-48 디버깅 결과

```
R2#
*Mar  3 02:01:36.358: NAT-HA-PAK: rcv: ftype: 0 rii: 6619136 mapp_id: 0 skip: 0
```

R2는 R3에게서 비대칭 라우팅된 패킷을 수신하고 원래의 목적지로 전송한다. 이와
같이 NAT BtoB 이중화에서는 비대칭 라우팅 트래픽을 처리 가능하기 때문에 안정
적인 주소변환 서비스를 제공한다.

이상으로 NAT 이중화에 대해 살펴보았다.

제8장
방화벽 기본 동작

방화벽 개요

방화벽 기본 동작 확인

방화벽 개요

소규모 네트워크 환경에서는 전용 방화벽을 설치하지 않고, IOS 방화벽만으로도 보안 정책을 설정할 수 있다. 그러나 큰 규모의 네트워크에서는 방화벽의 성능 및 기능적인 측면을 고려하여 전용 방화벽이 필요하다.

이번 장부터는 시스코의 전용 방화벽인 ASA(Adaptive Security Appliance)를 이용하여 어떻게 외부의 공격으로부터 내부 네트워크를 보호하는지 살펴보기로 한다. ASA는 방화벽 역할 외에도 VPN, IPS 등 여러 보안 기능들을 탑재한 통합형 보안 솔루션 장비이다.

ASA 초기 설정

ASA 부팅이 완료되면 다음과 같이 대화 방식으로 초기 설정을 할 것인지 묻는다. 아래와 같이 설정하거나, **no** 또는 **Ctrl+Z**를 입력하여 빠져나올 수 있다.

예제 8-1 대화식 설정모드

```
Pre-configure Firewall now through interactive prompts [yes]? yes
Firewall Mode [Routed]:
Enable password [<use current password>]: cisco
Allow password recovery [yes]?
Clock (UTC):
  Year [2016]:
  Month [Mar]:
  Day [18]:
  Time [21:21:31]:
Management IP address: 192.168.11.100
Management network mask: 255.255.255.0
Host name: FW1
Domain name: example
IP address of host running Device Manager: 192.168.11.1

The following configuration will be used:
Enable password: cisco
Allow password recovery: yes
Clock (UTC): 21:21:31 Mar 18 2016
Firewall Mode: Routed
Management IP address: 192.168.11.100
Management network mask: 255.255.255.0
```

```
Host name: FW1
Domain name: neverstop
IP address of host running Device Manager: 192.168.11.1

Use this configuration and save to flash? [yes]
Cannot create management interface.


Type help or '?' for a list of available commands.
ciscoasa>
```

초기 프롬프트는 'ciscoasa'로 표시된다. 관리자 모드(privileged mode)로 들어가려면 **enable** 명령어를 사용한다. 초기 패스워드는 없으므로 엔터 키를 치면 된다.

예제 8-2 ASA의 초기 프롬프트

```
Pre-configure Firewall now through interactive prompts [yes]? no

Type help or '?' for a list of available commands.
ciscoasa> enable
Password:
```

show version 명령어를 입력하면 OS 버전, 메모리, 인터페이스, 라이센스의 종류, 시리얼 번호, 활성화 키(activation key) 등을 확인할 수 있다.

예제 8-3 show version 명령어 사용

```
ciscoasa# show version

Cisco Adaptive Security Appliance Software Version 9.1(5)16

Compiled on Mon 06-Oct-14 18:55 by builders
System image file is "Unknown, monitor mode tftp booted image"
Config file at boot was "startup-config"

ciscoasa up 56 secs

Hardware:    ASA5520, 512 MB RAM, CPU Pentium II 1000 MHz,
Internal ATA Compact Flash, 256MB
BIOS Flash unknown @ 0x0, 0KB
```

```
0: Ext: Ethernet0         : address is 5000.0001.0000, irq 10
1: Ext: Ethernet1         : address is 5000.0001.0001, irq 11
2: Ext: Ethernet2         : address is 5000.0001.0002, irq 11
3: Ext: Ethernet3         : address is 5000.0001.0003, irq 10

Licensed features for this platform:
Maximum Physical Interfaces    : Unlimitedperpetual
Maximum VLANs                  : 100             perpetual
Inside Hosts                   : Unlimited       perpetual
Failover                       : Disabled        perpetual
Encryption-DES                 : Disabled        perpetual
Encryption-3DES-AES            : Disabled        perpetual
Security Contexts              : 0               perpetual
GTP/GPRS                       : Disabled        perpetual
AnyConnect Premium Peers       : 5000            perpetual
AnyConnect Essentials          : Disabled        perpetual
Other VPN Peers                : 5000            perpetual
Total VPN Peers                : 0               perpetual
Shared License                 : Disabled        perpetual
AnyConnect for Mobile          : Disabled        perpetual
AnyConnect for Cisco VPN Phone : Disabled        perpetual
Advanced Endpoint Assessment   : Disabled        perpetual
UC Phone Proxy Sessions        : 2               perpetual
Total UC Proxy Sessions        : 2               perpetual
Botnet Traffic Filter          : Disabled        perpetual
Intercompany Media Engine      : Disabled        perpetual
Cluster                        : Disabled        perpetual

This platform has an ASA 5520 VPN Plus license.

Serial Number: 123456789AB
Running Permanent Activation Key: 0x00000000  0x00000000  0x00000000
0x00000000 0x00000000
Configuration register is 0x0
Configuration has not been modified since last system restart.
```

현재의 설정값을 보려면 **show running-config** 명령어를 사용한다.

내용을 한 줄씩 보려면 엔터 키를 치고, 한 화면씩 보려면 스페이스 바를 누른다.

보기 화면을 중간에 끝내려면 'q'를 입력한다.

```
ciscoasa# show running-config
: Saved
:
: Serial Number: 123456789AB
: Hardware:    ASA5520, 512 MB RAM, CPU Pentium II 1000 MHz
:
ASA Version 9.1(5)16
!
hostname ciscoasa
enable password 8Ry2Yjlyt7RRXU24 encrypted
names
!
interface Ethernet0
 shutdown
 no nameif
 no security-level
 no ip address
!
interface Ethernet1
 shutdown
 no nameif
 no security-level
 no ip address
!
      (생략)
class-map inspection_default
 match default-inspection-traffic
!
!
policy-map type inspect dns migrated_dns_map_1
 parameters
  message-length maximum client auto
  message-length maximum 512
policy-map global_policy
 class inspection_default
  inspect dns migrated_dns_map_1
  inspect ftp
  inspect h323 h225
  inspect h323 ras
  inspect ip-options
  inspect netbios
  inspect rsh
  inspect rtsp
  inspect skinny
```

```
    inspect esmtp
    inspect sqlnet
    inspect sunrpc
    inspect tftp
    inspect sip
    inspect xdmcp
!
service-policy global_policy global
prompt hostname context
no call-home reporting anonymous
call-home
 profile CiscoTAC-1
  no active
  destination                          address                          http
https://tools.cisco.com/its/service/oddce/services/DDCEService
  destination address email callhome@cisco.com
  destination transport-method http
  subscribe-to-alert-group diagnostic
  subscribe-to-alert-group environment
  subscribe-to-alert-group inventory periodic monthly
  subscribe-to-alert-group configuration periodic monthly
  subscribe-to-alert-group telemetry periodic daily
crashinfo save disable
Cryptochecksum:27c533110e5793b46d4c1ea7f7e87857
: end
```

현재의 인터페이스 상태를 확인하려면 **show interface ip brief** 명령어를 사용한다.

예제 8-5 인터페이스 상태 확인

```
FW1# show interface ip brief
Interface      IP-Address      OK? Method Status                Protocol
Ethernet0      unassigned      YES unset  administratively down up
Ethernet1      unassigned      YES unset  administratively down up
Ethernet2      unassigned      YES unset  administratively down up
Ethernet3      unassigned      YES unset  administratively down up
```

ASA 기본 설정

전체 설정모드로 들어가려면 configure terminal 명령어를 사용한다. exit, quit, end 명령어를 입력하면 전체 설정모드에서 빠져나온다.

예제 8-6 전체 설정모드

```
ciscoasa# conf t
ciscoasa(config)# exit
ciscoasa#
```

장비의 이름을 지정하려면 hostname 명령어를 사용한다.

예제 8-7 장비 이름 지정하기

```
ciscoasa(config)# hostname FW1
```

필요시 다음과 같이 단축 명령어를 설정하여 사용할 수 있다.

예제 8-8 단축 명령어 설정

```
FW1(config)# command-alias exec c conf t
FW1(config)# command-alias exec r sh run
```

관리자용 암호와 텔넷 암호를 지정하는 방법은 다음과 같다. password 대신 passwd 명령어를 사용해도 된다.

예제 8-9 암호 지정

```
FW1(config)# enable password cisco
FW1(config)# passwd cisco
```

현재 설정을 저장하려면 copy running-config startup-config 또는 write memory 명령어를 사용한다. 저장된 설정값을 보려면 show startup-config 명령어를 사용한다.

예제 8-10 설정값 저장하기

```
ciscoasa# wr
Building configuration...
Cryptochecksum: 0bf25a96 4ee64be2 bf4bdb3e 0970e9ed

2789 bytes copied in 0.240 secs
[OK]
```

현재의 설정을 초기화하려면 **wirte erase** 명령어를 사용한다. 확인 메시지에서 엔터키를 누르면 장비가 재부팅된다.

예제 8-11 저장 내용 삭제하기

```
ciscoasa# write erase
Erase configuration in flash memory? [confirm]
[OK]
```

트랜스패런트 모드와 라우터 모드

방화벽은 L2 또는 L3로 동작시킬 수 있다. L2로 동작 시 트랜스패런트(transparent mode) 모드라고 하며, L3로 동작 시 라우터(router) 모드라고 한다. 현재의 동작 상태를 확인하려면 **show firewall** 명령어를 사용한다.

예제 8-12 현재의 동작 상태 확인

```
FW1# show firewall
Firewall mode: Router
```

트랜스패런트 모드로 변경하려면 **firewall transparent** 명령어를 입력한다.

예제 8-13 트랜스패런트 모드로 변경

```
FW1(config)# firewall transparent
```

라우터 모드로 변경하려면 **no firewall transparent** 명령어를 사용해야 한다.

예제 8-14 라우터 모드로 변경하기

```
FW1(config)# no firewall transparent

FW1(config)# firewall ?

configure mode commands/options:
  transparent  Switch to transparent mode
```

단일 컨텍스트와 다중 컨텍스트

하나의 방화벽을 컨텍스트(context)라는 기능을 이용하여 복수 개의 방화벽으로
동작시킬 수 있다. 하나의 장비로만 동작할 때를 단일 컨텍스트 모드(single mode),
다수 개의 가상 장비로 동작할 때는 다중 컨텍스트 모드(multiple mode)라고 한다.

현재의 모드를 확인하려면 **show mode** 명령어를 사용한다.

예제 8-15 show mode 명령어 사용하기

```
FW1# show mode
Security context mode: single
```

현재 테스트로 사용하는 에뮬레이터에서는 활성화 키(activation key)를 입력하지
않으면 다중 컨텍스트 모드를 사용할 수 없다. 컨텍스트 모드를 변경하려면 다음과
같이 mode multiple 명령어를 사용한다.

예제 8-16 다중 컨텍스트 모드로 변경하기

```
FW1(config)# mode multiple
The activation key for this product does not allow security contexts
```

현재 장비가 다중 컨텍스트를 지원하는지 알아보려면 **show version** 명령어에서
시큐리티 컨텍스트가 몇 개까지 지원되는지 확인하면 된다. 현재는 활성화키를 입력
하지 않은 상태이므로 0으로 되어있다.

다중 컨텍스트 지원 여부 확인하기

```
FW1# show version
    (생략)
Encryption-3DES-AES          : Disabled      perpetual
Security Contexts            : 0             perpetual
GTP/GPRS                     : Disabled      perpetual
    (생략)
```

다중 컨텍스트 모드에 대해서는 15장에서 살펴보기로 한다. 만약 현재 장비가 다중 컨텍스트 모드(multiple mode)라면 **mode single** 명령어를 사용하여 단일 컨텍스트 모드로 변경한다.

활성화 키 입력하기

ASA의 페일오버(failover), VPN, 시큐리티 컨텍스트 등과 같은 주요 기능들을 사용하려면 현재의 시리얼 번호에 맞는 활성화 키를 넣고 재부팅해야 한다. 시리얼 번호는 **show version** 명령어를 통해 확인할 수 있다.

다음과 같이 **activation-key** 명령어를 사용하여 활성화 키 값을 입력한 후, 재부팅한다. 아래 활성화 키는 임의로 표시한 값이다.

예제 8-18 활성화 키 값 입력하기

```
FW1(config)# activation-key 0x00000000 0x00000000 0x00000000 0x00000000
Validating activation key. This may take a few minutes...
Failed to retrieve permanent activation key.
Failover is different.
    running permanent activation key: Restricted(R)
    new permanent activation key: Unrestricted(UR)
WARNING: The running activation key was not updated with the requested key.
Proceed with update flash activation key? [confirm]
The flash permanent activation key was updated with the requested key,
and will become active after the next reload.
FW1(config)# write memory
FW1(config)# reload
```

활성화 키를 입력한 후 **show version** 명령어를 입력하면, 다음과 같이 방화벽에서 제공하는 여러 기능들이 활성화된 것을 볼 수 있다.

예제 8-19 show version 명령어

```
FW1# show version
    (생략)
Licensed features for this platform:
Maximum Physical Interfaces   : Unlimited      perpetual
Maximum VLANs                 : 100            perpetual
Inside Hosts                  : Unlimited      perpetual
Failover                      : Active/Active  perpetual
Encryption-DES                : Enabled        perpetual
Encryption-3DES-AES           : Enabled        perpetual
Security Contexts             : 5              perpetual
GTP/GPRS                      : Disabled       perpetual
AnyConnect Premium Peers      : 25             perpetual
AnyConnect Essentials         : Disabled       perpetual
Other VPN Peers               : 5000           perpetual
Total VPN Peers               : 0              perpetual
Shared License                : Enabled        perpetual
AnyConnect for Mobile         : Disabled       perpetual
AnyConnect for Cisco VPN Phone: Disabled       perpetual
Advanced Endpoint Assessment  : Enabled        perpetual
UC Phone Proxy Sessions       : 10             perpetual
Total UC Proxy Sessions       : 10             perpetual
Botnet Traffic Filter         : Enabled        perpetual
Intercompany Media Engine     : Enabled        perpetual
Cluster                       : Disabled       perpetual
    (생략)
```

방화벽 기본 동작 확인

방화벽 기본 동작을 확인하기 위해 다음과 같은 네트워크를 구축한다. 먼저 방화벽의 인터페이스와 라우팅을 중심으로 설정하고, 나머지 장비는 마지막에 설정하도록 한다.

그림 8-1 방화벽 테스트 네트워크

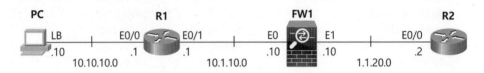

방화벽 인터페이스 설정

다음과 같이 FW1에서 인터페이스에 IP 주소와 인터페이스 이름을 지정한다.

예제 8-20 FW1의 인터페이스 설정

```
    FW1(config)# int e0
①  FW1(config-if)# nameif inside
    FW1(config-if)# ip address 10.1.101.10 255.255.255.0
    FW1(config-if)# no shut

    FW1(config-if)# int e1
②  FW1(config-if)# nameif outside
    FW1(config-if)# ip address 1.1.20.10 255.255.255.0
    FW1(config-if)# no shut
```

① ASA는 모든 인터페이스에 **nameif** 명령어를 사용하여 이름을 부여한다. 이후 대부분의 설정에서 물리적인 인터페이스 대신 이름을 사용한다. 인터페이스 이름을 'inside'로 지정하면 기본적으로 보안 레벨(security level)이 100으로 설정된다.

② 인터페이스 이름을 'inside'가 아닌 다른 것으로 지정하면 기본적으로 보안 레벨이 0으로 설정된다. 예제에서는 E1 인터페이스의 이름을 'outside'로 설정하였다.

설정 후 FW1의 인터페이스 설정을 확인해 보면 다음과 같다.

인터페이스 설정 확인

```
FW1# show interface ip brief
Interface        IP-Address    OK?  Method  Status                    Protocol
Ethernet0        10.1.10.10    YES  manual  up                              up
Ethernet1        1.1.20.10     YES  manual  up                              up
Ethernet2        unassigned    YES  unset   administratively down           up
Ethernet3        unassigned    YES  unset   administratively down           up
```

show route 명령어를 사용하여 라우팅 테이블을 확인해보면 다음과 같다.

예제 8-22 라우팅 테이블 확인하기

```
FW1# show route
     (생략)
Gateway of last resort is not set

C    1.1.101.0 255.255.255.0 is directly connected, inside
C    1.1.102.0 255.255.255.0 is directly connected, outside
```

이번에는 R1의 인터페이스번호 및 IP 주소를 부여한다.

예제 8-23 R1 인터페이스 설정

```
R1(config)# int e0/0
R1(config-if)# ip address 10.10.10.1 255.255.255.0
R1(config-if)# no shut
R1(config-if)# exit

R1(config)# int e0/1
R1(config-if)# ip address 10.1.10.1 255.255.255.0
R1(config-if)# no shut
R1(config-if)# exit
```

이어서 R2의 인터페이스번호 및 IP 주소를 부여한다.

예제 8-24 R2 인터페이스 설정

```
R2(config)# int e0/0
R2(config-if)# ip address 1.1.20.2 255.255.255.0
R2(config-if)# no shut
```

PC에서는 다음과 같이 인터페이스의 IP 주소를 설정한다.

그림 8-2 PC 이더넷 인터페이스의 IP 주소

```
인터넷 프로토콜 버전 4(TCP/IPv4) 속성                      ×

 일반

 네트워크가 IP 자동 설정 기능을 지원하면 IP 설정이 자동으로 할당되도록
 할 수 있습니다. 지원하지 않으면, 네트워크 관리자에게 적절한 IP 설정값을
 문의해야 합니다.

 ○ 자동으로 IP 주소 받기(O)
 ● 다음 IP 주소 사용(S):
    IP 주소(I):              10 . 10 . 10 . 10
    서브넷 마스크(U):        255 . 255 . 255 . 0
    기본 게이트웨이(D):      10 . 10 . 10 . 1

 ○ 자동으로 DNS 서버 주소 받기(B)
 ● 다음 DNS 서버 주소 사용(E):
    기본 설정 DNS 서버(P):   8 . 8 . 8 . 8
    보조 DNS 서버(A):          .   .   .

 □ 끝날 때 설정 유효성 검사(L)                    고급(V)...

                                       확인        취소
```

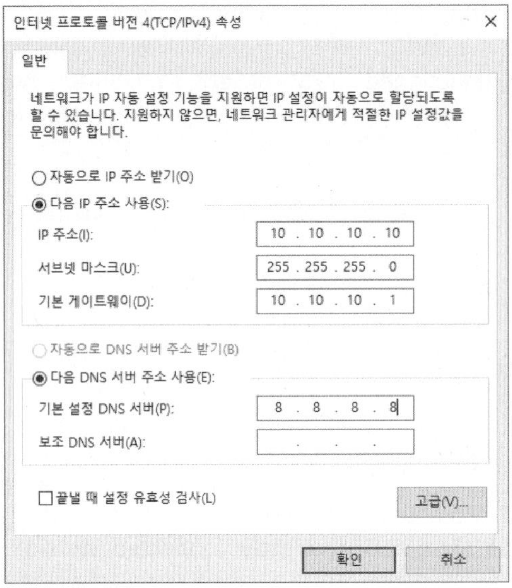

PC의 명령어 창에서 다음과 같이 정적 경로를 설정한다.

예제 8-25 PC의 정적경로 설정

```
C:\> route add 1.1.0.0 mask 255.255.0.0 10.10.10.1
```

PC와 인접한 라우터 R1까지의 통신을 핑으로 확인한다.

예제 8-26 PC에서의 핑 테스트

```
C:\> ping 10.10.10.1
Ping 10.10.10.1 32바이트 데이터 사용:
10.10.10.1의 응답: 바이트=32 시간<1ms TTL=255
10.10.10.1의 응답: 바이트=32 시간<1ms TTL=255
10.10.10.1의 응답: 바이트=32 시간=1ms TTL=255
10.10.10.1의 응답: 바이트=32 시간<1ms TTL=255

10.10.10.1에 대한 Ping 통계:
    패킷: 보냄 = 4, 받음 = 4, 손실 = 0 (0% 손실),
왕복 시간(밀리초):
    최소 = 0ms, 최대 = 1ms, 평균 = 0ms
```

다음과 같이 FW1에서 넥스트 홉까지는 기본적으로 핑이 된다.

예제 8-27 넥스트 홉까지의 핑 테스트

```
FW1# ping 10.1.10.1
Type escape sequence to abort.
Sending 5, 100-byte ICMP Echos to 10.1.10.1, timeout is 2 seconds:
!!!!!
Success rate is 100 percent (5/5), round-trip min/avg/max = 1/1/1 ms

FW1# ping 1.1.20.2
Type escape sequence to abort.
Sending 5, 100-byte ICMP Echos to 1.1.20.2, timeout is 2 seconds:
!!!!!
Success rate is 100 percent (5/5), round-trip min/avg/max = 1/1/1 ms
```

이상으로 테스트를 위한 라우터와 방화벽의 기본적인 설정이 완료되었다.

인접 장비까지의 통신이 이루어지면 각 장비에서 다음과 같이 라우팅을 설정한다. 모든 장비에서 동적인 라우팅을 설정하면 편리하지만, 테스트를 위하여 R1과 FW1 간에는 OSPF 에어리어 0을 설정하고, FW1과 R2간에는 정적 경로를 설정한다.

방화벽 정적경로 설정

ASA에서 지원되는 라우팅은 정적경로, RIP, EIGRP 및 OSPF이다. 방화벽에서 정적 경로를 설정하려면 **route {인터페이스 이름} {목적지 IP주소} {서브넷 마스크} {게이 트웨이 IP주소}** 명령어를 사용한다.

다음과 같이 정적경로를 이용하여 R2 방향으로 디폴트 루트를 설정한다. **route outside 0 0 1.1.20.2**로 설정해도 된다.

예제 8-28 FW1의 정적경로 설정

```
FW1(config)# route outside 0.0.0.0 0.0.0.0 1.1.20.2
```

IOS 라우터나 스위치와 달리 ASA는 설정모드에서도 **show** 명령어를 사용 할 수 있다. **show run** 명령어 다음에 **route**, **router**, **interface** 등 원하 는 설정 항목을 지정하면 해당 내용만 표시해준다.

FW1에서 **show run route** 명령어를 사용하여 정적경로 설정을 확인한다.

예제 8-29 정적 경로 설정 확인

```
FW1(config)# show run route
route outside 0.0.0.0 0.0.0.0 1.1.20.2 1
```

방화벽 동적경로 설정

이번에는 ASA에서 OSPF를 사용하여 동적 경로를 설정한다. IOS 라우터의 OSPF
설정과 다른 점은 와일드카드 대신 서브넷 마스크를 사용한다는 것이다.

예제 8-30 FW1의 동적 경로 설정

```
     FW1(config)# router ospf 1
①  FW1(config-router)# network 10.1.10.10 255.255.255.255 area 0
②  FW1(config-router)# default-information originate
```

① OSPF에 포함시킬 인터페이스를 지정한다. ASA에서는 와일드카드를 사용하지
   않고, 서브넷 마스크를 사용한다.

② R1에게 OSPF를 이용하여 디폴트 루트를 재분배(전달)한다.

설정이 끝나면 **show run router** 명령어를 사용하여 동적 경로 설정을 확인한다.

예제 8-31 동적 경로 설정 확인

```
FW1(config-router)# show run router
!
router ospf 1
 network 10.1.10.10 255.255.255.255 area 0
 log-adj-changes
 default-information originate
```

R1의 설정은 다음과 같다. R1과 PC가 연결되는 구간은 종단장비 라우팅 보안을
위하여 재분배를 설정하였다.

예제 8-32 R1의 라우팅 설정

```
R1(config)# router ospf 1
R1(config-router)# network 1.1.101.1 0.0.0.0 area 0
R1(config-router)# redistribute connected subnets
```

R2에서는 다음과 같이 정적 경로를 설정한다.

예제 8-33 R2의 정적 경로 설정

```
R2(config)# ip route 10.0.0.0 255.0.0.0 1.1.102.10
```

이제 FW1에서 **show ospf neighbor** 명령어를 사용하여 확인해 보면 R1과 네이버
가 맺어져 있다. ASA는 IOS 명령어와 달리 대부분의 명령어에서 'ip'가 빠져있다.

예제 8-34 OSPF 네이버 확인

```
FW1(config)# show ospf neighbor

Neighbor ID    Pri   State         Dead Time   Address     Interface
10.10.10.1      1    FULL/DR       0:00:35     10.1.10.1   inside
```

FW1의 라우팅 테이블은 다음과 같다.

예제 8-35 FW1의 라우팅 테이블

```
FW1(config)# show route
     (생략)
Gateway of last resort is 1.1.20.2 to network 0.0.0.0

C    1.1.20.0 255.255.255.0 is directly connected, outside
C    10.1.10.0 255.255.255.0 is directly connected, inside
O E2 10.10.10.0 255.255.255.0 [110/20] via 10.1.10.1, 0:00:04, inside
S*   0.0.0.0 0.0.0.0 [1/0] via 1.1.20.2, outside
```

R1의 라우팅 테이블은 다음과 같다.

예제 8-36 R1의 라우팅 테이블

```
R1# show ip route
    (생략)
Gateway of last resort is 10.1.10.10 to network 0.0.0.0

O*E2  0.0.0.0/0 [110/1] via 10.1.10.10, 00:00:53, Ethernet0/1
        10.0.0.0/8 is variably subnetted, 4 subnets, 2 masks
C         10.1.10.0/24 is directly connected, Ethernet0/1
L         10.1.10.1/32 is directly connected, Ethernet0/1
C         10.10.10.0/24 is directly connected, Ethernet0/0
L         10.10.10.1/32 is directly connected, Ethernet0/0
```

이제 방화벽 기본 동작 확인을 위한 테스트 네트워크가 완성되었다.

기본적인 방화벽의 동작 방식

기본적인 방화벽의 동작은 다음과 같다.

- 보안 레벨이 높은 인터페이스에서 낮은 인터페이스로의 트래픽은 모두 허용한다. 반대로 보안 레벨이 낮은 인터페이스에서 높은 인터페이스로의 트래픽은 모두 차단한다.

- 보안 레벨이 높은 곳에서 낮은 곳으로 이동하는 경우, TCP/UDP와 같이 스테이트풀(stateful)한 트래픽은 돌아오는 패킷들도 허용한다.
  즉, 외부에서 오는 패킷은 포트 번호 등의 정보를 확인한 후, 내부에서 시작된 패킷이면 허용한다.

- 보안 레벨이 동일한 인터페이스 간에는 기본적으로 트래픽을 차단한다. 트래픽을 허용하려면 **same-security-traffic** 명령어를 사용해야 한다.

따라서 앞서와 같이 방화벽의 인터페이스와 라우팅을 설정하면 내부에서 외부로 웬만한 통신은 다 된다. 예를 들어, 내부의 R1에서 외부의 R2까지 텔넷을 해보면 성공한다.

예제 8-37 R1에서 외부의 R2까지 텔넷하기

```
R1# telnet 1.1.20.2
Trying 1.1.20.2 ... Open
User Access Verification

Password:
R2> exit

[Connection to 1.1.20.2 closed by foreign host]
```

또, 내부의 PC에서 외부의 R2까지 다음과 같이 HTTP도 된다. PC에서 웹 브라우저를 열고 주소창에서 **http://1.1.20.2**를 입력하여 웹 브라우저 유저 인터페이스로 접속을 시도하면 다음과 같이 사용자 이름과 암호를 묻는 창이 나타난다.

즉, 방화벽이 PC와 R2간의 HTTP 트래픽을 자동으로 허용한다. 시스코 라우터의 기본적인 사용자 이름은 없고, 암호는 라우터에서 enable 암호로 설정한 값이다. 암호만 입력하고 확인 버튼을 누른다.

그림 8-3 인증화면

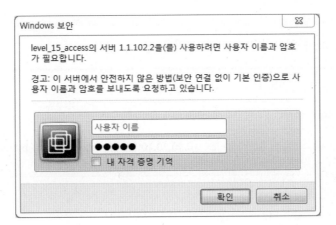

그러면, 다음과 같이 outside 인터페이스와 연결된 R2에서 보내는 웹 화면이 나타난다. HTTP 접속 내용을 확인하기 위하여 트래픽이 많은 **show tech-support** 명령어를 클릭한 다음, 방화벽에서 **show conn** 명령어를 사용하여 확인해 보자.

그림 8-4 HTTP 접속 화면

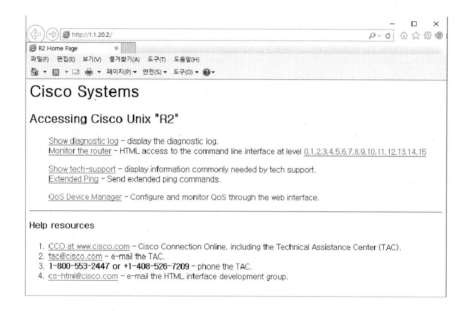

현재 방화벽이 허용하고 있는 트래픽을 볼 수 있다.

예제 8-38 방화벽 로그 확인하기

```
FW1# show conn
3 in use, 9 most used
TCP outside  1.1.20.2:80 inside   10.10.10.10:53452, idle 0:00:03, bytes 0, flags U
```

방화벽 로그 확인하기

이번에는 ASA에서 로깅 기능을 활성화시켜 보자.

예제 8-39 로깅 기능 활성화

```
FW1(config)# logging enable
FW1(config)# logging console 7
```

outside 측의 R2에서 inside 측의 R1로 HTTP 트래픽을 먼저 전송하면 실패한다.

예제 8-40 outside 측에서 inside 측으로의 통신

```
R2# telnet 10.1.10.1 80
Trying 10.1.10.1, 80 ...
% Connection timed out; remote host not responding
```

방화벽의 로그를 보면 다음과 같이 1.1.20.2에서 10.1.10.1로 가는 HTTP 트래픽이 차단된다. 그 이유는 외부에서 먼저 시작된 TCP이기 때문이다.

예제 8-41 방화벽의 로그

```
%ASA-2-106001: Inbound TCP connection denied from 1.1.20.2/20428 to 10.1.10.1/80
flags SYN   on interface outside
```

inside의 R1에서 outside의 R2로 핑을 해보면 실패한다.

예제 8-42 inside에서 outside로의 핑

```
R1# ping 1.1.20.2
Type escape sequence to abort.
Sending 5, 100-byte ICMP Echos to 1.1.20.2, timeout is 2 seconds:
.....
Success rate is 0 percent (0/5)
```

그 이유는 보안 레벨이 높은 R1에서 낮은 R2로의 패킷은 방화벽을 통과하지만, ASA는 ICMP 트래픽에 대해서는 기본적으로 상태 관리를 하지 않아서, R2에서 R1로 돌아가는 패킷이 모두 차단되기 때문이다.

방화벽의 로그 메시지를 보면 이를 확인할 수 있다.

예제 8-43 방화벽의 로그 메시지

```
FW1(config)#
%ASA-3-106014: Deny inbound icmp src outside:1.1.20.2 dst inside:10.1.10.1
(type 0, code 0)
```

즉, 1.1.20.2에서 10.1.10.1로 돌아가는 핑 패킷(icmp type 0)이 차단된다는 메시지가 보인다.

R2에서 R1로 핑을 한 다음 방화벽의 로깅 메시지를 보면 다음과 같다.

예제 8-44 방화벽의 로그 메시지

```
FW1(config)#
%ASA-3-106014: Deny inbound icmp src outside:1.1.20.2 dst inside:10.1.10.1
(type 8, code 0)
```

즉, 1.1.20.2(outside)에서 10.1.10.1(inside)로 가는 핑 패킷(icmp type 8)이 차단된다는 메시지가 보인다.

이상으로 ASA를 기본적으로 설정하고 동작을 확인해 보았다.

제9장

방화벽 접속 제어

방화벽 접속 제어

방화벽 접속 제어

방화벽을 제어하기 위하여 접속하는 방법은 콘솔, 텔넷, SSH, ASDM 및 VPN을 통한 접속이 있다.

테스트 네트워크 구축

테스트를 위하여 다음과 같은 네트워크를 구축한다.

그림 9-1 방화벽 접속 제어를 위한 네트워크

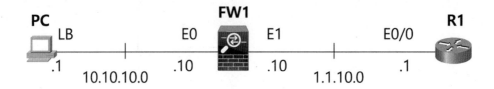

PC의 루프백 인터페이스에 IP 주소를 설정한다.

그림 9-2 PC의 루프백 인터페이스 등록 정보

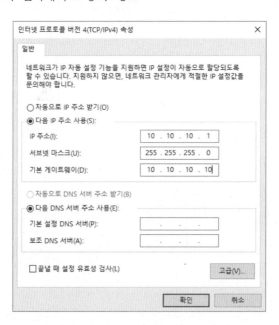

이번에는 다음과 같이 방화벽의 인터페이스를 설정한다.

그림 9-3 방화벽의 인터페이스

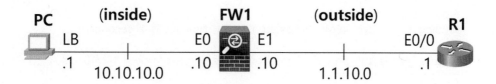

인터페이스의 이름은 각각 inside, outside로 하고, 보안 레벨은 기본값인 inside는 100, outside는 0을 사용한다.

예제 9-1 FW1 인터페이스 설정

```
FW1(config)# interface e0
FW1(config-if)# nameif inside
FW1(config-if)# ip address 10.10.10.10 255.255.255.0
FW1(config-if)# no shut
FW1(config-if)# exit

FW1(config)# interface e1
FW1(config-if)# nameif outside
FW1(config-if)# ip address 1.1.10.10 255.255.255.0
FW1(config-if)# no shut
FW1(config-if)# exit
```

다음에는 라우터 R1의 인터페이스를 설정한다.

예제 9-2 R1의 인터페이스 설정

```
R1(config)# interface e0/0
R1(config-if)# ip address 1.1.10.1 255.255.255.0
R1(config-if)# no shut
```

설정 후 FW1에서 PC, R1과의 통신을 핑으로 확인한다.

예제 9-3 FW1에서 PC, R1과의 통신 확인

```
FW1# ping 10.10.10.1
Type escape sequence to abort.
Sending 5, 100-byte ICMP Echos to 10.10.10.1, timeout is 2 seconds:
!!!!!
Success rate is 100 percent (5/5), round-trip min/avg/max = 1/1/1 ms
```

```
FW1# ping 1.1.10.1
Type escape sequence to abort.
Sending 5, 100-byte ICMP Echos to 1.1.10.1, timeout is 2 seconds:
!!!!!
Success rate is 100 percent (5/5), round-trip min/avg/max = 1/2/10 ms
```

FW1에서 인접한 장비까지의 통신이 성공하면 PC에서 다음과 같이 라우팅을 설정한다.

예제 9-4 PC의 라우팅 설정

```
C:\> route add 1.1.0.0 mask 255.255.0.0 10.10.10.10
```

FW1에서 OSPF 에어리어 0을 설정한다.

예제 9-5 FW1 OSPF 설정

```
FW1(config)# router ospf 1
FW1(config-router)# network 10.10.10.10 255.255.255.255 area 0
FW1(config-router)# network 1.1.10.10 255.255.255.255 area 0
FW1(config-router)# exit
```

R1에서 다음과 같이 OSPF 에어리어 0을 설정한다.

예제 9-6 R1 OSPF 설정

```
R1(config)# router ospf 1
R1(config-router)# network 1.1.10.1 0.0.0.0 area 0
R1(config-router)# exit
```

잠시 후 R1의 라우팅을 테이블을 확인한다.

예제 9-7 R1의 라우팅을 테이블

```
R1# show ip route
      (생략)

Gateway of last resort is not set
```

```
        1.0.0.0/8 is variably subnetted, 3 subnets, 2 masks
O           1.1.10.0/24 [110/20] via 1.1.101.10, 00:00:19, Ethernet0/0
C           1.1.101.0/24 is directly connected, Ethernet0/0
L           1.1.101.1/32 is directly connected, Ethernet0/0
```

PC에서 R1까지의 통신을 텔넷으로 확인한다.

예제 9-8 PC에서 R1까지의 통신

```
C:\> telnet 1.1.10.2

User Access Verification

Password:
R1>
```

이제, 테스트 네트워크가 완성되었다.

텔넷을 통한 ASA 접속

FW1에서 다음과 같이 관리자용 암호와 텔넷용 암호를 지정한다.

예제 9-9 관리자용 암호와 텔넷용 암호 지정

```
FW1(config)# enable password cisco123
FW1(config)# passwd cisco123
```

PC에서 방화벽으로 텔넷을 해보면 접속이 거부된다. 그 이유는 기본적으로 ASA는 텔넷으로의 연결을 차단하기 때문이다.

예제 9-10 PC에서 방화벽으로의 텔넷

```
C:\> telnet 10.10.10.10
연결 대상 10.10.10.10...호스트에 연결할 수 없습니다. 포트 23: 연결하지 못했습니다.
```

텔넷을 이용하여 ASA에 접근하기 위해서는 특정 도메인에서 지정된 아이피 대역만 허용해주겠다는 명령어를 입력하여야만 된다.

예제 9-11 텔넷 허용

```
FW1(config)# telnet 10.10.10.0 255.255.255.0 inside
```

이제 PC에서 FW1으로 텔넷이 된다.

예제 9-12 PC에서 FW1로 텔넷

```
User Access Verification

Password:
Type help or '?' for a list of available commands.
FW1>
```

이번에는 외부망에 소속된 R1에서의 텔넷을 허용해보자.

예제 9-13 R1에서의 텔넷 허용하기

```
FW1(config)# telnet 1.1.10.1 255.255.255.255 outside
```

R1에서 FW1로 텔넷을 해보면 실패한다.

예제 9-14 R1에서 FW1로 텔넷 실패

```
R1# telnet 1.1.10.10
Trying 1.1.10.10 ...
% Connection timed out; remote host not responding
```

그 이유는 보안 레벨이 가장 낮은 인터페이스에서는 ASA로의 텔넷 접근이 차단되기 때문이다. 확인을 위하여 다음과 같이 inside 인터페이스의 보안레벨을 50, outside 의 보안레벨을 100으로 변경해보자.

예제 9-15 보안레벨 변경

```
FW1(config)# interface e0
FW1(config-if)# security-level 50
FW1(config-if)# exit
```

```
FW1(config)# interface e1
FW1(config-if)# security-level 100
FW1(config-if)# exit
```

이번에서 outside 측의 R1에서 FW1로 텔넷이 된다.

예제 9-16 R1에서 FW1로의 텔넷

```
R1# telnet 1.1.10.10
Trying 1.1.10.10 ... Open
User Access Verification

Password:
Type help or '?' for a list of available commands.
FW1>
```

반면에, inside 측의 PC에서는 다시 텔넷이 되지 않는다.

예제 9-17 PC에서는 텔넷이 되지 않는다

```
C:\> telnet 10.10.10.10
연결 대상 10.10.10.10...호스트에 연결할 수 없습니다. 포트 23: 연결하지 못했습니다.
```

ASA에서는 텔넷으로 접속한 사용자들을 **who** 명령어를 통해 확인 할 수 있다.

예제 9-18 R1에서 FW1로의 텔넷

```
FW1# who
        0: 1.1.10.1
```

현재 R1이 텔넷으로 방화벽에 접속해 있는 것을 알 수 있다. 만약 방화벽으로의
텔넷 접속을 강제로 해제하려면 **kill** 명령어와 함께 시퀀스 번호를 입력한다.

예제 9-19 방화벽으로의 접속 강제 해제

```
FW1# kill 0

R1#
[Connection to 1.1.10.10 closed by foreign host]
```

```
R1#
```

방화벽 인터페이스의 보안 레벨을 원래대로 수정한다.

예제 9-20 보안 레벨 수정

```
FW1(config)# interface e0
FW1(config-if)# security-level 100
FW1(config-if)# exit

FW1(config)# interface e1
FW1(config-if)# security-level 0
FW1(config-if)# exit
```

이상으로 ASA의 텔넷 접근 및 관리에 대해서 살펴보았다.

SSH를 통한 ASA 접속

보안을 위한 인증 기능만 있는 텔넷과 달리 시큐어 셸(SSH, secure shell)은 패킷을 보호하기 위한 암호화 기능 및 패킷 변조 확인(무결성 확인) 기능이 제공된다. SSH 는 버전 1과 버전 1의 취약성을 보완한 버전 2가 있다. SSH를 사용하면 ASA의 보안 레벨이 가장 낮은 인터페이스를 통하여도 접속이 가능하다.

예제 9-21 SSH 설정

```
① FW1(config)# username admin password cisco123
② FW1(config)# aaa authentication ssh console LOCAL

③ FW1(config)# crypto key generate rsa modulus 1024

④ FW1(config)# ssh 10.10.10.1 255.255.255.255 inside
⑤ FW1(config)# ssh 1.1.10.1 255.255.255.255 outside
```

① SSH 접속을 위해서는 사용자명(username)과 패스워드(password)가 필요하므로 이를 설정한다. ASA 8.4 이전 버전에서는 기본적인 사용자명과 패스워드를 제공한다. 그러나 8.4 버전 이후부터는 더 이상 제공되지 않으므로 직접 설정해야 한다.

② SSH 접속 인증을 위해 현재 장비에 설정되어 있는 사용자명과 패스워드를 사용하겠다고 지정한다. 큰 규모의 네트워크에서는 AAA 서버를 사용하면 편리하다.

③ 패킷 암호화를 위한 키를 생성한다.

④ inside 인터페이스와 연결된 PC에서의 SSH 접속을 허용한다.

⑤ outside 인터페이스와 연결된 R1에서의 SSH 접속을 허용한다.

PC에서 통신 프로그램인 SecureCRT의 SSH2 통신 기능을 이용하여 FW1에 접속하는 방법은 다음과 같다.

접속 화면에서 프로토콜을 **SSH2**로 지정하고, IP 주소와 Username을 입력한 다음, **Connect** 버튼을 누른다.

그림 9-4 SSH2 접속화면

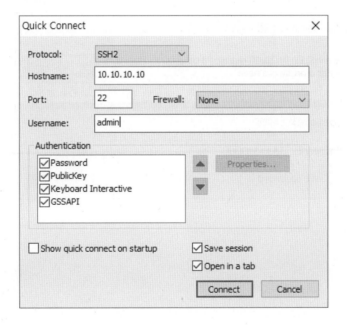

이어서 다음과 같이 FW1이 전송한 호스트 키(MD5 해시값)를 받아들인다.

그림 9-5 호스트 키 승인 및 저장

암호를 입력하고 **OK** 버튼을 누른다.

그림 9-6 암호 입력 화면

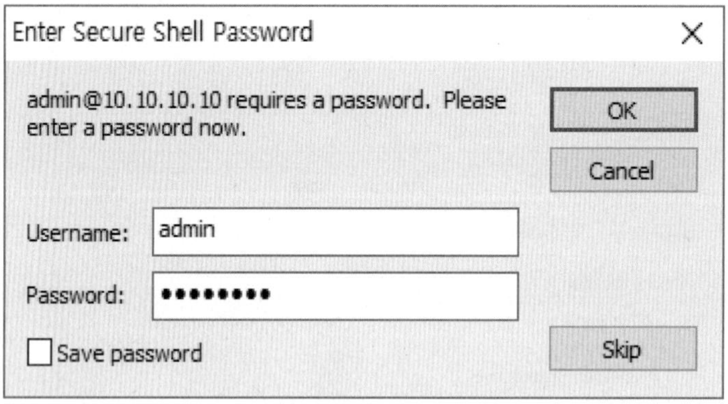

다음과 같이 SSH2를 이용하여 FW1과 연결된다.

그림 9-7 SSH2를 이용한 FW1 연결

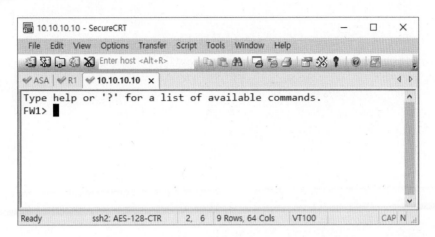

이번에는 outside 측의 R1에서 SSH로 FW1에 접속해 보자. **ssh -l** 명령어 다음에
사용자명과 접속 대상 장비의 IP 주소를 지정하면 된다.

예제 9-22 R1에서 SSH로 FW1 접속

```
R1# ssh -L admin 1.1.10.10

Password:
Type help or '?' for a list of available commands.
FW1>
```

이처럼 텔넷과 달리 SSH를 이용하면 보안 레벨이 가장 낮은 인터페이스를 통하여서도 방화
벽과 연결된다.

이상으로 SSH를 이용해 방화벽에 접속하는 방법에 대하여 살펴보았다.

제10장

방화벽 액세스 리스트와

오브젝트 그룹

방화벽 액세스 리스트 개요

ACL 설정 및 동작 확인

오브젝트 그룹

방화벽 액세스 리스트 개요

방화벽의 액세스 리스트(access list)도 라우터의 ACL과 유사하다. 기본적으로 ACL 설정에 따라 트래픽의 L2/L3/L4 정보를 분석하여 차단 또는 허용하는 패킷 필터링 용도로 사용할 수 있으며, NAT, VPN, 루트맵 설정에서 IP 주소를 지정하기 위한 용도로도 사용한다.

이번 절에서는 방화벽 ACL의 다양한 사용 방법 중 가장 기본적인 L2-L4 패킷 필터링에 대해 알아본다.

방화벽 액세스 리스트의 종류

방화벽에서 사용하는 액세스 리스트의 종류는 다음과 같다.

- 표준 액세스 리스트

  방화벽에서 사용하는 표준 액세스 리스트는 라우터에서와 마찬가지로 목적지 IP 주소를 기반으로 패킷을 식별한다. 그러나 트래픽 필터링을 위해 인터페이스에 적용할 수 없으며, OSPF 재분배를 위한 루트맵이나 리모트 액세스 VPN 설정에만 사용된다. 또한 방화벽 표준 액세스 리스트는 라우터 모드에서만 사용할 수 있다.

- 확장 액세스 리스트

  방화벽에서 가장 많이 사용하는 액세스 리스트이며, 라우터의 확장 ACL과 마찬가지로 출발지/목적지 IP 주소, 프로토콜 종류, 출발지/목적지 포트 번호 등을 사용하여 트래픽을 제어한다. 확장 액세스 리스트는 트래픽 필터링뿐만 아니라 AAA 정책, VPN, NAT 설정 등 다양한 곳에서 쓰이며, 방화벽 동작 모드(라우터/트랜스패런트)에 상관없이 사용 할 수 있다.

- 이더타입 액세스 리스트

  트랜스패런트 모드 방화벽에서 사용하는 액세스 리스트이며, L2 헤더(ether type)를 이용하여 트래픽을 제어한다. 따라서 IPX, BPDU, MPLS 패킷 같은 비 IP 기반 프로토콜들을 제어할 수 있다.

- IPv6 액세스 리스트

  IPv6 트래픽을 제어할 때 사용하는 액세스 리스트이다.

- 웹 타입 액세스 리스트

  클라이언트리스(clientless) SSL VPN의 트래픽을 제어하기 위하여 사용한다.

ACL 이름에는 INSIDE 등과 같이 인터페이스 이름이나 MPLS 등과 같이 목적을 위한 이름을 포함하는 것이 유지 및 관리하기가 편하다.

테스트 네트워크 구성

액세스 리스트 설정을 위해서 다음과 같은 네트워크를 구성한다.

그림 10-1 액세스 리스트 설정을 위한 네트워크

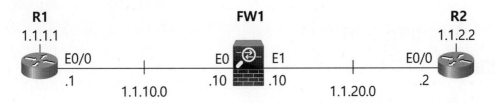

R1의 설정은 다음과 같다.

예제 10-1 R1의 인터페이스 설정

```
R1(config)# interface e0/0
R1(config-if)# ip address 1.1.10.1 255.255.255.0
R1(config-if)# no shut
R1(config-if)# exit

R1(config)# interface lo0
R1(config-if)# ip address 1.1.1.1 255.255.255.0
```

R2의 설정은 다음과 같다.

예제 10-2 R2의 인터페이스 설정

```
R2(config)# interface e0/0
R2(config-if)# ip address 1.1.20.2 255.255.255.0
```

```
R2(config-if)# no shut
R2(config-if)# exit

R2(config)# interface lo0
R2(config-if)# ip address 1.1.2.2 255.255.255.0
```

FW1에서 E0 인터페이스의 이름을 inside, E1은 outside로 설정하고, 보안레벨은
기본 값을 사용한다.

그림 10-2 방화벽 인터페이스 설정

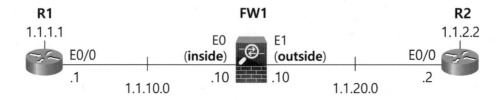

FW1의 설정은 다음과 같다.

예제 10-3 FW1의 설정

```
FW1(config)# interface e0
FW1(config-if)# nameif inside
FW1(config-if)# ip address 1.1.10.10 255.255.255.0
FW1(config-if)# no shut
FW1(config-if)# exit

FW1(config)# interface e1
FW1(config-if)# nameif outside
FW1(config-if)# ip address 1.1.20.10 255.255.255.0
FW1(config-if)# no shut
```

설정 후 각 장비의 라우팅 테이블을 확인하고, 인접 장비까지의 통신도 핑으로 확인
한다. 예를 들어, FW1의 라우팅 테이블은 다음과 같다.

예제 10-4 FW1의 라우팅 테이블

```
FW1(config-if)# show route
     (생략)
Gateway of last resort is not set
```

```
C    1.1.10.0 255.255.255.0 is directly connected, inside
C    1.1.20.0 255.255.255.0 is directly connected, outside
```

FW1에서 R1과 R2까지 핑도 된다.

예제 10-5 FW1에서 R1과 R2까지의 핑

```
FW1# ping 1.1.10.1
Type escape sequence to abort.
Sending 5, 100-byte ICMP Echos to 1.1.10.1, timeout is 2 seconds:
!!!!!
Success rate is 100 percent (5/5), round-trip min/avg/max = 1/1/1 ms

FW1# ping 1.1.20.2
Type escape sequence to abort.
Sending 5, 100-byte ICMP Echos to 1.1.20.2, timeout is 2 seconds:
!!!!!
Success rate is 100 percent (5/5), round-trip min/avg/max = 1/1/1 ms
```

인접 장비까지 핑이 되면 다음과 같이 모든 장비에서 OSPF 에어리어 0을 설정한다.

예제 10-6 각 장비에서 OSPF 에어리어 0 설정

```
R1(config)# router ospf 1
R1(config-router)# network 1.1.10.1 0.0.0.0 area 0
R1(config-router)# network 1.1.1.1 0.0.0.0 area 0

FW1(config)# router ospf 1
FW1(config-router)# network 1.1.10.10 255.255.255.255 area 0
FW1(config-router)# network 1.1.20.10 255.255.255.255 area 0

R2(config)# router ospf 1
R2(config-router)# network 1.1.20.2 0.0.0.0 area 0
R2(config-router)# network 1.1.2.2 0.0.0.0 area 0
```

설정 후 잠시 기다렸다가 R1의 라우팅 테이블을 확인해 보면 다음과 같이 모든 네트워크가 인스톨된다.

예제 10-7 R1의 라우팅 테이블

```
R1# show ip route
     (생략)
Gateway of last resort is not set

        1.0.0.0/8 is variably subnetted, 6 subnets, 2 masks
C          1.1.1.0/24 is directly connected, Loopback0
L          1.1.1.1/32 is directly connected, Loopback0
O          1.1.2.2/32 [110/21] via 1.1.10.10, 00:00:10, Ethernet0/0
C          1.1.10.0/24 is directly connected, Ethernet0/0
L          1.1.10.1/32 is directly connected, Ethernet0/0
O          1.1.20.0/24 [110/20] via 1.1.10.10, 00:00:20, Ethernet0/0
```

이상으로 방화벽 ACL 구성을 위한 테스트 네트워크가 구축되었다.

ACL 설정 및 동작 확인

이번 절에서는 방화벽에서 사용되는 ACL을 직접 설정해 보고, 동작을 확인해 보기로 한다. 먼저, 가장 많이 사용하는 확장 ACL에 대해서 살펴보자.

확장 ACL 설정 및 적용

확장 ACL(extended ACL)은 출발지/목적지 IP 주소, 프로토콜 번호 또는 이름을 이용하여 트래픽을 제어한다. 또, TCP나 UDP에서는 출발지/목적지 포트 번호 또는 이름을 이용하여 트래픽을 제어할 수도 있다.

확장 ACL을 설정하는 방법은 다음과 같다.

예제 10-8 확장 ACL 설정

```
                                ①           ②        ③     ④      ⑤          ⑥
FW1(config)# access-list OUTSIDE-IN extended permit tcp host 1.1.2.2 host
                         ⑦
             1.1.1.1 eq www
⑧
FW1(config)# access-list OUTSIDE-IN extended permit icmp 1.1.2.0 255.255.
             255.0 host 1.1.1.1
```

① **access-list** 명령어 다음에 적당한 ACL 이름을 지정한다. ACL 이름은 어떤 역할을 하는 ACL인지를 판단할 수 있게 하면 좋다.

② 확장 ACL임을 나타내는 **extended** 옵션을 사용한다. 이 옵션은 지정하지 않아도 자동으로 설정된다.

③ 특정 패킷을 허용하려면 **permit**, 차단하려면 **deny** 명령어를 사용한다.

④ 다음과 같이 IP 헤더 프로토콜 필드의 번호나 이름을 지정한다.

예제 10-9 IP 헤더 프로토콜 필드의 번호나 이름 지정하기

```
FW1(config)# access-list OUTSIDE-IN extended permit ?

configure mode commands/options:
  <0-255>        Enter protocol number (0 - 255)
  ah
  eigrp
  esp
  gre
  icmp
  icmp6
  igmp
  igrp
  ip
  ipinip
  ipsec
  nos
  object         Specify a service object after this keyword
  object-group   Specify a service or protocol object-group after this keyword
  ospf
  pcp
  pim
  pptp
  snp
  tcp
  udp
```

⑤ 출발지 IP 주소를 지정한다. host 옵션을 사용하여 하나의 IP 주소만 지정하거나 서브넷 마스크를 사용하여 동시에 여러 개의 호스트 주소를 지정할 수 있다.

⑥ 목적지 IP 주소를 지정한다. host 옵션을 사용하여 하나의 IP 주소만 지정하거나 서브넷 마스크를 사용하여 동시에 여러 개의 호스트 주소를 지정할 수 있다.

⑦ TCP나 UDP 트래픽을 제어하는 경우에는 출발지/목적지 포트 번호 또는 이름을 지정할 수 있다. 포트 번호를 지정할 때 사용하는 옵션은 다음과 같다.

예제 10-10 포트 번호 지정 옵션

```
FW1(config)# access-list OUTSIDE-IN extended permit tcp host 1.1.2.2 host 1.1.1.1 ?

configure mode commands/options:
ⓐ eq             Port equal to operator
```

```
 ⓑ  gt           Port greater than operator
    inactive     Keyword for disabling an ACL element
    log          Keyword for enabling log option on this ACL element
 ⓒ  lt           Port less than operator
 ⓓ  neq          Port not equal to operator
 ⓔ  range        Port range operator
    time-range   Keyword for attaching time-range option to this ACL element
 ⓕ  <cr>
```

ⓐ 특정한 포트 번호 하나만 지정한다.

ⓑ 특정 번호보다 큰 포트 번호들을 지정한다.

ⓒ 특정 번호보다 작은 포트 번호들을 지정한다.

ⓓ 특정 번호가 아닌 포트 번호들을 지정한다.

ⓔ 포트 번호의 범위를 지정한다.

ⓕ 포트 번호와 상관없이 모든 TCP 또는 UDP 패킷을 지정한다.

포트 번호 지정 옵션 외에도 다음과 같은 옵션들을 추가적으로 지정할 수 있다.

예제 10-11 ACL 추가 옵션

```
FW1(config)# access-list OUTSIDE-IN extended permit tcp host 1.1.2.2 host 1.1.1.1 ?

configure mode commands/options:
    eq           Port equal to operator
    gt           Port greater than operator
 ⓐ  inactive     Keyword for disabling an ACL element
 ⓑ  log          Keyword for enabling log option on this ACL element
    lt           Port less than operator
    neq          Port not equal to operator
    range        Port range operator
 ⓒ  time-range   Keyword for attaching time-range option to this ACL element
    <cr>
```

ⓐ ACL 내부의 특정 문장(ACE, access control entry)을 삭제하지 않고 임시로 비활성화 시키려면, **inactive** 옵션을 사용한다.

ⓑ 패킷에 해당 ACE가 적용되면 로그 메시지를 생성하게 한다. 로그 메시지 생성 규칙에 대해서는 나중에 자세히 설명한다.

ⓒ 오브젝트 그룹(object-group)을 사용할 수 있다. 오브젝트 그룹에 대해서도 나중에 자세히 설명한다.

ⓓ 해당 ACE가 동작하는 특정 시간대를 지정할 수 있다. 이에 대해서도 나중에 다시 설명한다.

⑧ ACL은 인터페이스, 방향 및 프로토콜 별로 하나씩 정의할 수 있다. 대부분의 경우, 하나의 ACL 내부에 다수의 ACE가 포함된다.

라우터에서 ACL을 설정하는 경우 OSPF를 허용해주는 문장이 필요하지만, 방화벽은 자신이 목적지인 패킷은 기본적으로 모두 허용하기 때문에 설정할 필요가 없다.

이렇게 만든 ACL을 적용하는 방법은 다음과 같다.

예제 10-12 ACL 적용

```
                         ①              ②      ③    ④        ⑤
FW1(config)# access-group OUTSIDE-IN in interface outside
```

① ACL을 적용하려면 전체 설정모드에서 **access-group** 명령어를 사용한다.

② 앞서 만든 ACL의 이름을 불러온다.

③ **in** 또는 **out** 그리고 **global** 옵션을 사용하여 ACL의 적용 방향을 지정한다. **global**옵션은 나중에 다시 설명한다.

④ **interface** 옵션을 사용한다.

⑤ 인터페이스의 이름을 지정한다.

현재 설정된 ACL의 내용을 확인하려면 다음과 같이 **show running-config access-list** 명령어를 사용한다.

예제 10-13 설정된 ACL 내용 확인

```
FW1(config)# show run access-list
access-list OUTSIDE-IN extended permit tcp host 1.1.2.2 host 1.1.1.1 eq www
access-list OUTSIDE-IN extended permit icmp 1.1.2.0 255.255.255.0 host 1.1.1.1
```

다음과 같이 R2에서 1.1.1.1로 HTTP 접속이 성공한다.

예제 10-14 R2에서 1.1.1.1로의 HTTP 접속

```
R2# telnet 1.1.1.1 80 /source-interface lo0
Trying 1.1.1.1, 80 ... Open
quit
HTTP/1.1 400 Bad Request
Date: Thu, 07 Apr 2016 21:56:15 GMT
Server: cisco-IOS
Accept-Ranges: none

400 Bad Request
[Connection to 1.1.1.1 closed by foreign host]
```

R2에서 1.1.1.1로 핑도 된다.

예제 10-15 R2에서 1.1.1.1로의 핑

```
R2# ping 1.1.1.1 source 1.1.2.2

Type escape sequence to abort.
Sending 5, 100-byte ICMP Echos to 1.1.1.1, timeout is 2 seconds:
Packet sent with a source address of 1.1.2.2
!!!!!
Success rate is 100 percent (5/5), round-trip min/avg/max = 1/1/3 ms
```

ACL 내의 각 ACE 별로 적용된 내용을 확인하려면 **show access-list** 명령어를 사용한다. 각 ACE의 라인 번호 및 적용된 히트 카운트(hit count)까지 표시된다.

예제 10-16 각 ACE 별로 적용된 내용 확인하기

```
FW1# show access-list
access-list cached ACL log flows: total 0, denied 0 (deny-flow-max 4096)
            alert-interval 300
access-list OUTSIDE-IN; 2 elements; name hash: 0x9ccc1a31
access-list OUTSIDE-IN line 1 extended permit tcp host 1.1.2.2 host 1.1.1.1 eq www
(hitcnt=1) 0x9aa8c349
access-list OUTSIDE-IN line 2 extended permit icmp 1.1.2.0 255.255.255.0 host 1.1.1.1
(hitcnt=1) 0x1165df5a
```

ACL 수정하기

특정 위치에 새로운 ACE를 추가하려면 **line** 옵션과 함께 추가하고자 하는 위치를 지정한다.

예제 10-17 특정 위치에 새로운 ACE 추가하기

```
FW1(config)# access-list OUTSIDE-IN line 2 deny ip host 1.1.20.2 host 1.1.1.1
```

ACE 번호는 입력 시 위치를 지정하는 것이며 저장되지 않는다. 설정 후 확인해 보면 다음과 같이 원하는 위치에 새로운 ACE가 추가된다.

예제 10-18 새로 추가된 ACE

```
FW1# show run access-list
access-list OUTSIDE-IN extended permit tcp host 1.1.2.2 host 1.1.1.1 eq www
access-list OUTSIDE-IN extended deny ip host 1.1.20.2 host 1.1.1.1
access-list OUTSIDE-IN extended permit icmp 1.1.2.0 255.255.255.0 host 1.1.1.1
```

ACE 1개를 제거하려면 다음과 같이 **no access-list** 명령어 다음에 해당 ACE 전체를 지정한다.

예제 10-19 ACE 1개 제거하기

```
FW1(config)# no access-list OUTSIDE-IN extended permit tcp host 1.1.2.2 host 1.1.1.1 eq www
```

제거 후 확인해 보면 다음과 같이 해당 ACE가 삭제되었다.

예제 10-20 해당 ACE가 삭제된다

```
FW1(config)# show run access-list
access-list OUTSIDE-IN extended deny ip host 1.1.20.2 host 1.1.1.1
access-list OUTSIDE-IN extended permit icmp 1.1.2.0 255.255.255.0 host 1.1.1.1
```

전체 ACL을 제거하려면 **clear configure access-list** 명령어를 사용한다.

ACL 제거

```
FW1(config)# clear configure access-list OUTSIDE-IN
```

명령어 다음에 ACL 이름을 지정하면 해당 ACL만 삭제되고, ACL 이름을 지정하지 않으면 모든 ACL이 삭제된다.

다음과 같이 **show run access-list** 명령어를 사용하여 확인해 보면 OUTSIDE-IN ACL이 삭제되었다.

예제 10-22 ACL이 삭제되었다

```
FW1# show run access-list
FW1#
```

특정 ACL을 삭제하면 해당 ACL이 적용된 것도 따라서 삭제된다. 다음과 같이 **show run access-group** 명령어를 사용하여 확인해 보면 ACL이 적용된 인터페이스가 없다.

예제 10-23 특정 ACL을 삭제하면 해당 ACL이 적용된 것도 따라서 삭제된다

```
FW1# show run access-group
FW1#
```

이상으로 확장 ACL을 수정하는 방법에 대하여 살펴보았다.

확장 ACL의 로그 생성 및 해석

이번에는 확장 ACL이 생성하는 로그 메시지에 대하여 알아보자.

테스트를 위하여 다시 다음과 같은 ACL을 만들어 적용한다. ACL을 만들 때 **remark** 옵션을 사용하여 적당한 설명을 달아 놓으면 장애처리 및 ACL 해석 시 편리하다.

예제 10-24 remark 옵션

```
FW1(config)# access-list OUTSIDE-IN remark Testing no log option
```

```
FW1(config)# access-list OUTSIDE-IN permit ip host 1.1.2.2 any
FW1(config)# access-list OUTSIDE-IN deny ip host 1.1.20.2 any

FW1(config)# access-group OUTSIDE-IN in interface outside
```

다음과 같이 R2에서 1.1.1.1로 핑을 하여 ACL에 의해서 패킷이 차단되게 해보자.

예제 10-25 ACL에 의한 패킷 차단

```
R2# ping 1.1.1.1

Type escape sequence to abort.
Sending 5, 100-byte ICMP Echos to 1.1.1.1, timeout is 2 seconds:
.....
Success rate is 0 percent (0/5)
```

FW1에서 **show access-list** 명령어를 사용하여 확인해 보면 다음과 같이 차단한 패킷 각각에 대해서 히트 카운트(hit count, hitcnt)를 증가시킨다.

예제 10-26 show access-list 명령어를 사용한 확인

```
FW1(config)# show access-list
access-list cached ACL log flows: total 0, denied 0 (deny-flow-max 4096)
              alert-interval 300
access-list OUTSIDE-IN; 2 elements; name hash: 0x9ccc1a31
access-list OUTSIDE-IN line 1 remark Testing no log option
access-list OUTSIDE-IN line 2 extended permit ip host 1.1.2.2 any (hitcnt=0) 0x82f498fb
access-list OUTSIDE-IN line 3 extended deny ip host 1.1.20.2 any (hitcnt=5) 0x7acba488
FW1#
```

확장 ACL은 기본적으로 ACL에 의해서 차단되는 패킷들은 패킷 수만큼 모두 로그 (log)를 남긴다. 그러나 허용되는 패킷은 각 세션 당 하나씩만 기록한다.

다음과 같이 R2에서 출발지 IP 주소를 1.1.2.2로 핑을 하여 ACL에 의해서 패킷이 허용되게 해보자.

예제 10-27 ACL에 의한 패킷 허용

```
R2# ping 1.1.1.1 source 1.1.2.2
```

```
Type escape sequence to abort.
Sending 5, 100-byte ICMP Echos to 1.1.1.1, timeout is 2 seconds:
Packet sent with a source address of 1.1.2.2
!!!!!
Success rate is 100 percent (5/5), round-trip min/avg/max = 1/2/9 ms
```

FW1에서 **show access-list** 명령어를 사용하여 확인해 보면 다음과 같이 허용된
패킷에 대해서는 히트 카운트가 하나만 기록된다.

예제 10-28 허용된 패킷에 대해서 히트 카운트가 하나만 기록된다

```
FW1# show access-list
access-list cached ACL log flows: total 0, denied 0 (deny-flow-max 4096)
             alert-interval 300
access-list OUTSIDE-IN; 2 elements; name hash: 0x9ccc1a31
access-list OUTSIDE-IN line 1 remark Testing no log option
access-list OUTSIDE-IN line 2 extended permit ip host 1.1.2.2 any (hitcnt=1) 0x82f498fb
access-list OUTSIDE-IN line 3 extended deny ip host 1.1.20.2 any (hitcnt=5) 0x7acba488
```

확장 ACL이 로그 메시지를 생성하는 방식도 비슷하다. 즉, 차단 ACE에 해당하는
트래픽은 모든 패킷에 대해서 로그 메시지를 생성하고, 허용 ACE에 해당하는 것들
은 세션의 시작과 끝에 대해서만 로그 메시지를 생성한다.

다음과 같이 방화벽이 로그 메시지를 생성하도록 설정해 보자.

예제 10-29 로그 메시지 생성

```
FW1(config)# logging enable
FW1(config)# logging console 7
```

이후, 다음과 같이 ACL에 의해 차단되는 패킷을 생성한다.

예제 10-30 ACL에 의해 차단되는 패킷 생성

```
R2# telnet 1.1.1.1
Trying 1.1.1.1 ...
% Connection timed out; remote host not responding
```

그러면, 차단되는 모든 패킷에 대해서 다음과 같이 로그 메시지가 생성된다.

예제 10-31 차단되는 패킷에 대한 로그 메시지

```
FW1#
%ASA-4-106023: Deny tcp src outside:1.1.20.2/60712 dst inside:1.1.1.1/23 by
access-group "OUTSIDE-IN" [0x7acba488, 0x0]
%ASA-4-106023: Deny tcp src outside:1.1.20.2/60712 dst inside:1.1.1.1/23 by
access-group "OUTSIDE-IN" [0x7acba488, 0x0]
%ASA-4-106023: Deny tcp src outside:1.1.20.2/60712 dst inside:1.1.1.1/23 by
access-group "OUTSIDE-IN" [0x7acba488, 0x0]
%ASA-4-106023: Deny tcp src outside:1.1.20.2/60712 dst inside:1.1.1.1/23 by
access-group "OUTSIDE-IN" [0x7acba488, 0x0]
```

이번에는 다음과 같이 ACL에 의해 허용되는 패킷을 생성한다.

예제 10-32 ACL에 의해 허용되는 패킷 생성

```
R2# telnet 1.1.1.1 /source-interface lo0
Trying 1.1.1.1 ... Open
User Access Verification

Password:
R1> exit
```

그러면, 다음과 같이 세션의 시작과 끝을 알리는 로그 메시지만 생성된다.

예제 10-33 허용되는 패킷에 대한 로그 메시지

```
FW1#
%ASA-7-609001: Built local-host outside:1.1.2.2
%ASA-7-609001: Built local-host inside:1.1.1.1

%ASA-6-302013: Built inbound TCP connection 18 for outside:1.1.2.2/51781
(1.1.2.2/51781) to inside:1.1.1.1/23 (1.1.1.1/23)
%ASA-6-302014: Teardown TCP connection 18 for outside:1.1.2.2/51781 to
inside:1.1.1.1/23 duration 0:00:02 bytes 129 TCP FINs

%ASA-7-609002: Teardown local-host outside:1.1.2.2 duration 0:00:02
%ASA-7-609002: Teardown local-host inside:1.1.1.1 duration 0:00:02
```

이상에서 살펴본 것이 확장 ACL에서 **log** 옵션을 사용하지 않았을 때의 기본적인
로그 메시지 생성 방식이다.

이제, ACL에서 **log** 옵션을 사용했을 때의 동작을 살펴보자. **clear config access-list** 명령어를 사용하여 기존의 ACL을 제거한다.

예제 10-34 기존의 ACL 제거

```
FW1(config)# no logging enable
FW1(config)# clear configure access-list
```

다음과 같은 ACL을 다시 만들어 보자.

예제 10-35 새로운 ACL

```
                                             ① ②    ③
FW1(config)# access-list OUTSIDE-IN deny icmp host 1.1.2.2 any log 4 interval 120
FW1(config)# access-list OUTSIDE-IN permit icmp host 1.1.20.2 any log 5
FW1(config)# access-list OUTSIDE-IN permit tcp host 1.1.20.2 any eq telnet
FW1(config)# access-list OUTSIDE-IN deny ip any any log 4    ④

FW1(config)# access-group OUTSIDE-IN in interface outside
```

① 확장 ACL에서 **log** 옵션을 사용하였다. 이 옵션을 사용하면 해당 ACE가 적용되는 패킷에 대해서 기존의 로그 메시지 106023 대신 106100을 생성한다.

　로그 메시지 106100을 사용하는 로깅을 활성화시키면 각 차단 패킷에 대해 로그 메시지를 생성하는 대신, 각 ACE 별로 통계를 제공하여 생성되는 시스템 메시지의 수를 제한한다.

　방화벽이 공격을 받으면 차단되는 패킷이 많고, 결과적으로 생성하는 로그 메시지의 수가 엄청나다. 따라서, 기본 설정을 사용하는 것 보다 **log** 옵션을 사용하면 기존과 같이 공격 트래픽에 대한 정보를 수집할 수 있으면서 동시에 시스템에 가해지는 부하를 줄일 수 있다.

② 생성되는 로그 메시지의 심각도(severity)를 지정한다. 다음과 같이 0-7 사이의 값을 지정하거나 해당 값이 갖는 이름을 지정한다. 별도로 지정하지 않으면 기본적으로 심각도 6(informational)의 메시지를 생성한다.

```
FW1(config)# access-list OUTSIDE-IN deny icmp host 1.1.2.2 any log ?

configure mode commands/options:
  <0-7>          Enter syslog level (0 - 7)
  Default        Keyword for restoring default log behavior (log 106023)
  alerts         Immediate action needed  (severity=1)
  critical       Critical conditions  (severity=2)
  debugging      Debugging messages  (severity=7)
  disable        Disable log option on this ACL element, (no log at all)
  emergencies    System is unusable (severity=0)
  errors         Error conditions  (severity=3)
  inactive       Keyword for disabling an ACL element
  informational  Informational messages  (severity=6)
  interval       Configure log interval, default value is 300 sec
  notifications  Normal but significant conditions (severity=5)
  time-range     Keyword for attaching time-range option to this ACL element
  warnings       Warning conditions  (severity=4)
  <cr>
```

③ interval 옵션 다음에 1~600초 사이의 값을 사용하여 로그 메시지가 생성되는
주기를 지정한다. 별도로 지정하지 않으면 기본값은 300초(5분)이다. 즉, 5분마
다 해당 ACE와 매칭된 패킷의 로그 메시지를 생성한다.

④ ACL에 있는 ACE만 로그 메시지를 생성하기 때문에 모든 차단 패킷에 대해 로그
메시지를 생성하려면 deny ip any any log와 같이 명시적으로 모든 패킷을
차단해야 한다.

ACL 설정 후 show run access-list 명령어를 사용하여 확인해 보면 다음과 같다.

예제 10-37 ACL 확인

```
FW1# show run access-list
access-list OUTSIDE-IN extended deny icmp host 1.1.2.2 any log warnings interval 120
access-list OUTSIDE-IN extended permit icmp host 1.1.20.2 any log notifications
access-list OUTSIDE-IN extended permit tcp host 1.1.20.2 any eq telnet
access-list OUTSIDE-IN extended deny ip any any log warnings
```

log 옵션을 사용하여 106100 메시지 로깅이 활성화되면 특정 ACE에 해당하는 패킷에
대해서 플로우 엔트리(flow entry)를 만들어 특정 기간 동안 수신한 패킷의 수를 추적한

다. 플로우 엔트리는 출발지/목적지 IP 주소, 프로토콜 종류, 포트 번호로 구분된다.

동일한 두 호스트 사이에 새로운 세션이 만들어지면 출발지 포트 번호가 다르므로 서로 다른 플로우에 소속된다. 따라서, 특정 플로우의 수가 증가하지 않을 수 있어 해석에 주의해야 한다. 허용 패킷은 초기 패킷만 로그가 남고 패킷 수도 처음 것만 계산된다.

이제 **log** 옵션의 동작을 확인해 보자. 다음과 같이 로그 메시지에 시간을 기록하고, 심각도가 1-5 사이인 로그 메시지만 콘솔에 보이게 한 다음, 로깅을 활성화한다.

예제 10-38 로깅 활성화

```
FW1(config)# logging timestamp
FW1(config)# logging console 5
FW1(config)# logging enable
```

테스트를 위하여 다음과 같이 ACE에 의해서 차단되는 패킷을 생성시켜 보자.

예제 10-39 ACE에 의해서 차단되는 패킷 생성

```
R2# ping 1.1.1.1 source 1.1.2.2 repeat 10000000
```

그러면 모든 차단 패킷에 대해 로그 메시지를 생성하는 대신 다음과 같이 주기적으로 특정 플로우 엔트리에 대한 통계치를 보여준다.

예제 10-40 특정 플로우 엔트리에 대한 통계치

```
FW1#
Apr 07 2016 21:12:09: %ASA-4-106100: access-list OUTSIDE-IN denied icmp
outside/1.1.2.2(8) -> inside/1.1.1.1(0) hit-cnt 177 120-second interval [0x97a1220, 0x0]
Apr 07 2016 21:14:10: %ASA-4-106100: access-list OUTSIDE-IN denied icmp
outside/1.1.2.2(8) -> inside/1.1.1.1(0) hit-cnt 187 120-second interval [0x97a1220, 0x0]
```

또, **show access-list** 명령어를 사용하면 해당 플로우 엔트리가 만들어진 전체 기간 동안의 통계를 알 수 있다.

해당 플로우 엔트리가 만들어진 전체 기간 동안의 통계

```
FW1# show access-list
access-list cached ACL log flows: total 3, denied 1 (deny-flow-max 4096)
        alert-interval 300
access-list OUTSIDE-IN; 4 elements; name hash: 0x9ccc1a31
access-list OUTSIDE-IN line 1 extended deny icmp host 1.1.2.2 any log
warnings interval 120 (hitcnt=201) 0x097a1220
access-list OUTSIDE-IN line 2 extended permit icmp host 1.1.20.2 any log
notifications interval 300 (hitcnt=0) 0xd994f4d7
access-list OUTSIDE-IN line 3 extended permit tcp host 1.1.20.2 any eq telnet
(hitcnt=0) 0x7dbee2c4
access-list OUTSIDE-IN line 4 extended deny ip any any log warnings interval
300 (hitcnt=0) 0x502c4bfb
```

이번에는 다음과 같이 허용 패킷을 만들어보자.

예제 10-42 허용 패킷 생성

```
R2# ping 1.1.1.1 rep 1000000
```

그러면, 다음과 같이 해당 패킷에 대한 로그 메시지를 생성한다.

예제 10-43 로그 메시지

```
FW1#
Apr 07 2016 21:16:13: %ASA-5-106100: access-list OUTSIDE-IN permitted icmp
outside/1.1.20.2(8) -> inside/1.1.10.1(0) hit-cnt 1 first hit [0xd994f4d7, 0x0]
```

그러나 허용 패킷에 대한 히트 카운트는 계속 증가시키지 않는다.

예제 10-44 해당 플로우 엔트리가 만들어진 전체 기간 동안의 통계

```
FW1# show access-list
access-list cached ACL log flows: total 2, denied 1 (deny-flow-max 4096)
        alert-interval 300
access-list OUTSIDE-IN; 4 elements; name hash: 0x9ccc1a31
access-list OUTSIDE-IN line 1 extended deny icmp host 1.1.2.2 any log
warnings interval 120 (hitcnt=211) 0x097a1220
access-list OUTSIDE-IN line 2 extended permit icmp host 1.1.20.2 any log
```

```
notifications interval 300 (hitcnt=1) 0xd994f4d7
access-list OUTSIDE-IN line 3 extended permit tcp host 1.1.20.2 any eq telnet
(hitcnt=0) 0x7dbee2c4
access-list OUTSIDE-IN line 4 extended deny ip any any log warnings interval
300 (hitcnt=0) 0x502c4bfb
```

다음 테스트를 위하여 로그 생성을 중지시킨다.

예제 10-45 로그 생성 중지

```
FW1(config)# no logging enable
```

차단 플로우 관리

log 옵션을 사용하여 106100 메시지 로깅을 활성화시키면 패킷이 특정 ACE에 해당
될 때 새로운 플로우 엔트리를 생성하여 설정된 기간 동안의 패킷 수를 추적한다.
ASA는 최대 32K 로깅 플로우를 가진다.

메모리와 CPU가 로깅을 위하여 무제한 할당되는 것을 방지하기 위하여 동시 차단
플로우의 수를 제한할 수 있다. 제한된 최대치에 도달하면 기존의 플로우가 만료될
때까지 새로운 로깅 플로우를 만들지 않는다.

차단 플로우 최대치에 도달하면 다음과 같은 메시지를 생성한다.

예제 10-46 차단 플로우 최대치 도달 메시지

```
FW1(config)#
Apr 07 2016 23:13:13: %ASA-1-106101: Number of cached deny-flows for ACL
log has reached limit (4096)
```

기본값이 4096인 차단 로그 플로우의 수를 조정하는 방법은 다음과 같다.

예제 10-47 차단 로그 플로우의 수 조정

```
FW1(config)# access-list deny-flow-max 1000
```

차단 로그 플로우의 수가 최대치에 도달했다는 것을 메시지를 알려주는 간격을 다음과 같은 명령어에 의해 기본값인 300초에서 1초에서 3600초 사이의 값으로 조정할수 있다.

예제 10-48 메시지 간격 조정

```
FW1(config)# access-list alert-interval 600
```

글로벌 액세스 리스트

액세스 리스트는 특정 인터페이스에서 트래픽 흐름을 제어하는 인터페이스 액세스 리스트와, 방화벽의 모든 인터페이스에 공통적인 보안 정책을 적용하는 글로벌 액세스 리스트가 있다. 글로벌 액세스 리스트 설정은 **access-group** 설정에서 **in/out** 옵션 대신 **global** 옵션을 사용하여 적용한다. 테스트를 위해 텔넷 접속을 제한하는 글로벌 ACL을생성한다.

예제 10-49 글로벌 액세스 리스트 설정

```
FW1(config)# access-list GLOBAL-ACL deny tcp any any eq telnet
FW1(config)# access-group GLOBAL-ACL global
```

현재 내부(Inside)에서 외부(Outside)로 가는 트래픽에 대해 ACL이 적용되어 있지 않으므로 R1에서 R2로 텔넷을 하면 동작해야 한다. 그러나 글로벌 ACL이 적용되면 방화벽의 모든 인터페이스로 들어오는 트래픽들은 글로벌 ACL의 보안 정책에 따라 검사를받기 때문에 아래와 같이 텔넷 접속이 실패한다.

예제 10-50 R1에서의 텔넷 접속

```
R1# telnet 1.1.2.2
Trying 1.1.2.2 ...
% Connection refused by remote host
```

방화벽의 통계를 확인해보면 글로벌 ACL에 의해 Telnet 패킷이 차단된 것을 알수 있다.

예제 10-51 글로벌 액세스리스트 통계 확인

```
FW1# show access-list
    (생략)
access-list GLOBAL-ACL; 1 elements; name hash: 0xf07a8f76
access-list GLOBAL-ACL line 1 extended deny tcp any any eq telnet (hitcnt=1) 0xbd7e27ee
```

그러나 R2에서 R1으로 텔넷을 시도하면 정상적으로 연결된다.

예제 10-52 R1에서의 텔넷 접속

```
R2# telnet 1.1.1.1
Trying 1.1.1.1 ... Open

User Access Verification

Password:
R1> exit
[Connection to 1.1.1.1 closed by foreign host]
```

그 이유는 글로벌 ACL보다 인터페이스에 적용되어 있는 기존의 OUTSIDE-IN ACL 이 먼저 적용되어 패킷을 허용하기 때문이다.

예제 10-53 인터페이스 액세스리스트 통계 확인

```
ciscoasa# show access-list
access-list cached ACL log flows: total 0, denied 0 (deny-flow-max 4096)
            alert-interval 300
access-list OUTSIDE-IN; 4 elements; name hash: 0x9ccc1a31
access-list OUTSIDE-IN line 1 extended deny icmp host 1.1.2.2 any log
warnings interval 120 (hitcnt=211) 0x097a1220
access-list OUTSIDE-IN line 2 extended permit icmp host 1.1.20.2 any log
notifications interval 300 (hitcnt=1) 0xa7aa8e82
access-list OUTSIDE-IN line 3 extended permit tcp host 1.1.20.2 any eq telnet
(hitcnt=3) 0x0c10765d
access-list OUTSIDE-IN line 4 extended deny ip any any log warnings interval
300 (hitcnt=0) 0x502c4bfb
    (생략)
```

이처럼 액세스 리스트는 인터페이스 ACL, 글로벌 ACL 순으로 검사하므로, 인터페이스 ACL 정책이 적용되어 있는 경우, 글로벌 ACL 정책이 동작하지 않을 수도 있다.

다음 실습을 위해 기존의 액세스리스트를 모두 제거한다.

예제 10-54 액세스 리스트 설정 제거

```
FW1(config)# clear configure access-list
```

이상으로 Global 액세스 리스트에 대해 알아보았다.

시간대별 트래픽 제어

라우터와 마찬가지로 방화벽에서도 시간대 별로 트래픽을 제어할 수 있다. 다음과 같이 **time-range** 명령어 다음에 적당한 이름을 지정하여 시간대 설정모드로 들어간다. 이후 2016년 1월 1일 1시 등과 같이 절대적인 시간을 지정하려면 **absolute** 명령어를 사용하고, 주기적인 시간대를 지정하려면 **periodic** 명령어를 사용한다.

예제 10-55 주기적인 시간대 지정

```
FW1(config)# time-range WorkHour
FW1(config-time-range)# ?
  absolute    absolute time and date
  exit        Exit from time-range configuration mode
  help        Help for time-range configuration commands
  no          Negate a command or set its defaults
  periodic    periodic time and date
```

예를 들어, 주중 (월-금요일) 근무시간대에만 1.1.1.1 로 텔넷을 허용하기 위한 방법은 다음과 같다.

예제 10-56 주중 근무시간대 지정

```
FW1(config)# time-range WorkHour
FW1(config-time-range)# periodic weekdays 09:00 to 18:00
FW1(config-time-range)# exit
```

이렇게 지정한 시간대를 다음과 같이 ACL에서 호출하여 사용한다.

예제 10-57 시간대를 ACL에서 호출하기

```
FW1(config)# access-list OUTSIDE-IN line 4 permit tcp any host 1.1.1.1 eq 23
time-range WorkHour
```

이상으로 시간대별 트래픽 제어에 대해 살펴보았다.

IPv6 ACL

이번에는 IPv6 ACL을 테스트하기 위하여 다음과 같은 네트워크를 구성한다.

그림 10-3 IPv6 ACL 테스트를 위한 네트워크

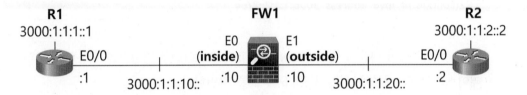

R1
3000:1:1:1::1

E0/0
:1   3000:1:1:10::

FW1
E0
(inside)
:10

E1
(outside)
:10   3000:1:1:20::

R2
3000:1:1:2::2

E0/0
:2

먼저, 각 장비의 인터페이스에 IPv6 주소를 부여한다. R1의 설정은 다음과 같다.

예제 10-58 R1의 설정

```
R1(config)# ipv6 unicast-routing

R1(config)# interface e0/0
R1(config-if)# ipv6 address 3000:1:1:10::1/64
R1(config-if)# exit

R1(config)# interface lo0
R1(config-if)# ipv6 address 3000:1:1:1::1/64
```

FW1의 설정은 다음과 같다.

예제 10-59 FW1의 설정

```
FW1(config)# interface e0
FW1(config-if)# ipv6 address 3000:1:1:10::10/64
FW1(config-if)# exit
```

```
FW1(config)# interface e1
FW1(config-if)# ipv6 address 3000:1:1:20::10/64
```

R2의 설정은 다음과 같다.

예제 10-60 R2의 설정

```
R2(config)# ipv6 unicast-routing

R2(config)# interface e0/0
R2(config-if)# ipv6 address 3000:1:1:20::2/64
R2(config-if)# exit

R2(config)# interface lo0
R2(config-if)# ipv6 address 3000:1:1:2::2/64
```

설정 후 FW1에서 다음과 같이 show ipv6 interface brief 명령어를 이용하여 인터페이스의 동작 여부와 설정된 IPv6 주소를 확인한다.

예제 10-61 설정된 IPv6 주소 확인

```
FW1# show ipv6 interface brief
inside [up/up]
    fe80::5200:ff:fe03:0
    3000:1:1:10::10
outside [up/up]
    fe80::5200:ff:fe03:1
    3000:1:1:20::10
    (생략)
```

다음과 같이 인접 장비와의 통신을 핑으로 확인한다.

예제 10-62 인접 장비와의 통신 확인

```
FW1# ping 3000:1:1:10::1
Type escape sequence to abort.
Sending 5, 100-byte ICMP Echos to 3000:1:1:10::1, timeout is 2 seconds:
!!!!!
Success rate is 100 percent (5/5), round-trip min/avg/max = 1/2/10 ms
```

```
FW1# ping 3000:1:1:20::2
Type escape sequence to abort.
Sending 5, 100-byte ICMP Echos to 3000:1:1:20::2, timeout is 2 seconds:
!!!!!
Success rate is 100 percent (5/5), round-trip min/avg/max = 1/1/1 ms
```

다음에는 각 장비에서 정적 경로를 설정한다.

예제 10-63 정적 경로 설정

```
R1(config)# ipv6 route ::/0 3000:1:1:10::10
R2(config)# ipv6 route 3000:1:1::/48 3000:1:1:20::10

FW1(config)# ipv6 route inside 3000:1:1:1::/64 3000:1:1:10::1
FW1(config)# ipv6 route outside 3000:1:1:2::/64 3000:1:1:20::2
```

설정 후 R1의 IPv6 라우팅 테이블은 다음과 같다.

예제 10-64 R1의 IPv6 라우팅 테이블

```
R1# show ipv6 route
IPv6 Routing Table - 6 entries
    (생략)
S   ::/0 [1/0]
      via 3000:1:1:10::10
C   3000:1:1:1::/64 [0/0]
      via Loopback0, directly connected
L   3000:1:1:1::1/128 [0/0]
      via Loopback0, receive
C   3000:1:1:10::/64 [0/0]
      via Ethernet0/0, directly connected
L   3000:1:1:10::1/128 [0/0]
      via Ethernet0/0, receive
L   3000:1:1:10:1::1/128 [0/0]
      via Ethernet0/0, receive
L   FF00::/8 [0/0]
      via Null0, receive
```

R1에서 R2의 루프백 주소인 3000:1:1:2::2로 텔넷을 해보면 성공한다.

```
R1# telnet 3000:1:1:2::2
Trying 3000:1:1:20::2 ... Open


User Access Verification

Password:
R2>exit

[Connection to 3000:1:1:20::2 closed by foreign host]
R1#
```

이제, IPv6 ACL을 설정해 보자. IPv6 ACL은 ASA 9.0 이후 버전부터 확장 액세스 리스트에서 IPv4와 함께 사용하도록 변경되었다. 따라서 ASA 9.0 버전 이상일 경우 아래와 같이 IPv4에서 사용한 확장 ACL 명령어와 동일하게 사용한다. 그러나 9.0이 하 버전일 경우, **ipv6 access-list** 명령어를 이용해 IPv6 트래픽을 관리해야 한다.

예제 10-66 IPv6 액세스 리스트

```
FW1(config)# access-list IPv6-OUTSIDE-IN permit tcp any host 3000:1:1:1::1 ?

configure mode commands/options:
  eq            Port equal to operator
  gt            Port greater than operator
  inactive      Keyword for disabling an ACL element
  log           Keyword for enabling log option on this ACL element
  lt            Port less than operator
  neq           Port not equal to operator
  object-group  Optional service object-group for destination port
  range         Port range operator
  time-range    Keyword for attaching time-range option to this ACL element
  <cr>
```

다음과 같이 외부에서 HTTP를 이용한 3000:1:1:1::1과의 접속과 ICMPv6를 이용하 여 3000:1:1:101::1과의 통신을 허용하는 IPv6 ACL을 만들어 보자.

IPv6 ACL

```
FW1(config)# access-list IPv6-OUTSIDE-IN permit tcp any host 3000:1:1:1::1 eq www
FW1(config)# access-list IPv6-OUTSIDE-IN permit icmp6 any host 3000:1:1:10::1
```

IPv6 ACL을 인터페이스에 적용하는 방법은 다음과 같이 IPv4와 동일한다.

예제 10-68 IPv6 ACL 적용

```
FW1(config)# access-group IPv6-OUTSIDE-IN in interface outside
```

설정 후 show running-config access-list 명령어를 사용하여 확인해 보면 다음과 같다.

예제 10-69 IPv6 ACL 설정 확인

```
FW1(config-if)# show running-config access-list
access-list IPv6-OUTSIDE-IN extended permit tcp any host 3000:1:1:1::1 eq www
access-list IPv6-OUTSIDE-IN extended permit icmp6 any host 3000:1:1:10::1
```

R2에서 3000:1:1:1::1로 HTTP 접속을 하면 성공한다.

예제 10-70 웹 접속 테스트

```
R2# telnet 3000:1:1:1::1 80
Trying 3000:1:1:1::1, 80 ... Open
quit
HTTP/1.1 400 Bad Request
Date: Sun, 22 May 2016 12:59:05 GMT
Server: cisco-IOS
Accept-Ranges: none

400 Bad Request
[Connection to 3000:1:1:1::1 closed by foreign host]
R2#
```

R2에서 3000:1:1:10::1로 핑도 된다.

예제 10-71 핑 테스트

```
R2# ping 3000:1:1:10::1

Type escape sequence to abort.
Sending 5, 100-byte ICMP Echos to 3000:1:1:10::1, timeout is 2 seconds:
!!!!!
Success rate is 100 percent (5/5), round-trip min/avg/max = 1/1/3 ms
```

다음과 같이 show access-list 명령어를 사용하여 통계를 확인할 수 있다.

예제 10-72 ACL 통계 확인

```
FW1(config)# show access-list
access-list cached ACL log flows: total 0, denied 0 (deny-flow-max 4096)
          alert-interval 300
access-list IPv6-OUTSIDE-IN; 2 elements; name hash: 0xf5944263
access-list IPv6-OUTSIDE-IN line 1 extended permit tcp any host 3000:1:1:1::1 eq
www (hitcnt=1) 0xc62315bd
access-list IPv6-OUTSIDE-IN line 2 extended permit icmp6 any host 3000:1:1:10::1
(hitcnt=1) 0xe54820a1
```

또한 앞서 설명한 바와 같이, IPv4와 IPv6 두 가지 주소를 하나의 ACL 안에 넣어 설정 할 수 있다. 확인을 위해 기존의 IPv6 ACL에 IPv4 ACE를 추가해 보자.

예제 10-73 IPv4와 IPv6 ACL 혼합 설정

```
FW1(config-if)# access-list IPv6-OUTSIDE-IN deny tcp any host 1.1.1.1 eq www
FW1(config)# access-list IPv6-OUTSIDE-IN deny icmp any host 1.1.10.1
```

설정 후 액세스 리스트를 확인해 보면 하나의 ACL에 IPv4, IPv6 설정이 모두 들어가 있는 것을 알 수 있다.

예제 10-74 ACL 설정 확인

```
FW1(config)# show run access-list
access-list IPv6-OUTSIDE-IN extended permit tcp any host 3000:1:1:1::1 eq www
access-list IPv6-OUTSIDE-IN extended permit icmp6 any host 3000:1:1:10::1
```

```
access-list IPv6-OUTSIDE-IN extended deny tcp any host 1.1.1.1 eq www
access-list IPv6-OUTSIDE-IN extended deny icmp any host 1.1.10.1
```

IPv6 테스트와 다르게, R2에서 R1의 IPv4 루프백 주소 1.1.1.1로 HTTP 접속을
하면 위에서 설정한 액세스 리스트에 의해 실패한다.

예제 10-75 웹 접속 테스트

```
R2# telnet 1.1.1.1 80
Trying 1.1.1.1, 80 ...
% Destination unreachable; gateway or host down

R2#
```

이상으로 IPv6 ACL에 대하여 살펴보았다.

오브젝트 그룹

오브젝트 그룹(object group)은 특정한 IP 주소나 네트워크, 프로토콜을 하나의 그룹으로 정의하고, 이를 ACL 등 필요한 설정에서 불러 사용한다.

오브젝트 그룹을 사용하면 복잡한 ACL도 몇 줄로 정의가 가능하고, 오브젝트마다 이름을 설정할 수 있으므로 관리가 편리하다. 또한 설정을 변경할 때 오브젝트 그룹의 내용만 바꾸면 이를 참조하는 모든 설정이 따라서 변경되므로 대단히 편리하다.

오브젝트 그룹은 다음과 같이 6가지의 종류를 설정할 수 있다.

예제 10-76 오브젝트 그룹의 종류

```
FW1(config)# object-group ?

configure mode commands/options:
①  icmp-type    Specifies a group of ICMP types, such as echo
②  network      Specifies a group of host or subnet IP addresses
③  protocol     Specifies a group of protocols, such as TCP, etc
④  service      Specifies a group of TCP/UDP ports/services
⑤  security     Specifies identity attributes such as security-group
⑥  user         Specifies single user, local or import user group
```

① ICMP 타입(type)별로 오브젝트 그룹을 만들 때 사용한다. 다음과 같이 ICMP 타입 오브젝트 그룹 설정모드내에서 다시 **icmp-object** 명령어 다음에 ICMP 타입 번호를 사용하거나 원하는 옵션을 직접 지정할 수 있다.

예제 10-77 ICMP 타입 지정

```
FW1(config)# object-group icmp-type Ping_Group
FW1(config-icmp)# icmp-object ?
 icmp-object-group mode commands/options:
  <0-255>              Enter ICMP type number (0 - 255)
  alternate-address
  conversion-error
  echo
  echo-reply
  information-reply
  information-request
  mask-reply
```

```
    mask-request
    mobile-redirect
    parameter-problem
    redirect
    router-advertisement
    router-solicitation
    source-quench
    time-exceeded
    timestamp-reply
    timestamp-request
    traceroute
    unreachable
```

② 네트워크(network)는 다음과 같이 IP 주소 또는 네트워크 대역 별로 오브젝트 그룹을 만들 때 사용한다.

예제 10-78 네트워크 오브젝트 그룹

```
FW1(config)# object-group network Internal_Users
FW1(config-network)# network-object 1.1.10.0 255.255.255.0
```

③ 프로토콜(protocol)은 TCP, UDP, ICMP같은 IP헤더의 프로토콜 타입 필드의 내용에 따라 하나의 오브젝트 그룹을 만들 때 사용한다.

예제 10-79 프로토콜 오브젝트 그룹

```
FW1(config)# object-group protocol Routing_Group
FW1(config-protocol)# protocol-object ?

protocol-object-group mode commands/options:
  <0-255>  Enter protocol number (0 - 255)
  ah
  eigrp
  esp
  gre
  icmp
  icmp6
  igmp
  igrp
  ip
  ipinip
  ipsec
```

```
nos
ospf
pcp
pim
pptp
snp
tcp
udp
```

프로토콜 오브젝트에서는 오직 IP 헤더의 프로토콜 타입만 그룹으로 묶을 수 있으므로 전송계층에서 사용되는 포트 번호는 따로 지정할 수 없다. 따라서 세분화된 설정이 불가능하여 설정 중 관리자가 의도하지 않은 프로토콜을 허용할 수도 있으므로 사용에 주의해야 한다.

예제 10-80 프로토콜 오브젝트 그룹에서 UDP 제어

```
FW1(config-protocol-object-group)# protocol-object udp ?

protocol-object-group mode commands/options:
  <cr>
```

④ 서비스(service)는 TCP나 UDP의 포트별로 오브젝트 그룹을 만들 때 사용한다. 뿐만 아니라, 앞서 설명하였던 ICMP 타입 오브젝트나 프로토콜 오브젝트 그룹에서 지정할 수 있는 요소들도 서비스 오브젝트 그룹에서 모두 그룹화 가능하다.

예제 10-81 서비스 오브젝트 그룹

```
FW1(config)# object-group service MyService
FW1(config-service-object-group)# service-object ?
dual-service-object-group mode commands/options:
  <0-255>   Enter protocol number (0 - 255)
  ah
  eigrp
  esp
  gre
  icmp
  icmp6
  igmp
  igrp
  ip
```

```
 ipinip
 ipsec
 nos
 object    Enter this keyword to specify a service object
 ospf
 pcp
 pim
 pptp
 snp
 tcp
 tcp-udp   Both TCP & UDP
 udp
```

이후 포트번호 지정은 tcp, udp 또는 tcp-udp 옵션중 하나를 선택 하고 출발지
목적지 원하는 서비스를 지정한다.

예제 10-82 포트 번호 지정

```
FW1(config)# object-group service MyService tcp
FW1(config-service-object-group)# service-object tcp-udp source eq ?

dual-service-object-group mode commands/options:
  <0-65535>    Enter port number (0 - 65535)
  cifs
  discard
  domain
  echo
  http
  kerberos
  nfs
  pim-auto-rp
  sip
  sunrpc
  tacacs
  talk
  www
```

⑤ 시큐리티(Security)그룹은 트래픽 필터링에 사용되는 TrustSec기술에 사용된다.

⑥ 로컬 유저(User)그룹은 사용자의 ID나 윈도우 서버에서 사용되는 Active Director
내의 구성원 정보를 기반으로 트래픽을 제어할 때 사용된다.

지금까지 살펴본 오브젝트 그룹을 이용하여 실제 설정에 적용시켜 보자. 먼저, 기존의 ACL을 제거한다.

예제 10-83 기존 ACL 제거

```
FW1(config)# clear configure access-list
```

예를 들어, 특정 네트워크를 제어하는 ACL을 만들어 보자. 만약, 차단할 서버의 주소가 소속된 네트워크 대역이 100.50.100.0/24라면 다음과 같은 오브젝트 그룹을 만들 수 있다.

예제 10-84 오브젝트 그룹 만들기

```
FW1(config)# object-group network BLOCKED-NET
FW1(config-network)# network-object 100.50.100.0 255.255.255.0
FW1(config-network)# exit
```

이렇게 만든 오브젝트 그룹을 다음과 같이 ACL에서 불러 사용한다.

예제 10-85 오브젝트 그룹을 ACL에서 부르기

```
FW1(config)# access-list INSIDE-IN deny tcp any object-group BLOCKED-NET
FW1(config)# access-list INSIDE-IN permit ip any any
```

마지막으로 다음과 같이 ACL을 inside 인터페이스에 적용하였다.

예제 10-86 ACL 적용

```
FW1(config)# access-group INSIDE-IN in interface inside
```

설정 후 특정 서비스가 될 때도 있고, 안될 때도 있다. 와이어샤크(wireshark) 등과 같은 트래픽 분석 프로그램으로 확인해 보니, 101.226.253.0/24 네트워크 대역도 사용한다.

이때 ACL을 수정할 필요없이 다음과 같이 오브젝트 그룹만 수정하면 된다.

예제 10-87 오브젝트 그룹 수정

```
FW1(config)# object-group network BLOCKED-NET
FW1(config-network)# network-object 101.226.253.0 255.255.255.0
```

현재 설정된 오브젝트 그룹을 확인하려면 다음과 같이 show run object-group
명령어를 사용한다.

예제 10-88 오브젝트 그룹 확인하기

```
FW1(config)# show run object-group
object-group network BLOCKED-NET
 network-object 100.50.100.0 255.255.255.0
 network-object 101.226.253.0 255.255.255.0
```

show access-list 명령어를 사용하여 확인해 보면 다음과 같이 오브젝트 그룹으로
표시된 ACE 다음에 실제 내용이 표시된다.

예제 10-89 오브젝트 그룹으로 표시된 ACE 다음에 실제 내용이 표시된다

```
FW1(config)# show access-list
access-list cached ACL log flows: total 0, denied 0 (deny-flow-max 4096)
              alert-interval 300
access-list INSIDE-IN; 3 elements; name hash: 0xf1656621
access-list INSIDE-IN line 1 extended deny tcp any object-group BLOCKED-NET
(hitcnt=0) 0xd5f92cdf
   access-list  INSIDE-IN  line  1  extended  deny  tcp  any  100.50.100.0
255.255.255.0 (hitcnt=0) 0xa388698a
   access-list  INSIDE-IN  line  1  extended  deny  tcp  any  101.226.253.0
255.255.255.0 (hitcnt=0) 0x01fd2258
access-list INSIDE-IN line 2 extended permit ip any any (hitcnt=0) 0xece2599d
```

이상으로 오브젝트 그룹을 사용하는 예를 살펴보았다.

오브젝트 그룹에서 또 다른 오브젝트 그룹을 호출하는 네스팅(nesting) 기능을 사용
할 수 있다. 예를 들어, 보안팀의 관리자 IP 주소가 1.1.1.1, 1.1.1.2이고, 네트워크
팀의 관리자 IP 주소가 1.1.2.2, 1.1.2.3인데, 이 주소들은 내부의 1.1.3.3 서버를
모두 접속할 수 있도록 오브젝트 그룹을 사용하여 설정해 보자.

이를 위하여 다음과 같이 Security_Admin과 Network_Admin이라는 두 개의 네트워크 오브젝트 그룹을 만든 후, 이들을 다시 Admins라는 오브젝트 그룹에서 참조하여 사용할 수 있다.

예제 10-90 오브젝트 그룹 네스팅 기능

```
FW1(config)# object-group network Security_Admin
FW1(config-network)# network-object host 1.1.1.1
FW1(config-network)# network-object host 1.1.1.2
FW1(config-network)# exit

FW1(config)# object-group network Network_Admin
FW1(config-network)# network-object host 1.1.2.2
FW1(config-network)# network-object host 1.1.2.3
FW1(config-network)# exit

FW1(config)# object-group network Admins
FW1(config-network)# group-object Security_Admin
FW1(config-network)# group-object Network_Admin
FW1(config-network)# exit
```

이렇게 설정한 오브젝트 그룹을 다음과 같이 ACL에서 참조하여 설정한다.

예제 10-91 오브젝트 그룹을 ACL에서 참조하기

```
FW1(config)# access-list OUTSIDE-IN permit ip object-group Admins host 1.1.3.3
```

이상으로 오브젝트 그룹에 대해서 살펴보았다.

제11장

방화벽 NAT

방화벽 NAT 개요

NAT(network address translation)는 관리자가 지정한 IP주소나 네트워크 대역 또는 포트번호를 변환하여 외부로 전송하는 것을 말한다. 이 기능은 IPv4의 주소 고갈 문제를 해결하기도 하지만, 내부의 IP를 그대로 사용하지 않고 변환된 주소로 통신하는 것은 보안적인 측면에서도 중요하다.

방화벽 NAT의 기본 개념은 6장의 IOS NAT과 동일하다. 그러나 방화벽에서 지원하는 NAT의 종류가 많고, 자세한 주소변환 정책을 설정할 수 있다.

NAT 종류

NAT은 다음과 같이 크게 네 가지 유형으로 분류할 수 있다.

- 정적 NAT/PAT
- 동적 NAT/PAT
- 폴리시 NAT/PAT
- 바이패스 NAT

정적 NAT/PAT

정적 NAT는 주소 변환에 필요한 정보를 저장하는 NAT 테이블에 반영구적으로 NAT 정책을 저장한다. 따라서, 어느 방향에서도 통신을 시작할 수 있다. 예를 들어, 내부에서 외부로 나가는 트래픽에 대한 NAT 정책이 정적으로 설정되어 있으면, 외부에서 변환된 내부망의 IP주소로 최초의 통신을 시작할 수 있다.

정적 PAT는 정적 NAT와 달리, TCP/UDP 포트 번호까지 변환할 수 있다. 정적 PAT는 다음과 같은 상황에서 사용할 수 있다.

1) 다수의 사설 IP주소에 하나의 공인 IP주소를 사용해 접속하려는 경우
   예를 들어, 서로 다른 사설 IP주소를 가진 웹 서버, FTP 서버, 메일 서버 등에 하나의 공인 IP주소를 이용해 접속할 수 있도록 한다.

2) 표준 포트번호와 비표준 포트번호를 매핑시킬 경우

예를 들어, 외부에서 비공인 포트번호 8080번을 사용하여 공인 HTTP 포트 번호 80번을 사용하는 내부 웹 서버로 접속할 수 있도록 한다.

동적 NAT/PAT

동적 NAT은 정책에 부합하는 트래픽이 발생한 순간 변환 주소가 할당된다. 해당 정보는 NAT 테이블에 임시적으로 저장되고 통신이 끝나면 제거된다. 따라서 평소에는 NAT 테이블에 등록된 정보가 없으므로, 정책의 반대 방향에서는 먼저 통신을 시작할 수 없다.

동적 NAT의 주소변환 정보는 기본적으로 통신이 끝나고 3분 후에 제거된다. 변환 타이머를 조정하려면 **timeout xlate** 명령어를 사용한다.

동적 PAT은 복수 개의 사설 IP 주소를 하나의 공인 IP 또는 공인 IP 풀 주소로 변환하면서 포토번호도 함께 변환한다. PAT은 사설 IP 주소와 출발지 포트 번호를 공인 IP 주소와 1024 이후의 포트 번호로 변환한다. 이때 출발지 IP 주소와 포트 번호의 쌍에 대해서 하나의 변환이 일어나며, 접속이 종료되면 30초 후 포트 변환이 해제된다. 이 타이머는 조정할 수 없다.

폴리시 NAT/PAT

폴리시 NAT는 출발지와 목적지에 따라 변환이 일어나게 한다. 일반 NAT는 출발지 주소만 보고 변환하지만, 폴리시 NAT/PAT를 사용하면 출발지, 목적지를 모두 참고하여 주소변환이 일어난다.

예를 들어 서버1을 접속할 때는 공인 IP1로 변환시키고, 서버2를 접속할 때는 공인 IP2로 변환한다. 폴리시 NAT는 이후 설명할 NAT 동작방식 중 하나인 트와이스 (Twice) NAT로 설정할 수 있다.

바이패스 NAT

NAT가 동작하고 있을 때, VPN(가상 사설망)을 통하는 트래픽은 주소변환이 동작하지 않아야 한다. 바이패스 NAT은 이러한 상황에 사용되는 NAT이며, 특정 출발지와 목적지를 가진 패킷만 주소변환을 하지 않고 라우팅 된다. 바이패스 NAT도 트와이스(Twice) NAT에서 설정할 수 있다.

NAT 구현 방식

ASA의 NAT 설정은 8.3 버전 이후로 크게 달라졌다. 8.3 이전 버전에서는 인터페이스 기반으로 NAT 정책을 구성하기 때문에 설정이 복잡하다. 그러나 8.3 이후 버전에서는 오브젝트 기반으로 NAT을 설정하므로 직관적이고 간편하다.

앞서 소개한 각 유형의 NAT는 두 가지 방식으로 구현할 수 있다. 예를 들어 동적 NAT을 사용하려면, 오브젝트 NAT 방식 또는 트와이스 NAT 방식으로 구현할 수 있다.

- 오브젝트 NAT(오토 NAT)
- 트와이스 NAT(매뉴얼 NAT)

오브젝트 NAT(오토 NAT)

오브젝트 NAT(Object NAT)는 하나의 네트워크 오브젝트 안에서 NAT 정책에 필요한 모든 설정이 이루어진다. 즉, 하나의 오브젝트 안에서 주소 변환 대상과 변환할 IP 또는 IP 대역을 설정하고 적용한다.

오브젝트 NAT에서는 패킷의 출발지 주소만 변환할 수 있지만, 설정이 매우 간단하고 직관적이며 대부분의 주소변환은 출발지 주소를 변경하기 때문에 가장 많이 사용되는 주소변환 방식이다.

오브젝트 NAT을 오토 NAT(Auto NAT)이라고 부르기도 한다. 그 이유는 설정 순서와 상관없이, 세부적인 정책일수록 NAT 테이블의 상위에 자동 등록되기 때문이다.

트와이스 NAT(매뉴얼 NAT)

트와이스 NAT(Twivce NAT)은 출발지 주소와 목적지 주소 모두를 참고하여 주소 변환이 가능한 방식이다.

예를 들어, 특정 출발지 주소를 가진 패킷이 특정 목적지를 향할 때, 출발지 주소만 원하는 IP로 변환하거나, 출발지와 목적지 주소 모두 변환할 때 사용한다.

트와이스 NAT은 매뉴얼 NAT(Manual NAT)라고도 부르는데, 그 이유는 NAT 테이블에서의 정책 순위를 관리자가 직접 지정할 수 있기 때문이다. 트와이스 NAT은 오토 NAT과 달리 설정 순서대로 NAT 테이블에 등록된다. 따라서 기존 정책보다 세부적인 정책을 설정할 경우, 반드시 정책 순위를 지정해야 한다.

NAT 동작 순서

NAT가 설정된 방화벽을 통과하는 모든 패킷들은 NAT 테이블에 등록된 정책을 참조하여 주소 변환이 결정된다. show nat 명령어를 통해 현재 설정된 주소 변환 정책을 확인할 수 있다.

다음은 방화벽 NAT 테이블에서의 주소 변환 정책 우선순위이다.

1) 매뉴얼 NAT (Section 1): 매뉴얼 NAT은 기본적으로 섹션1에 속한다.

2) 오토 NAT (Section 2): 섹션 1 정책에 부합하지 않은 패킷들은 이후 오토 NAT 설정에 따라 검사한다.

3) 매뉴얼 NAT (Section 3): 매뉴얼 NAT 설정에서 after-auto 옵션을 사용한 주소 변환 정책의 경우, 섹션3에 등록되어 오토 NAT 이후 검사한다.

방화벽 동작 모드에 따른 NAT

NAT 설정은 방화벽 트랜스패런트 모드와 라우터 모드에 상관없이 설정 가능하다. 그러나 트랜스패런트 모드는 다음과 같은 제한 사항이 있다.

- NAT 설정에서 'any' 키워드를 사용하여 설정할 수 없으며, 반드시 실제 주소와 변환 주소를 명시해야 한다.

- 인터페이스 PAT 설정이 불가능하다. 트랜스패런트 모드는 방화벽 장비가 L2로 동작하는 경우이므로 인터페이스에 IP주소가 없기 때문이다.

- IPv4 ↔ IPv6 변환은 지원하지 않는다. IPv4 네트워크 간의 주소 변환 또는 IPv6 네트워크 간의 주소 변환만 지원된다.

이상으로 방화벽에서의 NAT의 개요와 특징에 대해 알아보았다. 이제 실습을 통해 NAT의 설정 방법과 동작원리를 살펴보도록 한다.

오브젝트 NAT 방식의 주소변환 설정

오브젝트 NAT은 NAT 동작 방식 중 한 가지로, 앞서 설명한 것처럼 출발지 주소를 변환한다. 대부분의 주소변환은 출발지 주소만을 변환시키기 때문에 오브젝트 NAT 은 가장 많이 사용되는 방식이다.

이번 절에서는 오브젝트 NAT 방식을 이용하여 정적, 동적 NAT/PAT을 설정해 보고 동작을 확인해 보도록 한다.

테스트 네트워크 구성

NAT 설정 및 동작 확인을 위하여 다음과 같은 네트워크를 구축한다.

그림 11-1 오브젝트 NAT 설정 및 동작 확인을 위한 네트워크

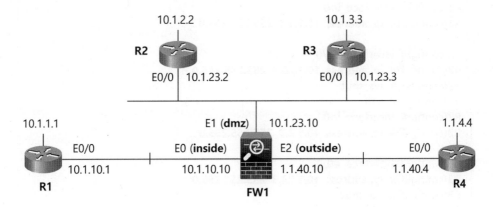

각 라우터와 방화벽의 인터페이스에 IP 주소를 설정한다. 방화벽의 설정은 다음과 같다.

예제 11-1 FW1의 인터페이스 설정

```
FW1(config)# interface e0
FW1(config-if)# nameif inside
FW1(config-if)# ip address 10.1.10.10 255.255.255.0
FW1(config-if)# no shut
FW1(config-if)# exit

FW1(config)# interface e1
FW1(config-if)# nameif dmz
FW1(config-if)# security-level 50
```

```
FW1(config-if)# ip address 10.1.23.10 255.255.255.0
FW1(config-if)# no shut
FW1(config-if)# exit

FW1(config)# interface e2
FW1(config-if)# nameif outside
FW1(config-if)# ip address 1.1.40.10 255.255.255.0
FW1(config-if)# no shut
```

각 라우터의 설정은 다음과 같다.

예제 11-2 각 라우터의 인터페이스 설정

```
R1(config)# interface e0/0
R1(config-if)# ip address 10.1.10.1 255.255.255.0
R1(config-if)# no shut
R1(config-if)# exit
R1(config)# interface lo0
R1(config-if)# ip address 10.1.1.1 255.255.255.0

R2(config)# interface e0/0
R2(config-if)# ip address 10.1.23.2 255.255.255.0
R2(config-if)# no shut
R2(config-if)# exit
R2(config)# interface lo0
R2(config-if)# ip address 10.1.2.2 255.255.255.0

R3(config)# interface e0/0
R3(config-if)# ip address 10.1.23.3 255.255.255.0
R3(config-if)# no shut
R3(config-if)# exit
R3(config)# interface lo0
R3(config-if)# ip address 10.1.3.3 255.255.255.0

R4(config)# interface e0/0
R4(config-if)# ip address 1.1.40.4 255.255.255.0
R4(config-if)# no shut
R4(config-if)# exit
R4(config)# interface lo0
R4(config-if)# ip address 1.1.4.4 255.255.255.0
```

IP 주소 설정 후 다음과 같이 FW1에서 라우팅 테이블을 확인하고, 인접한 장비까지의 통신을 핑으로 확인한다.

예제 11-3 FW1 라우팅 테이블

```
FW1# show route
      (생략)
Gateway of last resort is not set

C    1.1.40.0 255.255.255.0 is directly connected, outside
C    10.1.10.0 255.255.255.0 is directly connected, inside
C    10.1.23.0 255.255.255.0 is directly connected, dmz

FW1# ping 10.1.10.1
FW1# ping 10.1.23.2
FW1# ping 10.1.23.3
FW1# ping 1.1.40.4
```

각 장비에서 라우팅을 설정한다. FW1의 설정은 다음과 같다.

예제 11-4 FW1의 라우팅 설정

```
FW1(config)# route outside 0 0 1.1.40.4

FW1(config)# router ospf 1
FW1(config-router)# network 10.1.10.10 255.255.255.255 area 0
FW1(config-router)# network 10.1.23.10 255.255.255.255 area 0
FW1(config-router)# default-information originate
```

각 라우터의 설정은 다음과 같다. R4에는 주소 변환에 사용할 공인 IP 대역인 2.2.2.0/24에 대한 정적 라우팅을 설정해 준다.

예제 11-5 각 라우터의 라우팅 설정

```
R1(config)# router ospf 1
R1(config-router)# network 10.1.10.1 0.0.0.0 area 0
R1(config-router)# network 10.1.1.1 0.0.0.0 area 0

R2(config)# router ospf 1
R2(config-router)# network 10.1.23.2 0.0.0.0 area 0
R2(config-router)# network 10.1.2.2 0.0.0.0 area 0

R3(config)# router ospf 1
R3(config-router)# network 10.1.23.3 0.0.0.0 area 0
R3(config-router)# network 10.1.3.3 0.0.0.0 area 0
```

```
R4(config)# ip route 2.2.2.0 255.255.255.0 1.1.40.10
```

라우팅 설정 후 다음과 같이 FW1에서 라우팅 테이블을 확인하고, 원격 장비까지의
통신을 핑으로 확인한다.

예제 11-6 FW1 라우팅 테이블

```
FW1# show route
    (생략)
Gateway of last resort is 1.1.40.4 to network 0.0.0.0

C    1.1.40.0 255.255.255.0 is directly connected, outside
C    10.1.10.0 255.255.255.0 is directly connected, inside
O    10.1.3.3 255.255.255.255 [110/11] via 10.1.23.3, 0:03:17, dmz
O    10.1.2.2 255.255.255.255 [110/11] via 10.1.23.2, 0:03:17, dmz
O    10.1.1.1 255.255.255.255 [110/11] via 10.1.10.1, 0:03:17, inside
C    10.1.23.0 255.255.255.0 is directly connected, dmz
S*   0.0.0.0 0.0.0.0 [1/0] via 1.1.40.4, outside

FW1# ping 10.1.1.1
FW1# ping 10.1.2.2
FW1# ping 10.1.3.3
FW1# ping 1.1.4.4
```

이제, 테스트를 위한 네트워크가 구성되었다.

정적 오브젝트 NAT

정적 NAT은 내부의 실제 IP(사설 IP) 주소를 외부에 있는 목적지까지 라우팅 가능한
IP(공인 IP) 주소로 변환시키거나, 외부에서 내부의 사설 IP 주소를 가진 서버와 통신할
수 있도록 해준다.

예를 들어, 외부의 R4가 공인 IP주소 2.2.2.100를 사용해 DMZ에 위치한 R1의 IP주소
10.1.23.2에 접근하는 방법은 다음과 같다.

그림 11-2 정적 오브젝트 NAT

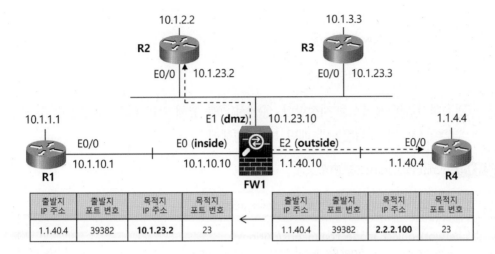

예제 11-7 정적 NAT 설정

```
① FW1(config)# object network dmz_Server
② FW1(config-network-object)# host 10.1.23.2
③ FW1(config-network-object)# nat (dmz,outside) static 2.2.2.100
                                  ④      ⑤        ⑥        ⑦
```

① DMZ에 접근하기 위한 NAT 정책을 정의한다. 오브젝트 NAT을 이용한 NAT 정책 설정은 네트워크 오브젝트 안에서 이루어진다.

② 실제 IP주소를 지정한다. IP지정은 **host, range, subnet** 명령어를 사용한다. **host** 는 특정 호스트(IP)를 지정할 때 사용하며, **range**는 IP 범위를 지정할 때 사용한다. 또한 **subnet**은 IP 서브넷 마스크를 사용하여 IP 대역을 지정할 때 사용한다.

예제 11-8 host, range, subnet 명령어

```
FW1(config)# object network dmz_Server
FW1(config-network-object)# ?
    (생략)
  host        Enter this keyword to specify a single host object
  nat         Enable NAT on a singleton object
  no          Remove an object or description from object
  range       Enter this keyword to specify a range
  subnet      Enter this keyword to specify a subnet
```

③ NAT 설정이다. 모든 NAT 설정은 **nat** 명령어로 시작하며, 괄호 안의 인터페이스 이름은 패킷의 방향을 뜻한다. 오브젝트 NAT은 괄호 이후 정적일 경우 **Static**, 동적일 경우 **Dynamic**을 사용한다.

④ 출발지 인터페이스를 지정한다.

⑤ 목적지 인터페이스을 지정한다. ④에서 ⑤를 향해 가는 패킷 중 출발지 주소가 ②에 해당하는 패킷들만 해당 NAT 정책에 적용된다.

예제 11-9 dynamic, static 명령어

```
FW1(config-network-object)# nat (dmz,outside) ?

network-object mode commands/options:
  dynamic        Specify NAT type as dynamic
  static         Specify NAT type as static

configure mode commands/options:
  <1-2147483647>Position of NAT rule within before auto section
  after-auto     Insert NAT rule after auto section
  source         Source NAT parameters
```

⑥ 정적인가 동적인가를 지정한다. **Static**이면 정적, **Dynamic**이면 동적이다. 트와이스 NAT의 경우, 이곳에 먼저 **source** 키워드를 입력하여 출발지 주소에 대한 설정을 한다. 트와이스 NAT는 뒤에서 설명한다.

예제 11-10 변환 IP 주소 지정

```
FW1(config-network-object)# nat (dmz,outside) static ?

network-object mode commands/options:
  A.B.C.D            Mapped IP address
  WORD              Mapped network object/object-group name
  X:X:X:X::X/<0-128>  Enter an IPv6 prefix
  interface         Use interface address as mapped IP
```

⑦ 변환(Mapped) IP주소, 인터페이스 또는 대역들을 지정한다. 하나의 IP주소를 지정할 경우 IP를 직접 입력하며, 인터페이스에 설정된 IP는 **interface** 키워드를 입력한다. 복수의 IP대역을 지정할 때에는 오브젝트를 이용한다.

즉, 해당 설정은 DMZ에서 외부로 향하는 패킷 중 출발지 주소가 10.1.12.1이면 2.2.2.100으로 변경한다는 의미가 있다. 또, 반대로 외부에서 DMZ로 향하는 패킷중 목적지가 2.2.2.201일 경우 10.1.12.1로 변경한다는 의미도 가지고 있다.

그림 11-3 오브젝트 정적 NAT 명령어의 의미

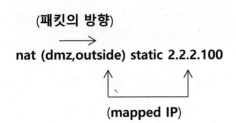

외부에서 들어오는 패킷은 NAT 설정만으로 통과되지 않는다. 반드시 액세스 리스트로 허용된 패킷만이 통과할 수 있으므로, 다음과 같이 텔넷 세션을 허용하는 액세스 리스트 설정해 주도록 한다.

예제 11-11 텔넷 세션 허용

```
FW1(config)# access-list Outside-inbound permit tcp any host 10.1.23.2 eq 23
FW1(config)# access-group Outside-inbound in interface outside
```

NAT를 위한 액세스 리스트를 설정할 때, 변환되기 전 IP주소를 이용해 설정한다. 따라서 NAT 설정 이후, 변환된 IP에 대한 액세스 리스트는 따로 추가하지 않아도 된다. 이러한 특징은 8.3 이전의 방화벽이나 IOS 라우터에서는 해당이 되지 않으므로 이 점을 유의하고 설정하도록 한다.

다음과 같이 외부 R4에서 2.2.2.100으로 텔넷을 하면 DMZ의 R2로 접속이 된다.

예제 11-12 R4에서 2.2.2.100으로 텔넷 접속

```
R4# telnet 2.2.2.100
Trying 2.2.2.100 ... Open

User Access Verification

Password:
R2>
```

show nat 명령어를 사용하면 주소변환 상황을 알 수 있다.

예제 11-13 정적 NAT 상태 확인

```
FW1# show nat

Auto NAT Policies (Section 2)
1 (dmz) to (outside) source static dmz_Server 2.2.2.100
    translate_hits = 0, untranslate_hits = 11
```

translate_hits는 실제 주소가 변환 주소로 바뀐 횟수를 나타내며,
untranslate_hits는 반대로 변환 주소가 실제 주소로 바뀐 횟수를 나타낸다. 즉, 위의
결과는 outside에서 dmz 방향으로 주소 변환이 11번 발생했다는 의미이다.

이처럼 정적 NAT에서는 NAT 설정 방향의 반대 방향에서 먼저 NAT 동작이 가능하다.
그 이유는 NAT 테이블에 변환 주소가 항상 고정(static)되어 있기 때문이다.

정적 오브젝트 PAT

이번에는 R3가 웹 서버라고 가정하고, 외부에서 IP 주소 2.2.2.200, 포트번호 8080
을 이용하여 접속을 시도하면 HTTP 서비스가 제공되도록 정적 PAT를 설정해 보자.

그림 11-4 정적 오브젝트 PAT

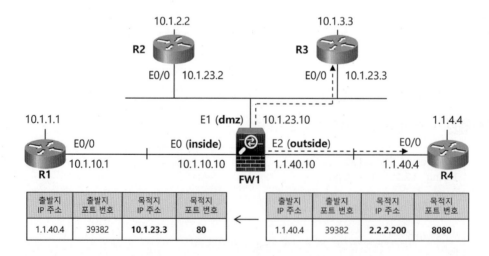

정적 PAT는 정적 NAT설정 뒤에 **service** 키워드와 함께 프로토콜 타입, 실제 포트 번호, 변환할 포트번호를 적어준다.

그림 11-5 정적 PAT 명령어의 의미

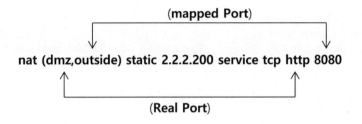

예제 11-14 정적 오브젝트 PAT 설정

```
FW1(config)# object network dmz_webServer
FW1(config-network-object)# host 10.1.23.3
FW1(config-network-object)# nat (dmz,outside) static 2.2.2.200 service tcp http 8080
```

첫 번째 **http**는 DMZ에서 전송된 패킷의 출발지 포트이다. 이 패킷은 외부로 나갈 때 8080으로 변환 된다. 반대로, 외부에서 8080으로 접속을 시도하면 80번으로 연결해 준다.

액세스리스트를 설정하여 HTTP 서비스가 가능하도록 한다.

예제 11-15 WWW 세션 허용

```
FW1(config)# access-list Outside-inbound permit tcp any host 10.1.23.3 eq www
```

다음과 같이 외부의 장비인 R4에서 2.2.2.200, 포트 번호 8080으로 연결을 시도하면 R2의 웹 서버로 접속된다.

예제 11-16 R4에서 2.2.2.200으로 포트 번호 8080 접속

```
R4# telnet 2.2.2.200 8080
Trying 2.2.2.200, 8080 ... Open
     (생략)
```

FW1에서 **show conn** 명령어를 사용하여 확인해 보면 다음과 같이 DMZ 인터페이스에 있는 10.1.23.3의 80포트로 통신하는 것을 알 수 있다.

예제 11-17 현재 접속중인 세션 확인

```
FW1(config)# show conn
6 in use, 19 most used
TCP outside   1.1.40.4:62796 dmz   10.1.23.3:80, idle 0:00:00, bytes 0, flags UB
```

이상으로 정적 NAT/PAT에 대하여 살펴보았다.

동적 오브젝트 NAT

동적 NAT는 내부의 IP가 외부로 나갈 때 미리 설정된 IP Pool을 이용하여 주소를 변환해 통신한다. 이번 실습에서는 동적 NAT를 이용하여 2.2.2.1부터 2.2.2.10까지의 IP를 사용해 내부 inside에서 외부 outside와 통신을 해보도록 한다.

그림 11-6 동적 오브젝트 NAT

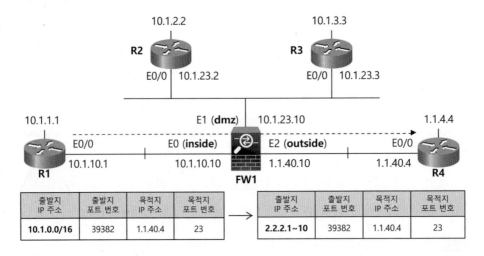

출발지 IP 주소	출발지 포트 번호	목적지 IP 주소	목적지 포트 번호		출발지 IP 주소	출발지 포트 번호	목적지 IP 주소	목적지 포트 번호
10.1.0.0/16	39382	1.1.40.4	23	→	2.2.2.1~10	39382	1.1.40.4	23

실습을 위해 기존의 액세스리스트와 정적 NAT설정을 제거하도록 한다.

예제 11-18 기존 설정 제거

```
FW1(config)# clear configure object
FW1(config)# clear configure access-list
```

설정을 제거했으면, 동적 NAT에서 사용할 IP Pool을 지정 한다. 풀 지정은 NAT 설정과 동일하게 **object network** 에서 한다.

예제 11-19 IP Pool 설정

```
FW1(config)# object network Pool_Range
FW1(config-network-object)# range 2.2.2.1 2.2.2.10
                                    ①       ②        ③
```

① 주소 변환에 사용 할 IP의 범위를 정의하는 방식을 설정한다. **range** 또는 **subnet**을 이용하여 설정 가능하다.

② **range**에서 첫 번째 값은 시작 IP이다.

③ 두 번째 값은 마지막 IP를 말한다. 즉, 2.2.2.1~10까지 동적 NAT의 공인 IP로 쓰겠다는 의미이다.

계속해서 동적 NAT 설정을 한다.

예제 11-20 동적 오브젝트 NAT 설정

```
     FW1(config)# object network Inside_NAT
①  FW1(config-network-object)# subnet 10.1.0.0 255.255.0.0
②  FW1(config-network-object)# nat (inside,outside) dynamic Pool_Range
```

① 출발지 주소가 10.1.0.0/16 대역을 변환 대상으로 지정한다.

② 동적 NAT 설정이다. **dynamic** 키워드를 사용하며 이후 변환에 사용될 IP 풀은 앞서 설정한 오브젝트를 명시한다.

설정이 끝나면 R1에서 R4로 텔넷 접속을 시도한다. 내부에서 외부로 가는 트래픽이기 때문에 액세스 리스트 설정은 필요 없다.

예제 11-21 R1에서 R4로 텔넷 접속

```
R1# telnet 1.1.4.4
Trying 1.1.4.4 ... Open

User Access Verification

Password:
R4>
```

FW1에서 **show xlate** 명령어를 사용하여 확인해 보면 다음과 같이 사설 IP주소 10.1.10.1이 공인 IP주소 2.2.2.1로 변환되어 R4와 통신하고 있는 것을 알 수 있다.

예제 11-22 FW1에서 현재 변환된 주소 정보 확인

```
FW1# show xlate
1 in use, 2 most used
Flags: D - DNS, e - extended, I - identity, i - dynamic, r - portmap,
       s - static, T - twice, N - net-to-net
NAT from inside:10.1.10.1 to outside:2.2.2.1 flags i idle 0:00:04 timeout 3:00:00
```

동적 오브젝트 PAT

동적 PAT을 설정하면 하나의 공인 IP를 이용하여 다수의 사설 IP가 외부와 통신이 가능하다. 내부에서 외부로 통신할 때, 방화벽의 외부 인터페이스 주소 1.1.40.10으로 변환하여 통신하도록 설정해 보자.

그림 11-7 동적 오브젝트 PAT 설정

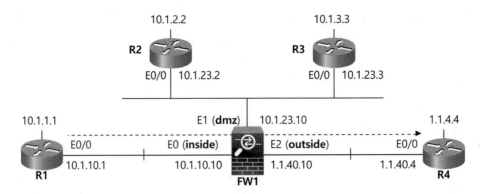

기존의 동적 오브젝트 NAT 설정을 제거한다.

예제 11-23 기존 설정 제거

```
FW1# clear xlate
FW1# conf t
FW1(config)# clear configure object
```

설정을 제거하였으면 오브젝트를 이용하여 내부 IP대역 10.1.0.0/16를 주소변환 범위로 지정하여 동적 오브젝트 PAT를 설정한다.

예제 11-24 동적 오브젝트 PAT 설정

```
FW1(config)# object network Inside_NAT
FW1(config-network-object)# subnet 10.1.0.0 255.255.0.0
FW1(config-network-object)# nat (inside,outside) dynamic interface
```

변환 주소를 outside의 인터페이스 주소로 사용하려면 **dynamic** 다음에 **interface** 키워드를 사용한다. 그러면 패킷의 목적지 방향으로 지정된 인터페이스 주소로 변환되어 외부와 통신하게 된다.

다수의 공인 IP 대역을 사용하기 위해 IP Pool을 설정할 경우에는 **pat-pool** 키워드를 입력하고 오브젝트를 설정해야 동적 PAT로 동작한다.

예제 11-25 동적 오브젝트 PAT에서 PAT-Pool 사용하기

```
FW1(config-network-object)# nat (inside,outside) dynamic ?

network-object mode commands/options:
  A.B.C.D              Mapped IP address
  WORD                 Mapped network object/object-group name
  X:X:X:X::X/<0-128>   Enter an IPv6 prefix
  interface            Use interface address as mapped IP
  pat-pool             Specify object or object-group name for mapped source
                       pat pool
```

동작 확인을 위해 외부에서 돌아오는 ICMP 패킷을 허용하는 액세스 리스트를 설정한다.

예제 11-26 ICMP 허용 ACL

```
FW1(config)# access-list Outside-inbound permit icmp any any
FW1(config)# access-group Outside-inbound in interface outside
```

PAT 동작 확인을 위해 R1에서 서로 다른 출발지 주소로 핑을 사용한다.

예제 11-27 서로 다른 출발지 주소로 핑 사용하기

```
R1# ping 1.1.4.4
R1# ping 1.1.4.4 source lo 0
```

방화벽에서 **show xlate**를 통해 주소 변환 상태를 확인하면, 방화벽의 outside 인터페이스 IP주소인 1.1.40.10을 포트번호만 변경하여 통신하는 것을 알 수 있다.

예제 11-28 FW1의 NAT 테이블

```
FW1# show xlate
2 in use, 6 most used
Flags: D - DNS, e - extended, I - identity, i - dynamic, r - portmap,
       s - static, T - twice, N - net-to-net
ICMP PAT from inside:10.1.1.1/2 to outside:1.1.40.10/2 flags ri idle 0:00:00
timeout 0:00:30
ICMP PAT from inside:10.1.1.1/1 to outside:1.1.40.10/1 flags ri idle 0:00:03
timeout 0:00:30
```

추가적으로 방화벽에서는 동적 NAT와 PAT를 하나의 오브젝트 안에서 적용할 수 있다. 예를 들어 처음에는 2.2.2.1-10 대역의 공인 IP Pool을 사용하다가 모든 IP가 주소 변환에 사용 중일 경우, 아웃사이드 인터페이스 IP주소를 동적 PAT로 사용하도록 하려면 다음과 같이 설정한다.

예제 11-29 Pool과 interface 키워드 함께 지정하기

```
FW1(config)# object network Pool_Range
FW1(config-network-object)# range 2.2.2.1 2.2.2.10
FW1(config-network-object)# exit

FW1(config)# object network Inside_NAT
FW1(config-network-object)# nat (inside,outside) dynamic Pool_Range interface
```

이상으로 동적 NAT/PAT에 대해 살펴보았다.

트와이스 NAT 방식의 주소변환 설정

트와이스 NAT(Twice NAT)은 하나의 NAT 규칙 안에서 출발지 주소와 목적지 주소 모두를 확인할 수 있는 주소 변환 설정 방식이며, 앞서 살펴본 오브젝트 방식보다 세부적인 NAT 정책을 설정할 수 있다.

트와이스 NAT를 매뉴얼(manual) NAT라고 부르기도 한다. 그 이유는 NAT 테이블에서 정책 순위를 직접 지정할 수 있기 때문이다. 정책 순위를 지정하지 않을 경우, 오브젝트 NAT과 달리 설정한 순서대로 정책이 등록되므로, 정책 순위가 맞지 않으면 동작하지 않을 수도 있다. 따라서 예외적인 상황을 제외하면 오브젝트 NAT을 사용하는 것이 편리하다.

트와이스 NAT 설정 방법

다음 순서로 트와이스 NAT를 설정한다. 경우에 따라 3-6번 과정을 생략할 수 있다.

1) 출발지 실제 주소(real address)를 지정한다.

2) 출발지 변환 주소(mapped address)를 지정한다.

3) 목적지 실제 주소를 지정한다.

4) 목적지 변환 주소를 지정한다.

5) 실제 포트번호를 지정한다.

6) 변환 포트번호를 지정한다.

7) 전체 설정모드에서 주소 변환을 설정한다.

다음은 트와이스 NAT 설정 방식에서 지원하는 NAT 종류이다.

표 10-1 트와이스 NAT 방식에서 지원하는 NAT 종류

	정적 NAT	정적 PAT	동적 NAT	동적 PAT
출발지 주소 변환	O	O	O	O
목적지 주소 변환	O	O	X	X

정적 트와이스 NAT

다음 그림과 같이 내부(inside)의 특정 사용자 10.1.1.1이 외부(outside) 네트워크로 통신할 때, 주소 변환이 동작하도록 설정해 보자.

그림 11-8 정적 트와이스 NAT

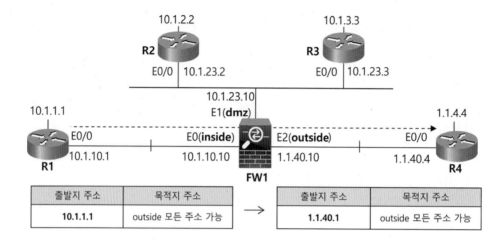

먼저 테스트를 위해 기존 설정 일부를 제거한다.

예제 11-30 기존 설정 제거하기

```
FW1# clear xlate
FW1# conf t
FW1(config)# clear configure object
FW1(config)# clear configure access-list
```

FW1에서 출발지 주소 변환을 위한 네트워크 오브젝트를 정의한다.

예제 11-31 출발지 주소를 위한 네트워크 오브젝트 정의

```
① FW1(config)# object network Inside_real
② FW1(config-network-object)# host 10.1.1.1
   FW1(config-network-object)# exit

③ FW1(config)# object network Inside_mapped
④ FW1(config-network-object)# host 1.1.40.1
```

① object network 명령어를 사용하여 네트워크 오브젝트를 정의한다. 출발지인 내부

(Inside) 네트워크의 실제 주소(real address)를 지정할 오브젝트이므로 이름을 Inside_real로 지정하였다.

② **host** 명령어를 사용하여 내부 네트워크의 실제 주소를 10.1.1.1로 지정한다. 여러 개의 주소를 지정하는 경우에는 **subnet** 또는 **range** 명령어를 사용한다.

③ 출발지(inside) 변환 주소(mapped address)를 지정하기 위한 네트워크 오브젝트를 정의한다.

④ 출발지 변환 주소를 1.1.40.1로 지정한다.

show running-config object 또는 **show running-config object in-line** 명령어로 설정한 정책을 확인할 수 있다.

예제 11-32 object 설정 확인하기

```
FW1# sh run object in-line
object network Inside_real host 10.1.1.1
object network Inside_mapped host 1.1.40.1
```

이번에는 트와이스 NAT 방식으로 정적 NAT를 설정한다.

예제 11-33 정적 트와이스 NAT 설정

```
① FW1(config)# nat (?
   configure mode commands/options:
   Current available interface(s):
   an        Global address space
   dmz       Name of interface Ethernet1
   inside    Name of interface Ethernet0
   outside   Name of interface Ethernet2

② FW1(config)# nat (inside,outside) ?
   configure mode commands/options:
   <1-2147483647> Position of NAT rule within before auto section
     after-auto    Insert NAT rule after auto section
     source        Source NAT parameters

③ FW1(config)# nat (inside,outside) source ?
   configure mode commands/options:
     dynamic    Specify dynamic NAT type
     static     Specify source NAT type
```

```
④ FW1(config)# nat (inside,outside) source static ?
  configure mode commands/options:
    WORD  Specify object or object-group name for real source
    any   Abbreviation for source address and mask of 0.0.0.0

⑤ FW1(config)# nat (inside,outside) source static Inside_real ?
  configure mode commands/options:
    WORD       Specify object or object-group name for mapped source
    interface  Specify interface NAT
⑥ FW1(config)# nat (inside,outside) source static Inside_real Inside_mapped ?
  configure mode commands/options:
    description    Specify NAT rule description
    destination    Destination NAT parameters
    (생략)
    <cr>

⑦ FW1(config)# nat (inside,outside) source static Inside_real Inside_mapped
```

트와이스 NAT 설정은 오브젝트 NAT과 달리, 전체설정모드에서 한다.

① **nat (출발지 인터페이스, 목적지 인터페이스)** 형태로 주소 변환 방향을 설정한다. 방화벽의 인터페이스 이름을 사용하거나 **any** 키워드를 사용할 수 있다.

② 트와이스 NAT는 매뉴얼(manual) NAT이므로, NAT 테이블에서의 정책 순위를 직접 지정할 수 있다. 정책 순위를 지정하지 않으면, 설정한 순서대로 등록된다. 기본적으로 오토 NAT보다 정책 순위가 높으며, **after-auto** 옵션을 사용할 경우에만 오토 NAT 정책 다음에 확인한다.

③ 출발지 주소 변환 방식을 선택한다. 출발지 주소 변환은 **dynamic**(동적) 또는 **static**(정적) 방식을 사용할 수 있다. 반면에 목적지 주소 변환은 정적 방식만 가능하다.

④ 출발지 실제 주소(real address)는 네트워크 오브젝트 또는 오브젝트 그룹으로 지정하거나 **any** 키워드를 사용할 수 있다.

⑤ 출발지 변환 주소(mapped address)는 네트워크 오브젝트 또는 오브젝트 그룹으로 지정하거나 **interface** 키워드를 사용할 수 있다.

⑥ 트와이스 NAT은 하나의 NAT 규칙 안에서 출발지와 목적지 모두 주소 변환이 가능하다. 목적지 주소 변환은 선택적이므로 설정하지 않아도 된다.

⑦ 내부(inside)에서 외부(outside) 방향으로 출발지 주소 변환을 설정한다. 이때 오브

젝트 **Inside_real**에서 지정한 실제 주소를 오브젝트 **Inside_mapped**에서 지정한 변환 주소로 변경한다.

즉, 트래픽이 내부에서 외부로 이동하면서 출발지가 10.1.1.1인 경우, 목적지에 상관없이 1.1.40.1로 변경한다.

show nat detail 명령어로 설정한 정책을 확인할 수 있다.

예제 11-34 주소변환 정책 확인

```
FW1# show nat detail
Manual NAT Policies (Section 1)
1 (inside) to (outside) source static Inside_real Inside_mapped
    translate_hits = 0, untranslate_hits = 0
    Source - Origin: 10.1.1.1/32, Translated: 1.1.40.1/32
```

show xlate 명령어로 주소 변환 방향과 그 반대 방향의 변환 정보를 확인할 수 있다.

예제 11-35 현재 변환된 주소정보 확인

```
FW1# show xlate
2 in use, 2 most used
Flags: D - DNS, e - extended, I - identity, i - dynamic, r - portmap,
       s - static, T - twice, N - net-to-net
NAT from inside:10.1.1.1 to outside:1.1.40.1
    flags sT idle 0:01:21 timeout 0:00:00
NAT from outside:0.0.0.0/0 to inside:0.0.0.0/0
    flags sIT idle 0:01:21 timeout 0:00:00
```

R1에서 다음과 같이 R4의 인터페이스로 텔넷을 시도하면 실패한다. 출발지 주소가 10.1.10.1이므로 주소 변환이 동작하지 않기 때문이다.

예제 11-36 출발지가 10.1.10.1인 경우

```
R1# telnet 1.1.40.4
Trying 1.1.40.4 ...
% Connection timed out; remote host not responding
```

출발지를 R1의 루프백 주소 10.1.1.1로 변경하면 텔넷이 가능하다.

예제 11-37 출발지가 10.1.1.1인 경우

```
R1# telnet 1.1.40.4 /source-interface lo 0
Trying 1.1.40.4 ... Open

User Access Verification

Password:
R4>
```

R4에서 텔넷 접속을 확인해 보면, 출발지 주소가 R1의 루프백 인터페이스가 아니라
1.1.40.1로 변경되어 표시된다.

예제 11-38 현재 접속된 유저 확인

```
R4# show users
    Line       User       Host(s)           Idle        Location
*  0 con 0                idle          00:00:00
   2 vty 0                idle          00:00:35    1.1.40.1

   Interface   User                 Mode          Idle     Peer Address
```

이번에는 출발지 주소 변환과 목적지 주소변환을 모두 설정해 보도록 한다. 다음
그림과 같이 외부의 특정 사용자(1.1.4.4)가 DMZ 구간의 서버로 접근할 때, 출발지
와 목적지 주소 변환이 동작하도록 설정해 보자.

그림 11-9 정적 트와이스 NAT

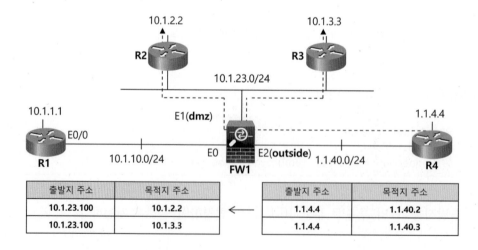

출발지 주소	목적지 주소
10.1.23.100	10.1.2.2
10.1.23.100	10.1.3.3

출발지 주소	목적지 주소
1.1.4.4	1.1.40.2
1.1.4.4	1.1.40.3

현재 DMZ 인터페이스의 보안 레벨은 50, 외부 인터페이스의 보안 레벨은 0이므로, 외부에서 DMZ로 텔넷이 되도록 다음과 같이 액세스 리스트를 설정해야 한다.

예제 11-39 텔넷을 허용하는 보안 정책

```
FW1(config)# access-list Outside-inbound permit tcp host 1.1.4.4 host 10.1.2.2 eq telnet
FW1(config)# access-list Outside-inbound permit tcp host 1.1.4.4 host 10.1.3.3 eq telnet

FW1(config)# access-group Outside-inbound in interface outside
```

FW1에서 출발지 주소 변환을 위한 오브젝트를 정의한다.

예제 11-40 출발지 주소 변환을 위한 오브젝트 설정

```
① FW1(config)# object network Outside_real
   FW1(config-network-object)# host 1.1.4.4
   FW1(config-network-object)# exit

② FW1(config)# object network Outside_mapped
   FW1(config-network-object)# host 10.1.23.100
   FW1(config-network-object)# exit
```

① 출발지인 외부 인터페이스의 특정 사용자 1.1.4.4의 실제 주소를 지정한다.

② 출발지 1.1.4.4 주소가 변환될 주소를 10.1.23.100으로 지정한다.

이번에는 목적지 주소 변환을 위한 오브젝트를 정의한다.

예제 11-41 목적지 주소 변환을 위한 오브젝트 설정

```
① FW1(config)# object network DMZ_real_2
   FW1(config-network-object)# host 10.1.2.2
   FW1(config-network-object)# exit

② FW1(config)# object network DMZ_mapped_2
   FW1(config-network-object)# host 1.1.40.2
   FW1(config-network-object)# exit

③ FW1(config)# object network DMZ_real_3
   FW1(config-network-object)# host 10.1.3.3
   FW1(config-network-object)# exit
```

```
④ FW1(config)# object network DMZ_mapped_3
   FW1(config-network-object)# host 1.1.40.3
   FW1(config-network-object)# exit
```

① 목적지 R2의 루프백 인터페이스 10.1.2.2를 실제 주소로 지정한다.

② R2의 루프백 변환 주소를 1.1.40.2로 지정한다. 목적지 주소 변환에서는 변환 주소가 실제 주소로 변환된다.

③ R3의 루프백 인터페이스 10.1.3.3을 실제 주소로 지정한다.

④ R3의 루프백 변환 주소를 1.1.40.3으로 지정한다.

계속해서 출발지, 목적지 주소 변환을 위한 정적 트와이스 NAT을 설정한다.

그림 11-10 정적 트와이스 NAT 동작 방식

```
nat (src,dst) source static src_Real  src_Mapped destination static dst_Mapped  dst_Real
```

FW1의 설정은 다음과 같다.

예제 11-42 정적 트와이스 NAT 설정

```
① FW1(config)# nat (outside,dmz) source static Outside_real Outside_mapped
destination ?
configure mode commands/options:
  static  Specify destination NAT type

② FW1(config)# nat (outside,dmz) source static Outside_real Outside_mapped
destination static DMZ_mapped_2 DMZ_real_2

③ FW1(config)# nat (outside,dmz) source static Outside_real Outside_mapped
destination static DMZ_mapped_3 DMZ_real_3
```

① 목적지 주소 변환은 동적으로 설정할 수 없다.

② 출발지가 Outside_real에서 지정한 1.1.4.4이고, 목적지가 DMZ_mapped_2에

서 지정한 1.1.40.2일 때, 출발지 주소 1.1.4.4는 변환 주소인 10.1.23.100으로 변경되고, 목적지 주소 1.1.40.2는 실제 주소인 10.1.2.2로 변환된다.

③ 패킷의 출발지가 1.1.4.4이고 목적지가 1.1.40.3인 경우, 출발지 주소를 10.1.23.100으로 변환하고, 목적지 주소를 실제 주소인 10.1.4.4로 변환한다.

R4에서 다음과 같이 출발지 1.1.4.4에서 R2의 1.1.40.2로 텔넷 접속을 한다.

예제 11-43 R2의 변환 주소로 텔넷 접속

```
R4# telnet 1.1.40.2 /source-interface lo 0
Trying 1.1.40.2 … Open

User Access Verification
Password:
R2>
```

R2에서 확인해 보면, R4의 출발지 주소가 10.23.1.100으로 변환된 것을 볼 수 있다.

예제 11-44 출발지 주소 변환 확인

```
R2# show users
    Line       User       Host(s)            Idle       Location
*  0 con 0                idle               00:00:00
   2 vty 0                idle               00:01:17   10.1.23.100

   Interface  User                   Mode   Idle       Peer Address
```

FW1에서 **show nat detail** 명령어를 사용해 보면, 주소 변환이 이루어진 것을 확인할 수 있다.

예제 11-45 출발지, 목적지 주소 변환 확인

```
FW1# show nat detail
Manual NAT Policies (Section 1)
1 (inside) to (outside) source static Inside_real Inside_mapped
    translate_hits = 0, untranslate_hits = 0
    Source - Origin: 10.1.1.1/32, Translated: 1.1.40.1/32
2 (outside) to (dmz) source static Outside_real Outside_mapped    destination
static DMZ_mapped_2 DMZ_real_2
    translate_hits = 1, untranslate_hits = 1
    Source - Origin: 1.1.4.4/32, Translated: 10.1.23.100/32
```

```
       Destination - Origin: 1.1.40.2/32, Translated: 10.1.2.2/32
3 (outside) to (dmz) source static Outside_real Outside_mapped    destination
static DMZ_mapped_3 DMZ_real_3
    translate_hits = 0, untranslate_hits = 0
    Source - Origin: 1.1.4.4/32, Translated: 10.1.23.100/32
    Destination - Origin: 1.1.40.3/32, Translated: 10.1.3.3/32
```

이번에는 R4에서 출발지 주소 1.1.4.4를 사용하여 R3의 변환 주소로 텔넷을 시도해 보자.

예제 11-46 R3의 변환 주소로 텔넷 접속

```
R4# telnet 1.1.40.3 /source-interface lo 0
Trying 1.1.40.3 ... Open


User Access Verification

Password:
R3>
```

R3에서 확인해 보면, 마찬가지로 R4의 출발지 주소가 변경된 것을 볼 수 있다.

예제 11-47 출발지 주소 변환 확인

```
R3# show users
    Line        User        Host(s)          Idle      Location
*  0 con 0                  idle           00:00:00
   2 vty 0                  idle           00:00:04   10.1.23.100

   Interface   User                  Mode          Idle   Peer Address
```

이상으로 정적 트와이스 NAT에 대해 알아보았다.

정적 트와이스 PAT

이번에는 다음 그림과 같이 R4에서 R2의 HTTP 서비스를 사용할 때, 8080포트를 통해 접속하도록 정적 트와이스 PAT를 설정해 보자.

그림 11-11 정적 트와이스 PAT

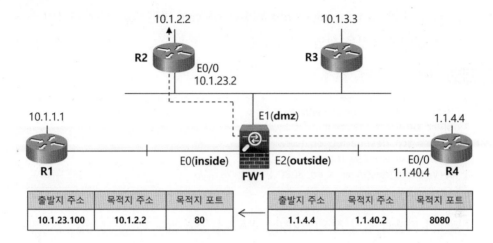

출발지 주소	목적지 주소	목적지 포트
10.1.23.100	10.1.2.2	80

출발지 주소	목적지 주소	목적지 포트
1.1.4.4	1.1.40.2	8080

먼저 FW1에서 HTTP 서비스를 위한 액세스 리스트를 추가적으로 설정한다.

예제 11-48 HTTP 서비스를 위한 보안 정책 설정

```
FW1(config)# access-list Outside-inbound permit tcp host 1.1.4.4 host 10.1.2.2 eq http
```

이번에는 포트 변환을 위해 FW1에서 서비스 오브젝트를 정의한다.

예제 11-49 포트 변환을 위한 서비스 오브젝트 정의하기

```
① FW1(config)# object service HTTP_real
② FW1(config-service-object)# service tcp ?
   service-object mode commands/options:
      destination   Keyword to specify destination
      source        Keyword to specify source
      <cr>
③ FW1(config-service-object)# service tcp destination eq http
   FW1(config-service-object)# exit

④ FW1(config)# object service HTTP_mapped
   FW1(config-service-object)# service tcp destination eq 8080
```

① HTTP의 원래 포트번호를 지정하기 위한 서비스 오브젝트를 정의한다.

② 목적지와 출발지 포트 변환이 가능하다.

③ 목적지의 포트번호를 80번(HTTP)으로 지정한다.

④ 변환 포트번호 8080을 위한 서비스 오브젝트를 정의한다.

다음과 같이 **show running-config object service** 명령어를 사용하면 서비스 오브젝트에 대한 설정을 확인할 수 있다.

예제 11-50 서비스 오브젝트 설정 확인하기

```
FW1# show run object service
object service HTTP_real
 service tcp destination eq www
object service HTTP_mapped
 service tcp destination eq 8080
```

FW에서 다음과 같이 정적 트와이스 PAT 설정을 한다.

예제 11-51 정적 트와이스 PAT 설정

```
FW1(config)# nat (outside,dmz) source static Outside_real Outside_mapped
destination static DMZ_mapped_2 DMZ_real_2 service HTTP_mapped HTTP_real
```

설정이 끝나고 R4에서 8080포트로 접속을 시도하면 실패한다.

예제 11-52 8080 포트로 접속하기

```
R4# telnet 1.1.40.2 8080 /source-interface lo 0
Trying 1.1.40.2, 8080 ...
% Connection timed out; remote host not responding
```

그 이유는 NAT 정책 순위가 다음과 같이 설정 순서대로 지정되어 있기 때문이다. 오토 NAT(오브젝트 NAT)의 경우 자동으로 세부적인 정책이 우선하지만, 트와이스 NAT은 매뉴얼 NAT이므로 일련번호를 지정하지 않으면 설정한 순서대로 등록된다.

예제 11-53 NAT 정책 순위 확인

```
FW1# show nat
Manual NAT Policies (Section 1)
1 (inside) to (outside) source static Inside_real Inside_mapped
    translate_hits = 0, untranslate_hits = 0
2 (outside) to (dmz) source static Outside_real Outside_mapped    destination
static DMZ_mapped_2 DMZ_real_2
    translate_hits = 0, untranslate_hits = 0
3 (outside) to (dmz) source static Outside_real Outside_mapped    destination
static DMZ_mapped_3 DMZ_real_3
    translate_hits = 0, untranslate_hits = 0
4 (outside) to (dmz) source static Outside_real Outside_mapped    destination
static DMZ_mapped_2 DMZ_real_2 service HTTP_mapped HTTP_real
    translate_hits = 0, untranslate_hits = 0
```

이미 NAT 테이블에 등록된 NAT 정책은 정책 순위를 수정할 수 없으므로, 삭제
후에 다음과 같이 일련번호를 명시하여 재등록한다.

예제 11-54 매뉴얼 NAT의 정책 순위 지정

```
FW1(config)# no nat (outside,dmz) source static Outside_real Outside_mapped
destination static DMZ_mapped_2 DMZ_real_2 service HTTP_mapped HTTP_real

FW1(config)# nat (outside,dmz) 2 source static Outside_real Outside_mapped
destination static DMZ_mapped_2 DMZ_real_2 service HTTP_mapped HTTP_real
```

다시 NAT 정책 순위를 확인하면 다음과 같이 순서가 변경된 것을 볼 수 있다.

예제 11-55 변경된 NAT 정책 순위

```
FW1# show nat
Manual NAT Policies (Section 1)
1 (inside) to (outside) source static Inside_real Inside_mapped
    translate_hits = 0, untranslate_hits = 0
2 (outside) to (dmz) source static Outside_real Outside_mapped    destination
static DMZ_mapped_2 DMZ_real_2 service HTTP_mapped HTTP_real
    translate_hits = 0, untranslate_hits = 0
3 (outside) to (dmz) source static Outside_real Outside_mapped    destination
static DMZ_mapped_2 DMZ_real_2
    translate_hits = 0, untranslate_hits = 4
    (생략)
```

이제 R4에서 8080포트로 접속하면 HTTP 서비스가 열린 것을 확인할 수 있다.

예제 11-56 8080 포트로 접속하기

```
R4# telnet 1.1.40.2 8080 /source-interface lo 0
Trying 1.1.40.2, 8080 ... Open
quit
HTTP/1.1 400 Bad Request
Date: Sat, 30 Apr 2016 23:30:32 GMT
Server: cisco-IOS
Accept-Ranges: none

400 Bad Request
[Connection to 1.1.40.2 closed by foreign host]
```

이상으로 정적 트와이스 NAT에 대해 살펴보았다.

동적 트와이스 NAT

다음 그림과 같이 내부 10.1.1.0 대역에서 외부 1.1.4.0 대역으로 접속을 시도할 때, 출발지 주소를 2.2.2.1에서 10사이의 주소로 변환하여 통신하도록 동적 NAT를 설정해 보자.

그림 11-12 동적 트와이스 NAT

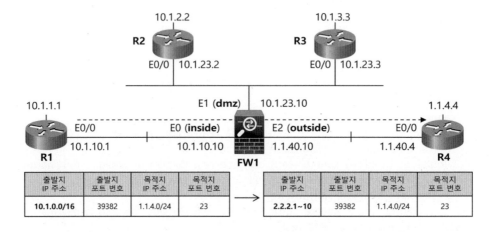

출발지 IP 주소	출발지 포트 번호	목적지 IP 주소	목적지 포트 번호		출발지 IP 주소	출발지 포트 번호	목적지 IP 주소	목적지 포트 번호
10.1.0.0/16	39382	1.1.4.0/24	23	→	2.2.2.1~10	39382	1.1.4.0/24	23

먼저 기존의 NAT 설정 및 액세스 리스트 설정을 제거한다.

기존 설정 제거하기

```
FW1# clear xlate
FW1# conf t
FW1(config)# clear configure nat
FW1(config)# clear configure object
FW1(config)# clear configure access-list
```

FW1에서 주소 변환을 위한 오브젝트를 만들고, 동적 트와이스 NAT을 설정한다. 출발지가 10.1.1.0/24 대역이고 목적지가 1.1.4.0/24 대역이면, 출발지 주소 변환이 동작한다. 목적지 주소도 확인하지만 변환하지는 않는다.

동적 트와이스 NAT 설정

```
FW1(config)# object network Inside_real
FW1(config-network-object)# subnet 10.1.1.0 255.255.255.0
FW1(config-network-object)# exit

FW1(config)# object network Inside_mapped
FW1(config-network-object)# range 2.2.2.1 2.2.2.10
FW1(config-network-object)# exit

FW1(config)# object network Outside_real
FW1(config-network-object)# subnet 1.1.4.0 255.255.255.0
FW1(config-network-object)# exit

FW1(config)# nat (inside,outside) source dynamic Inside_real Inside_mapped
destination static Outside_real Outside_real
```

설정 후, R1의 10.1.1.1에서 R4의 1.1.4.4 까지 텔넷 연결을 시도하면 성공한다.

출발지 10.1.1.1에서 목적지 1.1.4.4로 텔넷 접속

```
R1# telnet 1.1.4.4 /source-interface lo 0
Trying 1.1.4.4 ... Open

User Access Verification

Password:
R4>
```

FW1에서 **show xlate** 명령어를 통해 동적으로 설정한 출발지 주소 변환 정보가
NAT 테이블에 임시적으로 등록된 것을 확인할 수 있다. 이 정보는 세션이 종료되고
지정된 타임아웃(timeout)이 지나면 제거된다.

예제 11-60 동적 트와이스 NAT 동작 확인

```
FW1# show xlate
2 in use, 2 most used
Flags: D - DNS, e - extended, I - identity, i - dynamic, r - portmap,
       s - static, T - twice, N - net-to-net
NAT from outside:1.1.4.0/24 to inside:1.1.4.0/24
    flags sIT idle 0:00:08 timeout 0:00:00
NAT from inside:10.1.1.1 to outside:2.2.2.1 flags i idle 0:00:08 timeout 3:00:00
FW1#
```

만약 출발지 주소가 10.1.1.0 대역이 아니거나 목적지가 1.1.4.0 대역이 아닌 경우,
주소변환이 동작하지 않기 때문에 다음과 같이 연결에 실패한다.

예제 11-61 동적 트와이스 NAT 규칙에 어긋나는 경우

```
R1# telnet 1.1.4.4
Trying 1.1.4.4 ...
% Connection timed out; remote host not responding

R1# telnet 1.1.40.4
Trying 1.1.40.4 ...
% Connection timed out; remote host not responding

R1# telnet 1.1.40.4 /source-interface lo 0
Trying 1.1.40.4 ...
% Connection timed out; remote host not responding
```

이상으로 동적 트와이스 NAT에 대해 알아보았다.

동적 트와이스 PAT

이번 테스트는 앞서 살펴본 정적 NAT 상황과 동일하지만, 출발지 주소를 방화벽의 outside 인터페이스 주소인 1.1.40.10으로 변환하여 R4의 1.1.4.4와 통신해 보도록 한다. 이때, 10.1.1.0/24 대역이 하나의 IP 주소로 변환되므로 포트 변환이 동작한다.

그림 11-13 동적 트와이스 PAT

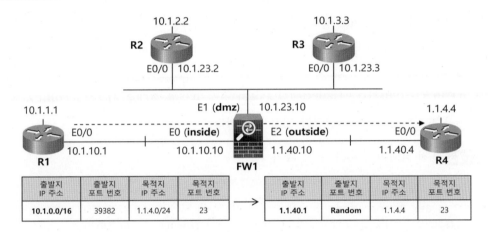

변환 주소 외에는 기존의 설정과 동일하므로, NAT 정책만 제거하도록 한다.

예제 11-62 기존 NAT 설정 제거하기

```
FW1(config)# clear xlate
FW1(config)# clear configure nat
```

FW1에서 동적 트와이스 PAT을 설정한다. 현재 남아있는 동적 트와이스 NAT설정에서 Inside_mapped 대신 **interface** 키워드를 넣어주면 된다.

예제 11-63 동적 트와이스 PAT 설정

```
FW1(config)# nat (inside,outside) source dynamic Inside_real interface destination
static Outside_real Outside_real
```

설정 후, R1에서 R4의 1.1.4.4로 텔넷을 시도하면 정상적으로 연결되는 것을 알 수 있다.

1.1.4.4로 텔넷 접속

```
R1# telnet 1.1.4.4 /source-interface lo 0
Trying 1.1.4.4 ... Open

User Access Verification

Password:
R4>
```

방화벽에서 **show xlate** 명령어를 통해 NAT 테이블을 확인해 보면, 출발지 주소가 10.1.4.4에서 방화벽의 outside 인터페이스 주소인 1.1.40.10 으로 변경된 것을 볼 수 있다.

포트번호는 일반적으로 출발지에서 사용한 소스 포트를 그대로 사용하고, 이미 사용 중인 포트번호일 경우 랜덤한 값을 사용한다.

동적 트와이스 PAT 동작 확인

```
FW1(config)# show xlate
2 in use, 3 most used
Flags: D - DNS, e - extended, I - identity, i - dynamic, r - portmap,
       s - static, T - twice, N - net-to-net
NAT from outside:1.1.4.0/24 to inside:1.1.4.0/24
    flags sIT idle 0:00:00 timeout 0:00:00
TCP PAT from inside:10.1.1.1/45603 to outside:1.1.40.10/45603 flags ri idle
0:00:00 timeout 0:00:30
```

이상으로 동적 PAT에 대해 알아보았다.

DNS Doctoring

다음 그림과 같이 웹 서버는 내부에 있고, DNS 서버는 외부에 있는 경우를 생각해 보자. 예를 들어, 외부 DNS 서버에 www.cisco.com은 공인 IP 2.2.2.100로 설정되어 있다고 가정한다.

내부에서 DNS 질의를 하면 외부 DNS 서버가 IP주소 2.2.2.100으로 응답한다. 이 경우, 내부의 PC는 서버가 내부에 있다는 것을 인지하지 못하고, 서버의 공인

IP 2.2.2.100으로 접속을 시도한다. 방화벽은 이러한 트래픽의 흐름을 비정상적이
라 판단하고 폐기하여 정상적인 통신을 못하도록 한다.

그림 11-14 DNS Doctoring을 설정하지 않은 경우

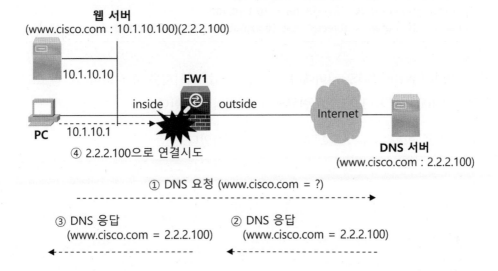

이때 방화벽에서 DNS 응답 메시지를 검사하여 2.2.2.100을 내부 주소인 10.1.10.100으
로 변경하여 PC에게 보내줄 수 있는데, 이것을 DNS Doctoring 이라고 한다.

그림 11-15 DNS Doctoring을 설정한 경우

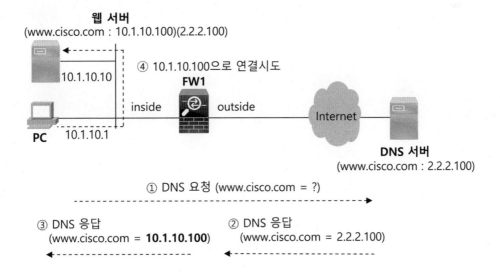

이를 위해서 다음과 같이 오토 NAT을 설정하면서 **dns** 옵션을 사용하면 된다.

<u>예제 11-66</u> DNS Doctoring 설정

```
FW1(config)# object network dmz_Server
FW1(config-network-object)# host 10.1.10.100
FW1(config-network-object)# nat (dmz,outside) static 2.2.2.100 dns
```

그러면 FW1이 DNS 서버에서 수신한 응답 메시지를 검사하여 A 레코드가 2.2.2.100이면 10.1.23.2로 변환하여 PC에게 전송한다.

이상으로 방화벽 NAT/PAT에 대하여 살펴보았다.

제12장

MPF

MPF 개요

MPF 기본 설정 및 3/4계층 제어

검사 폴리시 맵

MPF 개요

MPF(Modular Policy Framework)란 모듈화된 정책 설정 체계이다. 간단한 트래픽은 10장에서 살펴본 ACL로 제어할 수 있지만, 응용 계층 트래픽 제어 등의 복잡한 작업은 MPF를 이용하여 설정한다.

MPF로 지원되는 기능

다음과 같이 ASA에서 중요한 보안 기능은 MPF를 이용하여 설정하게 된다.

- 네트워크 계층 제어
- 응용 계층 제어
- QoS 폴리싱, 세이핑, 큐잉
- TCP 정규화(Normalization), TCP 순서번호 무작위화(Randomization), TCP/UDP 접속 수 제한, 타임아웃 제어
- ASA AIP(Advanced Inspection and Prevention) 모듈과 CSC(Content Security and Control) 모듈 제어

기본적인 MPF의 구성

MPF는 다음의 세 가지로 구성된다.

1) 클래스 맵(class-map): 트래픽을 분류
2) 폴리시 맵(policy-map): 클래스 맵에서 분류한 트래픽에 대한 보안 정책 설정
3) 서비스 폴리시(service-policy): 폴리시 맵 활성화

ASA에는 다양한 기본 클래스 맵, 기본 폴리시 맵이 설정되어 있다. 그중 활성화된 정책은 기본 클래스 맵 'inspection_default'를 사용하는 'global_policy'라는 폴리시 맵이다. '**service-policy** global_policy **global**' 명령어를 통해 'global_policy' 폴리시 맵의 정책을 모든 인터페이스에 적용하도록 구성되어 있다.

기본적으로 적용된 MPF를 확인하려면 **show running-config** 명령어를 사용한다.

```
FW1# show running-config
     (생략)
!
class-map inspection_default  ①
 match default-inspection-traffic
!
!
policy-map type inspect dns migrated_dns_map_1
 parameters
  message-length maximum client auto
  message-length maximum 512
policy-map global_policy  ②
 class inspection_default
  inspect dns migrated_dns_map_1
  inspect ftp
  inspect h323 h225
  inspect h323 ras
  inspect ip-options
  inspect netbios
  inspect rsh
  inspect rtsp
  inspect skinny
  inspect esmtp
  inspect sqlnet
  inspect sunrpc
  inspect tftp
  inspect sip
  inspect xdmcp
!
service-policy global_policy global  ③
     (생략)
```

① 기본적으로 'inspection_default'라는 클래스 맵을 사용하여 트래픽을 분류한다. 여기에 해당하는 트래픽은 'default-inspection-traffic'이며, 다음과 같은 트래픽을 의미한다.

ctiqbe(tcp 2748), **dns**(udp 53), **ftp**(tcp21), gtp(udp 2123, 3386), **h323-h225**(tcp 1720), **h323-ras**(udp 1718-1719), http(tcp 80), icmp, ils(tcp 389), **ip-options**(rsvp), mgcp(udp 2427, 2727), **netbios**(udp 137-138), radius-acct(udp 1646), rpc(udp 111), **rsh**(tcp 514), **rtsp**(tcp

554), **sip**(tcp 5060), **sip**(udp 5060), **skinny**(tcp 2000), smtp(tcp 25), **sqlnet**(tcp 1521), **tftp**(udp 69), waas(tcp 1-65535), **xdmcp**(udp 177)

이렇게 여러 개의 트래픽을 클래스 맵으로 분류했지만, 실제 'global_policy' 폴리시 맵에서는 기본적으로 진한 글씨로 표시한 트래픽들만 검사한다.

② 'global_policy'라는 기본 폴리시 맵을 지원한다. 해당 폴리시 맵은 기본 클래스 맵 'inspection_default'를 불러서, **inspect** 명령어로 다음과 같은 트래픽을 검사 하도록 구성되어 있다.

dns, ftp, h323, h225, h323 ras, ip-options, netbios, rsh, rtsp, skinny, esmtp, sqlnet, sunrpc, tftp, sip, xdmcp

③ **service-policy** global_policy 명령어는 global_policy'라는 기본 폴리시 맵을 활성화시킨다.

기본 클래스 맵

show run all class-map 명령어로 확인해 보면, 다음과 같은 기본 클래스 맵이 미리 설정되어 있다.

예제 12-2 미리 설정된 기본 클래스 맵

```
FW1# show run all class-map
!
class-map type inspect http match-all _default_gator
 match request header user-agent regex _default_gator

class-map type inspect http match-all _default_msn-messenger
 match response header content-type regex _default_msn-messenger
      (생략)
class-map class-default
 match any

class-map inspection_default
 match default-inspection-traffic
      (생략)
```

대부분의 클래스 맵은 검사 클래스(class-map type inspect)이다. 일반 클래스 맵은 'class-default'과 'inspection_default' 두 가지이다.

검사 클래스 맵은 응용계층을 제어할 때 사용하며, 일반 클래스 맵은 포트 번호, IP 주소 등을 이용해 3/4 계층의 트래픽을 분류할 때 사용한다.

기본 폴리시 맵

show run all policy-map 명령어로 확인해 보면, 다음과 같은 기본 폴리시 맵들이 설정되어 있다.

예제 12-3 미리 설정된 기본 폴리시 맵

```
FW1# show running-config all policy-map
!
policy-map type inspect rtsp _default_rtsp_map
 description Default RTSP policymap
 parameters
      (생략)
policy-map global_policy
 class inspection_default
  inspect dns migrated_dns_map_1
  inspect ftp
  inspect h323 h225 _default_h323_map
  inspect h323 ras _default_h323_map
  inspect ip-options _default_ip_options_map
  inspect netbios
  inspect rsh
  inspect rtsp
  inspect skinny
  inspect esmtp _default_esmtp_map
  inspect sqlnet
  inspect sunrpc
  inspect tftp
  inspect sip
  inspect xdmcp
 class class-default
      (생략)
```

대부분의 폴리시 맵은 이번 장 마지막 절에서 설명할 검사 폴리시(policy-map type inspect)이다. 일반 클래스 맵은 'global_policy' 한 가지이다. 지금까지 기본적인 MPF 구성을 살펴보았다.

MPF 기본 설정 및 3/4계층 제어

이번 절에서는 MPF 기본 설정 방법과 동작 확인을 살펴보고, 일반 폴리시 맵을 사용하여 간단한 3/4계층 트래픽 제어를 설정해 본다.

MPF는 다음과 같은 네 가지 단계의 절차 및 명령어를 사용한다.

1) class-map 명령어를 이용하여 트래픽을 분류한다.
2) policy-map 명령어를 사용하여 보안 정책을 설정한다.
3) service-policy 명령어를 이용하여 정책을 활성화시킨다.
4) show service-policy 명령어를 이용하여 정책의 동작을 확인한다.

테스트 네트워크 구축

MPF 기본 설정과 동작 확인을 위해 다음과 같은 테스트 네트워크를 구축한다.

그림 12-1 MPF 동작 확인을 위한 네트워크

먼저 R1의 설정은 다음과 같다.

예제 12-4 R1의 인터페이스 설정

```
R1(config)# interface e0/0
R1(config-if)# ip address 10.1.10.1 255.255.255.0
R1(config-if)# no shut
R1(config-if)# exit

R1(config)# interface lo0
R1(config-if)# ip address 10.1.1.1 255.255.255.0
```

FW1의 설정은 다음과 같다.

예제 12-5 FW1의 인터페이스 설정

```
FW1(config)# interface e0
FW1(config-if)# nameif inside
FW1(config-if)# ip address 10.1.10.10 255.255.255.0
FW1(config-if)# no shut
FW1(config-if)# exit

FW1(config)# interface e1
FW1(config-if)# nameif outside
FW1(config-if)# ip address 1.1.20.10 255.255.255.0
FW1(config-if)# no shut
```

R2의 설정은 다음과 같다.

예제 12-6 R2의 인터페이스 설정

```
R2(config)# interface e0/0
R2(config-if)# ip address 1.1.20.2 255.255.255.0
R2(config-if)# no shut
R2(config-if)# exit

R2(config)# interface lo0
R2(config-if)# ip address 1.1.2.2 255.255.255.0
```

각 장비의 인터페이스 설정이 끝나면, 다음과 같이 FW1에서 라우팅 테이블을 확인하고, 인접한 장비까지의 통신을 핑으로 확인한다.

예제 12-7 FW1 라우팅 테이블

```
FW1# show route
    (생략)
Gateway of last resort is not set
C    1.1.20.0 255.255.255.0 is directly connected, outside
C    10.1.10.0 255.255.255.0 is directly connected, inside

FW1# ping 10.1.10.1
FW1# ping 1.1.20.2
```

핑이 성공하면 다음과 같이 각 장비에서 OSPF 에어리어 0을 설정한다.

예제 12-8 OSPF 에어리어 0 설정

```
R1(config)# router ospf 1
R1(config-router)# network 10.1.10.1 0.0.0.0 area 0
R1(config-router)# network 10.1.1.1 0.0.0.0 area 0

FW1(config)# router ospf 1
FW1(config-router)# network 10.1.10.10 255.255.255.255 area 0
FW1(config-router)# network 1.1.20.10 255.255.255.255 area 0

R2(config)# router ospf 1
R2(config-router)# network 1.1.20.2 0.0.0.0 area 0
R2(config-router)# network 1.1.2.2 0.0.0.0 area 0
```

각 장비의 라우팅 설정이 끝나면, 다음과 같이 FW1에서 라우팅 테이블을 확인하고, 원격지 네트워크까지의 통신을 핑으로 확인한다.

예제 12-9 FW1 라우팅 테이블

```
FW1# show route
     (생략)
Gateway of last resort is not set

O    1.1.2.2 255.255.255.255 [110/11] via 1.1.20.2, 0:00:33, outside
C    1.1.20.0 255.255.255.0 is directly connected, outside
C    10.1.10.0 255.255.255.0 is directly connected, inside
O    10.1.1.1 255.255.255.255 [110/11] via 10.1.10.1, 0:00:33, inside

FW1# ping 10.1.1.1
FW1# ping 1.1.2.2
```

MPF 설정 및 테스트를 위한 네트워크가 완성되었다. 이제 MPF 기본 설정 방법을 살펴보자.

클래스 맵 설정하기

단일 컨텍스트 모드(single mode)에서는 최대 255개의 클래스 맵을 사용할 수 있고, 다중 컨텍스트 모드(multiple mode)에서는 컨텍스트 당 255개를 사용할 수 있다.

일반 클래스 맵(3/4계층 클래스 맵)은 프로토콜, IP 주소, 포트 번호 등 3/4계층의 정보를 이용해 트래픽을 분류한다. 일반 클래스 맵을 만들려면 다음과 같이 class-map 명령어를 사용하여 클래스 맵 설정모드로 들어간다.

예제 12-10 새로운 클래스 맵 만들기

```
FW1(config)# class-map CLASS1
FW1(config-cmap)# ?

MPF class-map configuration commands:
    description     Specify class-map description
    exit            Exit from MPF class-map configuration mode
    help            Help for MPF class-map configuration commands
    match           Configure classification criteria
    no              Negate or set default values of a command
    rename          Rename this class-map
```

match 명령어를 사용하여 원하는 트래픽을 분류한다.

예제 12-11 클래스 맵에서 트래픽 분류하기

```
FW1(config-cmap)# match ?

mpf-class-map mode commands/options:
  ① access-list                  Match an Access List
  ② any                          Match any packet
  ③ default-inspection-traffic   Match default inspection traffic:
                                 ctiqbe----tcp-2748        dns-------udp--53
                                 ftp-------tcp-21           gtp-------udp-2123,3386
                                 h323-h225-tcp-1720        h323-ras--udp--1718-1719
                                 http------tcp-80          icmp------icmp
                                 ils-------tcp-389          ip-options-----rsvp
                                 mgcp------udp-2427,2727   netbios---udp--137-138
                                 radius-acct----udp-1646   rpc-------udp--111
                                 rsh-------tcp-514          rtsp------tcp--554
```

```
                                        sip-------tcp－5060      sip-------udp--5060
                                        skinny----tcp－2000      smtp------tcp--25
                                        sqlnet-----tcp－1521      tftp------udp--69
                                        waas------tcp－1-65535    xdmcp-----udp--177
      ④ dscp                            Match IP DSCP (DiffServ CodePoints)
      ⑤ flow                            Flow based Policy
      ⑥ port                            Match TCP/UDP port(s)
      ⑦ precedence                      Match IP precedence
      ⑧ rtp                             Match RTP port numbers
      ⑨ tunnel-group                    Match a Tunnel Group
```

① ACL을 사용하여 트래픽을 분류한다.

② 모든 트래픽을 다 지정할 때 사용한다.

③ match default-inspection-traffic 명령어를 사용하면 기본적으로 정해진 트래
픽을 지정한다. 여기에서 지정된 모든 포트 번호에 대한 검사가 기본적으로 활성화
되는 것은 아니다.

만약 특정 포트 번호에 대한 검사를 중지시키려면, 이 명령어 이전에 match
access-list 명령어를 사용하여 해당 포트 번호를 거부하면 편리하다.

④ IP 헤더의 DSCP 값으로 트래픽을 분류할 때 사용한다.

⑤ match flow ip destination-address 명령어는 IPSec VPN 터널 그룹에서 플로
우 별로 트래픽을 분류할 때 사용한다.

⑥ match port 명령어는 다음과 같이 TCP나 UDP의 포트 번호를 이용하여 트래픽을
분류할 때 사용한다.

예제 12-12 TCP나 UDP 포트 번호를 이용한 트래픽 분류

```
FW1(config-cmap)# match port ?
mpf-class-map mode commands/options:
  tcp  This keyword specifies TCP port(s)
  udp  This keyword specifies UDP port(s)

FW1(config-cmap)# match port tcp ?
mpf-class-map mode commands/options:
  eq     Port equal to operator
  range  Port range operator
```

⑦ precedence는 IP 프리시던스를 이용하여 트래픽을 분류할 때 사용한다.

⑧ rtp는 RTP 포트번호를 이용하여 트래픽을 분류한다.

⑨ IPSec VPN 터널 그룹을 지정할 때 사용한다.

다음과 같이 클래스 맵을 설정해 보자.

예제 12-13 클래스 맵 CLASS1 설정

```
FW1(config)# class-map CLASS1
FW1(config-cmap)# match port tcp range 1 65535
FW1(config-cmap)# exit
```

설정된 클래스 맵을 보려면 show running-config class-map 명령어를 사용한다.

예제 12-14 클래스 맵 확인하기

```
FW1(config)# show running-config class-map
!
class-map inspection_default
 match default-inspection-traffic
class-map CLASS1
 match port tcp range 1 65535
!
```

이상으로 일반 클래스 맵 설정에 대해 알아보았다.

폴리시 맵 설정하기

일반 폴리시 맵을 만들려면 policy-map 명령어를 사용한다. 폴리시 맵에서 사용할 수 있는 명령어는 다음과 같다.

예제 12-15 폴리시 맵 만들기

```
FW1(config)# policy-map POLICY1
FW1(config-pmap)# ?

MPF policy-map configuration commands
  class          Policy criteria
  description    Specify policy-map description
  exit           Exit from MPF policy-map configuration mode
  help           Help for MPF policy-map configuration commands
```

```
no            Negate or set default values of a command
rename        Rename this policy-map
<cr>
```

폴리시 맵 내에서 **class** 명령어를 사용하여 앞서 설정한 클래스 맵을 지정한다. **class** 명령어로 지정한 트래픽에 대해서 사용할 수 있는 보안 정책 명령어는 다음과 같다.

예제 12-16 보안 정책 명령어

```
FW1(config)# policy-map POLICY1
FW1(config-pmap)# class CLASS1
FW1(config-pmap-c)# ?

MPF policy-map class configuration commands:
    exit            Exit from MPF class action configuration mode
    help            Help for MPF policy-map class/match submode commands
    no              Negate or set default values of a command
①  police          Rate limit traffic for this class
②  priority        Strict scheduling priority for this class
    quit            Exit from MPF class action configuration mode
    service-policy  Configure QoS Service Policy
③  set             Set connection values
    shape           Traffic Shaping
    user-statistics configure user statistics for identity firewall
    <cr>
    csc             Content Security and Control service module
    flow-export     Configure filters for NetFlow events
④  inspect         Protocol inspection services
⑤  ips             Intrusion prevention services
```

① **police**는 특정 트래픽을 폴리싱할 때 사용한다.

② **priority**는 특정 트래픽에 최우선 큐잉 정책을 적용시킬 때 사용한다.

③ **set connection** 명령어는 TCP 관련 각종 정책을 지정한다.

예제 12-17 set connection 명령어 옵션

```
FW1(config-pmap-c)# set connection ?

mpf-policy-map-class mode commands/options:
  advanced-options        Configure advanced connection parameters
  conn-max                Keyword to set the maximum number of all
```

	simultaneous connections that are allowed. Default is 0 which means unlimited connections.
decrement-ttl	Decrement Time to Live field
embryonic-conn-max	Keyword to set the maximum number of TCP embryonic connections that are allowed. Default is 0 which means unlimited connections.
per-client-embryonic-max	Keyword to set the maximum number of TCP embryonic connections that are allowed per client machine. Default is 0 which means unlimited connections.
per-client-max	Keyword to set the maximum number of all simultaneous connections that are allowed per client machine. Default is 0 which means unlimited connections.
random-sequence-number	Enable/disable TCP sequence number randomization. Default is to enable TCP sequence number randomization
timeout	Configure connection timeout parameters

④ **inspect** 명령어는 검사할 트래픽을 지정할 때 사용한다.

예제 12-18 inspect 명령어 옵션

```
FW1(config-pmap-c)# inspect ?

mpf-policy-map-class mode commands/options:
  ctiqbe
  dcerpc
  dns
  esmtp
  ftp
  gtp
  h323
  http
  icmp
  ils
  im
  ip-options
  ipsec-pass-thru
  ipv6
  mgcp
  mmp
  netbios
    (생략)
```

⑤ **ips**는 IPS 서비스를 설정할 때 사용한다.

예제 12-19 ips 명령어 옵션

```
FW1(config-pmap-c)# ips ?

mpf-policy-map-class mode commands/options:
   inline          Inline mode IPS
   promiscuous    Promiscuous mode IPS

configure mode commands/options:
   df-bit                  Set IPsec DF policy
   fragmentation          Set IPsec fragmentation policy
   security-association   Set security association lifetime
   transform-set          Define transform and settings
```

하나의 클래스에서는 하나의 트래픽만 검사할(inspect) 수 있다. 다음과 같이 폴리시
맵 'POLICY1'에서 클래스 맵 'CLASS1'을 호출하고 http와 ftp를 검사하게 하면,
하나의 클래스 내에서 다수 개의 검사를 할 수 없다는 에러 메시지가 표시된다.

예제 12-20 하나의 클래스에서는 하나의 트래픽만 검사할 수 있다

```
FW1(config)# policy-map POLICY1
FW1(config-pmap)# class CLASS1
FW1(config-pmap-c)# inspect http
FW1(config-pmap-c)# inspect ftp
ERROR: Multiple inspect commands can't be configured for a class without
'match default-inspection-traffic|none' in it.
FW1(config-pmap-c)#
```

메시지에 표시된 것처럼 **match default-inspection-traffic** 명령어를 사용한 클래
스에서는 다수 개의 검사가 가능하다. 다음과 같이 새로운 클래스 맵을 만들고, 클래
스 맵 내에서 해당 명령어를 사용해 보자.

예제 12-21 다수 개의 검사가 가능한 경우

```
FW1(config)# class-map CLASS2
FW1(config-cmap)# match default-inspection-traffic
FW1(config-cmap)# exit

FW1(config)# policy-map POLICY2
FW1(config-pmap)# class CLASS2
FW1(config-pmap-c)# inspect http
```

```
FW1(config-pmap-c)# inspect ftp
```

이번에는 에러 메시지가 표시되지 않는다. **show runnig-config policy-map** 명령
어를 사용하면 설정된 폴리시 맵을 볼 수 있다.

예제 12-22 현재 설정된 폴리시 맵 확인

```
FW1(config)# show run policy-map
        (생략)
policy-map POLICY1
 class CLASS1
  inspect http
policy-map POLICY2
 class CLASS2
  inspect http
  inspect ftp
```

폴리시 맵 활성화

폴리시 맵은 장비 전체 인터페이스 또는 개별 인터페이스에 활성화시킬 수 있다.
전체 인터페이스 설정보다 개별 인터페이스의 설정이 우선한다.

예제 12-23 폴리시 맵 활성화 옵션

```
FW1(config)# service-policy POLICY2 ?

configure mode commands/options:
  global    Enter this keyword to specify a global policy
  interface Enter this keyword to specify an interface policy
```

global 키워드를 사용하여 폴리시 맵을 활성화 하면, 해당 폴리시 맵이 글로벌 정책
으로 동작한다. 글로벌 정책은 모든 인터페이스에 적용되며, 패킷을 수신할 때만
정책을 검사한다.

그림 12-2 global 키워드로 전체 인터페이스에 활성화한 폴리시 맵

ASA에 설정된 기본 폴리시 맵 'global_policy'는 글로벌 정책으로 동작한다. 글로 벌 정책은 하나만 설정할 수 있으므로, 여러 개를 설정할 경우 다음과 같은 에러 메시지가 표시된다.

예제 12-24 폴리시 맵 활성화

```
FW1(config-pmap)# service-policy POLICY2 global
ERROR: Policy map global_policy is already configured as a service policy
```

interface 키워드를 사용하여 폴리시 맵을 활성화 하면, 인터페이스 정책으로 동작 한다. 인터페이스 정책은 inside, outside 등 개별 인터페이스에 적용되며, 다음 그림과 같이 해당 인터페이스를 통해서 수신 또는 송신하는 패킷 모두를 검사한다.

그림 12-3 interface 키워드로 outside 인터페이스에 활성화한 폴리시 맵

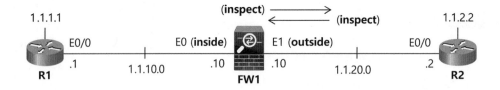

현재 글로벌 정책인 'global_policy'에 추가적으로 ICMP를 검사하도록 설정한다. 그러면 자동으로 모든 인터페이스에 해당 MPF가 적용된다.

예제 12-25 ICMP 패킷 검사 설정

```
FW1(config)# policy-map global_policy
FW1(config-pmap)# class inspection_default
FW1(config-pmap-c)# inspect icmp
FW1(config-pmap-c)# exit
```

다음과 같이 **clear service-policy** 명령어를 사용하여 MPF 카운트를 초기화한다.

예제 12-26 MPF 카운트 초기화

```
FW1# clear service-policy
```

R1에서 핑을 사용하여 ICMP 패킷이 외부로 갔다가 돌아오게 해보자.

예제 12-27 핑 테스트

```
R1# ping 1.1.20.2
Type escape sequence to abort.
Sending 5, 100-byte ICMP Echos to 1.1.20.2, timeout is 2 seconds:
!!!!!
Success rate is 100 percent (5/5), round-trip min/avg/max = 1/1/4 ms
```

show service-policy 명령어로 확인해 보면, inside 인터페이스와 outside 인터페이스를 통하여 수신한 10개의 ICMP 패킷을 검사하게 된다. 즉, 글로벌 정책은 모든 인터페이스에서 수신한 패킷을 검사한다.

예제 12-28 폴리시 맵 적용 결과 확인

```
FW1# show service-policy

Global policy:
  Service-policy: global_policy
    Class-map: inspection_default
      (생략)
      Inspect: icmp, packet 10, drop 0, reset-drop 0, v6-fail-close 0
FW1#
```

이번에는 inside 및 outside 인터페이스에 ICMP를 검사하는 인터페이스 MPF 정책을 설정해 보자. 먼저 테스트를 위해 이전 설정을 제거한다.

예제 12-29 ICMP 패킷 검사 설정 제거

```
FW1(config)# policy-map global_policy
FW1(config-pmap)# class inspection_default
```

```
FW1(config-pmap-c)# no inspect icmp
```

다음과 같이 모든 패킷을 지정하는 C1이라는 클래스 맵을 만들고, 해당 클래스 맵을 P1이라는 폴리시 맵에서 불러 ICMP 패킷을 검사하게 한다.

예제 12-30 ICMP 패킷 검사 설정

```
FW1(config)# class-map C1
FW1(config-cmap)# match any
FW1(config-cmap)# exit

FW1(config)# policy-map P1
FW1(config-pmap)# class C1
FW1(config-pmap-c)# inspect icmp
FW1(config-pmap-c)# exit
FW1(config-pmap)# exit
```

앞서 만든 폴리시 맵을 inside 및 outside에 모두 적용한다.

예제 12-31 폴리시 맵 P1 활성화

```
FW1(config)# service-policy P1 interface inside
FW1(config)# service-policy P1 interface outside
```

다음과 같이 clear service-policy 명령어를 사용하여 MPF 카운트를 초기화한다.

예제 12-32 MPF 카운트 초기화

```
FW1# clear service-policy
```

R1에서 핑을 사용하여 ICMP 패킷이 외부로 갔다가 돌아오게 해보자.

예제 12-33 핑 테스트

```
R1# ping 1.1.20.2
```

그러면 inside 인터페이스을 통하여 수신한 것과 이 패킷이 외부로 갔다가 다시 inside 인터페이스를 통해 내부로 전송되는 것을 검사하므로, 다음 결과와 같이 모두 10개의 패킷을 검사한다.

예제 12-34 검사 결과 확인

```
FW1# show service-policy
   (생략)

Interface inside:
  Service-policy: P1
    Class-map: C1
      Inspect: icmp, packet 10, drop 0, reset-drop 0, v6-fail-close 0

Interface outside:
  Service-policy: P1
    Class-map: C1
      Inspect: icmp, packet 0, drop 0, reset-drop 0, v6-fail-close 0
```

이번에는 R2에서 R1으로 핑을 사용하여, outside 인터페이스가 ICMP 패킷을 수신하고 내부에서 돌아오는 것을 송신하게 해보자. 먼저 다음과 같이 외부에서 내부로 핑을 허용한다.

예제 12-35 icmp를 허용하는 보안 정책 설정

```
FW1(config)# access-list Outside-inbound permit icmp any any
FW1(config)# access-group Outside-inbound in interface outside
```

R2에서 핑을 사용하여 ICMP 패킷이 내부로 갔다가 돌아오게 해보자.

예제 12-36 핑 테스트

```
R2# ping 10.1.1.1

Type escape sequence to abort.
Sending 5, 100-byte ICMP Echos to 10.1.1.1, timeout is 2 seconds:
!!!!!
Success rate is 100 percent (5/5), round-trip min/avg/max = 1/2/10 ms
```

그러면, outside 인터페이스를 통하여 수신한 것과 이 패킷이 내부로 갔다가 다시 outside 인터페이스를 통하여 외부로 전송되는 것을 검사하므로 다음 확인 결과와 같이 모두 10개의 패킷을 검사한다.

예제 12-37 검사 결과 확인

```
FW1# show service-policy
    (생략)

Interface inside:
  Service-policy: P1
    Class-map: C1
      Inspect: icmp, packet 10, drop 0, reset-drop 0, v6-fail-close 0

Interface outside:
  Service-policy: P1
    Class-map: C1
      Inspect: icmp, packet 10, drop 0, reset-drop 0, v6-fail-close 0
```

이번에는 글로벌 정책과 인터페이스 정책에서 동일한 검사를 적용했을 때의 동작을 살펴보자. 다음과 같이 global에 적용된 폴리시 맵에서도 ICMP 패킷을 검사하도록 설정한다.

예제 12-38 ICMP 패킷 검사 설정

```
FW1(config)# policy-map global_policy
FW1(config-pmap)# class inspection_default
FW1(config-pmap-c)# inspect icmp
```

clear service-policy 명령어를 사용하여 MPF 카운트를 초기화시킨 다음, R2에서 R1으로 핑을 사용한다.

예제 12-39 핑 테스트

```
R2# ping 10.1.1.1
Type escape sequence to abort.
Sending 5, 100-byte ICMP Echos to 10.1.1.1, timeout is 2 seconds:
!!!!!
Success rate is 100 percent (5/5), round-trip min/avg/max = 1/1/3 ms
```

show service-policy 명령어를 사용하여 확인해 보면 outside 인터페이스에 적용된 폴리시 맵에서 검사를 수행한 것을 알 수 있다. 즉, 글로벌 정책보다 인터페이스 정책이 우선한다.

예제 12-40 검사 결과 확인

```
FW1# show service-policy

Global policy:
  Service-policy: global_policy
    Class-map: inspection_default
      (생략)
      Inspect: icmp, packet 0, drop 0, reset-drop 0

Interface inside:
  Service-policy: P1
    Class-map: C1
      Inspect: icmp, packet 0, drop 0, reset-drop 0

Interface outside:
  Service-policy: P1
    Class-map: C1
      Inspect: icmp, packet 10, drop 0, reset-drop 0
```

이상으로 일반 폴리시 맵 설정 방법에 대해 알아보았다.

MPF 패킷 검사 순서

동일한 패킷에 대해 특성이 다른 검사를 수행하는 것은 모두 적용된다. 즉, 폴리시 맵 내에서 하나의 클래스에서 HTTP의 세션수를 특정한 값으로 제한하고, 다른 클래스에서 HTTP의 내용을 검사하는 동작은 모두 적용된다.

그러나 하나의 클래스에서 HTTP의 내용을 검사하고, 또 다른 클래스에서 HTTP의 내용을 검사하는 경우에는 두 번째 동작은 일어나지 않는다.

폴리시 맵에서 여러 가지 작업을 수행했을 때 동작이 일어나는 순서는 다음과 같다.

1. QoS 입력 폴리싱

2. TCP 정규화(normalization), TCP/UDP 접속수 제한, 타임 아웃, TCP 순서번호 임의화(randomization), TCP 상태 바이패스

3. CSC

4. 응용계층 검사

    1) CTIQBE

    2) DNS

    3) FTP

    4) GTP

    5) H323

    6) HTTP

    7) ICMP

    8) ICMP error

    9) ILS

    10) MGCP

    11) NetBIOS

    12) PPTP

    13) Sun RPC

    14) RSH

    15) RTSP

16) SIP

17) Skinny

18) SMTP

19) SNMP

20) SQL*Net

21) TFTP

22) XDMCP

23) DCERPC

24) Instant Messaging

5. IPS

6. QoS 출력 폴리싱

7. QoS 표준 최우선 큐잉

8. QoS 트래픽 세이핑, 계층적 최우선 큐잉

MPF를 이용한 TCP SYNC 플러딩 완화

공격자가 TCP SYNC 패킷을 다수 전송하고 ACK를 해주지 않는 것을 TCP SYNC 플러딩(flooding) 공격이라고 한다.

예를 들어, 주소가 1.1.1.1인 웹 서버로 가는 HTTP 트래픽을 검사하고, TCP SYNC 플러딩 공격을 완화시키기 위하여 TCP ACK를 수신하지 못한 세션 수를 500개로 제한하는 방법은 다음과 같다.

예제 12-41 TCP SYNC 플러딩 공격 완화

```
FW1(config)# access-list Outside-inbound permit tcp any host 1.1.1.1 eq 80

FW1(config)# access-list WEB-SERVER permit tcp any host 1.1.1.1 eq 80

FW1(config)# class-map C-HTTP
FW1(config-cmap)# match access-list WEB-SERVER
FW1(config-cmap)# exit

FW1(config)# policy-map P-OUTSIDE
FW1(config-pmap)# class C-HTTP
FW1(config-pmap-c)# inspect http
FW1(config-pmap-c)# set connection embryonic-conn-max 500
FW1(config-pmap-c)# exit
FW1(config-pmap)# exit

FW1(config)# no service-policy P1 interface outside
FW1(config)# no service-policy P1 interface inside
FW1(config)# service-policy P-OUTSIDE interface outside
```

R2에서 다음과 같이 출발지 IP 주소가 1.1.1.1인 TCP 패킷(TCP ACK, SYNC)을 차단하여, TCP ACK를 보내지 못하도록 설정한다.

그림 12-4 TCP SYNC 플러딩 완화를 위한 테스트 네트워크

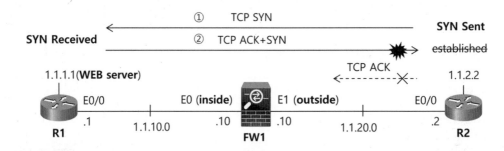

예제 12-42 TCP ACK 차단

```
R2(config)# ip access-list extended NO-ACK
R2(config-ext-nacl)# permit ospf any any
R2(config-ext-nacl)# deny tcp host 1.1.1.1 any
R2(config-ext-nacl)# permit ip any any
R2(config-ext-nacl)# exit
```

```
R2(config)# int e0/0
R2(config-subif)# ip access-group NO-ACK in
```

설정 후 R2에서 R1로 HTTP 접속을 해본다.

예제 12-43 HTTP 접속

```
R2# telnet 1.1.1.1 80
```

FW1에서 **show service-policy interface outside** 명령어를 사용하여 확인해 보면, 다음과 같이 검사된 HTTP 패킷수와 현재 ACK 패킷을 수신하지 못한 (embryonic conns) 접속수가 표시된다.

예제 12-44 MPF 검사 결과 확인

```
FW1# show service-policy interface outside

Interface outside:
  Service-policy: P-OUTSIDE
    Class-map: C-HTTP
      Inspect: http, packet 8, drop 0, reset-drop 0
      Set connection policy: embryonic-conn-max 500
        current embryonic conns 1, drop 0
FW1#
```

이상으로 MPF 기본 설정 및 3/4계층 제어에 대하여 살펴보았다.

검사 폴리시 맵

지금까지 일반 폴리시 맵을 이용하여 3/4 계층 프로토콜을 제어해 보았다. 3/4계층의 정보만을 이용하여 트래픽 제어를 설정 할 수도 있지만, 더 세부적인 제어를 위해서는 응용계층 검사가 필요하다.

응용계층의 특정 프로토콜을 정밀하게 검사할 때 사용하는 것이 검사(inspection) 폴리시 맵이다. **policy-map type inspect {프로토콜}** 명령어를 통해 만들 수 있으며, 검사 폴리시 맵은 일반 폴리시 맵에서 호출해야 한다.

이번 절에서는 검사 폴리시 맵 기본 설정과 적용에 대해 살펴 볼 것이며, 각 프로토콜에 대한 상세한 제어는 13 , 14 에서 살펴보기로 한다.

검사 폴리시 맵 의 구성

ASA에는 기본적인 검사 폴리시 맵이 미리 만들어져 적용되고 있다. 기본적으로 동작하는 검사 폴리시 맵은 다음과 같은 것들이 있다.

예제 12-45 기본적인 검사 폴리시 맵

```
FW1# show run all policy-map
!
policy-map type inspect rtsp _default_rtsp_map
 description Default RTSP policymap
 parameters
policy-map type inspect ipv6 _default_ipv6_map
 description Default IPV6 policy-map
 parameters
  verify-header type
  verify-header order
 match header routing-type range 0 255
  drop log
policy-map type inspect h323 _default_h323_map
 description Default H.323 policymap
 parameters
  no rtp-conformance
policy-map type inspect dns migrated_dns_map_1
 parameters
  message-length maximum client auto
```

```
    message-length maximum 512
    no message-length maximum server
    dns-guard
    protocol-enforcement
    nat-rewrite
    no id-randomization
    no id-mismatch
    no tsig enforced
policy-map type inspect ip-options _default_ip_options_map
 description Default IP-OPTIONS policy-map
 parameters
   router-alert action allow
policy-map type inspect esmtp _default_esmtp_map
 description Default ESMTP policy-map
 parameters
  mask-banner
  no mail-relay
  no special-character
  no allow-tls
 match cmd line length gt 512
  drop-connection log
 match cmd RCPT count gt 100
  drop-connection log
 match body line length gt 998
  log
 match header line length gt 998
  drop-connection log
 match sender-address length gt 320
  drop-connection log
 match MIME filename length gt 255
  drop-connection log
 match ehlo-reply-parameter others
  mask
       (생략)
```

검사 폴리시 맵의 정책은 단독으로 사용하지 못하고, 일반 폴리시 맵에서 호출하여 사용해
야 한다. 예를 들어, 검사 폴리시 맵 'migrated_dns_map_1'은 'global_policy'의 DNS
프로토콜 상세 검사를 위해 호출하여 사용하는 것을 볼 수 있다.

예제 12-46 검사 폴리시 맵 적용 위치

```
policy-map global_policy
 class inspection_default
  inspect dns migrated_dns_map_1
```

```
inspect ftp
inspect h323 h225 _default_h323_map
inspect h323 ras _default_h323_map
inspect ip-options _default_ip_options_map
inspect netbios
inspect rsh
inspect rtsp
inspect skinny
inspect esmtp _default_esmtp_map
inspect sqlnet
inspect sunrpc
inspect tftp
inspect sip
inspect xdmcp
```

이처럼 검사 폴리시 맵은 항상 일반 폴리시 맵에서 호출하여 사용한다.

검사 폴리시 맵 설정이 가능한 프로토콜

검사 폴리시 맵 설정이 가능한 프로토콜은 다음과 같다.

예제 12-47 검사 폴리시 맵 설정이 가능한 프로토콜

```
FW1(config)# policy-map type inspect ?

configure mode commands/options:
  dcerpc            Configure a policy-map of type DCERPC
  dns               Configure a policy-map of type DNS
  esmtp             Configure a policy-map of type ESMTP
  ftp               Configure a policy-map of type FTP
  gt                Configure a policy-map of type GTP
  h323              Configure a policy-map of type H.323
  http              Configure a policy-map of type HTTP
  im                Configure a policy-map of type IM
  ip-options        Configure a policy-map of type IP-OPTIONS
  ipsec-pass-thru   Configure a policy-map of type IPSEC-PASS-THRU
  ipv6              Configure a policy-map of type IPv6
  mgcp              Configure a policy-map of type MGCP
  netbios           Configure a policy-map of type NETBIOS
  radius-accounting Configure a policy-map of type Radius Accounting
  rtsp              Configure a policy-map of type RTSP
  scansafe          Configure a policy-map of type SCANSAFE
  sip               Configure a policy-map of type SIP
```

검사 폴리시 맵에서 사용할 수 있는 명령어는 다음과 같다. 정확한 옵션은 애플리케이션 프로토콜에 따라 다르다.

예제 12-48 HTTP 검사 폴리시 맵에서 사용할 수 있는 명령어

```
FW1(config)# policy-map type inspect http HTTP-Map
FW1(config-pmap)# ?

MPF policy-map configuration commands
① class          Policy criteria
   description    Specify policy-map description
   exit           Exit from MPF policy-map configuration mode
   help           Help for MPF policy-map configuration commands
② match          Specify policy criteria via inline match
   no             Negate or set default values of a command
③ parameters     Specify this keyword to enter policy parameters.
   rename         Rename this policy-map
   <cr>
```

① class 명령어를 사용하면 미리 만든 검사 클래스 맵을 호출하거나, 검사 폴리시 맵 내에서 직접 검사 클래스 맵을 만들 수도 있다. 어떤 검사 폴리시 맵들은 검사 클래스 맵을 지원하지 않는다.

검사 클래스 맵을 사용하면 좀 더 복잡한 분류를 할 수 있고, 여러 폴리시 맵에서 중복하여 불러 사용할 수 있다. 검사 클래스 맵을 만드는 방법은 다음과 같다.

예제 12-49 검사 클래스 맵

```
FW1(config)# class-map type inspect ?

configure mode commands/options:
  dns        Configure a class-map of type DNS
  ftp        Configure a class-map of type FTP
  h323       Configure a class-map of type H323
  http       Configure a class-map of type
  im         Configure a class-map of type IM
  rtsp       Configure a class-map of type RTSP
  scansafe   Configure a class-map of type SCANSAFE
  sip        Configure a class-map of type SIP
```

② **match** 명령어는 위의 **class-map** 명령어를 통해 조건을 설정하듯이 검사 폴리시 맵 안에서 특정 조건을 직접 지정할 때 사용한다.

이처럼 검사 클래스 맵을 사용하지 않아도 조건을 지정할 수 있지만, 검사 클래스 맵을 사용하면 더 세부적인 조건을 만들 수 있으며, 다른 검사 폴리시 맵에서도 재사용이 가능하다는 장점이 있다.

③ **parameters** 명령어는 각 프로토콜에서 좀 더 세밀한 조건을 지정할 때 사용되며, 내용은 프로토콜 별로 다르다. 예를 들어, HTTP 검사 폴리시 맵의 파라미터 항목에서 사용할 수 있는 내용은 다음과 같은 것들이 있다. 상세한 내용은 각 응용 프로토콜별 트래픽 검사 항목에서 설명한다.

예제 12-50 파라미터 옵션

```
FW1(config)# policy-map type inspect http HTTP-Map
FW1(config-pmap)# parameters
FW1(config-pmap-p)# ?

MPF policy-map parameter configuration commands:
  body-match-maximum    The maximum number of characters to search in the message
                        body. Using a large number will have a severe impact on
                        performance.
  class                 Policy criteria
  exit                  Exit from MPF policy-map parameter configuration submode
  help                  Help for MPF policy-map parameter submode commands
  match                 Specify policy criteria via inline match
  no                    Negate or set default values of a command
  protocol-violation    Check for HTTP protocol violations
  quit                  Exit from MPF policy-map parameter configuration submode
  spoof-server          Spoof server header field
  <cr>
```

하나의 패킷에 대하여 다수의 **match**나 **class** 명령어를 사용할 수 있으며, 이 때 명령어가 적용되는 순서는 폴리시 맵에서 지정한 것과는 무관하게 방화벽 내부의 규칙에 의하여 결정된다.

레직스

검사 폴리시 맵의 **class**, **match**, **parameters** 명령어에서 regex(regular expression, 정규 표현식)를 사용하여 특정한 문자열 등을 검사할 수 있다. 레직스에서 사용되는 문자들은 다음과 같다.

표 12-1 레직스 문자

문자	의미	설명
.	마침표	한 글자. d.g는 dog, dag, dtg 등 및 이 글자들을 포함하는 doggonnit와 같은 어떤 단어도 해당
(exp)	부표현	부표현은 주위의 다른 문자로부터 분리되어 부표현에 다른 문자를 사용하게 함. d(o|a)g는 dog와 dag를 의미. do|ag는 do와 ag를 의미. ab(xy){3}z 는 abxyxyxyz.
|	or	or를 의미. dog|cat는 dog 또는 cat
?	물음표	직전 문자의 수가 0 또는 1개 임을 의미. ro?se는 rse 또는 rose. Ctrl+V 다음에 ?를 입력. 아니면 도움말 기능이 동작함.
*	별표	직전 문자의 수가 0개 이상을 의미. ro?se는 rse, rose, roose, rooose 등을 의미.
+	플러스	직전 문자의 수가 1개 이상을 의미. ro+se는 rose, roose, rooose 등을 의미.
{x}	반복횟수	직전 문자를 x번 반복함. ab(xy){3}z는 abxyxyxyz
{x,}	최소 반복횟수	직전 문자를 최소한 x번 반복함. ab(xy){2,}z는 abxyxyz, abxyxyxyz 등을 의미함
[abc]	문자 클래스	[abc]는 a, b 또는 c를 의미함.
[^abc]	제외 문자 클래스	[^abc]는 a, b, c가 아닌 문자. [^A-Z]는 대문자가 아닌 문자.
[a-c]	문자범위	[a-z]는 모든 소문자. [abcq-z]는a, b, c, q, r, s, t, u, v, w, x, y, z. [a-cq-z]와 동일함.
" "	따옴표	글자의 앞 또는 뒤에 스페이스를 넣을 때 사용함. " test"는 test 앞에 스페이스가 있는 문자열을 의미함.
^	삿갓	줄의 시작을 의미.
\	이스케이프 문자	특수 문자를 일반 문자로 사용함. [는 특수한 의미를 가지지만 \[라고 사용하면 문자 그대로 [를 의미함.
char	문자	문자가 metacharacter가 아닐 때, 문자 그대로를 의미함.
\r	CR	carriage return (줄의 맨 앞으로 감)을 의미.
\n	줄바꿈	Line Feed (줄을 바꿈)을 의미.

\t	탭	탭 키를 의미.
\f	폼 피드	폼 피드 (Form Feed)를 의미.
\xNN	이스케이프된 16진수	16진수 두글자로 표현하는 ASCII 코드값
\NNN	이스케이프된 8진수	8진수 세글자로 표현하는 ASCII 코드값

검사 폴리시 맵과 레직스를 이용한 특정 사이트 접속 차단

앞서 설명한 검사폴리시 맵과 레직스를 이용하여 google.com 사이트에 접속을 시도
하면 차단하고 로그 메시지를 생성하도록 테스트 네트워크를 구성해 보자.

그림 12-5 검사 폴리시 맵과 레직스를 이용한 특정 사이트 접속 차단

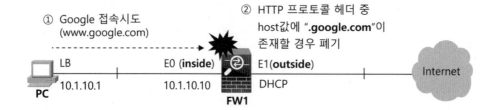

FW1의 설정은 다음과 같다.

예제 12-51 FW1의 설정

```
FW1(config)# interface e0
FW1(config-if)# nameif inside
FW1(config-if)# ip address 10.1.10.10 255.255.255.0
FW1(config-if)# no shut
FW1(config-if)# exit

FW1(config)# interface e1
FW1(config-if)# nameif outside
FW1(config-if)# ip address dhcp
FW1(config-if)# no shut
```

PC에서 다음과 같이 인터페이스를 설정한다.

그림 12-6 MS 루프백 인터페이스 등록 정보

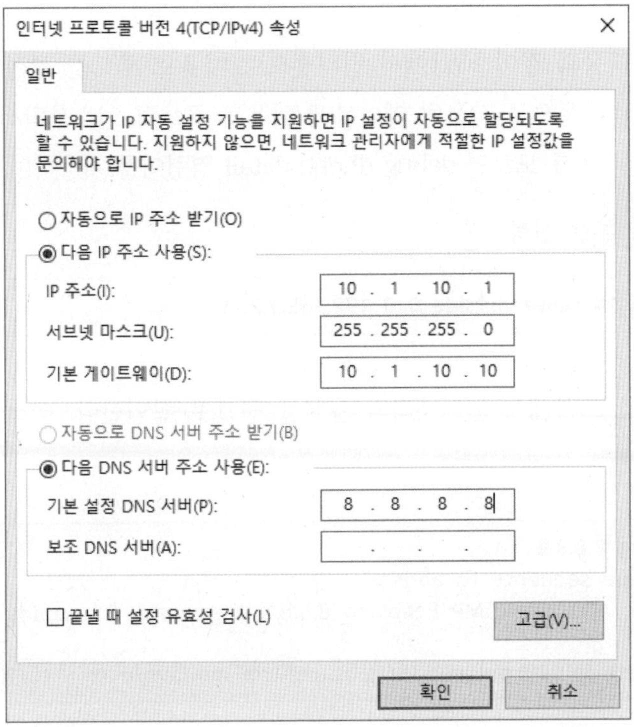

각 장비의 인터페이스 설정이 끝나면 FW1이 IP 주소를 제대로 할당받았는지 다음과 같이 확인한다.

예제 12-52 인터페이스 확인

```
FW1# show interface ip brief
Interface        IP-Address        OK? Method Status        Protocol
Ethernet0        10.1.10.10        YES manual  up            up
Ethernet1        192.168.1.80      YES DHCP    up            up
```

다음과 같이 FW1에서 PC와의 통신을 핑으로 확인한다.

예제 12-53 핑 테스트

```
FW1# ping 10.1.10.1
Type escape sequence to abort.
Sending 5, 100-byte ICMP Echos to 10.1.10.1, timeout is 2 seconds:
!!!!!
```

```
Success rate is 100 percent (5/5), round-trip min/avg/max = 1/1/1 ms
```

핑이 되면 다음과 같이 FW1에서 인터넷으로 디폴트 루트를 설정한다. 라우터와
달리 ASA는 자동으로 라우팅 테이블에 디폴트 루트가 인스톨되지 않는다. 이때,
게이트웨이 주소를 모르면 **debug dhcpc detail** 명령어를 사용하여 디버깅 해본다.

예제 12-54 디폴트 루트 설정

```
FW1(config)# route outside 0 0 192.168.1.254
```

다음과 같이 FW1에서 인터넷과의 통신을 핑으로 확인한다.

예제 12-55 핑 테스트

```
FW1# ping 8.8.8.8
Type escape sequence to abort.
Sending 5, 100-byte ICMP Echos to 8.8.8.8, timeout is 2 seconds:
!!!!!
Success rate is 100 percent (5/5), round-trip min/avg/max = 10/10/10 ms
```

다음과 같이 FW1에서 NAT를 설정한다.

예제 12-56 NAT 설정

```
FW1(config)# object network Inside_NAT
FW1(config-network-object)# subnet 10.1.10.0 255.255.255.0
FW1(config-network-object)# nat (inside,outside) dynamic interface
```

PC에서 다음과 같이 디폴트 게이트웨이를 설정한다. 이 부분은 가상 PC가 아닌
루프백을 이용하여 테스트 네트워크를 구성할 때 필요한 설정이므로, 앞서 네트워크
어댑터 설정에서 게이트웨이를 지정하였다면 설정하지 않아도 된다.

예제 12-57 PC 디폴트 게이트웨이 설정

```
C:\> route add 0.0.0.0 mask 0.0.0.0 10.1.10.10
```

설정이 끝나면 다음과 같이 PC의 라우팅 테이블을 확인한다.

예제 12-58 PC의 라우팅 테이블

```
C:\> netstat -r

    (생략)
Persistent Routes:
   Network Address     Netmask   Gateway Address  Metric
        0.0.0.0        0.0.0.0      10.1.10.10    Default
=================================================================
```

PC와 인터넷과의 핑 테스트를 위하여 FW1에서 ACL을 설정한다.

예제 12-59 핑 허용

```
FW1(config)# access-list OUTSIDE-IN permit icmp any 10.1.10.0 255.255.255.0
FW1(config)# access-group OUTSIDE-IN in interface outside
```

다음과 같이 PC에서 인터넷까지의 통신을 핑으로 확인한다.

예제 12-60 핑 테스트

```
C:\Users\IEUser> ping 8.8.8.8

Pinging 8.8.8.8 with 32 bytes of data:

Reply from 8.8.8.8: bytes=32 time=42ms TTL=52
Reply from 8.8.8.8: bytes=32 time=32ms TTL=52
Reply from 8.8.8.8: bytes=32 time=32ms TTL=52
Reply from 8.8.8.8: bytes=32 time=38ms TTL=52
Ping statistics for 8.8.8.8:
    Packets: Sent = 4, Received = 4, Lost = 0 (0% loss),

Approximate round trip times in milli-seconds:
    Minimum = 32ms, Maximum = 42ms, Average = 36ms
```

이제, 검사 폴리시 맵 설정 및 테스트를 위한 네트워크가 완성되었다. 계속해서 레직스와 검사폴리시 맵을 설정한다.

```
① FW1(config)# regex NO-GOOGLE ".*\.google\.com"

② FW1(config)# class-map type inspect http match-all BLOCK-SITES
③ FW1(config-cmap)# match request header host regex NO-GOOGLE
   FW1(config-cmap)# exit

④ FW1(config)# policy-map type inspect http POLICY-HTTP
   FW1(config-pmap)# class BLOCK-SITES
   FW1(config-pmap-c)# drop-connection log
   FW1(config-pmap-c)# exit
   FW1(config-pmap)# exit

⑤ FW1(config)# class-map CLASS-HTTP
   FW1(config-cmap)# match port tcp eq www
   FW1(config-cmap)# exit

⑥ FW1(config)# policy-map POLICY-INSIDE
   FW1(config-pmap)# class CLASS-HTTP
⑦ FW1(config-pmap-c)# inspect http POLICY-HTTP
   FW1(config-pmap-c)# exit
   FW1(config-pmap)# exit

⑧ FW1(config)# service-policy POLICY-INSIDE interface inside

⑨ FW1(config)# logging enable
   FW1(config)# logging console 5
```

① **regex** 명령어 다음에 적당한 이름을 사용하고, .google.com 문자열을 지정하는 레직스를 만든다. 문자열 전후에 겹따옴표("")는 사용하지 않아도 자동으로 설정된다. '.*'은 모든 문자열을 의미한다. 즉, .google.com 앞에 어느 문자열이 와도 모두 해당된다는 것을 의미한다. '\.'은 문자열 '.'을 의미한다. 그냥 '.'만 사용하면 어느 문자든 무관한 한 글자를 의미하므로 앞에 '\'기호를 사용하여 실제 '.'이라는 것을 알린다.

② HTTP 프로토콜을 검사할 검사 클래스 맵을 만든다.

③ HTTP 요청 패킷의 헤더중 host 항목에 레직스 NO-GOOGLE 즉, .google.com 문자열이 있는 패킷을 분류한다.

④ HTTP 프로토콜을 검사할 검사 폴리시 맵을 만든다. BLOCK-SITES라는 검사 클래스 맵을 호출한 다음, 여기에 해당 패킷들을 차단하고 로그 메시지를 표시하게 한다.

⑤ HTTP 패킷을 분류하는 일반 클래스 맵을 만든다.

⑥ POLICY-INSIDE라는 일반 폴리시 맵을 만든 다음, 앞서 만든 CLASS-HTTP라는 일반 클래스 맵을 호출한다.

⑦ **inspect http POLICY-HTTP** 명령어를 사용하여 HTTP를 검사하면서 앞서 만든 HTTP 검사 폴리시 맵을 적용한다.

⑧ 일반 폴리시 맵을 인터페이스에 활성화시킨다.

⑨ 콘솔에 로그 메시지가 표시하게 설정한다.

설정 후 PC의 브라우저에서 www.google.com을 연결하면 연결이 차단되고, 다음과 같이 패킷이 차단되었다는 메시지가 표시된다.

예제 12-62 패킷 차단 메시지

```
%ASA-5-415008: HTTP - matched Class 22: BLOCK-SITES in policy-map POLICY-
HTTP, header matched - Dropping connection from inside:10.1.10.1/49345 to
outside: 59.18.49.242/80
%ASA-5-304001: 10.1.10.1 Accessed URL 59.18.49.242:http://www.google.com/
%ASA-4-507003: tcp flow from inside:10.1.10.1/49345 to outside:59.18.49.242/
80 terminated by inspection engine, reason – disconnected, dropped packet.
```

여러 개의 레직스를 하나의 검사 클래스 맵에서 사용하려면 다음과 같이 레직스 클래스 맵을 만들면 된다.

예제 12-63 레직스 클래스 맵

```
FW1(config)# regex NO-GOOGLE ".*\.google\.com"
FW1(config)# regex NO-CISCO ".*\.cisco\.com"
FW1(config)# regex NO-HP ".*\hp\.com"

① FW1(config)# class-map type regex match-any BLOCKING-SITES
   FW1(config-cmap)# match regex NO-GOOGLE
```

```
FW1(config-cmap)# match regex NO-CISCO
FW1(config-cmap)# match regex NO-HP
FW1(config-cmap)# exit

FW1(config)# class-map type inspect http match-all CLASS-BLOCKING
② FW1(config-cmap)# match request header host regex class BLOCKING-SITES
FW1(config-cmap)# exit
```

① type regex 옵션을 사용하여 레직스 클래스 맵을 만든다.

② 검사 클래스 맵에서 regex class 옵션을 사용하여 레직스 클래스 맵을 호출한다.

설정한 레직스가 제대로 된 것인지를 확인할 수 있다. 예를 들어, 확장자가 .exe나 .com인 파일들을 지정하는 레직스를 만드는 방법은 다음과 같다.

예제 12-64 레직스 만들기

```
FW1(config)# regex urllist1 .*\.([Ee][Xx][Ex]|[Cc][Oo][Mm])
```

다음과 같이 레직스의 표현이 맞는지 테스트한다. test regex라는 명령어 다음에 레직스에 해당하는 적당한 문자열 (asa.exe)을 입력하고, 마지막으로 실제 레직스 (.*\.([Ee][Xx][Ex]|[Cc][Oo][Mm]))를 입력하면 된다.

예제 12-65 레직스 표현 테스트

```
FW1(config)# test regex asa.exe .*\.([Ee][Xx][Ex]|[Cc][Oo][Mm])
INFO: Regular expression match failed.
```

테스트가 실패하면 잘못된 부분을 수정한다. 예에서는 세 번째 소문자가 'e'여야 하는데 'x'로 잘못되어 있다. 다음과 같이 필요한 부분을 수정한다.

예제 12-66 필요한 부분 수정하기

```
FW1(config)# regex urllist1 .*\.([Ee][Xx][Ee]|[Cc][Oo][Mm])
```

다시 테스트하면 성공한다.

예제 12-67 성공한 레직스 테스트

```
FW1(config)# test regex asa.exe .*\.([Ee][Xx][Ee]|[Cc][Oo][Mm])
INFO: Regular expression match succeeded.
```

이상으로 MPF 기본 설정 및 동삭 방식에 대해 살펴보았다.

제13장
MPF와 HTTP 트래픽 제어

HTTP 동작 개요

HTTP 트래픽 검사 및 제어

HTTP 동작 개요

웹(world wide web) 동작에 필요한 3대 요소는 HTML, HTTP 및 URI이다. HTML(hypertext markup language)은 웹 문서를 만들 때 사용하는 언어이고, HTTP(hypertext transfer protocol)는 웹에서 사용되는 HTML 문서, 멀티미디어 파일 등의 데이터를 전송할 때 사용되는 통신 프로토콜이며, URI(uniform resource identifier)는 웹 상에 존재하는 HTML 문서, 멀티미디어 파일 등의 위치를 지정할 때 사용하는 표현 방식을 의미한다.

HTTP 프로토콜

HTTP는 웹 브라우저가 서버에게 특정 자원이나 동작을 요청하고, 웹 서버가 이에 대해 응답하는 형식으로 구성되어 있다. 기본적으로 HTTP는 TCP 포트번호 80을 사용한다.

HTTP 메시지 타입은 요청(Request) 메시지와 응답(Response) 메시지로 구분된다. 각 메시지는 시작줄, 0개 이상의 헤더 필드, 하나의 빈 줄 및 필요시 메시지 바디로 구성된다.

HTTP 메시지 포맷

HTTP는 동작을 위해서 요청 메시지(request message)와 응답 메시지(response message) 라는 두 가지 종류의 메시지를 사용한다. 각 메시지는 다음과 같이 구성된다.

- **시작줄(start-line)**

HTTP 메시지는 하나의 시작줄로 시작된다. 요청 메시지의 시작줄은 명령어에 해당하는 메소드(method)로 구성되며, 응답 메시지의 시작줄은 상태코드와 이유를 설명하는 상태라인으로 구성된다.

- **헤더(header)**

시작줄 다음에는 0개 이상의 헤더 필드가 있다. 헤더 필드는 일반 헤더(general-header), 요청 헤더(request-header), 응답 헤더(response-header) 및 실체(데이터) 헤더(entity-header)가 있다.

보통 하나의 HTTP 메시지는 여러 개의 헤더 필드를 가진다. 각 헤더를 구성하는 필드는 '필드명 : 필드값'으로 구성되며, 필드명은 대소문자를 구분한다.

• 빈줄(empty line)

마지막 헤더 필드 다음에는 빈줄이 있으며, 헤더 필드의 끝을 나타낸다.

• 바디(body)

빈줄 다음에는 HTML 문서, 그래픽 파일 등과 같은 데이터가 있으며 이와 같은 HTTP 데이터를 메시지 바디(message body) 또는 엔티티 바디(entity body)라고 한다. HTTP 메시지에 따라 메시지 바디가 없는 경우도 많다.

요청 메시지에서 Content-Length(컨텐트 길이)나 Transfer-Encoding(전송 인코딩) 헤더가 있으면 메시지 바디가 따라온다. 다음은 HTTP 요청 메시지의 예이다.

예제 13-1 HTTP 요청 메시지

```
① GET /doc/rfc2616/ HTTP/1.1
② Accept: image/gif, image/jpeg, image/pjpeg, image/pjpeg, application/msword, */*
   Referer: http://datatracker.ietf.org/doc/search/
   Accept-Language: ko
   User-Agent: Mozilla/4.0 (compatible; MSIE 7.0; Windows NT 5.1; Trident/4.0)
   Accept-Encoding: gzip, deflate
   Host: datatracker.ietf.org
   Connection: Keep-Alive
③
```

① 요청 메시지의 시작줄 처음에 사용되는 명령어들을 메소드(method)라고 하며, 현재 사용되는 HTTP 1.1에는 총 8개의 메소드가 정의되어 있다. 예에서 사용된 GET외에 OPTIONS, HEAD, POST, PUT, DELETE, TRACE, CONNECT가 있다. HTTP 1.1에서 정의한 메소드외에도 사용되는 것이 많다.

② **Accept:** 부터 **Connection: Keep-Alive**까지의 필드를 헤더 필드라고 한다. 현재 사용되는 HTTP 1.1에 정의된 헤더 필드는 47개가 있다.

③ 헤더 필드 다음에 빈줄이 오며, 헤더 필드의 끝을 표시한다. 메시지의 종류에 따라 빈줄 다음에 바디가 따라온다.

응답 메시지에서는 요청 메시지의 종류와 상태코드에 따라서 메시지 바디의 존재 유무가 결정된다. HEAD 메소드를 사용하는 요청 메시지에 대한 응답에서는 메시지 바디가 없다. 또, 상태코드가 1XX, 204 (내용없음), 304 (수정되지 않았음)인 경우에도 메시지 바디가 없다. 나머지 모든 경우에는 메시지 바디가 존재하며, 길이가 0인 경우도 있다. 다음은 HTTP 응답 메시지의 예이다.

예제 13-2 HTTP 응답 메시지

```
HTTP/1.1 302 Found   ①
Date: Mon, 03 Jan 2011 09:03:08 GMT   ②
Server: Apache
Location: http://mail.naver.com/index.nhn
Content-Length: 279
Connection: close
Content-Type: text/html; charset=iso-8859-1
③
<!DOCTYPE HTML PUBLIC "-//IETF//DTD HTML 2.0//EN">   ④
<html><head>
<title>302 Found</title>
</head><body>
<h1>Found</h1>
<p>The document has moved <a href="http://mail.naver.com/index.nhn">here</a>.</p>
<hr>
<address>Apache Server at mail.naver.com Port 80</address>
</body></html>
```

① 응답 메시지의 시작줄에는 302 FOUND 등과 같은 상태코드와 이유구문이 표시되며, HTTP 1.1에 41개의 상태코드가 정의되어 있다.

② 시작줄 다음에는 헤더 필드가 표시된다. 예에서는 Date: 부터 Content-Type: 까지가 헤더 필드이다.

③ 헤더 필드 다음에는 빈줄이 온다.

④ 응답 메시지의 종류에 따라 바디가 따라온다.

HTTP 메소드

HTTP 요청 메시지의 시작줄은 **메소드**, **요청 URI**, **HTTP 버전**으로 구성된다.

메소드는 클라이언트가 서버에게 특정한 작업을 요청할 때 사용하는 명령어이다. HTTP 1.1에서 정의된 8가지의 메소드 중에서 가장 많이 사용되는 것은 GET, HEAD 및 POST이다. 각 메소드의 의미에 대해서 살펴보자.

• GET

GET /index.nhn HTTP/1.1과 같이 요청 URI(/index.nhn)에 명시된 정보를 찾아 클라이언트에게 전송하라는 의미이다.

예제 13-3 GET 메소드

```
GET /index.nhn HTTP/1.1
Referer: http://www.naver.com/
Accept-Language: ko
User-Agent: Mozilla/4.0 (compatible; MSIE 7.0; Windows NT 5.1; Trident/4.0; GTB6.5)
Accept-Encoding: gzip, deflate
Host: mail.naver.com
Connection: Keep-Alive
```

만약, 헤더 필드에 If-Modified-Since, If-Unmodified-Since, If-Match, If-None-Match 또는 If-Range 헤더가 포함되면 해당 조건을 만족시키는 조건부 (conditional) GET 명령을 수행한다. 또, 헤더 필드에 Range 헤더가 포함되면 일부분의 자원만 요청하는 부분(partial) GET 명령을 수행한다.

• HEAD

HEAD 메소드는 서버가 전송할 HTTP 메시지중에서 헤더만 보내라는 명령어이다. 즉, GET 메소드와 의미가 같지만 바디는 제외하고 헤더만 수신하기를 원할 때 사용한다. 이 메소드는 HTTP 링크가 유효한지, 요청할 특정 파일의 존재 여부 또는 변경 여부를 확인할 때 사용한다.

• POST

POST 메소드는 클라이언트가 서버에게 데이터를 전송할 때 사용한다. 즉, 게시판 등에 글을 쓰거나, 폼에 데이터를 입력하는 경우 등에 사용된다. 예를 들어,

naver.com의 특정 카페 게시판의 글에'Testing at Nejuntta...'라는 덧글을 달면 다음과 같이 POST 메소드가 사용된다.

예제 13-4 POST 메소드

```
POST /CommentPost.nhn HTTP/1.1
Content-Type: application/x-www-form-urlencoded
Accept-Encoding: gzip, deflate
Host: cafe.naver.com
Content-Length: 127
Connection: Keep-Alive
Cache-Control: no-cache

content=Testing+at+Nejuntta...&clubid=10344409&articleid=98845&m=write&com
mentid=&refcommentid=&emotion=1496524&orderby=asc
```

• OPTIONS

OPTIONS는 요청 URI 관련 통신 시 사용할 수 있는 옵션의 내용을 서버에게 질의할 때 사용한다. 이 메소드를 사용하면 서버가 해당 자원을 검색하거나 특정 액션을 취하여 부하가 걸리지 않게 하면서 해당 자원을 받기위한 옵션이나 요구사항을 확인할 수 있다.

• PUT

PUT 메소드는 첨부된 바디 (데이터, 실체)를 요청 URI 아래에 저장할 것을 요청할 때 사용한다. PUT 메소드를 이용하면 서버에 파일을 저장할 수 있지만 서버의 동작에 영향을 주어 위험하므로, 별도의 인증과정을 거치거나 FTP를 사용하는 경우가 많다.

• DELETE

DELETE 메소드는 요청 URI가 지정하는 자원을 삭제하도록 한다.

• TRACE

TRACE 메소드는 응용계층의 루프백 테스트를 수행한다. 이 메소드가 사용된 HTTP 메시지를 수신하면 서버는 200 OK 응답 메시지의 바디에 이 메시지를 다시 그대로 전송한다.

• CONNECT

CONNECT 메소드는 추후에 사용하기 위하여 예약해 둔 것이다.

HTTP 상태코드

HTTP 응답 메시지의 첫 줄은 상태 코드와 이유 구문(description)으로 시작한다. 상태 코드는 크게 세 자리의 숫자로 구성되며, 1XX, 2XX, 3XX, 4XX, 5XX와 같이 다섯 가지의 범주로 구분되고, HTTP 1.1에 총 41개가 정의되어 있다.

표 13-1 HTTP 상태코드

형식	분류	수량	내용
1XX	정보 제공(informaional)	2	요청 계속 또는 사용 프로토콜 변경 지시
2XX	성공(successful)	7	메소드 지시대로 요청을 성공적으로 수행
3XX	리다이렉션(redirection)	8	요청 수행완료를 위해서 추가적인 작업 필요
4XX	클라이언트 에러(client error)	18	잘못된 요청, 구문 오류 등 클라이언트 에러
5XX	서버 에러(server error)	6	클라이언트 요청은 유효하나 서버 자체의 문제 발생

표 13-2 1XX 상태코드

상태코드	의미 구문	내용
100	Continue	클라이언트가 후속 요청을 보내거나, 요청을 다 보냈으면 이 응답을 무시하라는 의미이다
101	Switching Protocols	클라이언트가 Upgrade 헤더를 사용하여 새로운 버전의 HTTP 등을 지원한다고 서버에게 통지했을 때 해당 프로토콜로 변경을 지시할 때 사용한다

표 13-3 2XX 상태코드

상태코드	의미 구문	내용
200	OK	요청 메시지에 대한 성공적인 응답을 나타낸다.
201	Created	주로 PUT 메소드에 대한 응답으로 요청한 자원을 서버에 만들었음을 의미한다.
202	Accepted	요청은 받아들여졌지만 프로세싱은 아직 끝나지 않았음을 표시한다. 일괄(batch) 작업과 같이 시간이 걸리는 작업을 요청을 받았을 때 완료할 때 까지 클라이언트가 기다리지 않도록 하기 위하여 사용된다.

203	Non-Authoritative Information	서버가 응답한 정보가 다른 소스로부터 받은 것이라는 의미이다.
204	No Content	서버가 요청을 수행했지만 메시지 바디를 클라이언트에게 알릴 필요가 없을 때 사용한다. 필요시 헤더에 요약 정보를 실어 보낼 수는 있다.
205	Reset Content	사용자가 입력한 폼의 데이터를 서버가 받은 후 다른 데이터를 입력할 수 있도록 폼을 초기화할 때 사용한다.
206	Partial Content	특정 자원에 대한 부분 GET 요청을 수행하였다.

표 13-4 3XX 상태코드

상태코드	의미 구문	내용
300	Multiple Choices	요청한 자원이 다수개의 표현방식으로 존재한다. 예를 들어, 특정 이미지 파일이 jpg, gif 등으로 되어 있음을 사용자에게 알려주어 적당한 것을 선택하게 한다.
301	Moved Permanently	요청한 자원에 새로운 영구 URI가 할당되었고, 추후 해당 자원을 사용하려면 반환되는 URI를 사용하라는 의미이다.
302	Found	요청한 자원이 일시적으로 다른 URI를 사용하고 있다
303	See Other	요청한 자원이 다른 URI를 사용하고 있으며, 그 URI를 참조하는 GET 메소드를 사용해야 함을 의미한다.
304	Not Modified	조건부 GET 요청을 받았고, 해당 요청 문서가 변경된 것이 없을 때 서버가 보내주는 코드이다.
305	Use Proxy	요청한 자원은 Location 필드에서 명시한 프록시 서버를 통해서만 접근할 수 있음을 의미한다.
306	(Unused)	과거 버전의 HTTP에서 사용했던 코드이나 HTTP 1.1에서는 사용하지 않는다.
307	Temporary Redirect	요청한 자원이 일시적으로 다른 URI를 사용하고 있다 (302 코드와 동일). 이전 버전에서 발생했던 302와 관련된 혼란을 없애기 위하여 도입하였다

표 13-5 4XX 상태코드

상태코드	의미 구문	내용
400	Bad Request	클라이언트가 사용한 문법상의 에러 등으로 서버가 요청을 이해하지 못한다.
401	Unauthorized	해당 요청은 인증이 필요함을 알려준다. WWW-Authenticate 헤더 필드를 응답 메시지에 포함시켜 인증을 수행하게 해준다.
402	Payment Required	나중 사용을 위해 예약된 코드이다.
403	Forbidden	서버가 요청을 거부한다. 요청에서 HEAD 이외의 메소드를 사용했고, 서버가 거부이유를 알리려면 해당 이유를 바디에 실어서 보낸다. 만약 서버가 해당 이유를 알리지 않으려면 404 코드를 사용할 수 있다.
404	Not Found	요청 URI에 해당하는 자원을 찾을 수 없다.
405	Method Not Allowed	요청 URI에 대해 해당 메소드는 사용할 수 없다.
406	Not Acceptable	요청의 accept 헤더는 서버가 지원할 수 없는 것을 포함하고 있다. HEAD 요청이 아니라면 지원가능한 특성의 리스트와 위치를 클라이언트에게 알려준다.
407	Proxy Authentication Required	프록시 서버에게 먼저 인증을 받아라는 의미이다
408	Request Timeout	클라이언트 응답시간 초과
409	Conflict	현재 자원상태와의 충돌로 인한 요청 미수행. 다른 사용자가 연 파일에 PUT 메소드를 적용한 경우 등에 발생.
410	Gone	요청 자원이 서버에 없으며, 포워딩 주소도 알 수 없음. 해당 상태가 일시적인지를 판단할 수 없는 경우에는 404 (Not Found) 코드를 사용해야 함.
411	Length Required	Content-Length 헤더가 없어 요청이 거부됨
412	Precondition Failed	요청에 포함된 전제조건을 만족시킬수 없음
413	Request Entity Too Large	일시적 과부하 현상으로 요청 작업 수행 불가
414	Request-URI Too Long	요청 URI 길이 초과.
415	Unsupported Media Type	요청 자원에 대한 요청 메소드는 지원이 불가
416	Requested Range Not Satisfiable	request-range 헤더에서 명시한 수치가 요청한 자원과 맞지 않음. 예를 들어, 1000 바이트 크기의 파일에

		2000-3000 바이트의 영역을 요청시 해당.
417	Expectation Failed	expect 헤더 필드의 내용을 만족시킬 수 없음

표 13-6 5XX 상태코드

상태코드	의미 구문	내용
500	Internal Server Error	서버 문제로 요청수행 불가
501	Not Implemented	요청수행을 위한 기능을 지원하지 않음. 요청 메소드를 인식할 수 없을 때 사용하는 코드.
502	Bad Gateway	게이트웨이나 프록시로 사용되는 서버가 특정 요청 수행을 위해 업스트림 서버 접속시 잘못 된 응답을 받음
503	Service Unavailable	일시적인 과부하 등으로 인한 요청 수행 불가
504	Gateway Timeout	게이트웨이나 프록시로 사용되는 서버가 특정 요청 수행을 위해 업스트림 서버로부터 제때에 응답을 받지 못함
505	HTTP Version Not Supported	지원되지 않는 HTTP 버전

HTTP 일반 헤더

HTTP 헤더 필드는 일반 헤더(general-header), 요청 헤더(request-header), 응답 헤더(response-header) 및 실체 헤더(entity-header)로 구분된다.

일반 헤더에서 사용되는 필드는 다음과 같다.

- **Cache-Control**

캐시와 관련된 동작을 지정한다. 요청 메시지에서 사용되는 Cache-Control의 옵션은 다음과 같은 것들이 있다.

표 13-7 요청 메시지 Cache-Control의 옵션

옵션	동작
no-cache	캐싱된 내용을 사용하지 않고 서버에게 직접 요청 메시지를 전달한다
no-store	요청을 캐시에 저장하지 않는다

max-age	유효기간이 이 값보다 적은 캐시 내용만 받아들인다
max-stale	유효기간이 지나도 지정한 기간 이내이면 받아들인다
min-fresh	현재의 유효기간 + 지정한 기간까지 유효한 내용만 받아들인다. 즉, 현재 유효기간이 얼마 남았는지 모르지만 최소한 지정한 기간까지는 유효한 내용만 받아들인다.
no-transform	캐시 서버가 트래픽의 내용을 변경하지 못하게 한다
only-if-cached	캐시에 저장된 내용만 받는다

응답 메시지에서 사용되는 Cache-Control의 옵션은 다음과 같은 것들이 있다.

표 13-8 응답 메시지 Cache-Control 옵션

옵션	동작
public	응답을 프록시 서버와 같은 공유 캐시, PC 등 어느 곳에나 캐싱할 수 있다
private	개인의 PC에서만 캐싱할 수 있다
no-cache	캐싱된 내용을 사용하지 않고 서버에게 직접 요청 메시지를 전달한다
no-store	응답을 캐시에 저장하지 않는다
no-transform	캐시 서버가 트래픽의 내용을 변경하지 못하게 한다
must-revalidate	유효기간이 지난 캐시는 서버에게 재확인한다
proxy-revalidate	프록시 서버가 유효기간이 지난 캐시는 서버에게 재확인한다
max-age	캐시의 최대유효기간을 지정한다
s-maxage	공유 캐시의 최대유효기간을 지정하며, 앞의 max-age 보다 우선한다

• Connection

현재의 HTTP 메시지 전송 후 TCP 접속의 유지 여부를 나타낸다.

- **Connection: close** 명령어는 응답후 TCP 연결을 종료시킨다.
- **Connection: Keep-Alive** 명령어는 TCP 연결을 유지한다.

예제 13-5 Connection 필드

```
HTTP/1.1 302 Found
Date: Mon, 03 Jan 2011 09:03:08 GMT
Server: Apache
Location: http://mail.naver.com/index.nhn
Content-Length: 279
Connection: close
```

- **Date**

앞의 예에서 Date: Mon, 03 Jan 2011 09:03:08 GMT와 같이 메시지를 생성한
날짜와 시간을 표시한다.

- **Pragma**

기존에 정의되어 있는 필드를 포함하여 추가적인 지시어가 필요할 때 사용한다.
예를 들어, **Pragma: no-cache** 명령어와 같이 cache-control 필드가 정의되어
있지 않은 HTTP 1.0과의 호환성을 위하여 no-cache 옵션을 사용할 때와 같은
경우에
사용된다.

예제 13-6 Pragma 필드

```
HTTP/1.1 200 OK
Date: Mon, 03 Jan 2011 09:03:08 GMT
Server: Apache
Cache-Control: no-cache, no-store, must-revalidate, max-age=0
Pragma: no-cache
Expires: Tue, 01 Jan 1980 09:00:00 GMT
Content-Length: 1
Connection: close
Content-Type: text/html
```

- **Trailer**

일반적으로 HTTP 필드들은 본문 앞에 위치한다. 그러나 청크(chunk) 전송이라는
방법을 사용할 때는 특정 필드가 바디 다음에 위치할 수 있으며, 이 때 **Trailer:**
Expires와 같이 바디 다음에 오는 필드(Expires)를 표시한다.

- **Transfer-Encoding**

메시지가 어떤 방식으로 인코딩되었는지를 표시한다. 주로 **Transfer-Encoding: chunked**와 같이 메시지가 청크 방식으로 이루어져 있음을 표시할 때 많이 사용한다. HTTP는 메시지의 길이를 표시하는 방법으로 Content-length 필드를 사용하거나 청킹(chunking)을 사용한다.

Content-length 필드는 다음의 예와 같이 바디의 길이를 표시할 때 사용한다.

예제 13-7 Content-length 필드

```
HTTP/1.1 302 Found
Date: Mon, 03 Jan 2011 09:03:08 GMT
Server: Apache/2.2.3 (Red Hat)
Location: http://mail.naver.com/
Content-Length: 284
Connection: close
Content-Type: text/html; charset=iso-8859-1

<!DOCTYPE HTML PUBLIC "-//IETF//DTD HTML 2.0//EN">
<html><head>
<title>302 Found</title>
</head><body>
<h1>Found</h1>
<p>The document has moved <a href="http://mail.naver.com/">here</a>.</p>
<hr>
<address>Apache/2.2.3 (Red Hat) Server at cc.naver.com Port 80</address>
</body></html>
```

청킹은 전송해야 할 자원의 크기가 가변적이어서 정확한 길이를 미리 파악할 수 없는 경우에 자주 사용되는 방법으로, 먼저 부분적인 파일 길이를 알려주고 전송을 시작하는 것을 말한다.

다음의 예와 같이 파일 일부분의 길이가 0x376 (886 바이트)임을 표시하고 파일전송을 시작한다. 해당 부분 전송이 끝나면 다음의 길이는 0xae0 (2,784 바이트)임을 표시하고 다음 부분을 전송한다.

예제 13-8 청킹의 예

```
HTTP/1.1 200 OK
Cache-Control: private, no-cache, no-store, must-revalidate
Content-Encoding: gzip
Content-Type: text/html; charset=utf-8
X-Cnection: close
Transfer-Encoding: chunked
Date: Mon, 03 Jan 2011 22:19:10 GMT

376
..........T.n.G...S.#..x'&*j..*..E.4
N.E....w..g.3.8.U\...R. .Tv..*......J.B..;tf.....u..v....s..)..|[.}..
|........2.y..-....*....o..`-.....Dh.
..../et..N.cu.,.=T[G...`"...H.,W..|...l.C*...(,//gq.8..1.l.b.|<..
..!
.Z.8!..
PV.%R..].k..uQ2......
..JBe^v#..2...lJd....1.D..l....}
...co..dib...H..3...o.L..D.t.F..R[..+kC..U.y..M.
R...e....N.i...ZG6m.g.U..d.K.....U.aQC....@....e...G;8ir"..}X,......0..*P........v.M#O/..>sQ...?\...
.V..wb...#>...........d....T/|...XaK..T..\......vd..m.S.a!...I.h..g0>1G.L!...F.C.v.\.(.Y...,.P.! g
&...S..h......;..].5P.4...N.O
...s0>>\.......Kv.......dwo|.PKj..$..m.R....K5....$..@=....&.G.....c.~>T.......7..%..~.i.Q.....v.2j...w.#...
.>..}...........<H...).../y4.~...H.z......&..=u.g.t....t..)y..X..~..wmQ....c+......$.!.%..K..m..X.6..OB..
t..w}~v.g...m.?..?....c.6C.n.w....]KH,...-..p\jQ"...1...U....5.....X.Y).....
. .&;..sY.\....].l....y8g.F./.....
ae0
.ZIS.J...S..a...
        (생략)

a
..'H[.Z#..
0
```

해당 부분 전송이 완료되면 다음의 길이는 0xa(10 바이트)임을 표시하고 이후 부분을 전송하며, 더 이상 전송할 것이 없으면 0x0를 표시하여 파일의 끝임을 알린다.

이처럼 청킹을 사용하면 서버가 해당 자원을 전송하기 전에 전체를 버퍼링할 필요가 없어 메모리가 절약되고, 전송이 지연되는 것을 방지할 수 있다.

- **Upgrade**

클라이언트가 지원 가능한 추가적인 프로토콜을 지정할 때 사용하고, 서버는 클라이언트에게 해당 프로토콜을 사용하라고 101 메시지를 보낼 때 사용하는 필드이다. 예를 들어, 클라이언트가 Upgrade: HTTP/2.0과 같은 필드를 사용하면 HTTP/2.0 (아직은 만들어지지 않았지만 추후에 개발된다면)을 지원할 수 있다는 의미이다. 이에 대한 응답으로 서버가 101 메시지에서 Upgrade: HTTP/2.0 필드를 사용하면 클라이언트는 HTTP/2.0으로 서버와 통신한다.

- **Via**

클라이언트, 프록시 서버, 게이트웨이, 서버 등 메시지 전송 경로상의 프로토콜, 버전, 호스트 등을 표시한다.

예제 13-9 Via 필드

```
GET /10gnb/bg.gif HTTP/1.1
Accept: */*
R       e       f       e       r       e       r       :
http://mail.daum.net/hanmail/login/Index.daum?_top_hm=wout_top&returl=http%
3A%2F%2Fmail.daum.net%2Fhanmail%2FIndex.daum
Accept-Language: ko
User-Agent: Mozilla/4.0 (compatible; MSIE 7.0; Windows NT 5.1; Trident/4.0;
GTB6.5; .NET CLR 1.1.4322)
Accept-Encoding: gzip, deflate
Host: mimg1.daum-img.net
Connection: Keep-Alive


HTTP/1.1 200 OK
Date: Mon, 31 Jan 2011 07:44:50 GMT
Server: Apache
Cache-Control: max-age=23328000
Last-Modified: Tue, 27 Apr 2010 08:37:01 GMT
Accept-Ranges: bytes
Content-Length: 607
Content-Type: image/gif
Via: 1.1 mailimg37 (Jaguar/3.0-72)
Age: 35
Expires: Fri, 28 Oct 2011 07:44:19 GMT

GIF89a..1....7Ac7Bc9Dg?Jm8Cd7Bd7Be5@c1<^3>a5?b;Fl6Ad9Eh:Ef=Hj1<]:Fg1<_6
    (생략)
```

만약, 내부 프록시 코드 이름이 abcd인 HTTP/1.0이 HTTP/1.1을 사용하는 nowhere.com이라는 호스트의 프록시를 통하여 www.ietf.org라는 서버로 메시지를 전송하는 경우 Via 필드는 다음과 같이 구성된다.

Via: 1.0 abcd, 1.1 nowhere.com (Apache/1.1)

Via: 필드를 이용하면 메시지 전송경로를 추적할 수 있다.

- **Warning**

메시지의 상태나 변형에 대한 추가적인 정보를 알려줄 때 사용한다.

HTTP 요청 헤더

HTTP 요청 헤더의 필드 종류와 용도는 다음과 같다.

- **Accept**

수용 가능한 미디어 타입을 지정한다. 다음의 예는 이미지 파일은 gif, jpeg, pjpeg 타입을 선호하며, 나머지는 어떤 타입도 상관없음을 의미한다.

예제 13-10 Accept 필드

```
Accept: image/gif, image/jpeg, image/pjpeg, */*
```

다음과 같이 'q' 파라미터를 이용하여 선호하는 타입의 우선순위를 지정할 수 있다. 특별히 지정하지 않으면'q=1'이며, 가장 선호함을 의미한다.

예제 13-11 Accept 필드 파라미터

```
Accept: text/plain; q=0.5, text/html, text/x-dvi; q=0.8, text/x-c
```

위 헤더의 의미는 text/html과 text/x-c를 가장 선호하며, 없으면 text/x-dvi 타입의 문서를 보내주고, 그것도 없으면 text/plain 타입의 문서를 전송하라는 의미이다.

동일한 'q' 파라미터가 사용된 경우, 미디어 타입의 범위가 상세한 것이 우선한다. 예를 들어, Accept: text/*, text/html, text/html;level=1, */*인 헤더를 지정하면 다음과 같이 우선순위가 결정된다.

1) text/html;level=1
2) text/html
3) text/*
4) */*

- **Accept-Charset**

Accept-Charset: **utf-8**과 같이 어떤 문자 셋트(character sets)의 응답 메시지를 원하는지 표시한다. 만약 표시하지 않으면 어느 문자든 무관함을 의미한다.

- **Accept-Encoding**

수용 가능한 컨텐트 인코딩 방식을 지정한다. 컨텐트 인코딩은 컨텐트를 압축하는 방식을 의미하며, gzip, deflate 등이 있다.

- **Accept-Language**

Accept-Language: **ko**와 같이 선호하는 언어를 지정한다.

- **Authorization**

서버가 인증을 요청하는 401 코드를 전송했을 때 클라이언트가 이에 대한 응답으로 암호 등 인증관련 정보를 전송할 때 사용하는 헤더 필드이다.

- **Expect**

서버에게 특정한 행동을 요구할 때 사용하는 헤더 필드이다. 예를 들어, Expect: 100-Continue라고 지정하면 서버가 예비 응답을 보내기를 원한다는 의미이다.

- **From**

사용자의 이메일 주소를 지정한다.

- **Host**

요청 대상 자원의 호스트와 포트 번호를 표시한다. 포트 번호가 없으면 해당 서비스의 기본 포트 번호를 의미한다. 예를 들어, HTTP의 경우 80번을 의미한다. 모든 HTTP 요청 메시지는 반드시 Host: 필드를 포함해야 한다.

예제 13-12 Host 필드

```
GET /cc?a=svc.mail&r=&i=&nsc=navertop.v3 HTTP/1.1
Accept: image/gif, image/jpeg, image/pjpeg, image/pjpeg, application/vnd.ms-excel,
application/vnd.ms-powerpoint, application/msword, */*
Host: cc.naver.com
Connection: Keep-Alive
```

요청 URI에 호스트 이름이 없는 경우에는 **Host:**와 같이 필드 이름만 적어 전송한다.

• If-Match

특정 자원의 ID인 엔티티 태그(entity tag)와 대상 자원을 비교하여 일치 여부를 판단한다.

• If-Modified-Since

대상 자원이 헤더 필드에 지정된 시간 이후에 변경되었는지 여부를 판단한다.

• If-None-Match

엔티티 태그(entity tag)와 대상 자원을 비교하여 불일치 여부를 판단한다.

• If-Range

만약 대상 자원이 변경되지 않았으면, 대상 자원 중 클라이언트의 캐시에 없는 부분만 전송해주고, 아니면 전체 자원을 보내라는 의미이다.

• If-Unmodified-Since

요청 대상 자원이 변경되지 않았으면 서버는 If-Unmodified-Since 필드가 없는 것처럼 동작한다. 만약, 요청 대상 자원이 변경되었다면 서버는 요청한 동작을 수행하지 않고 412 코드 (전제조건 실패)를 보낸다.

• Max-Forwards

Max-Forwards 필드는 TRACE 및 OPTIONS 메소드와 사용되며, 현재의 메시지가 프록시 서버나 게이트웨이에 의해서 전송될 수 있는 횟수를 표시한다.

Max-Forwards는 IP 헤더의 TTL(time to live)와 유사하며, 전송 도중의 프록시

서버나 게이트웨이가 이 필드의 값을 하나씩 감소시켜 전송실패나 루프를 찾아내기 위하여 사용된다. 수신 메시지의 Max-Forwards 값이 0이면 더 이상 전송하지 않고, 자신이 최종 수신자임을 알린다.

• Proxy-Authorization

인증이 필요한 프록시 서버에게 인증 정보를 제공할 때 사용되는 필드이다.

• Range

자원의 일부만 클라이언트에게 전송하도록 범위를 지정할 때 사용되는 필드이다.

• Referer

서버에게 요청 자원의 URI(Request-URI)를 알게된 주소 (URI)를 알려줄 때 사용한다. 예를 들어, 'www.kingschool.co.kr'이라는 홈페이지를 네이버의 카페 ID가 10344409인 '네트워크 전문가 따라잡기' 카페를 통해서 접속했을 때 referer 필드가 다음과 같이 표시된다.

예제 13-13 referer 필드

```
GET / HTTP/1.1
Accept: */*
Referer: http://cafe.naver.com/MyCafeIntro.nhn?clubid=10344409
Accept-Language: ko
Host: www.kingschool.co.kr
Connection: Keep-Alive
```

Referer는 스펠링이 Referrer이나 처음에 잘못된 스펠링을 사용하였고, 표준에서도 잘못된 것을 알지만 그대로 사용한다.

• TE

TE는 클라이언트가 서버로부터 응답 수신시 어떤 확장 전송 코딩(extention transfer -codings)을 받아들일지를 나타낸다. 또, 청크 전송에서 트레일러 필드를 받아들일지의 여부를 표시한다.

• User-Agent

클라이언트 소프트웨어의 이름, 버전 등을 표시한다.

HTTP 응답 헤더

HTTP 응답 헤더의 필드 종류와 용도는 다음과 같다.

- **Accept-Ranges**

특정 자원에 대한 Range 요청의 수용 여부를 나타낸다. 어떤 종류의 Range 요청도 받아들이지 않으면 **Accept-Ranges: none**이라는 필드를 사용한다.

- **Age**

응답을 보내는 프록시 서버 등이 원래의 서버에서 응답이 생성된 이후의 추정 경과 시간을 표시한다.

예제 13-14 Age 필드

```
HTTP/1.1 200 OK
Date: Mon, 31 Jan 2011 07:44:50 GMT
Server: Apache
Age: 35
Expires: Fri, 28 Oct 2011 07:44:19 GMT
     (생략)
```

- **ETag**

현재 요청 자원의 ID를 나타내는 엔티티 태그(entity tag) 값을 적는다.

- **Location**

요청의 완성이나 새로운 자원을 알려주기 위하여 Request-URI 대신 다른 곳으로 리다이렉션 시킬 위치를 지정한다.

예제 13-15 Location 필드

```
HTTP/1.1 302 Found
Date: Mon, 03 Jan 2011 09:03:08 GMT
Server: Apache
Location: http://mail.naver.com/index.nhn
Content-Length: 279
Connection: close
Content-Type: text/html; charset=iso-8859-1
```

- **Proxy-Authenticate**

프록시가 인증 요청을 할 때 사용하는 필드이다.

- **Retry-After**

503 코드 (서비스 불능)와 함께 사용하며 서비스 불능 예상 시간을 알려준다. 또, 3XX (리다이렉션) 코드와 함께 사용하여 user-agent가 새로운 주소로 요청을 보내야할 최소 시간을 알릴 때도 사용할 수 있다.

- **Server**

다음과 같이 서버의 소프트웨어 정보를 표시한다.

예제 13-16 Server 필드

```
HTTP/1.1 302 Found
Date: Mon, 03 Jan 2011 09:03:08 GMT
Server: Apache/2.2.3 (Red Hat)
Location: http://mail.naver.com/
Content-Length: 284
Connection: close
Content-Type: text/html; charset=iso-8859-1
```

- **Vary**

후속 요청에서 유효 여부의 재확인 없이 캐시정보를 사용할 수 있는 요청 헤더 필드들을 표시한다.

예제 13-17 Vary 필드

```
HTTP/1.1 304 Not Modified
Date: Mon, 03 Jan 2011 09:03:08 GMT
Server: Apache
Connection: close
Vary: Accept-Encoding,User-Agent
```

- **WWW-Authenticate**

401 코드 (인증 필요)와 함께 사용하며, 인증을 위해 사용자명/암호를 묻는 파라미터로 구성된다.

HTTP 실체 헤더

HTTP 실체 헤더의 필드 종류와 용도는 다음과 같다.

- **Allow**

Allow: **GET, HEAD, PUT**와 같이 Request-URI의 대상이 지원하는 메소드의 종류를 열거한다.

- **Content-Encoding**

Content-Encoding: **gzip**과 같이 실체를 압축하기 위해서 사용된 알고리즘을 표시한다.

예제 13-18 Content-Encoding 필드

```
HTTP/1.1 200 OK
Date: Mon, 03 Jan 2011 09:03:22 GMT
Server: Apache
Vary: Accept-Encoding,User-Agent
Content-Encoding: gzip
Content-Length: 60
Connection: close
Content-Type: text/html
```

- **Content-Language**

Content-Language: **ko-KR**과 같이 실체에서 사용된 주요 언어를 표시한다.

- **Content-Length**

Content-Length: **56**과 같이 실체의 크기를 바이트 단위의 10진수로 표시한다.

예제 13-19 Content-Language 필드

```
HTTP/1.1 200 OK
Date: Mon, 03 Jan 2011 09:03:46 GMT
Server: Apache
Content-Language: ko-KR
Content-Length: 56
Connection: close
Content-Type: text/html;charset=UTF-8
```

- **Content-Location**

현재의 실체가 요청 URI와 다른 위치에서 접속할 수 있을 때 해당 위치를 표시한다.

- **Content-MD5**

현재의 실체가 전송도중 변조되는 것을 방지하기 위한 MD5 다이제스트를 표시한다.

- **Content-Range**

실체의 일부 전송시 현재의 실체가 전체 실체 중 어느 부분에 위치하는지를 표시한다.

예제 13-20 Content-Range 필드

```
HTTP/1.1 206 Partial content
Date: Wed, 15 Nov 1995 06:25:24 GMT
Last-Modified: Wed, 15 Nov 1995 04:58:08 GMT
Content-Range: bytes 21010-47021/47022
Content-Length: 26012
Content-Type: image/gif
```

- **Content-Type**

실체의 미디어 타입을 표시한다. 즉, 실체가 text/html, java script, image 등 어떤 형태인지를 알려준다.

예제 13-21 Content-Type 필드

```
HTTP/1.1 302 Found
Date: Mon, 03 Jan 2011 09:03:08 GMT
Server: Apache/2.2.3 (Red Hat)
Content-Type: text/html; charset=iso-8859-1
```

- **Expires**

실체의 유효기간을 표시한다.

- **Last-Modified**

앞의 예와 같이 실체가 수정된 최종 시간을 표시한다.

예제 13-22 Expires 필드

```
HTTP/1.1 304 Not Modified
Content-Type: application/javascript
Last-Modified: Sun, 28 Nov 2010 20:17:25 GMT
ETag: "39d99b2-8aa-a4d01f40"
Cache-Control: max-age=115
Expires: Mon, 03 Jan 2011 09:05:18 GMT
Date: Mon, 03 Jan 2011 09:03:23 GMT
Connection: keep-alive
```

이상으로 HTTP에 대하여 살펴보았다.

HTTP 트래픽 검사 및 제어

이번 절에서는 HTTP 트래픽을 검사하고 및 제어하는 방법에 대하여 살펴보자.

테스트 네트워크 구성

HTTP 폴리시 맵을 설정하고 동작을 확인하기 위하여 앞 장에서 사용한 것과 같은 테스트 네트워크를 구성한다.

그림 13-1 HTTP 트래픽 검사 및 제어를 위한 네트워크

먼저 FW1의 설정은 다음과 같다.

예제 13-23 FW1의 설정

```
FW1(config)# interface e0
FW1(config-if)# nameif inside
FW1(config-if)# ip address 10.1.10.10 255.255.255.0
FW1(config-if)# no shut
FW1(config-if)# exit

FW1(config)# interface e1
FW1(config-if)# nameif outside
FW1(config-if)# ip address dhcp
FW1(config-if)# no shut
```

가상 PC 인터페이스에 IP 주소 10.1.10.1/24을 부여하고, 적당한 DNS 서버 주소를 지정한다. FW1에서 다음과 같이 인터넷으로 디폴트 루트를 설정하고, NAT를 설정한다. 또, PC와 인터넷과의 핑 테스트를 위하여 FW1에서 ACL을 설정한다.

예제 13-24 FW1의 설정

```
FW1(config)# route outside 0 0 192.168.1.254

FW1(config)# object network Inside_NAT
FW1(config-network-object)# subnet 10.1.10.0 255.255.255.0
FW1(config-network-object)# nat (inside,outside) dynamic interface

FW1(config)# access-list Outside-inbound permit icmp any 10.1.10.0 255.255.255.0
FW1(config)# access-group Outside-inbound in interface outside
```

PC에서 다음과 같이 디폴트 게이트웨이를 설정한다. 인터페이스 설정에서 게이트웨이를 지정하였으면 설정하지 않아도 된다.

예제 13-25 PC 디폴트 게이트웨이 설정

```
C:\> route add 0.0.0.0 mask 0.0.0.0 10.1.10.10
```

PC에서 인터넷까지의 통신을 핑으로 확인한다.

예제 13-26 핑 테스트

```
C:\> ping 8.8.8.8

Reply from 8.8.8.8: bytes=32 time=58ms TTL=52
    (생략)
```

이제, 검사 폴리시 맵 설정 및 테스트를 위한 네트워크가 완성되었다.

HTTP 검사 클래스 맵

HTTP 트래픽을 분류할 때 사용하는 검사 클래스 맵에서 사용할 수 있는 match 조건은 다음과 같다.

예제 13-27 HTTP 검사 클래스 맵 match 옵션

```
FW1(config)# class-map type inspect http C-HTTP
FW1(config-cmap)# match ?
```

```
        not         Negate this match result
①  req-resp    Apply match to request and response
②  request     Apply match to request
③  response    Apply match to response
```

① 다음과 같이 HTTP 요청과 응답 메시지 모두를 검사하여 **content-type**이 서로 다른 패킷을 분류한다.

예제 13-28 req-resp 옵션

```
FW1(config)# class-map type inspect http C-HTTP
FW1(config-cmap)# match req-resp content-type mismatch
```

② HTTP 요청 패킷을 분류하며, 다음과 같이 다시 다섯가지의 분류 방식을 제공한다.

예제 13-29 request 옵션

```
FW1(config)# class-map type inspect http C-HTTP
FW1(config-cmap)# match request ?
ⓐ  args     Apply the regular expression class-map to the arguments
ⓑ  body     Apply the regular expression class-map to the message body
ⓒ  header   Apply the regular expression class-map to the message header
ⓓ  method   Apply the regular expression class-map to the method
ⓔ  uri      Apply the regular expression class-map to the URI
```

ⓐ 다음과 같이 HTTP 요청시 사용되는 인수(agrument) 즉, 변수 값을 레직스로 지정할 수 있다.

예제 13-30 변수 값을 레직스로 지정하기

```
FW1(config)# class-map type inspect http C-HTTP
FW1(config-cmap)# match request args ?
 WORD < 41 char  Enter name of regex
 class           Specify the name of the regex class to match against
                 arguments
 regex           The regex class to match against arguments
```

ⓑ 다음과 같이 HTTP 요청 메시지 바디의 길이를 지정하거나 바디의 내용을 레직스로 지정하여 분류할 수 있다.

예제 13-31 요청 메시지 바디의 길이나 내용을 지정하기

```
FW1(config)# class-map type inspect http C-HTTP
FW1(config-cmap)# match request body ?
  length   Check for body length
  regex    The regex class to match against body values
```

ⓒ 다음과 같이 특정한 HTTP 패킷 헤더 필드의 수량, 길이를 이용하여 분류하거나, 레직스를 사용하여 분류할 수 있다.

예제 13-32 특정 HTTP 패킷 헤더 필드를 이용한 분류

```
FW1(config)# class-map type inspect http C-HTTP
FW1(config-cmap)# match request header ?
  accept               Accept field
  accept-charset       Accept-Charset field
  accept-encoding      Accept-Encoding field
  accept-language      Accept-Language field
  allow                Allow field
  authorization        Authorization field
  cache-control        Cache-Control field
      (생략)
```

ⓓ 다음과 같이 HTTP 요청 메시지에 포함된 메소드의 종류 별로 패킷을 분류할 수 있다.

예제 13-33 메소드 종류별 패킷 분류

```
FW1(config)# class-map type inspect http C-HTTP
FW1(config-cmap)# match request method ?
  bcopy               Match on 'bcopy'
  bdelete             Match on 'bdelete'
  bmove               Match on 'bmove'
      (생략)
```

ⓔ 다음과 같이 HTTP 요청 메시지에 포함된 URI의 길이를 지정하거나 내용을 레직스로 분류할 수 있다.

URI을 이용한 분류

```
FW1(config)# class-map type inspect http C-HTTP
FW1(config-cmap)# match request uri ?
  length   Specify that the match is a length check
  regex    Specify that this is a regex match
```

URI(uniform resource identifier)는 특정 리소스 (파일 이름 등)를 의미하고, URL (uniform resource locator)은 URI를 볼 수 있는 방법까지를 의미한다.

예를 들어, 'http://www.cisco.com'을 URI라고 할 때는 'cisco'의 홈 페이지를 의미하는 단순한 문자열임을 나타내고, URL이라고 할 때는 추가적으로 HTTP 프로토콜을 사용하여 해당 홈 페이지의 내용을 볼 수 있다는 것을 의미한다.

③ HTTP 응답 패킷을 분류하며, 다음과 같이 다시 세 가지의 분류 방식을 제공한다.

예제 13-35 HTTP 응답 패킷 분류

```
FW1(config)# class-map type inspect http C-HTTP
FW1(config-cmap)# match response ?
ⓐ  body         Apply the regular expression class-map to the message body
ⓑ  header       Apply the regular expression class-map to the message header
ⓒ  status-line  Apply the regular expression class-map to the status-line
```

ⓐ 다음과 같이 HTTP 응답에서 액티브 X 컨트롤 또는 자바 애플릿 포함 여부로 패킷을 분류하거나, 바디의 길이 또는 레직스를 이용하여 바디에 특정 내용이 포함되어 있는지의 여부로 패킷을 분류할 수 있다.

예제 13-36 바디 내용 분류

```
FW1(config)# class-map type inspect http C-HTTP
FW1(config-cmap)# match response body ?
  active-x      Specify that the match is Active-X control
  java-applet   Specify that the match java applet
  length        Specify that the match is a length check
  regex         Specify that this is a regex match
```

ⓑ 다음과 같이 특정한 HTTP 응답 패킷 헤더 필드의 수량, 길이를 이용하여 분류하
거나, 레직스를 사용하여 분류할 수 있다.

예제 13-37 HTTP 응답 패킷 헤더 필드를 이용한 분류

```
FW1(config)# class-map type inspect http C-HTTP
FW1(config-cmap)# match response header ?
  accept-ranges   Accept-Ranges field
  age             Age field
  allow           Allow field
  cache-control   Cache-Control field
  connection      Connection field
     (생략)
```

ⓒ 다음과 같이 HTTP 응답 패킷 내의 상태줄의 내용을 레직스로 분류할 수 있다.

예제 13-38 응답 패킷 상태줄 내용별 분류

```
FW1(config)# class-map type inspect http C-HTTP
FW1(config-cmap)# match response status-line regex
```

이상으로 검사 클래스 맵으로 HTTP 패킷을 분류하는 방법에 대하여 살펴보았다.

HTTP 검사 폴리시 맵

HTTP 검사 폴리시 맵에서 사용할 수 있는 주요 명령어는 다음과 같이 class,
match 및 parameters가 있다.

예제 13-39 HTTP 검사 폴리시 맵에서 사용할 수 있는 주요 명령어

```
FW1(config)# policy-map type inspect http P-HTTP
  ①  class          Policy criteria
     description    Specify policy-map description
     exit           Exit from MPF policy-map configuration mode
     help           Help for MPF policy-map configuration commands
  ②  match          Specify policy criteria via inline match
     no             Negate or set default values of a command
  ③  parameters     Specify this keyword to enter policy parameters.
     rename         Rename this policy-map
     <cr>
```

① **class** 명령어는 앞서 설정한 클래스 맵을 호출할 때 사용한다. **class** 명령어 내부에서 사용할 수 있는 명령어는 다음과 같다.

예제 13-40 class 명령어 내부에서 사용할 수 있는 명령어

```
FW1(config)# policy-map type inspect http P-HTTP
FW1(config-pmap)# class C-HTTP
FW1(config-pmap-c)# ?
ⓐ  drop-connection   Drop connection
    exit              Exit from MPF policy-map class submode
    help              Help for MPF policy-map class/match submode commands
ⓑ  log               Generate a log message
    no                Negate or set default values of a command
    quit              Exit from MPF policy-map class submode
ⓒ  reset             Close connection with a TCP reset message
```

ⓐ 해당 패킷들을 폐기하고, 접속을 종료시킨다. 결과적으로 해당 접속은 접속 데이터베이스에서 제거되고, 이후의 패킷들도 모두 폐기된다.

ⓑ 로그 메시지를 생성한다.

ⓒ 해당 패킷들을 폐기하고, 접속을 종료하며, TCP 리셋 메시지를 전송한다.

② **match** 명령어는 미리 클래스 맵으로 분류하지 않고 검사 폴리시 맵 내에서 직접 트래픽을 분류할 때 사용한다. 분류하는 내용은 다음과 같이 검사 클래스 맵과 동일하다.

예제 13-41 match 명령어 옵션

```
FW1(config)# policy-map type inspect http P-HTTP
FW1(config-pmap)# match ?
  not        Negate this match result
  req-resp   Apply match to request and response
  request    Apply match to request
  response   Apply match to response
```

match 명령어를 이용하여 검사 폴리시 맵 내부에서 트래픽을 분류한 후, 다음과 같이 필요한 동작을 설정한다. 이때 사용 가능한 명령어들은 앞서 설명한 **class** 명령어 내부에서 사용한 것과 동일하다.

```
FW1(config)# policy-map type inspect http P-HTTP
FW1(config-pmap)# match req-resp content-type mismatch
  drop-connection   Drop connection
  exit              Exit from MPF policy-map class submode
  help              Help for MPF policy-map class/match submode commands
  log               Generate a log message
  no                Negate or set default values of a command
  quit              Exit from MPF policy-map class submode
  reset             Close connection with a TCP reset message
```

③ **parameters** 명령어 내부에서 사용할 수 있는 서브 명령어들은 다음과 같다.

예제 13-43 parameters 명령어 옵션

```
FW1(config)# policy-map type inspect http P-HTTP
FW1(config-pmap)# parameters
FW1(config-pmap-p)# ?
ⓐ  body-match-maximum   The maximum number of characters to search
                          in the message body. Using a large number will
                          have a severe impact on performance.
    class               Policy criteria
    exit                Exit from MPF policy-map parameter configuration
                          submode
    help                Help for MPF policy-map parameter submode commands
    match               Specify policy criteria via inline match
    no                  Negate or set default values of a command
ⓑ  protocol-violation   Check for HTTP protocol violations
    quit                Exit from MPF policy-map parameter configuration
                          submode
ⓒ  spoof-server        Spoof server header field
    <cr>
```

ⓐ HTTP 메시지 바디 내에서 검색할 최대 문자수를 지정한다.

ⓑ HTTP 메시지가 HTTP 문법에 맞지 않을 때의 동작을 정의한다. 메신저 등 TCP 80 포트를 이용하면서 HTTP가 아닌 트래픽들을 지정할 때 사용한다. **log, reset** 및 **drop-connection**을 지정할 수 있다.

ⓒ HTTP 헤더에 'Server: Apache/2.2.3 (Red Hat)'등과 같이 웹 서버에서 사용하는 소프트웨어의 정보가 표시된다. 이것은 공격자에게 중요한 정보가 될 수 있으므로 다른 문자열로 대체할 때 사용하는 명령어이다. 최대 83자까지 사용할 수 있다.

특정 메소드 사용시 로그 생성시키기

특정 사이트, 예를 들어, www.daum.net과 www.naver.com에서 put와 get 메소드를 사용했을 때 로그를 생성하도록 하는 방법은 다음과 같다. 먼저, 다음과 같이 사이트 명(URL)과 메소드를 지정하는 레직스를 만든다.

예제 13-44 사이트 명과 메소드를 지정하는 레직스

```
FW1(config)# regex URL-GOOGLE ".*\.google\.*"
FW1(config)# regex URL-NAVER ".*\.naver\.com"
FW1(config)# regex METHOD-GET "GET"
FW1(config)# regex METHOD-PUT "PUT"
```

앞서 만든 레직스를 다음과 같이 클래스 맵으로 통합한다.

예제 13-45 레직스 클래스 맵

```
FW1(config)# class-map type regex match-any C-URL
FW1(config-cmap)# match regex URL-GOOGLE
FW1(config-cmap)# match regex URL-NAVER
FW1(config-cmap)# exit

FW1(config)# class-map type regex match-any C-METHOD
FW1(config-cmap)# match regex METHOD-GET
FW1(config-cmap)# match regex METHOD-PUT
FW1(config-cmap)# exit
```

앞서 만든 레직스 클래스 맵을 이용하여 다음과 같이 HTTP 요청 메시지 내에서 해당 내용을 검사하는 검사 클래스 맵을 만든다.

예제 13-46 검사 클래스 맵

```
FW1(config)# class-map type inspect http C-HTTP-URL
FW1(config-cmap)# match request uri regex class C-URL
```

```
FW1(config-cmap)# match request method regex class C-METHOD
FW1(config-cmap)# exit
```

앞서 만든 검사 클래스 맵을 이용하여 다음과 같이 로그 메시지를 생성하는 검사 폴리시 맵을 만든다.

예제 13-47 검사 폴리시 맵

```
FW1(config)# policy-map type inspect http P-HTTP
FW1(config-pmap)# class C-HTTP-URL
FW1(config-pmap-c)# log
FW1(config-pmap-c)# exit
FW1(config-pmap)# exit
```

HTTP 패킷들을 지정하는 ACL을 만들고, 이를 이용하여 HTTP 패킷들을 분류하는 일반 클래스 맵을 만든다.

예제 13-48 일반 클래스 맵

```
FW1(config)# access-list ACL-INSIDE-HTTP-USER permit tcp any any eq 80
FW1(config)# access-list ACL-INSIDE-HTTP-USER permit tcp any any eq 8080

FW1(config)# class-map C-INSIDE-HTTP-USER
FW1(config-cmap)# match access-list ACL-INSIDE-HTTP-USER
FW1(config-cmap)# exit
```

일반 폴리시 맵에서 앞서 만든 일반 클래스 맵을 호출하고, HTTP 패킷을 검사하면서 로그를 발생시키는 검사 폴리시 맵(P-HTTP)을 적용한다.

예제 13-49 폴리시 맵

```
FW1(config)# policy-map P-INSIDE
FW1(config-pmap)# class C-INSIDE-HTTP-USER
FW1(config-pmap-c)# inspect http P-HTTP
FW1(config-pmap-c)# exit
FW1(config-pmap)# exit
```

마지막으로 일반 폴리시 맵을 인터페이스에 활성화시킨다.

예제 13-50 일반 폴리시 맵 활성화시키기

```
FW1(config)# service-policy P-INSIDE interface inside
```

로그를 활성화시킨 후, 구글 이나 네이버로 접속하여 GET이나 PUT 메소드를 사용
하는 상황이 발생하면 다음과 같은 로그가 생성된다.

예제 13-51 Expires 필드

```
%ASA-5-415006: HTTP - matched Class 26: C-HTTP-URL in policy-map P-HTTP,
URI matched from inside:10.1.10.1/49670 to outside:125.209.210.116/80
```

이상으로 검사 폴리시 맵을 이용하여 HTTP 트래픽을 제어하는 방법에 대하여 살펴
보았다.

제14장
MPF와 DNS 트래픽 제어

DNS 개요

DNS 트래픽 검사 및 제어

DNS 개요

DNS(domain name system)는 www.example.com과 같은 도메인 이름에 대한 IP 주소를 알아내기 위하여 사용하는 프로토콜이다. 도메인 이름과 해당 IP 주소 정보를 가지고 있는 장비를 DNS 서버 또는 네임 서버라고 한다.

예를 들어, 브라우저의 주소창에 http://www.example.com이라고 입력하면 PC는 DNS 서버에게 해당 도메인 이름의 IP 주소가 무엇인지를 요청하고, DNS 서버는 192.0.32.10과 같이 해당 도메인의 IPv4 주소나 2620:0:2d0:200::10과 같은 IPv6 주소를 알려준다.

도메인 이름은 알파벳, 숫자 및 하이픈(-)을 사용하며, 대소문자를 구분을 하지 않는다. 그러나 IDN(internationalized domain name) 기능에 의해서 한글을 비롯한 전세계 대부분의 문자를 이용한 도메인 이름을 사용할 수 있으며, 이때 각 문자들은 DNS 시스템 내에서 알파벳, 숫자 등 ASCII 호환 문자로 변환된다.

DNS 질의와 응답 메시지는 UDP 포트 번호 53을 사용한다. 그러나 메시지 길이가 512 바이트를 초과하는 경우나, DNS 서버간에 도메인 이름과 IP 주소 정보가 들어있는 존(zone) 파일을 전송할 때에는 TCP 포트 번호 53을 사용한다.

TLD

도메인 이름 www.example.com에서 'com' 부분을 TLD(top level domain)라고 하며, 'example' 부분을 세컨드 레벨 도메인(second-level domain)이라고 한다.

RFC 2606에 따르면 test, example, invalid, localhost라는 4개의 TLD는 특별한 용도로 사용할 수 있게 유보되어 있다. 또한, example.com, example.net, example.org라는 3개의 세컨드 레벨 도메인도 책이나 DNS 관련 예를 설명할 때 사용할 수 있도록 할당되어 있다.

TLD는 다시 gTLD(generic TLD)와 ccTLD(country code TLD)로 구분된다. gTLD 중에서 .biz, .com, .info, .name, .net, .org, .pro는 누구나 비용을 지불하고 사용할 수 있고, .aero, .asia, .cat, .coop, .edu, .gov, .int, .jobs, .mil, .mobi,

.museum, .post, .tel, .travel, .xxx는 해당 업종, 조직이나 지역에서만 사용할 수 있다.

gTLD는 전세계 도메인 이름 관련 정책을 총괄하는 ICANN(internet corporation for assigned names and numbers)과 계약한 레지스트리 운영자(registry operator)나 스폰서(sponsor)들이 등록, 계약, 네임 서버 운영 등을 담당하고 있다.

ccTLD는 두자리 수의 국가코드를 사용하며, 약 250여개가 있다. 대부분의 ccTLD 는 각 해당국가의 관련 조직이 운영하며, 우리나라는 한국인터넷진흥원(KISA)이 담당한다.

ICANN은 각 TLD를 운영하는 레지스트리(registry)들 및 각 TLD에 속하는 세컨드 레벨 도메인을 판매하는 레지스트라(registrar)들과의 계약을 총괄한다.

존(zone) 및 존 파일(zone file)

도메인 이름의 관리 범위를 DNS 존(zone)이라고 한다. 즉, 루트(root) 서버는 루트 존을 관리하며 루트 존에 소속된 .COM, .KR 등 최상위 도메인 네임 서버의 이름 및 IP 주소를 등록하고, 유지한다.

.COM TLD 네임 서버는 .COM으로 끝나는 모든 도메인으로 구성된 .COM 존을 관리 하며 .COM으로 끝나는 모든 도메인의 네임 서버들 이름 및 IP 주소들을 등록하고, 유지한다.

NAVER.COM 네임 서버는 NAVER.COM으로 끝나는 모든 도메인으로 구성된 NAVER.COM 존을 관리하며 WWW.NAVER.COM, MAIL.NAVER.COM 등 NAVER.COM으로 끝나는 모든 도메인 이름의 IP 주소들을 등록하고, 유지한다.

존은 하나의 도메인만으로 이루어질 수도 있고, 다수의 도메인과 서브 도메인으로 구성될 수도 있다. 각 존의 관리자는 위임받은 도메인의 서브 도메인을 또 다른 곳에 위임할 수 있다.

각 존은 소속 도메인 네임의 네임 서버 이름, IP 주소 등을 존 파일(zone file)에 저장하며, 특정 도메인 이름에 대한 IP 주소를 질의 받았을 때 존 파일을 참조하여 응답한다. 다음은 루트 존 파일 내용 일부를 발췌한 것이다.

예제 14-1 루트 존 파일 내용

```
①
.                            518400   IN    NS    a.root-servers.net.
.                            518400   IN    NS    b.root-servers.net.
        (생략)
        ④                           ⑤       ⑥
a.root-servers.net. 518400   IN    A     198.41.0.4
a.root-servers.net. 518400   IN    AAAA  2001:503:ba3e:0:0:0:2:30
b.root-servers.net. 518400   IN    A     192.228.79.201
c.root-servers.net. 518400   IN    A     192.33.4.12
        (생략)
  ⑦                                                    ⑧
com.                         172800   IN    NS    a.gtld-servers.net.
com.                         172800   IN    NS    b.gtld-servers.net.
        (생략)
  ⑨                                                    ⑩
net.                         172800   IN    NS    a.gtld-servers.net.
net.                         172800   IN    NS    b.gtld-servers.net.
        (생략)
                                                 ⑪
a.gtld-servers.net. 172800   IN    A     192.5.6.30
a.gtld-servers.net. 172800   IN    AAAA  2001:503:a83e:0:0:0:2:30
b.gtld-servers.net. 172800   IN    A     192.33.14.30
b.gtld-servers.net. 172800   IN    AAAA  2001:503:231d:0:0:0:2:30
        (생략)
⑫                                                   ⑬
kr.                          172800   IN    NS    b.dns.kr.
kr.                          172800   IN    NS    c.dns.kr.
kr.                          172800   IN    NS    d.dns.kr.
kr.                          172800   IN    NS    e.dns.kr.
kr.                          172800   IN    NS    f.dns.kr.
kr.                          172800   IN    NS    g.dns.kr.
                                                 ⑭
b.dns.kr.        172800   IN    A     61.74.75.1
c.dns.kr.        172800   IN    A     203.248.246.220
d.dns.kr.        172800   IN    A     203.83.159.1
e.dns.kr.        172800   IN    A     202.30.124.100
e.dns.kr.        172800   IN    AAAA  2001:dcc:5:0:0:0:0:100
f.dns.kr.        172800   IN    A     218.38.181.90
g.dns.kr.        172800   IN    A     202.31.190.1
g.dns.kr.        172800   IN    AAAA  2001:dc5:a:0:0:0:0:1
```

① 루트 서버 관련 정보라는 의미이다.

② 루트 서버의 도메인 네임 서버 (NS, name server) 정보임을 표시한다.

③ 루트 서버의 IP 주소 정보를 가진 네임 서버의 도메인 이름이 a.root-servers.net, b.root-servers.net 등임을 의미한다.

④ 앞서 알려준 a.root-servers.net 등과 같은 네임 서버와 관련된 정보임을 의미한다.

⑤ RR(resource record) 타입, 즉, 정보의 종류를 표시하며 A는 IPv4 주소, AAAA 는 IPv6 주소를 의미한다.

⑥ 각 루트 서버의 IPv4 주소와 IPv6 주소를 의미한다.

⑦ .COM 으로 끝나는 도메인 이름들의 IP 주소를 가지고 있는 서버, 즉, .COM gTLD 네임 서버 관련 정보임을 의미한다.

⑧ .COM gTLD 네임 서버의 도메인 이름을 의미한다.

⑨ .NET 으로 끝나는 도메인 이름들의 IP 주소를 가지고 있는 서버, 즉, .NET gTLD 네임 서버 관련 정보임을 의미한다.

⑩ .NET gTLD 네임 서버의 도메인 이름을 의미한다. .COM gTLD 네임 서버의 도메인 이름과 동일하다. 즉, .COM gTLD 네임 서버와 .NET gTLD 네임 서버는 동일하다.

⑪ .COM gTLD 네임 서버와 .NET gTLD 네임 서버의 IPv4 주소와 IPv6 주소를 의미한다.

⑫ ccTLD중에서 한국을 의미하는 kr TLD 네임 서버 관련 정보임을 의미한다.

⑬ kr TLD 네임 서버의 도메인 이름은 b.dns.kr, c.dns.kr 등이 있음을 의미한다.

⑭ b.dns.kr 등 kr TLD 네임 서버의 IPv4 주소와 IPv6 주소를 의미한다.

다음은 peterjeon.co.kr이라는 도메인 이름에 대한 존 파일의 예이다. 몇가지 부분을 생략했지만 기본적으로 해당 도메인 이름의 IP 주소 (1.1.1.1)가 기록되어 있다.

```
; peterjeon.co.kr

; Name Server
IN       NS       ns1.peterjeon.co.kr.          ; master dns server
IN       NS       ns2.peterjeon.co.kr.          ; slave dns server

peterjeon.co.kr.           IN    A                1.1.1.1
www                        IN    CNAME            1.1.1.1
```

이상으로 존 및 존 파일에 대하여 살펴보았다.

네임 서버의 종류

네임 서버(name server) 또는 DNS 서버는 도메인 이름에 대한 IP 주소를 질의받았을 때 응답해주는 서버들로 DNS 동작의 핵심을 이루는 장비들이다. 네임 서버의 종류는 다음과 같이 구분할 수 있다.

등록되어 있는 도메인의 계층에 따라 다음과 같이 분류한다.

- 루트(root) 서버
- TLD(top level domain) 네임 서버
- 하위 도메인(subdomain) 네임 서버

계층별 네임 서버에 대해서는 다음에 자세히 설명한다.

특정 도메인의 존 파일 보유 여부에 따라 다음과 같이 분류한다.

- 오소리터티브(authoritative) 네임 서버
- 캐싱(caching) 네임 서버

오소리터티브 네임 서버(ANS, authoritative name server)는 특정 존에 소속된 도메인 이름에 대한 네임 서버 주소나 최종 IP 주소를 기록한 존 파일을 가지고 있는 서버이다. 각 존은 최소한 하나씩의 ANS가 있다. ANS로부터의 응답에는 AA(authoritative answer) 비트가 설정되어 있어 자신이 ANS임을 알려준다.

기본적으로 대부분의 PC들은 특정 도메인 이름의 IP 주소를 알아내기 위하여 해당 ANS에게 직접 질의할 수 있는 기능이 없다. 이와 같은 PC를 대신하여 DNS 질의를 해주는 서버를 캐싱 네임 서버라고 한다. 통신회사(ISP)의 DNS 서버들은 대부분 캐싱 네임 서버이다.

특정 도메인의 존 파일 편집 가능 여부에 따라 다음과 같이 분류한다.

- 마스터(primary master) 네임 서버
- 슬레이브(slave) 네임 서버

오소리터티브 네임 서버는 다시 마스터(primary master) 서버와 슬레이브(slave) 서버로 구분된다.

마스터 서버는 자신이 관리하는 도메인 이름과 IP 주소 또는 도메인 이름과 해당 ANS의 IP 주소가 명시된 존 파일 (마스터 파일)을 유지한다. 존 파일은 수동으로 편집하거나 동적인 업데이트 과정을 거쳐 자동으로 유지될 수도 있다.

슬레이브 서버는 마스터 서버로부터 존 파일을 받아와서 유지한다. 이처럼 존 파일을 전송하는 것을 존 전송(zone transfer)이라고 한다.

루트 서버

이번에는 루트 서버(root server)에 대해서 좀 더 자세히 살펴보자. 루트 서버는 .COM, .KR 등과 같은 최상위 계층 도메인(TLD, top level domain) 네임 서버의 도메인 명과 IP 주소 정보가 저장되어 있다.

전세계에는 13개의 서로 다른 IP 주소를 가진 루트 서버가 있으며 각각의 루트 서버를 A 루트 서버, B 루트 서버와 같이 알파벳을 붙여서 부르며 M 루트 서버까지 모두 13개가 있다.

부하분산, 이중화, DDoS 대응 등을 위하여 동일한 IP 주소를 가진 각 루트 서버가 많게는 수십개씩 운영되며 2011년 6월 현재 전세계적으로 243개의 루트 서버가 있다. 예를 들어, J 루트 서버의 경우 192.58.128.30이라는 동일한 IP 주소를 가진 서버가 미국 내 5개소, 미국 외 65개소에서 운영된다. 우리나라에는 F 루트 서버, J 루트 서버 및 M 루트 서버가 있다.

표 14-1 루트 서버 현황 (자료출처 : http://root-servers.org)

서버	운영자	사이트 수	IPv4 주소	IPv6 주소	AS 번호
A	VeriSign, Inc.	6	198.41.0.4	2001:503:BA3E::2:30	19836
B	ISC	1	192.228.79.201	2001:478:65::53	
C	Cogent Communications	6	192.33.4.12		2149
D	University of Maryland	1	128.8.10.90	2001:500:2D::D	27
E	NASA	1	192.203.230.10		297
F	ISC	49	192.5.5.241	2001:500:2f::f	3557
G	U.S. DOD	6	192.112.36.4		5927
H	U.S. Army	2	128.63.2.53	2001:500:1::803f:235	13
I	Netnod	38	192.36.148.17	2001:7fe::53	29216
J	VeriSign, Inc.	70	192.58.128.30	2001:503:C27::2:30	26415
K	RIPE NCC	18	193.0.14.129	2001:7fd::1	25152
L	ICANN	39	199.7.83.42	2001:500:3::42	20144
M	WIDE Project	6	202.12.27.33	2001:dc3::35	7500

모든 루트 서버에는 동일한 내용의 루트 존 (root.zone) 파일이 저장되어 있으며, 이 파일에는 루트 서버와 .COM, .KR 등과 같은 TLD 서버의 도메인 이름 및 IPv4, IPv6 주소가 기록되어 있고, 크기가 약 250K 바이트 정도이다.

계층별 네임 서버

DNS는 하나의 서버에 모든 도메인 정보를 보관하지 않고, 계층별로 별개의 서버에 정보를 보관하고 질의에 응답하는 위임 구조를 취한다.

네임 서버는 루트(root) 서버, 최상위 계층 도메인(TLD, top level domain) 네임 서버 및 하위 도메인 네임 서버로 구분된다. 루트 서버에는 .COM, .KR 등과 같은 TLD

네임 서버의 도메인 이름과 IP 주소가 등록되어 있다.

예를 들어, .COM TLD 네임 서버의 도메인 이름은 h.gtld-servers.net이고, IP 주소는 192.54.112.30이며, .KR 네임 서버의 도메인 이름은 c.dns.kr, IP 주소는 203.248.246.220이라고 등록되어 있다. (앞 섹션에서 설명한 바와 같이 실제로는 루트 서버가 여러 개 있으며 내용이 다 동일하다.)

표 14-2 루트 서버의 내용

도메인 이름	네임 서버	IP 주소
.com	h.gtld-servers.net	192.54.112.30
.kr	c.dns.kr	203.248.246.220
......	......	......

TLD 네임 서버는 해당 최상위 계층 도메인 이름으로 끝나는 하위 도메인의 네임 서버 IP 주소 정보를 가지고 있다.

예를 들어, .COM TLD 서버 중 하나인 h.gtld-servers.net에는 google.com, naver.com 등 .com으로 끝나는 모든 도메인별 네임 서버의 IP 주소가 등록되어 있다. (실제로는 각 최상위 계층 도메인 네임별로 서버가 여러 개 있으며 내용이 다 동일하다.)

즉, 다음 표와 같이 google.com이라는 도메인의 IP 주소 정보가 등록되어 있는 네임 서버의 도메인 이름은 ns3.google.com, IP 주소는 216.239.32.10, naver.com 네임 서버의 도메인 이름은 ns1.naver.com, IP 주소는 119.205.240.165 라고 등록되어 있다.

표 14-3 .COM 최상위 계층 도메인 네임 서버 내용

도메인 이름	네임 서버	IP 주소
google.com	ns3.google.com	216.239.32.10
naver.com	ns1.naver.com	119.205.240.165
......	......	......

하위 도메인 네임 서버는 최종적으로 특정 웹 서버, 메일 서버 등의 IP 주소가 등록되어 있다. 예를 들어, ns3.google.com이라는 하위 도메인 네임 서버에는 다음 표와 같이 www.google.com, mail.google.com 등의 IP 주소들이 등록되어 있다.

표 14-4 하위 도메인 네임 서버의 내용

도메인 이름	IP 주소
www.google.com	72.14.213.147 72.14.213.99 72.14.213.105
mail.google.com	72.14.213.17 72.14.213.18
......	......

하위 도메인 네임 서버는 기업체, 정부기관 등이 자체적으로 운영하거나, 웹 호스팅 업체 등에서 고객들을 위하여 대신 운영하기도 한다.

이처럼 계층적인 위임 구조를 가짐으로서 위임받은 하위 도메인의 관리자는 추가적인 하위 도메인을 편리하게 등록할 수 있다. 예를 들어, naver.com의 네임 서버를 관리하는 조직에서는 www.naver.com, www1.naver.com, mail.naver.com 등과 같은 추가적인 도메인 이름을 생성하고 관리할 수 있다.

DNS 질의 및 응답 과정

PC가 특정 도메인 이름에 대한 IP 주소를 알게되는 과정을 살펴보자. 예를 들어, www.peterjeon.co.kr에 대한 IP 주소를 알아내는 과정은 다음과 같다.

그림 14-1 DNS 질의 및 응답 과정

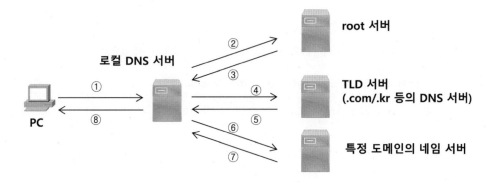

① PC에서 브라우저(browser) 등에 http://www.peterjeon.co.kr라고 도메인 명
을 입력하면 여기에 해당하는 IP 주소를 알아야 한다. PC에서 도메인 이름과
IP 주소를 기록한 hosts 파일이나 PC의 캐시에 해당 IP 주소가 있으면 그것을
사용한다. hosts 파일은 windows\system32\drivers\etc 폴더에 hosts 라는
이름으로 저장되며, 별도의 내용을 추가하지 않으면 다음과 같다.

예제 14-3 hosts 파일

```
# Copyright (c) 1993-1999 Microsoft Corp.
#
# This is a sample HOSTS file used by Microsoft TCP/IP for Windows.
    (생략)
# For example:
#
#      102.54.94.97      rhino.acme.com          # source server
#      38.25.63.10       x.acme.com              # x client host

127.0.0.1         localhost
```

필요시 10.1.1.1 www.peterjeon.co.kr 등과 같이 정보를 추가하면 된다.

DNS 캐시 정보는 PC, DNS 서버 등이 전에 알아낸 도메인 명과 IP 주소 정보를
임시로 저장하는 것이다. 예를 들어, 다음과 같이 **ping j.root-servers.net** 명령
어를 사용하여 DNS가 동작하게 해보자.

예제 14-4 핑 테스트

```
C:\> ping j.root-servers.net

Pinging j.root-servers.net [192.58.128.30] with 32 bytes of data:

Reply from 192.58.128.30: bytes=32 time=4ms TTL=51
    (생략)
```

이후, PC의 DOS 명령어 창에서 다음과 같이 **ipconfig /displaydns** 명령어를 사용하면 PC의 캐시에 저장된 DNS 정보를 확인할 수 있다.

예제 14-5 PC의 캐시에 저장된 DNS 정보

```
C:\> ipconfig /displaydns

Windows IP Configuration

        1.0.0.127.in-addr.arpa
        ----------------------------------------
        Record Name . . . . . : 1.0.0.127.in-addr.arpa.
        Record Type . . . . . : 12
        Time To Live  . . . . : 429596
        Data Length . . . . . : 4
        Section . . . . . . . : Answer
        PTR Record  . . . . . : localhost


        j.root-servers.net
        ----------------------------------------
        Record Name . . . . . : j.root-servers.net
        Record Type . . . . . : 1
        Time To Live  . . . . : 17260
        Data Length . . . . . : 4
        Section . . . . . . . : Answer
        A (Host) Record . . . : 192.58.128.30

        localhost
        ----------------------------------------
        Record Name . . . . . : localhost
        Record Type . . . . . : 1
        Time To Live  . . . . : 429596
        Data Length . . . . . : 4
        Section . . . . . . . : Answer
```

```
        A (Host) Record . . . : 127.0.0.1
      (생략)
```

PC의 DNS 캐시 정보를 삭제하려면 **ipconfig /flushdns** 명령어를 사용한다. PC에 DNS 캐시 정보가 없다면 로컬 DNS 서버에게 www.peterjeon.co.kr에 해당하는 IP 주소를 질의한다.

② 로컬 DNS 서버의 캐시에 www.peterjeon.co.kr의 IP 주소가 있다면 이를 PC에게 알려준다. 이런 정보가 없다면 루트 서버에게 .KR로 끝나는 도메인에 대한 정보를 가지고 있는 .KR TLD 서버의 IP 주소를 질의한다.

③ 루트 서버는 .KR로 끝나는 모든 도메인의 정보를 가지고 있는 .KR TLD 서버의 IP 주소를 알려준다.

④ 로컬 DNS 서버는 .KR TLD 서버에게 peterjeon.co.kr 정보가 있는 DNS 서버의 IP 주소를 질의한다.

⑤ .KR TLD 서버는 peterjeon.co.kr 정보가 있는 DNS 서버의 IP 주소를 알려준다.

⑥ 로컬 DNS 서버는 peterjeon.co.kr 정보가 있는 DNS 서버에게 peterjeon.co.kr의 IP 주소를 질의한다.

⑦ peterjeon.co.kr 정보가 있는 DNS 서버는 peterjeon.co.kr의 IP 주소를 알려준다.

⑧ 로컬 DNS 서버는 알아낸 peterjeon.co.kr의 IP 주소를 PC에게 알려준다.

BIND

BIND는 ISC(internet systems consortium, inc.)에서 개발한 DNS 서버 프로그램으로 전세계에서 가장 많이 사용된다. 현재 13개의 루트 서버 중 H, K, L 루트 서버를 제외한 나머지들은 모두 BIND를 사용한다.

ISC의 웹 사이트(www.isc.org)에서 무료로 다운받아 사용할 수 있으며, UNIX, LINUX 및 윈도우즈 등 다양한 운영체제에서 동작한다.

nslookup

DNS 동작 확인을 위한 도구로써 **nslookup**과 **dig**을 많이 사용한다. **nslookup**은 윈도우즈에서 제공되는 명령어로 다음과 같이 간단히 특정 도메인의 IP 주소를 확인할 수 있다.

예제 14-6 nslookup

```
C:\> nslookup ietf.org
Server:   google-public-dns-a.google.com
Address:  8.8.8.8

Non-authoritative answer:
Name:    ietf.org
Address:  64.170.98.30
```

다음과 같이 **nslookup** 명령어만 사용하면 하위 명령어 모드로 들어갈 수 있으며, 물음표를 입력하면 사용 가능한 명령어들을 확인할 수 있다.

예제 14-7 nslookup 명령어 옵션

```
C:\> nslookup
Default Server:  google-public-dns-a.google.com
Address:  8.8.8.8

> ?
Commands:    (identifiers are shown in uppercase, [] means optional)
NAME                - print info about the host/domain NAME using default server
NAME1 NAME2     - as above, but use NAME2 as server
help or ?        - print info on common commands
set OPTION      - set an option
    all                  - print options, current server and host
    [no]debug              - print debugging information
    (생략)
exit            - exit the program

>
```

다음과 같이 **set type=all** 명령어를 입력한 다음, 특정 도메인 이름을 입력하면 해당 도메인과 관련된 상세한 정보를 확인할 수 있다. 예를 들어, ietf.org라는 도메인 이름과 관련된 상세한 DNS 정보를 확인하는 방법은 다음과 같다.

예제 14-8 set type=all 명령어

```
> set type=all
> ietf.org
Server:  google-public-dns-a.google.com  ①
Address:  8.8.8.8

Non-authoritative answer:  ②
ietf.org
        primary name server = ns0.ietf.org  ③
        responsible mail addr = glen.amsl.com  ④
        serial  = 1200000131  ⑤
        refresh = 1800 (30 mins)
        retry   = 1800 (30 mins)
        expire  = 604800 (7 days)
        default TTL = 7200 (2 hours)  ⑥
ietf.org        ??? unknown type 46 ???
ietf.org        nameserver = ns1.ams1.afilias-nst.info  ⑦
ietf.org        nameserver = ns1.yyz1.afilias-nst.info
ietf.org        nameserver = ns1.sea1.afilias-nst.info
ietf.org        nameserver = ns1.mia1.afilias-nst.info
ietf.org        nameserver = ns1.hkg1.afilias-nst.info
ietf.org        nameserver = ns0.ietf.org
ietf.org        ??? unknown type 46 ???
ietf.org        internet address = 64.170.98.30  ⑧
ietf.org        ??? unknown type 46 ???
ietf.org        MX preference = 0, mail exchanger = mail.ietf.org
ietf.org        ??? unknown type 46 ???
ietf.org        text =

        "v=spf1 ip4:64.170.98.0/26 ip4:64.170.98.64/28 ip4:64.170.98.80/28 ip4:
4.170.98.96/29 ip4:208.66.40.224/27 ip6:2001:1890:1112:1::0/64 ip6:2001:470:8:3
::0/64 -all"
ietf.org        ??? unknown type 46 ???
ietf.org        AAAA IPv6 address = 2001:1890:1112:1::1e  ⑨
        (생략)
```

① 현재의 로컬 DNS 서버 정보를 표시한다. 즉, IP 주소가 8.8.8.8인 구글의 DNS
   서버로부터 응답받은 정보임을 의미한다.

② 응답을 해 준 DNS 서버가 자신의 존 파일에 저장된 정보가 아닌 캐시 정보를
   이용했음을 의미한다.

③ ietf.org의 주 네임 서버의 도메인 이름이 ns0.ietf.org임을 의미한다.

④ ietf.org의 네임 서버 담당자 메일주소가 glen@amsl.com임을 의미한다. 존 파일에서 담당자의 메일 주소를 표시할 때 골뱅이 표시 대신 점(.)을 사용한다.

⑤ 해당 도메인 정보의 시리얼 번호를 표시한다. 이 번호가 높을수록 새로운 정보이다.

⑥ 해당 도메인 정보가 캐시에 저장될 수 있는 시간을 초단위로 표시한다.

⑦ ietf.org의 네임 서버를 모두 표시한다.

⑧ 해당 도메인의 IP 주소를 표시한다.

⑨ 해당 도메인의 IPv6 주소를 표시한다.

특정 도메인에 대한 정보를 질의할 네임 서버를 직접 지정하려면, 다음과 같이 도메인 이름 다음에 네임 서버의 이름이나 IP 주소를 지정하면 된다. 이 방법은 네임 서버의 주소나 내용을 변경한 다음, 다른 네임 서버까지의 전파 여부를 확인할 때 유용하다.

예제 14-9 정보를 질의할 네임 서버 지정

```
> ietf.org 8.8.8.8
Server:  [8.8.8.8]
Address:  8.8.8.8

Non-authoritative answer:
ietf.org
        primary name server = ns0.ietf.org
        responsible mail addr = glen.amsl.com
        serial  = 1200000131
        refresh = 1800 (30 mins)
        retry   = 1800 (30 mins)
        expire  = 604800 (7 days)
        default TTL = 7200 (2 hours)
ietf.org        ??? unknown type 46 ???
ietf.org        nameserver = ns1.mia1.afilias-nst.info
    (생략)
```

이상으로 **nslookup**에 대하여 살펴보았다.

dig

dig(domain information groper)은 BIND DNS 배포 패키지에 기본적으로 포함된 DNS 진단용 도구이다. UNIX나 LINUX에는 기본적으로 설치되어 있으나, 윈도우즈에는 BIND를 설치해야 **dig**도 따라서 설치된다. 앞서 살펴본 **nslookup**에 비해 다양한 기능과 DNS의 표준사항을 충실히 반영한 진단도구이다.

명령어 모드에서 **dig**라고 입력하면 다음과 같이 루트 서버의 네임 서버 도메인 이름을 질의하여 알려준다.

예제 14-10 dig 명령어

```
C:\> dig

;; ANSWER SECTION:
.                      37467    IN      NS      k.root-servers.net.
.                      37467    IN      NS      f.root-servers.net.
         (생략)
```

다음과 같이 **dig -h** 명령어를 사용하면 **dig**에서 사용할 수 있는 각종 옵션들을 확인할 수 있다.

예제 14-11 dig -h 명령어

```
C:\> dig -h
Usage:   dig [@global-server] [domain] [q-type] [q-class] {q-opt}
           {global-d-opt} host [@local-server] {local-d-opt}
           [ host [@local-server] {local-d-opt} [...]]
Where:   domain   is in the Domain Name System
         q-class  is one of (in,hs,ch,...) [default: in]
         q-type   is one of (a,any,mx,ns,soa,hinfo,axfr,txt,...) [default:a]
                  (Use ixfr=version for type ixfr)
         q-opt    is one of:
                  -x dot-notation        (shortcut for reverse lookups)
                  -i                     (use IP6.INT for IPv6 reverse lookups)
                  -f filename            (batch mode)
                  -b address[#port]      (bind to source address/port)
                  -p port                (specify port number)
                  -q name                (specify query name)
                  -t type                (specify query type)
         (생략)
```

다음과 같이 **dig** 명령어 다음에 특정 도메인 이름을 지정하면 해당 도메인의 A 타입 레코드 (IP 주소)를 질의하여 알려준다.

예제 14-12 dig 명령어 다음에 특정 도메인 이름 지정

```
C:\> dig www.ietf.org

    (생략)
;; ANSWER SECTION:
www.ietf.org.          1727    IN      A       64.170.98.30
```

다음과 같이 도메인 이름 다음에 **aaaa** 옵션을 사용하면 해당 도메인의 AAAA 타입 레코드 (IPv6 주소)를 질의하여 알려준다.

예제 14-13 aaaa 옵션

```
C:\> dig www.ietf.org  aaaa

    (생략)
;; ANSWER SECTION:
www.ietf.org.          1103    IN      AAAA    2001:1890:1112:1::1e
```

다음과 같이 도메인 이름 다음에 **ns** 옵션을 사용하면 해당 도메인의 네임 서버를 알려준다.

예제 14-14 ns 옵션

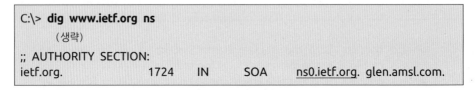
```
C:\> dig www.ietf.org  ns
        (생략)
;; AUTHORITY SECTION:
ietf.org.              1724    IN      SOA     ns0.ietf.org. glen.amsl.com.
```

특정 네임 서버에게 질의를 하려면 다음과 같이 @ 기호 다음에 네임 서버의 주소나 이름을 지정하고, 질의하려는 도메인 이름을 사용하면 된다.

예제 14-15 특정 네임 서버에게 질의하기

```
C:\> dig @168.126.63.1 www.ietf.org
```

```
; <<>> DiG 9.8.0-P2 <<>> @168.126.63.1 www.ietf.org   ①
; (1 server found)
;; global options: +cmd
;; Got answer:
;; ->>HEADER<<- opcode: QUERY, status: NOERROR, id: 10272
;; flags: qr rd ra; QUERY: 1, ANSWER: 1, AUTHORITY: 6, ADDITIONAL: 11

;; QUESTION SECTION:   ②
;www.ietf.org.                      IN        A

;; ANSWER SECTION:   ③
www.ietf.org.            1800     IN        A         64.170.98.30

;; AUTHORITY SECTION:   ④
ietf.org.                587      IN        NS        ns1.ams1.afilias-nst.info.
ietf.org.                587      IN        NS        ns1.mia1.afilias-nst.info.
ietf.org.                587      IN        NS        ns1.yyz1.afilias-nst.info.
ietf.org.                587      IN        NS        ns1.sea1.afilias-nst.info.
ietf.org.                587      IN        NS        ns1.hkg1.afilias-nst.info.
ietf.org.                587      IN        NS        ns0.ietf.org.

;; ADDITIONAL SECTION:   ⑤
ns0.ietf.org.                587  IN        AAAA      2001:1890:1112:1::14
ns1.ams1.afilias-nst.info. 463   IN        A         199.19.48.79
ns1.ams1.afilias-nst.info. 464   IN        AAAA      2001:500:6::79
ns1.hkg1.afilias-nst.info. 464   IN        A         199.19.51.79
ns1.hkg1.afilias-nst.info. 464   IN        AAAA      2001:500:9::79
ns1.mia1.afilias-nst.info. 464   IN        A         199.19.52.79
ns1.mia1.afilias-nst.info. 464   IN        AAAA      2001:500:a::79
ns1.sea1.afilias-nst.info. 464   IN        A         199.19.50.79
ns1.sea1.afilias-nst.info. 464   IN        AAAA      2001:500:8::79
ns1.yyz1.afilias-nst.info. 463   IN        A         199.19.49.79
ns1.yyz1.afilias-nst.info. 463   IN        AAAA      2001:500:7::79

;; Query time: 187 msec   ⑥
;; SERVER: 168.126.63.1#53(168.126.63.1)
;; WHEN: Sat Jun 18 17:28:30 2011
;; MSG SIZE  rcvd: 443
```

앞의 출력 결과를 가지고 dig 응답 내용을 살펴보자. 일반적인 dig 출력 결과는 앞의 예와 같이 헤더, 질의, 응답, authority, 부가 섹션 및 기타 정보 섹션으로 구분된다.

① 헤더 섹션에는 dig 버전, 질의에 사용된 네임 서버, 질의한 도메인 이름, opcode,

상태, 플래그, 질의 및 응답에 포함된 정보의 수량 등이 표시된다.

② 질의 섹션에는 질의한 내용이 표시된다.

③ 응답 섹션에는 질의한 내용에 대한 응답이 표시된다.

④ authority 섹션에는 질의한 내용이 기록된 존 파일을 가지고 있는 네임 서버가 표시된다.

⑤ 부가 섹션에는 위의 네임 서버들의 IPv4 및 IPv6 주소가 표시된다.

⑥ 기타 정보 섹션에는 응답 시간, 응답 서버 및 포트 번호, 메시지 크기 (바이트) 등이 표시된다. 루트 서버로부터 특정 도메인 이름까지의 위임 관계를 확인하려면 다음과 같이 **+trace** 옵션을 사용한다.

예제 14-16 +trace 옵션

```
C:\> dig peterjeon.co.kr +trace

; <<>> DiG 9.8.0-P2 <<>> peterjeon.co.kr +trace
;; global options: +cmd
.                       11508   IN      NS      b.root-servers.net.
.                       11508   IN      NS      l.root-servers.net.
.                       11508   IN      NS      k.root-servers.net.
.                       11508   IN      NS      a.root-servers.net.
.                       11508   IN      NS      j.root-servers.net.
.                       11508   IN      NS      f.root-servers.net.
.                       11508   IN      NS      h.root-servers.net.
.                       11508   IN      NS      d.root-servers.net.
.                       11508   IN      NS      i.root-servers.net.
.                       11508   IN      NS      m.root-servers.net.
.                       11508   IN      NS      e.root-servers.net.
.                       11508   IN      NS      g.root-servers.net.
.                       11508   IN      NS      c.root-servers.net.
;; Received 228 bytes from 8.8.8.8#53(8.8.8.8) in 265 ms  ①

kr.                     172800  IN      NS      f.dns.kr.
kr.                     172800  IN      NS      c.dns.kr.
kr.                     172800  IN      NS      d.dns.kr.
kr.                     172800  IN      NS      e.dns.kr.
kr.                     172800  IN      NS      b.dns.kr.
kr.                     172800  IN      NS      g.dns.kr.
;; Received 285 bytes from 192.36.148.17#53(i.root-servers.net) in 109 ms  ②
```

```
peterjeon.co.kr.          86400    IN      NS       ns.peterjeon.co.kr.
;; Received 66 bytes from 203.248.246.220#53(c.dns.kr) in 0 ms   ③

peterjeon.co.kr.          43200    IN      A        121.136.192.202
peterjeon.co.kr.          43200    IN      NS       ns.peterjeon.co.kr.
;; Received 82 bytes from 121.136.192.202#53(ns.peterjeon.co.kr) in 0 ms   ④
```

① 먼저, 루트 서버의 도메인 이름을 알려준다.

② 그 중 하나의 루트 서버에게 (예에서는 i.root-servers.net) 질의하여 .KR TLD
  의 정보를 가지고 있는 네임 서버는 f.dns.kr, c.dns.kr 등이라는 것을 알려준다.

③ .KR TLD 네임 서버중 하나에게 (예에서는 c.dns.kr) peterjeon.co.kr의 정보를
  가지고 있는 네임 서버를 질의하여 ns.peterjeon.co.kr이라고 알려준다.

④ ns.peterjeon.co.kr 네임 서버에게 peterjeon.co.kr의 IP 주소를 질의하여 해당
  IP 주소를 알려준다.

이상으로 dig에 대하여 살펴보았다.

DNS 메시지

DNS 메시지는 다음과 같이 다섯 개의 섹션으로 이루어진다.

그림 14-2 DNS 메시지 전체 포맷

Header (헤더)
Question (질의)
Answer (응답)
Authority (오소리티)
Additional (부가 정보)

헤더 섹션은 항상 존재하며, 나머지 섹션들의 존재 여부, 메시지의 종류 등을 나타낸
다. 헤더 섹션의 자세한 내용은 다음과 같다. 괄호안의 수는 비트 수를 의미한다.

그림 14-3 DNS 메시지 헤더 섹션

ID (16)							
QR	Opcode (4)	AA	TA	RD	RA	Z (3)	RCODE (4)
QDCOUNT (16)							
ANCOUNT (16)							
NSCOUNT (16)							
ARCOUNT (16)							

• ID

질의를 하는 프로그램이 할당하는 값이며, 응답시 복사되어 어느 질의에 대한 응답인지를 확인하는데 사용한다.

• QR

QR 비트가 0이면 질의(query) 메시지, 1이면 응답(response) 메시지임을 표시한다.

• OPCODE

질의의 종류를 표시하며, 응답 시 복사된다. 0이면 표준 질의(QUERY), 1은 역질의(IQUERY), 2는 서버 상태 질의(STATUS)를 의미한다.

• AA(authority answer)

AA 비트는 응답 시 사용되며, 질의에 응답하는 네임 서버가 해당 도메인 이름의 네임 서버임을 의미한다.

• TC(truncation)

TC 비트는 현재의 메시지가 허용된 것보다 길어서 분할되었음을 의미한다.

• RD(recusrion desired)

RD 비트는 질의 메시지에 설정되며, 응답 시 복사된다. RD 비트가 1로 설정되면 네임 서버에게 재귀적 질의를 요청함을 의미한다. 즉, 질의를 받은 네임 서버가 해당 도메인 이름의 네임 서버를 모르면 또 다른 서버에게 요청하여 최종적으로 알아낸 IP 주소 값을 알려달라는 것을 의미한다. 재귀적 질의 지원은 옵션이다.

• RA(recursion available)

RA 비트는 응답 시 사용되며, 네임 서버가 재귀적 질의를 지원하는지의 여부를
나타낸다.

• Z

Z 필드는 사용하지 않는다.

• RCODE(response code)

응답 시 사용되며 다음과 같은 의미를 가진다.

0 에러가 발생하지 않았다.

1 포맷 에러 - 네임 서버가 질의를 해석할 수 없다.

2 서버 실패(server failure) - 네임 서버의 문제 때문에 질의를 처리할 수 없다.

3 네임 에러(name error) - 오소리티 네임 서버에 질의한 도메인 이름이 없다.

4 미구현(not implemented) - 요청한 종류의 질의를 네임 서버가 지원하지 않는다.

5 거부(refused) - 네임 서버가 정책적인 이유로 요청을 거부한다.

• QDCOUNT

다음에 따라오는 질의 섹션 내의 엔트리 수를 나타낸다.

• ANCOUNT

다음에 따라오는 응답 섹션 내의 리소스 레코드(RR, resource record)의 수를 나타낸다.

• NSCOUNT

다음에 따라오는 오소리티 섹션 내의 네임 서버(name server) 리소스 레코드 수를
나타낸다.

• ARCOUNT

다음에 따라오는 부가 레코드(additional record) 섹션 내의 리소스 레코드 수를
나타낸다.

질의 섹션의 포맷은 다음과 같다.

그림 14-4 DNS 메시지 질의 섹션

QNAME
QTYPE
QCLASS

• QNAME

IP 주소를 알아내려는 도메인의 이름을 표시한다.

• QTYPE

질의의 종류를 표시한다.

• QCLASS

질의의 클래스를 의미하며, 대부분 값이 IN이고, 인터넷을 의미한다.

응답, 오소리티 및 부가 섹션은 모두 동일한 포맷을 사용한다. 즉, 가변적인 수량의 리소스 레코드를 가지며, 각 리소스 레코드의 수는 DNS 메시지 헤더에 표시된다. 리소스 레코드의 포맷은 다음과 같다.

그림 14-5 리소스 레코드 포맷

NAME (가변)
TYPE (16)
CLASS (16)
TTL (32)
RDLENGTH (16)
RDATA (가변)

- **NAME**

이 리소스 레코드(RR)가 적용되는 도메인 이름을 표시한다.

- **TYPE**

RR 타입 코드를 표시한다. 즉, RDATA 필드에 있는 데이터의 의미를 표시한다.

- **CLASS**

RDATA 필드에 있는 데이터의 클래스를 표시한다. 대부분 인터넷 데이터임을 나타내는 IN이라는 값을 가진다.

- **TTL**

해당 RR이 캐시되는 시간을 초단위로 표시한다. 이 시간이 지나면 해당 RR은 캐시에서 삭제되어야 한다. 이 값이 0이면 해당 RR은 캐싱될 수 없음을 의미한다.

- **RDLENGTH**

RDATA의 길이를 나타낸다.

- **RDATA(resource data)**

질의에 대한 응답 내용을 표시한다. 예를 들어 타입이 A이고, 클래스가 IN이면 RDATA에는 질의한 도메인 이름의 IP 주소가 기록된다.

DNS 리소스 레코드

DNS에서 질의 및 응답에 사용되는 각종 정보들은 리소스 레코드(RR, resource record)라는 형태로 저장 및 송수신된다. 주요 RR에 대하여 살펴보자.

- A 레코드는 레코드 타입 값이 1이며, 다음과 같이 특정 도메인(www.ietf.org)의 IPv4 주소를 나타낸다.

예제 14-17 A 레코드

```
C:\> dig www.ietf.org a

;; ANSWER SECTION:
www.ietf.org.            1572    IN      A       64.170.98.30
```

```
(생략)
```

- AAAA 레코드는 레코드 타입 값이 28이며, 다음과 같이 도메인(www.ietf.org)의
  IPv6 주소를 나타낸다.

예제 14-18 AAAA 레코드

```
C:\> dig www.ietf.org aaaa

;; ANSWER SECTION:
www.ietf.org.            1018    IN      AAAA    2001:1890:1112:1::1e
        (생략)
```

- CNAME : 레코드 타입 값이 5이며, 특정 도메인 이름의 정식 이름(canonical
  name)을 나타낸다.

  예를 들어, 다음과 같이 도메인 이름 www.google.com의 IP 주소를 질의했을
  때 www.google.com의 정식 이름(CNAME)은 www.l.google.com이라는 것을
  알려준다. 이후, www.google.com과 접속할 때 www.l.google.com의 IP 주소
  를 사용한다.

예제 14-19 정식 이름(CNAME)

```
C:\> dig www.google.com

;; ANSWER SECTION:
www.google.com.          86399   IN      CNAME   www.l.google.com.
www.l.google.com.        299     IN      A       74.125.224.49
www.l.google.com.        299     IN      A       74.125.224.51
www.l.google.com.        299     IN      A       74.125.224.48
www.l.google.com.        299     IN      A       74.125.224.50
www.l.google.com.        299     IN      A       74.125.224.52
        (생략)
```

- MX(mail exchange) 레코드는 타입 값이 15이며, 다음과 같이 질의한 도메
  인(google.com)의 메일 서버 호스트 도메인 이름을 표시한다.

예제 14-20 MX(mail exchange) 레코드

```
C:\> dig google.com mx

;; ANSWER SECTION:
google.com.          600      IN       MX       50 alt4.aspmx.l.google.com.
google.com.          600      IN       MX       20 alt1.aspmx.l.google.com.
google.com.          600      IN       MX       30 alt2.aspmx.l.google.com.
google.com.          600      IN       MX       10 aspmx.l.google.com.
google.com.          600      IN       MX       40 alt3.aspmx.l.google.com.
   (생략)
```

- NS(name server) 레코드는 타입 값이 2이며, 다음과 같이 질의한 도메인 (google.com)의 네임 서버 도메인 이름을 표시한다.

예제 14-21 NS(name server) 레코드

```
C:\> dig google.com ns

;; ANSWER SECTION:
google.com.          86376    IN       NS       ns2.google.com.
google.com.          86376    IN       NS       ns4.google.com.
google.com.          86376    IN       NS       ns3.google.com.
google.com.          86376    IN       NS       ns1.google.com.
   (생략)
```

- PTR(pointer) 레코드는 타입 값이 12이며, 다른 도메인 이름을 가리킬 때 사용한다.
- SOA(start of authority) 레코드는 타입 값이 6이며, 주 네임 서버, 관리자 메일 주소, 존(zone)의 시리얼 번호, 존(도메인) 관련 각종 타이머 등을 지정 하는 레코드이다.

이상으로 DNS에 대하여 살펴보았다.

DNS 트래픽 검사 및 제어

이번 절에서는 DNS 트래픽을 검사하고 및 제어하는 방법에 대하여 살펴보자.

DNS 트래픽 검사 테스트 네트워크 구축

DNS 트래픽 검사 및 제어를 설정하고 동작을 확인하기 위하여 다음과 같은 테스트 네트워크를 구성한다.

그림 14-6 DNS 트래픽 검사 테스트 네트워크

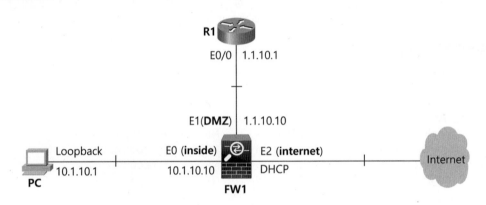

먼저, FW1의 설정은 다음과 같다.

예제 14-22 FW1의 설정

```
FW1(config)# interface e0
FW1(config-if)# nameif inside
FW1(config-if)# ip address 10.1.10.10 255.255.255.0
FW1(config-if)# no shut
FW1(config-if)# exit

FW1(config)# interface e1
FW1(config-if)# nameif dmz
FW1(config-if)# security-level 50
FW1(config-if)# ip address 1.1.10.10 255.255.255.0
FW1(config-if)# no shut
FW1(config-if)# exit

FW1(config)# interface e2
FW1(config-if)# nameif internet
```

```
FW1(config-if)# ip address dhcp
FW1(config-if)# no shut
FW1(config-if)# exit
```

R1의 설정은 다음과 같다.

예제 14-23 R1의 설정

```
R1(config)# interface e0/0
R1(config-if)# ip address 1.1.10.1 255.255.255.0
R1(config-if)# no shut
```

PC에서 다음과 같이 MS 루프백 인터페이스를 설정한다.

그림 14-7 MS 루프백 인터페이스 등록 정보

각 장비의 인터페이스 설정이 끝나면 FW1이 IP 주소를 제대로 할당받았는지 다음과 같이 확인한다.

예제 14-24 인터페이스 설정 확인

```
FW1# show interface ip brief
Interface        IP-Address      OK?   Method Status        Protocol
Ethernet0        10.1.10.10      YES   manual  up               up
```

```
Ethernet1          1.1.10.10      YES    manual   up                    up
Ethernet2          192.168.1.39   YES    DHCP     up                    up
```

다음과 같이 FW1에서 인접 장비인 R1, PC와의 통신을 핑으로 확인한다.

예제 14-25 핑 테스트

```
FW1# ping 10.1.10.1
FW1# ping 1.1.10.1
```

핑이 되면 다음과 같이 FW1에서 인터넷으로 디폴트 루트를 설정한다.

예제 14-26 디폴트 루트 설정

```
FW1(config)# route internet 0 0 192.168.1.254
```

다음과 같이 FW1에서 인터넷과의 통신을 핑으로 확인한다.

예제 14-27 핑 테스트

```
FW1# ping 8.8.8.8
Type escape sequence to abort.
Sending 5, 100-byte ICMP Echos to 8.8.8.8, timeout is 2 seconds:
!!!!!
Success rate is 100 percent (5/5), round-trip min/avg/max = 1/12/20 ms
```

R1과 FW1에서 OSPF 에어리어 0을 설정한다.

예제 14-28 OSPF 에어리어 0 설정

```
R1(config)# router ospf 1
R1(config-router)# network 1.1.10.1 0.0.0.0 area 0
R1(config-router)# exit
FW1(config)# router ospf 1
FW1(config-router)# network 1.1.10.10 255.255.255.255 area 0
FW1(config-router)# redistribute connected subnets
FW1(config-router)# default-information originate
FW1(config-router)# exit
```

PC에서 다음과 같이 디폴트 게이트웨이트를 설정한다. 네트워크 어댑터 설정에서 게이트웨이를 지정했을 경우 하지 않아도 된다.

예제 14-29 디폴트 게이트웨이 설정

```
C:\> route add 0.0.0.0 mask 0.0.0.0 1.1.10.2
```

다음과 같이 FW1에서 NAT를 설정한다.

예제 14-30 NAT 설정

```
① FW1(config)# object network Inside_Outside_NAT
   FW1(config-network-object)# subnet 10.1.10.0 255.255.255.0
   FW1(config-network-object)# nat (inside,internet) dynamic interface

② FW1(config)# object network DMZ_NAT_UDP_DNS
   FW1(config-network-object)# host 1.1.10.1
   FW1(config-network-object)# nat (dmz,internet) static 192.168.1.200 service
udp domain domain
   FW1(config)# object network DMZ_NAT_TCP_DNS
   FW1(config-network-object)# host 1.1.10.1
   FW1(config-network-object)# nat (dmz,internet) static 192.168.1.200 service
tcp domain domain
```

① internal 네트워크에서 인터넷과의 통신을 위한 설정이다.

② IP 주소가 1.1.10.1인 R1을 내부 DNS 서버라고 가정한다. 정적 PAT를 이용하여 IP 주소 192.168.1.200으로 들어오는 DNS 질의를 1.1.10.1로 변환하여 R1에게 전송하게 하는 설정이다. 실무에서는 192.168.1.200 대신 적절한 공인 IP 주소를 사용하면 된다.

internal에서 dmz로는 따로 설정을 하지 않아도 주소변환이 되지 않고 통신이 가능하다. 다음으로 인터넷에서 DNS 서버인 R1에게 가는 DNS 질의를 통과시키고, 핑 테스트를 위하여 FW1에서 다음과 같이 ACL을 설정한다.

예제 14-31 ACL 설정

```
FW1(config)# access-list INTERNET-IN permit udp any host 1.1.10.1 eq 53
FW1(config)# access-list INTERNET-IN permit tcp any host 1.1.10.1 eq 53
FW1(config)# access-list INTERNET-IN permit icmp any any

FW1(config)# access-group INTERNET-IN in interface internet
```

internal과 dmz 네트워크간의 통신을 위하여 다음과 같은 ACL을 설정한다.

예제 14-32 ACL 설정

```
FW1(config)# access-list DMZ-IN permit ip 1.1.10.0 255.255.255.0 10.1.10.0
255.255.255.0
FW1(config)# access-group DMZ-IN in interface dmz
```

다음과 같이 PC에서 내부의 DNS 서버인 1.1.10.1과 구글의 DNS 서버인 8.8.8.8과
의 통신을 핑으로 확인한다.

예제 14-33 핑 테스트

```
C:\> ping 1.1.10.1
C:\> ping 8.8.8.8
```

이제, 검사 폴리시 맵을 이용하여 DNS 트래픽을 제어하기 위한 테스트 네트워크가
완성되었다.

DNS 검사 클래스 맵

DNS 트래픽을 분류할 때 사용하는 검사 클래스 맵에서 사용할 수 있는 match
조건은 다음과 같다.

예제 14-34 DNS 검사 클래스 맵에서 사용할 수 있는 match 조건

```
FW1(config)# class-map type inspect dns C-DNS
FW1(config-cmap)# match ?

mpf-class-map mode commands/options:
```

```
①   dns-class        Match a DNS query or resource-record class
②   dns-type         Match a DNS query or resource-record type
③   domain-name      Match domain-name from DNS query or resource-record
④   header-flag      Match a DNS flag in header
    not              Negate this match result
⑤   question         Match DNS question
⑥   resource-record  Match DNS resource-record
```

① 다음과 같이 DNS 클래스 타입에 따라 패킷을 분류한다.

예제 14-35 DNS 클래스 타입에 따른 분류

```
FW1(config)# class-map type inspect dns C-DNS
FW1(config-cmap)# match dns-class eq ?
 <0-65535>  DNS class field value
  IN         Internet
```

② 다음과 같이 DNS 타입에 따라 패킷을 분류한다.

예제 14-36 DNS 타입에 따른 분류

```
FW1(config)# class-map type inspect dns C-DNS
FW1(config-cmap)# match dns-type eq ?

mpf-class-map mode commands/options:
 <0-65535>  DNS type field value
  A          IPv4 address
  AAAA        IPv6 address
  AXFR       Transfer of an entire zone
  CNAME       Canonical name
  IXFR       Incremental transfer
  NS         Authoritative name server
  PTR         PTR records (reverse lookup)
  SOA         Start of a zone of authority
  TSIG       Transaction signature
```

③ 다음과 같이 DNS 질의나 리소스 레코드에 명시된 도메인 이름으로 패킷을 분류한다.

예제 14-37 도메인 이름으로 패킷 분류

```
FW1(config)# class-map type inspect dns C-DNS
FW1(config-cmap)# match domain-name regex ?

mpf-class-map mode commands/options:
  WORD < 41 char  Specify a regular expression name configured via 'regex'
  class           Match a regular expression class
```

④ 다음과 같이 DNS 헤더 플래그 값에 따라 패킷을 분류한다.

예제 14-38 DNS 헤더 플래그 값에 따fms 분류

```
FW1(config)# class-map type inspect dns C-DNS
FW1(config-cmap)# match header-flag ?

mpf-class-map mode commands/options:
  <0x0-0xffff>  DNS flag field value in hexadecimal beginning with 0x
  AA            Authoritative Answer
  QR            Query
  RA            Recursion Available
  RD            Recursion Desired
  TC            TrunCation
  eq            Flag equal to operator for exact match
```

⑤ 다음과 같이 DNS 질의 섹션을 지정할 때 사용한다. 보통 다른 DNS **match** 명령어와 함께 사용하여 특정한 질의나 RR 타입을 이용하여 패킷을 분류한다.

예제 14-39 특정한 질의나 RR 타입을 이용한 패킷 분류

```
FW1(config)# class-map type inspect dns C-DNS
FW1(config-cmap)# match question ?
  <cr>
```

⑥ 다음과 같이 DNS 리소스 레코드가 소속된 섹션을 기준으로 패킷을 분류한다.

예제 14-40 DNS 리소스 레코드가 소속된 섹션을 기준으로 패킷 분류

```
FW1(config)# class-map type inspect dns C-DNS
FW1(config-cmap)# match resource-record ?
```

```
mpf-class-map mode commands/options:
  additional  Additional resource record
  answer      Answer resource record
  authority   Authority resource record
FW1(config-cmap)# match resource-record
```

이상으로 검사 클래스 맵으로 DNS 패킷을 분류하는 방법에 대하여 살펴보았다.

DNS 검사 폴리시 맵

DNS 검사 폴리시 맵에서 사용할 수 있는 주요 명령어는 다음과 같이 **class, match** 및 **parameters**가 있다.

예제 14-41 DNS 검사 폴리시 맵에서 사용할 수 있는 주요 명령어

```
FW1(config)# policy-map type inspect dns P-DNS
FW1(config-pmap)# ?

MPF policy-map configuration commands
①  class        Policy criteria
    description  Specify policy-map description
    exit         Exit from MPF policy-map configuration mode
    help         Help for MPF policy-map configuration commands
②  match        Specify policy criteria via inline match
    no           Negate or set default values of a command
③  parameters   Specify this keyword to enter policy parameters.
    rename       Rename this policy-map
    <cr>
```

① class 명령어는 앞서 설정한 클래스 맵을 호출할 때 사용한다. class 명령어 내부에서 사용할 수 있는 명령어는 다음과 같다.

예제 14-42 class 명령어 내부에서 사용할 수 있는 명령어

```
FW1(config)# policy-map type inspect dns P-DNS
FW1(config-pmap)# class C-DNS
FW1(config-pmap-c)# ?

MPF policy-map class configuration commands:
ⓐ  drop         Drop packet
```

```
ⓑ   drop-connection   Drop connection
ⓒ   enforce-tsig      Enforce TSIG resource-record in a message
    exit              Exit from MPF policy-map class submode
    help              Help for MPF policy-map class/match submode commands
ⓓ   log               Generate a log message
    no                Negate or set default values of a command
    quit              Exit from MPF policy-map class submode
```

ⓐ 해당 패킷들을 폐기한다.

ⓑ 해당 패킷들을 폐기하고, 접속을 종료한다. 결과적으로 해당 접속은 접속 데이터 베이스에서 제거되고, 이후의 패킷들도 모두 폐기된다.

ⓒ TSIG 리소스 레코드가 없을 때의 동작을 지정한다. 패킷의 폐기, 로그 생성 또는 두가지 일을 모두 할 수 있게 한다. TSIG (transaction signature)는 DNS 업데 이트시 인증을 위하여 사용된다.

ⓓ 로그 메시지를 생성한다.

② match 명령어는 미리 클래스 맵으로 분류하지 않고 검사 폴리시 맵내에서 직접 트래픽을 분류할 때 사용한다. 분류하는 내용은 다음과 같이 검사 클래스 맵과 동일 하다.

예제 14-43 match 명령어 옵션

```
FW1(config)# policy-map type inspect http P-DNS
FW1(config-pmap)# match ?

MPF policy-map class configuration commands:
    dns-class         Match a DNS query or resource-record class
    dns-type          Match a DNS query or resource-record type
    domain-name       Match domain-name from DNS query or resource-record
    header-flag       Match a DNS flag in header
    not               Negate this match result
    question          Match DNS question
    resource-record   Match DNS resource-record
```

match 명령어를 이용하여 검사 폴리시 맵 내부에서 트래픽을 분류한 후, 다음과 같이 필요한 동작을 설정한다. 이때 사용 가능한 명령어들은 앞서 설명한 class

명령어 내부에서 사용한 것과 동일하다.

예제 14-44 match 명령어 동작

```
FW1(config)# policy-map type inspect http P-DNS
FW1(config-pmap)# match header-flag aa
FW1(config-pmap-c)# ?

MPF policy-map class configuration commands:
  drop                Drop packet
  drop-connection     Drop connection
  enforce-tsig        Enforce TSIG resource-record in a message
  exit                Exit from MPF policy-map class submode
  help                Help for MPF policy-map class/match submode commands
  log                 Generate a log message
  mask                Mask portion of a message  ⓐ
  no                  Negate or set default values of a command
  quit                Exit from MPF policy-map class submode
```

ⓐ **mask** 옵션은 해당 헤더 플래그를 읽지 못하게 지운다.

③ **parameters** 명령어 내부에서 사용할 수 있는 서브 명령어들은 다음과 같다.

예제 14-45 parameters 서브 명령어

```
FW1(config)# policy-map type inspect http P-DNS
FW1(config-pmap)# parameters
FW1(config-pmap-p)# ?

MPF policy-map class configuration commands:
 ⓐ dns-guard             Enforce one DNS response per query
    exit                 Exit from MPF policy-map parameter configuration
                         submode
    help                 Help for MPF policy-map parameter submode
                         commands
 ⓑ id-mismatch           Report excessive instances of DNS identifier mismatch
 ⓒ id-randomization      Randomize DNS identifier in DNS query message
 ⓓ message-length        DNS message length
 ⓔ nat-rewrite           Translate IP address in A record
    no                   Negate or set default values of a command
 ⓕ protocol-enforcement  DNS message format check
    quit                 Exit from MPF policy-map parameter configuration
                         submode
 ⓖ tsig                  TSIG resource record related configuration
```

ⓐ 하나의 DNS 질의당 하나의 응답만 허용한다.

ⓑ DNS 질의와 응답 메시지의 ID 값이 다른 메시지가 과도하게 수신되었을 때 로그 메시지를 표시하게 한다. 기본적으로는 비활성화되어 있으며, 활성화시키면서 별도의 값을 지정하지 않으면 3초간 30개 이상의 미스매치가 발생하면 로그 메시지를 생성한다.

ⓒ DNS 질의 메시지의 ID 값을 무작위화시킨다.

ⓓ DNS 메시지의 최대 길이를 지정한다.

ⓔ NAT 동작시 A 레코드 (IP 주소)의 값도 변환시킨다. **inspect dns** 명령어가 설정되어 있으면 이 기능도 자동으로 활성화된다.

ⓕ 도메인 이름의 전체 길이(최대 255 바이트), www, daum, naver, net, com 등과 같은 각 라벨의 길이(최대 63 바이트), DNS 메시지의 포맷 등이 규정에 맞는지를 확인한다.

ⓖ TSIG 리소스 레코드가 없을 때의 동작을 지정한다. 패킷의 폐기, 로그 생성 또는 두가지 일을 모두 하게 할 수 있게 한다. TSIG (transaction signature)는 DNS 업데이트시 인증을 위하여 사용된다.

DNS 검사 폴리시 맵을 이용한 DNS 서버 보호

DNS 검사 폴리시 맵을 이용하여 내부 DNS 서버를 보호하는 설정을 해 보자. 예를 들어, 내부 DNS 서버는 외부에서 오는 질의 중에서 kingschool.co.kr, neverstop.co.kr에 대해서만 응답하고, 내부의 DNS 서버가 모르는 도메인에 대해 다시 다른 서버에게 질의를 요청하는 재귀적 질의 요청도 차단하도록 한다.

이를 위하여 다음과 같이 두 개의 두메인을 지정하는 레직스를 만든다.

예제 14-46 레직스 만들기

```
FW1(config)# regex DOMAIN-NEVERSTOP "neverstop\.co\.kr"
FW1(config)# regex DOMAIN-KINGSCHOOL "kingschool\.co\.kr"
```

앞서 만든 레직스를 하나의 클래스 맵으로 묶는다.

예제 14-47 레직스 클래스 만들기

```
FW1(config)# class-map type regex match-any OUR-DOMAINS
FW1(config-cmap)# match regex DOMAIN-NEVERSTOP
FW1(config-cmap)# match regex DOMAIN-KINGSCHOOL
FW1(config-cmap)# exit
```

DNS 질의 메시지 중에서, 헤더 플래그 코드가 QR(질의 또는 응답)이 아니고, 도메인 이름도 앞서 지정한 두 개가 아닌 것을 골라내는 DNS 검사 클래스 맵을 만든다.

예제 14-48 DNS 검사 클래스 맵

```
FW1(config)# class-map type inspect dns match-all C-OUR-DOMAINS-ONLY
FW1(config-cmap)# match question
FW1(config-cmap)# match not header-flag QR
FW1(config-cmap)# match not domain-name regex class OUR-DOMAINS
FW1(config-cmap)# exit
```

다음과 같이 DNS 검사 폴리시 맵에서 앞서 만든 클래스 맵을 호출한 다음, 여기에 해당하는 메시지들은 폐기하고 로그를 생성한다.

또, 재귀적 질의를 요청하는 RD 플래그가 있으면 마스킹을 하여 서버가 인식하지 못하게 하고 로그를 생성시킨다.

예제 14-49 DNS 검사 폴리시 맵

```
FW1(config)# policy-map type inspect dns P-OUR-DOMAINS-ONLY
FW1(config-pmap)# class C-OUR-DOMAINS-ONLY
FW1(config-pmap-c)# drop log
FW1(config-pmap-c)# exit
FW1(config-pmap)# match header-flag RD
FW1(config-pmap-c)# mask log
FW1(config-pmap-c)# exit
FW1(config-pmap)# exit
```

다음과 같이 외부에서 요청받은 DNS 질의 패킷만 지정하는 일반 클래스 맵을 만든다.

```
FW1(config)# access-list DNS-QUERY deny udp 10.1.10.0 255.255.255.0 host 1.1.10.1
FW1(config)# access-list DNS-QUERY deny tcp 10.1.10.0 255.255.255.0 host 1.1.10.1

FW1(config)# access-list DNS-QUERY permit udp any host 1.1.10.1 eq 53
FW1(config)# access-list DNS-QUERY permit tcp any host 1.1.10.1 eq 53

FW1(config)# class-map C-DNS-QUERY
FW1(config-cmap)# match access-list DNS-QUERY
FW1(config-cmap)# exit
```

P-DMZ라는 일반 폴리시 맵을 만든 다음, DNS 메시지를 검사하면서 앞서 설정한 DNS 검사 폴리시 맵을 호출한다.

예제 14-51 일반 폴리시 맵

```
FW1(config)# policy-map P-DMZ
FW1(config-pmap)# class C-DNS-QUERY
FW1(config-pmap-c)# inspect dns P-OUR-DOMAINS-ONLY
FW1(config-pmap-c)# exit
FW1(config-pmap)# exit
```

앞서 만든 일반 폴리시 맵을 dmz 인터페이스에 적용한다.

예제 14-52 일반 폴리시 맵 활성화

```
FW1(config)# service-policy P-DMZ interface dmz
```

R1에 DNS서버를 설정한다.

확인을 위하여 neverstop.co.kr의 IP를 구글의 DNS 서버인 8.8.8.8로 지정하고 정책에 지정하지 않은 daum.net에 대한 IP는 KT의 DNS 서버인 168.126.63.1로 설정한다.

예제 14-53 도메인 호스트 설정

```
R1(config)# ip dns server
R1(config)# ip host daum.net 168.126.63.1
```

```
R1(config)# ip host neverstop.co.kr 8.8.8.8
```

가상 PC가 아닌 실제 PC의 이더넷 인터페이스 설정으로 들어가 DNS 서버를 R1의 공인 IP주소 192.168.1.200으로 지정한다.

그림 14-8 하나의 방화벽으로 구성된 네트워크

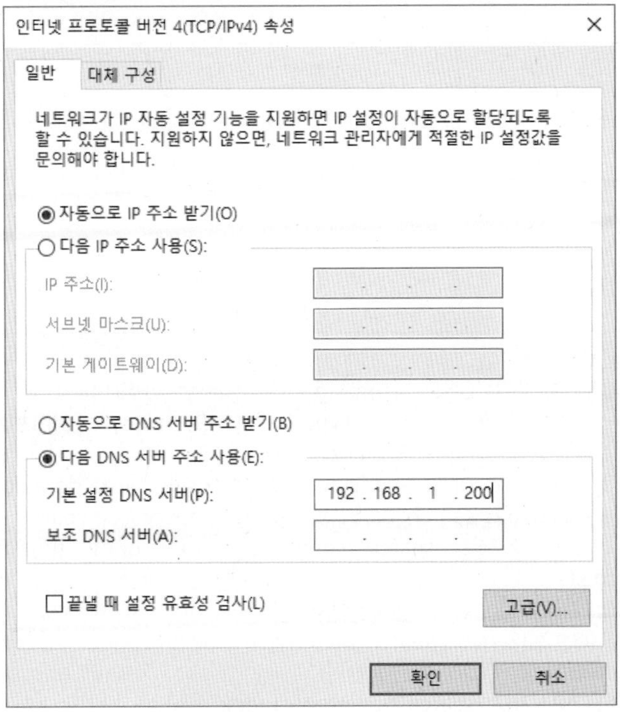

설정을 마쳤으면 cmd 창에서 neverstop.co.kr과 daum.net에 ping을 시도한다. 네버스탑의 경우 R1에서 8.8.8.8로 응답을 해주지만, daum.net의 경우에는 DNS 서버에 등록이 되어있음에도 불구하고 응답하지 않는다.

예제 14-54 핑 테스트

```
C:\> ping neverstop.co.kr

Ping neverstop.co.kr [8.8.8.8] 32바이트 데이터 사용:
8.8.8.8의 응답: 바이트=32 시간=31ms TTL=52
8.8.8.8의 응답: 바이트=32 시간=30ms TTL=52
8.8.8.8의 응답: 바이트=32 시간=31ms TTL=52
```

```
8.8.8.8의 응답: 바이트=32 시간=31ms TTL=52

8.8.8.8에 대한 Ping 통계:
    패킷: 보냄 = 4, 받음 = 4, 손실 = 0 (0% 손실),
왕복 시간(밀리초):
    최소 = 30ms, 최대 = 31ms, 평균 = 30ms

C:\> ping daum.net
Ping 요청에서 daum.net 호스트를 찾을 수 없습니다. 이름을 확인하고 다시 시도하
십 시오.
```

DNS서버인 R1에서 **debug domain**을 이용하여 확인 해보면 외부에서 들어오는
DNS 패킷은 방화벽에서 허용된 질의만 R1으로 전송되어 처리되고 있음을 알 수
있다.

예제 14-55 핑 테스트

```
R1# debug domain
*May  8 08:12:32.761: DNS: Incoming UDP query (id#31148)
*May  8 08:12:32.762: DNS: Type 1 DNS query (id#31148) for host
'neverstop.co.kr' from 192.168.1.41(61171)
*May  8 08:12:32.762: DNS: Servicing request using view default
*May  8 08:12:32.762: search_nametype_index: neverstop.co.kr
*May  8 08:12:32.762: search_nametype_index: found neverstop.co.kr for
neverstop.co.kr
*May  8 08:12:32.762: search_nametype_index: neverstop.co.kr
*May  8 08:12:32.762: search_nametype_index: found neverstop.co.kr for
neverstop.co.kr
*May  8 08:12:32.762: search_nametype_index: co.kr
*May  8 08:12:32.762: search_nametype_index: co.kr
*May  8 08:12:32.762: search_nametype_index: kr
R1#
*May  8 08:12:32.762: search_nametype_index: kr
*May  8 08:12:32.762: search_nametype_index: neverstop.co.kr
*May  8 08:12:32.762: search_nametype_index: found neverstop.co.kr for
neverstop.co.kr
*May  8 08:12:32.762: DNS: Reply to client 192.168.1.41/61171 query A
*May  8 08:12:32.762: DNS: Finished processing query (id#31148) in 0.001
secs
*May  8 08:12:32.762: DNS: Sending response to 192.168.1.41/61171, len 49
R1#
```

검사 폴리시 맵을 이용한 메신저 차단

검사 폴리시 맵을 이용하여 MSN 메신저를 차단해 보자. 다음과 같이 MSN 메신저 트래픽을 차단하는 검사 폴리시 맵을 만든다.

예제 14-56 검사 폴리시 맵

```
FW1(config)# policy-map type inspect im P-MSN
FW1(config-pmap-p)# match protocol msn-im
FW1(config-pmap-c)# drop-connection
FW1(config-pmap-c)# exit
FW1(config-pmap)# exit
```

이처럼 MSN 메신저나 야후 메신저는 **match protocol** 명령어 다음에 **msn-im** 또는 **yahoo-im** 옵션을 사용하여 직접 지정할 수 있기 때문에 제어가 간편하다. 일반 폴리시 맵에서 검사 폴리시 맵을 호출한다.

예제 14-57 일반 폴리시 맵에서 검사 폴리시 맵 호출하기

```
FW1(config)# class-map C-MSN
FW1(config-cmap)# match any
FW1(config-cmap)# exit

FW1(config)# policy-map P-INSIDE
FW1(config-pmap)# class C-MSN
FW1(config-pmap-c)# inspect im P-MSN
FW1(config-pmap-c)# exit
FW1(config-pmap)# exit
```

이번에는 검사 폴리시 맵을 이용하여 네이트온 메신저를 차단해 보자. 네이트온이 동작하는 방식은 다음과 같다. (사용되는 IP 주소, 도메인 이름, 포트 번호 등은 서비스 제공자의 사정에 따라 변경될 수 있다.)

• 정상적인 경우의 동작

1) nateonipml.nate.com에 대한 DNS 질의를 하고, IP 주소 211.234.239.48 을 응답받는다.

2) PC가 IP 주소 211.234.239.48에 TCP 80으로 연결하면 필요시 업그레이드 파일을 다운받는다.

3) PC에서 로그인 정보를 입력하면 인증 서버 dpl.nate.com에 대한 DNS 질의를 하고, IP 주소 203.226.253.91을 응답받는다.

4) PC가 인증 서버 IP 주소 203.226.253.91에 TCP 5004로 연결하여 인증을 한다.

• 인증 서버 dpl.nate.com의 IP 주소를 차단하면 다음과 같이 동작한다.

1) dpl.nate.com에 대한 DNS 질의를 하고, IP 주소 203.226.253.91을 응답받는다.

2) 203.226.253.91, TCP 5004로 연결하지만 차단된다.

3) 또 다른 인증 서버 도메인 이름인 prs.nate.com에 대한 DNS 질의를 하고, IP 주소 203.226.253.73을 응답받는다.

4) PC는 203.226.253.73에게 TCP 80과 1863을 동시에 사용하여 인증요청을 한다.

5) TCP 80을 통한 인증이 이루어지고, TCP 포트 번호 1863을 사용하는 세션은 리셋된다.

• dpl.nate.com의 IP 주소 203.226.253.91, TCP 5004와, prs.nate.com의 IP 주소 203.226.253.73, TCP 80을 차단하면 다음과 같이 동작한다.

1) dpl.nate.com에 대한 DNS 질의를 하고, IP 주소 203.226.253.91을 응답받는다.

2) 203.226.253.91, TCP 5004로 연결하지만 차단된다.

3) prs.nate.com에 대한 DNS 질의를 하고, IP 주소 203.226.253.73을 응답받는다.

4) PC는 203.226.253.73에게 TCP 80과 1863을 동시에 사용하여 인증요청을 한다.

5) TCP 1863을 통한 인증이 이루어지고, TCP 80을 사용하는 세션은 리셋된다.

따라서, 네이트온 메신저를 차단하려면 인증 서버 dpl.nate.com과 prs.nate.com 의 DNS 질의 패킷을 차단하면 된다. 그러나 방화벽을 우회하는 프록시 서버를 사용 하면 앞서와 같은 URL 필터링이 소용이 없다.

이 경우, IPS(intrusion prevention system, 침입방지시스템)를 사용하면 차단 가 능하다. 하지만 다시 SSL 등 암호화된 패킷으로 프록시 서버와 통신하면 IPS로도 막기 어렵다. 이는 네이트온 뿐만 아니라 대부분의 외부 서버와의 통신에 모두 적용 되는 시나리오이다. 그래도 막고 싶으면 NAC(network admission control, network access control) 등을 사용할 수 있다.

네이트온 메신저의 인증 서버 도메인 이름인 dpl.nate.com과 prs.nate.com에 대 한 DNS 질의 패킷을 차단하는 방법은 다음과 같다.

먼저, 두 개의 도메인을 지정하는 레직스를 만든다.

예제 14-58 레직스 만들기

```
FW1(config)# regex NATEON-PRS "prs.nate.com"
FW1(config)# regex NATEON-DPL "dpl.nate.com"
```

앞서 만든 레직스를 하나의 레직스 클래스 맵으로 묶는다.

예제 14-59 레직스 클래스 맵

```
FW1(config)# class-map type regex match-any C-NATEON-AUTHEN-URL
FW1(config-cmap)# match regex NATEON-DPL
FW1(config-cmap)# match regex NATEON-PRS
FW1(config-cmap)# exit
```

DNS 검사 클래스 맵에서 앞서 만든 레직스 클래스 맵으로 패킷을 분류하게 한다.

예제 14-60 DNS 검사 클래스 맵

```
FW1(config)# class-map type inspect dns C-BLOCK-NATEON
FW1(config-cmap)# match domain-name regex class C-NATEON-AUTHEN-URL
FW1(config-cmap)# exit
```

앞의 두 도메인에 대한 질의 패킷을 폐기하고 로그 메시지를 생성시키는 DNS 검사 폴리시 맵을 만든다.

예제 14-61 DNS 검사 폴리시 맵

```
FW1(config)# policy-map type inspect dns P-BLOCK-NATEON
FW1(config-pmap)# class C-BLOCK-NATEON
FW1(config-pmap-c)# drop log
FW1(config-pmap-c)# exit
FW1(config-pmap)# exit
```

DNS 질의 패킷을 지정하는 일반 클래스 맵을 만든다.

예제 14-62 일반 클래스 맵

```
FW1(config)# access-list DNS-CHECK permit udp any any eq domain
FW1(config)# access-list DNS-CHECK permit tcp any any eq domain

FW1(config)# class-map C-DNS-CHECK
FW1(config-cmap)# match access-list DNS-CHECK
FW1(config-cmap)# exit
```

일반 폴리시 맵에서 DNS 패킷을 검사하면서 앞서 만든 검사 폴리시 맵을 적용한다.

예제 14-63 일반 폴리시 맵

```
FW1(config)# policy-map P-INTERNAL
FW1(config-pmap)# class C-DNS-CHECK
FW1(config-pmap-c)# inspect dns P-BLOCK-NATEON
FW1(config-pmap-c)# exit
FW1(config-pmap)# exit
```

앞서 만든 일반 폴리시 맵을 internal 인터페이스에 적용한다.

예제 14-64 일반 폴리시 맵 활성화

```
FW1(config)# service-policy P-INTERNAL interface inside
```

설정 후 가상 PC에서 네이트온을 실행시키고, 로그인 정보를 입력하면 FW1에서 다음과 같은 메시지가 생성된다.

예제 14-65 로그 메시지

%ASA-4-410003: DNS Classification: Dropped DNS request (id 5290) from inside: 10.1.10.1/58778 to internet:8.8.8.8/53; matched Class 31: C-BLOCK-NATEON

또, PC에서는 '네트워크가 연결되지 않았거나 방화벽에 막혀 접속할 수 없다'는 네이트온 메시지가 표시된다.

이상으로 DNS 트래픽을 제어하는 검사 폴리시 맵에 대하여 살펴보았다.

제15장

시큐리티 컨텍스트

시큐리티 컨텍스트 개요

시큐리티 컨텍스트 설정 및 동작 확인

시큐리티 컨텍스트 개요

시큐리티 컨텍스트(security context)란 하나의 ASA를 가상적으로 다수 개의 ASA처럼 사용하는 것을 말한다.

시큐리티 컨텍스트의 용도

시큐리티 컨텍스트가 필요한 경우는 다음과 같은 것들이 있다.

- 하나의 방화벽을 다수의 서로 다른 고객 또는 조직들이 사용할 때
- 17장에서 다루는 Active/Active 이중화와 같이 시큐리티 컨텍스트에서만 동작하는 기능을 이용하고자 할 때

다음과 같이 FW1에 두 개의 부서가 연결된 경우를 생각해 보자. 이 경우 각각의 인터페이스 별로 적절한 보안정책, 라우팅, NAT 등을 설정하여 동작시킨다.

그림 15-1 하나의 방화벽으로 구성된 네트워크

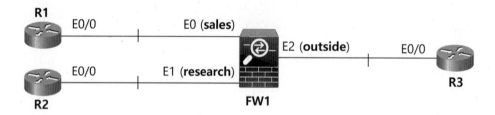

그러나 다음과 같이 가상적으로 두 대의 방화벽을 사용한다면, 더 안전하고 독립적인 보안 정책을 적용시킬 수 있다.

그림 15-2 컨텍스트를 이용한 네트워크

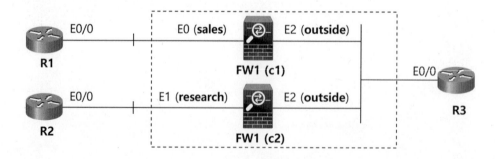

이처럼 하나의 ASA를 다수 개의 방화벽으로 동작시키는 것이 시큐리티 컨텍스트이다.

시큐리티 컨텍스트 동작 방식

- 각 컨텍스트는 독립적인 장비처럼 동작한다. 즉, 독립적인 보안 정책, 인터페이스, 라우팅 테이블, 관리자 등을 가진다.

- ASA로 입력되는 각 패킷들은 해당 컨텍스트로 전송된다. 만약 목적지 MAC 주소가 멀티캐스트, 브로드캐스트이면 패킷을 복사하여 각 컨텍스트로 전송한다.

- 만약 입력 인터페이스를 하나의 컨텍스트가 사용한다면 ASA는 해당 컨텍스트로만 패킷을 전송한다. 나중에 다룰 트랜스패런트(transparent) 모드에서는 각 컨텍스트별로 별개의 인터페이스를 사용한다.

- 복수 개의 컨텍스트가 하나의 인터페이스를 공유할 때는 각 컨텍스트 별로 개별적인 MAC 주소를 부여해야 한다. 이때 수동 또는 자동으로 부여할 수 있다.

- 다중 컨텍스트 모드에서는 RIP, OSPFv3, 멀티캐스팅, QoS 등은 지원되지 않는다. ASA 9.0(1) 버전부터는 EIGRP, OSPFv2와 site-to-site VPN이 지원된다. ASA 버전마다 제한사항이 다르며, 최신 버전일수록 지원하는 기능이 많다.

시큐리티 컨텍스트 설정 및 동작 확인

이번 절에서는 시큐리티 컨텍스트를 설정하여 방화벽의 다중 컨텍스트 모드 (multiple mode)의 동작을 확인해 보도록 한다.

테스트 네트워크 구성

시큐리티 컨텍스트 설정 및 동작 확인을 위해 다음과 같은 테스트 네트워크를 구성한다. 이번에는 방화벽의 서브 인터페이스 설정 연습을 위해, 다음과 같이 스위치를 사용하여 물리적인 망을 구축한다.

그림 15-3 시큐리티 컨텍스트 설정 및 동작 확인을 위한 네트워크

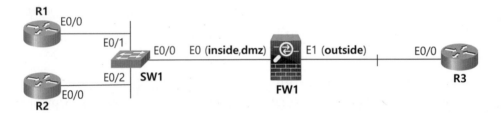

먼저, 방화벽에서 **show version** 명령어를 사용하여 시큐리티 컨텍스트 기능을 지원하는 지 확인한다. 추가적인 라이센스가 필요한 경우라면, **activation-key** 명령어를 사용하여 액티베이션 키를 적용시킨 후, 방화벽을 재부팅해야 다중 컨텍스트 모드(multiple mode)로 변경할 수 있다.

예제 15-1 방화벽 show version 명령어

```
FW1# show version
   (생략)
Licensed features for this platform:
Maximum Physical Interfaces    : Unlimited      perpetual
Maximum VLANs                  : 100            perpetual
Inside Hosts                   : Unlimited      perpetual
Failover                       : Active/Active  perpetual
Encryption-DES                 : Enabled        perpetual
Encryption-3DES-AES            : Enabled        perpetual
Security Contexts              : 2              perpetual
GTP/GPRS                       : Disabled       perpetual
```

```
AnyConnect Premium Peers      : 5000        perpetual
AnyConnect Essentials         : Disabled    perpetual
Other VPN Peers               : 5000        perpetual
Total VPN Peers               : 0           perpetual
Shared License                : Disabled    perpetual
AnyConnect for Mobile         : Disabled    perpetual
AnyConnect for Cisco VPN Phone : Disabled   perpetual
Advanced Endpoint Assessment  : Disabled    perpetual
UC Phone Proxy Sessions       : 2           perpetual
Total UC Proxy Sessions       : 2           perpetual
Botnet Traffic Filter         : Disabled    perpetual
Intercompany Media Engine     : Disabled    perpetual
Cluster                       : Disabled    perpetual

This platform has an ASA 5520 VPN Plus license.
    (생략)
```

다음에는 **show mode** 명령어를 사용하여 방화벽의 컨텍스트 모드를 확인한다. 컨텍스트 모드가 single이면 현재 시큐리티 컨텍스트를 사용하지 않는다는 것을 의미한다.

예제 15-2 단일 컨텍스트 모드

```
FW1(config)# show mode
Security context mode: single
```

다음과 같이 **mode multiple** 명령어를 사용하여 방화벽을 다중 컨텍스트 모드로 전환시킨다. 경고 메시지와 함께 컨텍스트 모드를 변경하면 방화벽이 재부팅된다. 만약 현재 단일 컨텍스트 모드(single mode)라면, 호스트 이름과 패스워드 등을 제외한 대부분의 인터페이스 관련 설정들이 모두 초기화되고, 재부팅된다.

예제 15-3 다중 컨텍스트 모드로 변경

```
FW1(config)# mode multiple
WARNING: This command will change the behavior of the device
WARNING: This command will initiate a Reboot
Proceed with change mode? [confirm]
Convert the system configuration? [confirm]
!
The old running configuration file will be written to flash

Converting the configuration - this may take several minutes for a large configuration
```

```
The admin context configuration will be written to flash

The new running configuration file was written to flash
Security context mode: multiple



***
*** --- SHUTDOWN NOW ---
***
*** Message to all terminals:
***
***     change mode
Process shutdown finished
Rebooting.....
Restarting system.
machine restart
```

방화벽이 재부팅된 후 다시 **show mode** 명령어를 사용해 보면 다중 컨텍스트(multiple)
모드로 변경되어 있다.

예제 15-4 다중 컨텍스트 모드

```
FW1# show mode
Security context mode: multiple
```

이제 시큐리티 컨텍스트 기능을 사용할 준비를 마쳤다. 이번에는 시큐리티 컨텍스트
를 이용하여 다음 그림과 같이 FW1을 두 개의 방화벽처럼 동작시킨다.

그림 15-4 인터페이스 설정 내용

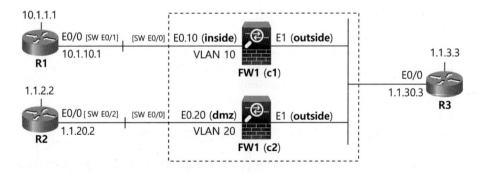

FW1에서 E0 인터페이스를 inside 및 dmz 인터페이스로 사용하기로 한다. 이를 위해 FW1의 E0 인터페이스를 서브 인터페이스로 구성한다.

방화벽 포트에 여유가 있다면 서로 다른 인터페이스를 사용하면 되지만, 이번에는 서브 인터페이스의 설정 및 동작 확인을 위하여 하나의 인터페이스에 두 개의 네트워크를 연결하기로 한다.

먼저 SW1을 설정한다. FW1의 E0에서 서브 인터페이스를 사용할 것이기 때문에, 이와 연결되는 SW1의 E0/0 인터페이스는 트렁크 모드로 설정해야 한다. SW1의 설정은 다음과 같다.

예제 15-5 SW1 설정

```
SW1(config)# vlan 10, 20
SW1(config-vlan)# exit

SW1(config)# interface e0/0
SW1(config-if)# switchport trunk encapsulation dot1q
SW1(config-if)# switchport mode trunk
SW1(config-if)# exit

SW1(config)# interface e0/1
SW1(config-if)# switchport mode access
SW1(config-if)# switchport access vlan 10
SW1(config-if)# exit

SW1(config)# interface e0/2
SW1(config-if)# switchport mode access
SW1(config-if)# switchport access vlan 20
SW1(config-if)# exit
```

FW1에서 다음과 같이 인터페이스를 활성화시킨다. 서브 인터페이스를 만드는 경우, 다음과 같이 VLAN을 할당한다. 각 인터페이스의 이름과 IP 주소 등은 시큐리티 컨텍스트 안에서 설정하므로 지금 설정하지 않는다.

예제 15-6 FW1 인터페이스 설정

```
FW1(config)# interface e0
FW1(config-if)# no shut
```

```
FW1(config-if)# interface e0.10
FW1(config-subif)# vlan 10
FW1(config-subif)# exit

FW1(config)# interface e0.20
FW1(config-subif)# vlan 20
FW1(config-subif)# exit

FW1(config)# interface e1
FW1(config-if)# no shut
FW1(config-if)# exit
```

마지막으로 각 라우터의 인터페이스에 IP 주소를 부여하고 활성화시킨다. R1의 설정은 다음과 같다.

예제 15-7 R1 인터페이스 설정

```
R1(config)# interface e0/0
R1(config-if)# ip address 10.1.10.1 255.255.255.0
R1(config-if)# no shut
R1(config-if)# exit

R1(config)# interface lo0
R1(config-if)# ip address 10.1.1.1 255.255.255.0
```

R2의 설정은 다음과 같다.

예제 15-8 R2 인터페이스 설정

```
R2(config)# interface e0/0
R2(config-if)# ip address 1.1.20.2 255.255.255.0
R2(config-if)# no shut
R2(config-if)# exit

R2(config)# interface lo0
R2(config-if)# ip address 1.1.2.2 255.255.255.0
```

R2의 설정은 다음과 같다.

예제 15-9 R3 인터페이스 설정

```
R3(config)# interface e0/0
R3(config-if)# ip address 1.1.30.3 255.255.255.0
R3(config-if)# no shut
R3(config-if)# exit

R3(config)# interface lo0
R3(config-if)# ip address 1.1.3.3 255.255.255.0
```

이상으로 FW1과 스위치, 라우터의 기본적인 설정이 끝났다.

컨텍스트 만들기

컨텍스트를 동작시키기 위해서는 먼저 admin 컨텍스트가 존재해야 한다. admin 컨텍스트는 일반 컨텍스트로 사용할 수도 있지만, 관리자가 방화벽 전체를 제어하기 위하여 원격에서 접속할 때 주로 사용한다.

ASA에는 다음과 같이 'admin'이라는 이름의 admin 컨텍스트가 만들어져 있다.

예제 15-10 admin 컨텍스트

```
FW1# show run context

admin-context admin
context admin
  config-url disk0:/admin.cfg
!

FW1#
```

만약 admin 컨텍스가 없다면 다음과 같이 만든다.

예제 15-11 admin 컨텍스트 만들기

```
① FW1(config)# admin-context admin
② FW1(config)# context admin
③ FW1(config-ctx)# config-url flash:/admin.cfg
```

① admin이라는 이름의 admin 컨텍스트를 정의한다. admin 대신 다른 이름을 사용해도 된다.

② admin 컨텍스트 내부로 들어간다.

③ admin 컨텍스트의 설정 내용을 저장할 위치를 지정한다.

admin 컨텍스트가 존재한다면, 다음 그림과 같이 c1, c2 컨텍스트를 만든다.

그림 15-5 두 개의 컨텍스트

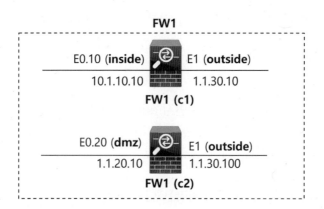

FW1에서 다음과 같이 설정한다.

예제 15-12 컨텍스트 만들기

```
① FW1(config)# context c1
② FW1(config-ctx)# allocate-interface e0.10
   FW1(config-ctx)# allocate-interface e1
③ FW1(config-ctx)# config-url c1.cfg
   FW1(config-ctx)# exit

   FW1(config)# context c2
   FW1(config-ctx)# allocate-interface e0.20
   FW1(config-ctx)# allocate-interface e1
   FW1(config-ctx)# config-url c2.cfg
   FW1(config-ctx)# exit
```

① 'c1'이라는 컨텍스트를 만든다.

② 해당 컨텍스트에서 사용할 인터페이스를 할당한다.

③ c1 컨텍스트의 설정 내용을 저장할 위치를 지정한다.

c2 컨텍스트도 동일한 방법으로 만들고, **show context** 명령어를 사용하여 현재 설정된 컨텍스트를 확인한다.

예제 15-13 show context 명령어

```
FW1# show context
Context Name    Class      Interfaces      Mode      URL
*admin          default                    Routed    disk0:/admin.cfg
 c1             default    Ethernet0.10,   Routed    disk0:/c1.cfg
                           Ethernet1
 c2             default    Ethernet0.20,   Routed    disk0:/c2.cfg
                           Ethernet1

Total active Security Contexts: 3
```

현재 FW1에는 4개의 컨텍스트가 있다. **show context** 명령어에서 볼 수 있는 admin, c1, c2 컨텍스트 외에도 시스템 컨텍스트가 존재한다.

시스템 컨텍스트는 시스템을 재부팅하거나, 추가적인 컨텍스트를 만드는 등 시스템 전체를 관장하는 컨텍스트를 말하며, 현재의 위치가 시스템 컨텍스트이다.

컨텍스트 이동하기

컨텍스트 사이를 이동하려면 **changeto context** 명령어를 사용한다. 예를 들어, c1 컨텍스트로 이동하는 방법은 다음과 같다.

예제 15-14 c1 컨텍스트로 이동하기

```
FW1# changeto context c1
FW1/c1#
```

그러면, 프롬프트가 현재의 컨텍스트를 나타내는 것으로 변경된다. 다음과 같이 admin 컨텍스트로 이동해 보자.

예제 15-15 admin 컨텍스트로 이동하기

```
FW1/c1# changeto con admin
FW1/admin#
```

역시 프롬프트가 변경된다. 시스템 컨텍스트로 빠져나가려면 **changeto context system** 또는 간단히 **changeto system** 명령어를 사용하면 된다.

예제 15-16 시스템 컨텍스트로 이동하기

```
FW1/admin# changeto sys
FW1#
```

컨텍스트 기본 설정

이제, c1 컨텍스트를 설정한다. 다음과 같이 c1 컨텍스트로 들어간다.

예제 15-17 c1 컨텍스트로 들어가기

```
FW1# changeto context c1
FW1/c1#
```

다음과 같이 **show interface ip brief** 명령어를 사용하면, 현재 c1 컨텍스트에 할당된 인터페이스를 확인할 수 있다.

예제 15-18 c1 컨텍스트에 할당된 인터페이스 확인

```
FW1/c1# show interface ip brief
Interface       IP-Address      OK? Method Status          Protocol
Ethernet0.10    unassigned      YES unset  up              up
Ethernet1       unassigned      YES unset  up              up
```

다음과 같이 c1에 할당된 E1 인터페이스를 셧다운시켜보자.

예제 15-19 인터페이스 셧다운

```
FW1/c1(config)# interface e1
FW1/c1(config-if)# shutdown
```

c1에서 확인해보면 다음과 같이 E1 인터페이스가 비활성화된다.

예제 15-20 비활성화된 인터페이스

```
FW1/c1# show interface ip brief
Interface       IP-Address    OK?   Method Status                     Protocol
Ethernet0.10    unassigned    YES   unset  up                         up
Ethernet1       unassigned    YES   unset  administratively down down
FW1/c1#
```

그러나 c2에서 확인해 보면 E1 인터페이스는 그대로 활성화되어 있다.

예제 15-21 c1의 영향을 받지 않은 c2 인터페이스

```
FW1/c1# changeto context c2

FW1/c2# show interface ip brief
Interface       IP-Address    OK?   Method Status     Protocol
Ethernet0.20    unassigned    YES   unset  up         up
Ethernet1       unassigned    YES   unset  up         up
FW1/c2#
```

이처럼 하나의 컨텍스트 내부에서 인터페이스를 활성화/비활성화 시키면 해당 컨텍스트 내부에만 영향을 미친다.

설정한 내용을 저장하려면 시스템 컨텍스트에서 **write memory all** 명령어를 사용하거나 각 컨텍스트내에서 **wr**과 같은 저장 명령어를 사용해야 한다.

c1 컨텍스트에서 E1 인터페이스를 다시 활성화시킨다.

예제 15-22 c1 컨텍스트에서 E1 인터페이스 활성화

```
FW1/c1(config)# interface e1
FW1/c1(config-if)# no shut
```

이번에는 각 인터페이스에 IP 주소를 부여한다. outside로 사용할 E1 인터페이스는 c2와 공유하므로, 서로 다른 MAC 주소를 부여해야 한다.

다음과 같이 **mac-address** 명령어를 이용하여 직접 MAC 주소를 부여하거나, 시스템 컨텍스트에서 **mac-address auto** 명령어를 사용한다.

예제 15-23 인터페이스 IP 주소 부여

```
FW1/c1(config)# interface e0.10
FW1/c1(config-if)# nameif inside
FW1/c1(config-if)# ip address 10.1.10.10 255.255.255.0
FW1/c1(config-if)# exit

FW1/c1(config)# interface e1
FW1/c1(config-if)# nameif outside
FW1/c1(config-if)# ip address 1.1.30.10 255.255.255.0
FW1/c1(config-if)# mac-address 0000.0000.0010
FW1/c1(config-if)# exit
```

인터페이스 설정 후, 다음과 같이 c1의 라우팅 테이블을 확인한다.

예제 15-24 c1의 라우팅 테이블

```
FW1/c1# show route
    (생략)
Gateway of last resort is not set

C    1.1.30.0 255.255.255.0 is directly connected, outside
C    10.1.10.0 255.255.255.0 is directly connected, inside
```

인접한 장비까지의 통신을 핑으로 확인한다.

예제 15-25 인접한 장비로 핑 테스트

```
FW1/c1# ping 10.1.10.1
Type escape sequence to abort.
Sending 5, 100-byte ICMP Echos to 10.1.10.1, timeout is 2 seconds:
!!!!!
Success rate is 100 percent (5/5), round-trip min/avg/max = 1/1/1 ms

FW1/c1(config)# ping 1.1.30.3
Type escape sequence to abort.
Sending 5, 100-byte ICMP Echos to 1.1.30.3, timeout is 2 seconds:
!!!!!
Success rate is 100 percent (5/5), round-trip min/avg/max = 1/1/1 ms
```

c1이 제대로 동작하면 이번에는 컨텍스트 c2를 설정한다.

컨텍스트 c2 설정

```
FW1/c1(config)# changeto con c2

FW1/c2(config)# interface e0.20
FW1/c2(config-if)# nameif dmz
FW1/c2(config-if)# security-level 50
FW1/c2(config-if)# ip address 1.1.20.10 255.255.255.0
FW1/c2(config-if)# exit

FW1/c2(config)# interface e1
FW1/c2(config-if)# nameif outside
FW1/c2(config-if)# ip address 1.1.30.100 255.255.255.0
FW1/c2(config-if)# mac-address 0000.0000.0100
FW1/c2(config-if)# exit
```

c2에서도 라우팅 테이블을 확인하고, 인접 장비까지의 통신을 핑으로 확인한다.

컨텍스트에서 라우팅 설정하기

다음 그림과 같이 각 라우터와 방화벽의 컨텍스트에서 정적인 라우팅을 설정한다.

그림 15-6 정적 라우팅 설정 내용

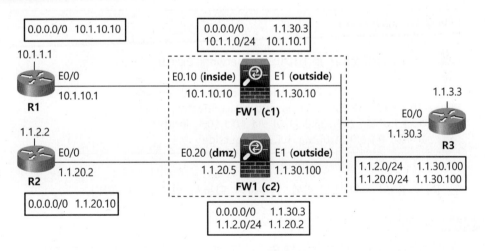

각 라우터의 설정은 다음과 같다.

예제 15-27 라우터의 라우팅 설정

```
R1(config)# ip route 0.0.0.0 0.0.0.0 10.1.10.10

R2(config)# ip route 0.0.0.0 0.0.0.0 1.1.20.10

R3(config)# ip route 1.1.2.0 255.255.255.0 1.1.30.100
R3(config)# ip route 1.1.20.0 255.255.255.0 1.1.30.100
```

각 컨텍스트에서 다음과 같이 라우팅을 설정한다.

예제 15-28 컨텍스트에서의 라우팅 설정

```
FW1/c1(config)# route outside 0 0 1.1.30.3
FW1/c1(config)# route inside 10.1.1.0 255.255.255.0 10.1.10.1

FW1/c1(config)# changeto context c2
FW1/c2(config)# route outside 0 0 1.1.30.3
FW1/c2(config)# route dmz 1.1.2.0 255.255.255.0 1.1.20.2
```

라우팅 설정이 끝나면 다음과 같이 c1의 라우팅 테이블을 확인한다.

예제 15-29 c1의 라우팅 테이블

```
FW1/c1# show route
      (생략)
Gateway of last resort is 1.1.30.3 to network 0.0.0.0

C    1.1.30.0 255.255.255.0 is directly connected, outside
C    10.1.10.0 255.255.255.0 is directly connected, inside
S    10.1.1.0 255.255.255.0 [1/0] via 10.1.10.1, inside
S*   0.0.0.0 0.0.0.0 [1/0] via 1.1.30.3, outside
```

또, R1과 R3의 루프백 주소까지 통신이 되는지 핑으로 확인한다.

예제 15-30 핑 테스트

```
FW1/c1# ping 10.1.1.1
FW1/c1# ping 1.1.3.3
```

c2에서도 R2과 R3의 루프백 주소까지 통신이 되는지 핑으로 확인한다.

예제 15-31 핑 테스트

```
FW1/c2# ping 1.1.2.2
FW1/c2# ping 1.1.3.3
```

이상으로 라우팅 설정이 끝났다.

컨텍스트에서의 NAT 설정

현재, c1의 inside 인터페이스와 연결되는 내부망에는 사설 IP주소를 사용하고 있다. 내부망과 외부가 통신할 수 있도록 c1에서 동적인 PAT를 설정해 보자.

예제 15-32 동적인 PAT 설정

```
FW1/c1(config)# object network Inside
FW1/c1(config-network-object)# subnet 10.1.10.0 255.255.255.0
FW1/c1(config-network-object)# nat (inside,outside) dynamic interface
FW1/c1(config-network-object)# exit

FW1/c1(config)# object network Inside_Lo0
FW1/c1(config-network-object)# subnet 10.1.1.0 255.255.255.0
FW1/c1(config-network-object)# nat (inside,outside) dynamic interface
FW1/c1(config-network-object)# exit
```

설정 후 다음과 같이 R1에서 R3으로 텔넷이 되는지 확인한다.

예제 15-33 텔넷 확인

```
R1# telnet 1.1.3.3
Trying 1.1.3.3 ... Open
User Access Verification
Password:
R3>
```

c1에서 확인해 보면 R1의 사설 IP 주소 10.1.10.1이 c1의 outside 인터페이스 주소인 1.1.30.5로 변환되어 있다.

예제 15-34 c1의 NAT 테이블

```
FW1/c1# show xlate
1 in use, 1 most used
Flags: D - DNS, e - extended, I - identity, i - dynamic, r - portmap,
       s - static, T - twice, N - net-to-net
TCP PAT from inside:10.1.10.1/35522 to outside:1.1.30.10/35522 flags ri idle
0:00:10 timeout 0:00:30
```

이상으로 컨텍스트에서 NAT(PAT)를 설정해 보았다.

컨텍스트에서의 보안 정책 설정

다음과 같이 MPF를 이용하여 R1에서 R3까지 핑이 되도록 설정해 보자.

예제 15-35 핑 허용하기

```
FW1/c1(config)# policy-map global_policy
FW1/c1(config-pmap)# class inspection_default
FW1/c1(config-pmap-c)# inspect icmp
FW1/c1(config-pmap-c)# end
```

이제, 다음과 같이 R1에서 외부망까지 핑이 된다.

예제 15-36 핑 테스트

```
R1# ping 1.1.3.3
Type escape sequence to abort.
Sending 5, 100-byte ICMP Echos to 1.1.3.3, timeout is 2 seconds:
!!!!!
Success rate is 100 percent (5/5), round-trip min/avg/max = 1/1/3 ms
```

이번에는 ACL을 이용하여 외부망에서 dmz까지 텔넷이 되도록 해보자.

예제 15-37 ACL 설정

```
FW1/c1(config)# changeto context c2
FW1/c2(config)# access-list Outside-inbound permit tcp any host 1.1.2.2 eq 23
FW1/c2(config)# access-group Outside-inbound in interface outside
```

이제, 다음과 같이 R3에서 dmz 내부의 R2까지 텔넷이 된다.

예제 15-38 텔넷 테스트

```
R3# telnet 1.1.2.2
Trying 1.1.2.2 ... Open
User Access Verification
Password:
R2> quit
```

이상으로 컨텍스트에서 간단한 보안정책을 설정해 보았다.

admin 컨텍스트

다음과 같이 R1에서 c1로 SSH를 이용하여 접속할 수 있도록 설정해 보자.

예제 15-39 SSH 접속 설정

```
FW1/c1(config)# username user1 password cisco123
FW1/c1(config)# aaa authentication ssh console LOCAL
FW1/c1(config)# crypto key generate rsa modulus 1024
FW1/c1(config)# ssh 10.1.10.0 255.255.255.0 inside
```

설정 후 R1에서 c1으로 SSH 접속이 된다. 그러나 다른 컨텍스트로 이동하려면
현재 실행 공간에서는 유효하지 않은 명령어라는 메시지가 표시된다.

예제 15-40 c1으로 SSH 접속하기

```
R1# ssh -l user1 10.1.10.10
Password:

FW1/c1> enable
Password:

FW1/c1# changeto context c2
Command not valid in current execution space
FW1/c1# quit
Logoff

[Connection to 10.1.10.10 closed by foreign host]
R1#
```

이처럼 원격에서 시스템 전체나 다른 컨텍스트를 제어하려면 admin 컨텍스트로 접속해야 한다. 현재 admin 컨텍스트에는 할당된 인터페이스가 없다.

예제 15-41 admin 컨텍스트 할당된 인터페이스

```
FW1/c1# changeto context admin

FW1/admin# show interface ip brief
Interface        IP-Address      OK?  Method    Status         Protocol
FW1/admin#
```

다음과 같이 시스템 컨텍스트로 나가서 admin 컨텍스트에 인터페이스를 할당해 보자.

예제 15-42 admin 컨텍스트에 인터페이스 할당하기

```
FW1/admin# changeto system

FW1# conf t
FW1(config)# mac-address auto

FW1(config)# context admin
FW1(config-ctx)# allocate-interface e0.10
FW1(config-ctx)# allocate-interface e1
```

다시 admin 컨텍스트에서 확인해 보면 인터페이스가 할당되어 있다.

예제 15-43 admin 컨텍스트 할당된 인터페이스

```
FW1(config)# changeto context admin

FW1/admin(config)# show interface ip brief
Interface        IP-Address      OK?  Method  Status         Protocol
Ethernet0.10     unassigned      YES  unset   up             up
Ethernet1        unassigned      YES  unset   up             up
```

다음과 같이 admin 컨텍스트의 인터페이스에도 IP 주소를 부여해 보자.

예제 15-44 인터페이스에 IP 주소 부여

```
FW1/admin(config)# interface e0.10
FW1/admin(config-if)# nameif inside
FW1/admin(config-if)# ip address 10.1.10.7 255.255.255.0
FW1/admin(config-if)# exit

FW1/admin(config)# interface e1
FW1/admin(config-if)# nameif outside
FW1/admin(config-if)# ip address 1.1.30.7 255.255.255.0
```

다음과 같이 인접한 장비까지 통신이 되는지 핑으로 확인한다.

예제 15-45 핑 테스트

```
FW1/admin(config)# ping 10.1.10.1
FW1/admin(config)# ping 1.1.30.3
```

원격 접속을 위하여 다음과 같이 inside의 장비에서 admin 컨텍스트로 SSH를 이용하여 접속을 할 수 있도록 설정한다.

예제 15-46 SSH 접속 설정

```
FW1/admin(config)# username admin1 password cisco123
FW1/admin(config)# aaa authentication ssh console LOCAL
FW1/admin(config)# crypto key generate rsa modulus 1024
FW1/admin(config)# ssh 10.1.10.0 255.255.255.0 inside
```

설정 후 다음과 같이 R1에서 admin 컨텍스트로 접속한다.

예제 15-47 admin 컨텍스트 접속

```
R1# ssh -l admin1 10.1.10.7
Password:

FW1/admin> enable
Password:
FW1/admin#
```

이제는 다음과 같이 다른 컨텍스트로 들어갈 수 있다.

```
FW1/admin# changeto context c1
FW1/c1# quit

Logoff


[Connection to 10.1.10.7 closed by foreign host]
R1#
```

이번에는 FW1이 NTP를 이용하여 R3과 시간을 맞추도록 해보자. 먼저 R3을 NTP
서버로 동작시킨다.

```
R3# clock set 1:1:1 may 1 2016
R3# conf t
R3(config)# ntp master
R3(config)# clock timezone KST +9
```

설정 후 확인해 보면 다음과 같이 현재의 시간이 표시된다.

```
R3# show clock
00:00:11.216 KST Sun May 1 2016
```

FW1의 시스템 컨텍스트에서 다음과 같이 NTP를 설정한다.

```
FW1/admin(config)# changeto system

FW1(config)# clock timezone KST +9
FW1(config)# ntp server 1.1.30.3
```

잠시 후 확인해 보면, 다음과 같이 R3으로부터 admin 컨텍스트의 인터페이스를 통하여 NTP 정보를 받아와서 시간이 설정된다.

예제 15-52 시간 확인

```
FW1(config)# show clock
00:01:12.282 KST Sun May 1 2016
```

show ntp associations 명령어를 사용하여 확인해 보면 1.1.30.3에서 받아온 NTP 정보임을 알 수 있다.

예제 15-53 NTP 정보 확인

```
FW1(config)# show ntp associations
    address          ref clock      st  when  poll reach  delay  offset    disp
~1.1.30.3          127.127.1.1      8    10    64    0     0.1  -51588   16000.
* master (synced), # master (unsynced), + selected, - candidate, ~ configured
```

이상으로 방화벽의 시큐리티 컨텍스트에 대하여 살펴보았다.

제16장

트랜스패런트 모드

트랜스패런트 모드 개요

트랜스패런트 모드 설정 및 동작 확인

트랜스패런트 모드 개요

방화벽을 레이어 2 장비로 동작시키는 것을 트랜스패런트 모드(transparent mode)라고 한다. 트랜스패런트 모드를 사용하면 다음과 같은 장점이 있다.

- 라우터(router) 모드와 달리, 외부에서 보았을 때 IP주소의 홉 수가 달라지지 않으므로 방화벽의 존재를 파악하기 힘들어 보안성이 증대된다.
- 기존 장비들의 IP 주소를 변경시킬 필요가 없어 편리하다.
- 동일한 서브넷 상에서 이동하는 패킷을 검사(inspect)하고 필터링할 수 있다.
- 레이어2 트래픽을 검사하고 원하지 않는 트래픽을 필터링할 수 있다.

트랜스패런트 모드

트랜스패런트 모드의 특징은 다음과 같다.

- 트랜스패런트 모드에서는 관리용 IP가 필요하다. 컨텍스트를 사용하는 경우, 각 컨텍스트마다 모두 필요하다.
- 트랜스패런트 모드에서 수신한 패킷의 목적지 주소가 방화벽의 MAC 주소 테이블에 있으면 해당 패킷을 전송하고, 존재하지 않으면 라우터와 동일하게 해당 목적지 MAC 주소에 대한 ARP를 수행한다.
- 트랜스패런트 모드에서는 동적 라우팅 프로토콜을 지원하지 않는다.
- 정적경로는 일부 응용계층 검사를 위해 필요하다.
- 컨텍스트를 사용하는 경우, 두 개 이상의 컨텍스트에서 하나의 물리적 또는 논리적 인터페이스를 함께 사용할 수 없다.
- 컨텍스트를 사용하는 경우, 각 컨텍스트는 별개의 네트워크 주소를 사용한다. 동일한 서브넷을 사용할 수도 있으나, 라우터와 NAT 설정에서 이를 가능하도록 해야 한다.

트랜스패런트 모드 설정 및 동작 확인

트랜스패런트 모드에서는 IP주소를 인터페이스에 설정하지 않고, 대신에 관리용 IP(management IP)주소를 사용한다. 8.4(1) 이전 버전에서는 전체 설정모드에서 관리용 IP주소를 설정하지만, 8.4(1) 버전 이후로는 BVI(Bridge-group Virtual Interface)에서 설정한다.

브리지 그룹과 BVI

시스코 ASA 또는 라우터에서 두 개 이상의 라우티드 인터페이스를 하나의 브로드캐스트 도메인으로 동작시키려면 브리지 그룹(bridge-group)을 사용한다. ASA 버전마다 설정 가능한 브리지 그룹 수는 다르며, 하나의 브리지 그룹에 최대 4개의 물리적 인터페이스 또는 서브인터페이스를 할당할 수 있다.

BVI(Bridge-group Virtual Interface)는 브리지 그룹에 소속된 인터페이스들을 대표하는 가상 인터페이스이며, BVI 인터페이스 번호는 브리지 그룹 번호와 동일하게 설정한다. 또, BVI에 설정되는 관리용 IP(management IP) 주소는 직접 연결된 인터페이스의 네트워크 대역과 동일하게 설정해야 한다.

테스트 네트워크 구성

다음과 같이 트랜스패런트 모드 테스트를 위한 기본 네트워크를 구성한다.

그림 16-1 트랜스패런트 모드 설정을 위한 네트워크

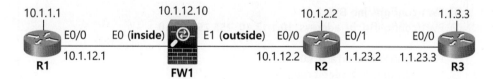

먼저 FW1에서 **show firewall** 명령어를 사용하여 현재 동작 상태를 확인한다.

예제 16-1 show firewall 명령어

```
FW1# show firewall
Firewall mode: Router
```

현재 라우터 모드로 동작 중이다. 동작 모드를 변경할 경우, 동작중인 설정(running configuration)이 초기화되므로 주의한다. 다음과 같이 FW1에서 **firewall transparent** 명령어를 사용하여 트랜스패런트 모드로 변경한다. 다시 라우터 모드로 변경하려면 **no firewall transparent** 명령어를 사용하면 된다.

예제 16-2 트랜스패런트 모드로 변경하기

```
FW1(config)# firewall transparent
ciscoasa(config)# hostname FW1
```

다음과 같이 트랜스패런트 모드로 변경되었는지 확인한다.

예제 16-3 show firewall 명령어

```
FW1# show firewall
Firewall mode: Transparent
```

FW1이 트랜스패런트 모드로 동작한다면, 다음과 같이 설정한다.

예제 16-4 FW1 BVI 및 브리지 그룹 설정

```
① FW1(config)# int BVI 1
② FW1(config-if)# ip address 10.1.12.10 255.255.255.0

  FW1(config)# interface e0
③ FW1(config-if)# bridge-group 1
  FW1(config-if)# nameif inside
  FW1(config-if)# no shut

  FW1(config)# interface e1
③ FW1(config-if)# bridge-group 1
  FW1(config-if)# nameif outside
```

```
FW1(config-if)# no shut
```

① BVI를 설정한다. 인터페이스 번호는 1번부터 100번까지 사용할 수 있으며, 브리지 그룹 번호와 동일하게 설정해야 한다.

② 관리용 IP주소를 부여한다. 직접 연결된 인터페이스와 동일한 서브넷을 사용해야 하므로 10.1.12.0/24에 속한 10.1.12.10 주소를 사용하였다.

③ E0, E1 인터페이스를 브리지 그룹1에 추가한다.

설정 후 **show bridge-group** 명령어를 사용하면, 브리지 그룹 정보를 확인할 수 있다.

예제 16-5 브리지 그룹 정보 확인하기

```
FW1# show bridge-group
Static mac-address entries:  0 (in use), 65535 (max)
Dynamic mac-address entries: 2 (in use), 65535 (max)

Bridge Group: 1
Interfaces:
Ethernet0
Ethernet1

Management System IP Address:  10.1.12.10 255.255.255.0
Management Current IP Address: 10.1.12.10 255.255.255.0
     (생략)
```

인터페이스 상태 정보를 확인해 보면, 다음과 같다.

예제 16-6 인터페이스 상태 정보 확인

```
FW1# show int ip br
Interface        IP-Address         OK? Method Status        Protocol
BVI1             10.1.12.10         YES CONFIG up            up
Ethernet0        10.1.12.10         YES unset   up           up
Ethernet1        10.1.12.10         YES unset   up           up
     (생략)
```

다음에는 각 라우터의 인터페이스에 IP 주소를 부여하고, 활성화시킨다.

예제 16-7 라우터 인터페이스 설정

```
R1(config)# interface e0/0
R1(config-if)# ip address 10.1.12.1 255.255.255.0
R1(config-if)# no shut
R1(config)# interface lo0
R1(config-if)# ip address 10.1.1.1 255.255.255.0

R2(config)# interface e0/0
R2(config-if)# ip address 10.1.12.2 255.255.255.0
R2(config-if)# no shut
R2(config)# interface e0/1
R2(config-if)# ip address 1.1.23.2 255.255.255.0
R2(config-if)# no shut
R2(config)# interface lo0
R2(config-if)# ip address 10.1.2.2 255.255.255.0

R3(config)# interface e0/0
R3(config-if)# ip address 1.1.23.3 255.255.255.0
R3(config-if)# no shut
R3(config)# interface lo0
R3(config-if)# ip address 1.1.3.3 255.255.255.0
```

인터페이스 설정이 끝나면 인접 장비까지의 통신을 핑으로 확인한다.

예제 16-8 핑 테스트

```
FW1(config)# ping 10.1.12.1
FW1(config)# ping 10.1.12.2
```

각 라우터에서 라우팅을 설정한다. R1, R2간에는 OSPF 에어리어 0을 설정한다. 또, R2에서 R3으로 디폴트 루트를 설정한다. R1의 설정은 다음과 같다.

예제 16-9 R1의 설정

```
R1(config)# router ospf 1
R1(config-router)# network 10.1.12.1 0.0.0.0 area 0
R1(config-router)# network 10.1.1.1 0.0.0.0 area 0
```

R2의 설정은 다음과 같다.

예제 16-10 R2의 설정

```
R2(config)# ip route 0.0.0.0 0.0.0.0 1.1.23.3

R2(config)# router ospf 1
R2(config-router)# network 10.1.2.2 0.0.0.0 area 0
R2(config-router)# network 10.1.12.2 0.0.0.0 area 0
R2(config-router)# default-information originate
```

설정 후 FW1에서 로그 메시지를 확인해 보면, 다음과 같이 OSPF 헬로 메시지가 차단되고 있다. 그 이유는 동적 라우팅이 설정된 라우터 모드의 방화벽과 달리, 트랜스패런트 모드에서는 OSPF 헬로 패킷이 방화벽을 통과하여 상대 라우터까지 전송되어야 하기 때문이다. 즉, OSPF 헬로 패킷의 최종 목적지가 방화벽이 아니라 방화벽을 지나가기 때문에 차단된다.

예제 16-11 로그 메시지 확인

```
FW1(config)# logging enable
FW1(config)# logging console 7
FW1(config)# %ASA-5-111008: User 'enable_15' executed the 'logging console 7' command.
%ASA-5-111010: User 'enable_15', running 'CLI' from IP 0.0.0.0, executed 'logging console 7'
%ASA-3-106010: Deny inbound protocol 89 src inside:10.1.12.1 dst outside:224.0.0.5
%ASA-3-106010: Deny inbound protocol 89 src outside:10.1.12.2 dst inside:224.0.0.5

FW1(config)# no logging enable
```

이를 허용하기 위하여 다음과 같이 FW1에서 ACL을 설정한다. 기본적으로 내부에서 외부로 가는 모든 패킷을 허용하고, 외부에서 내부로는 OSPF 패킷만 허용한다.

예제 16-12 FW1의 ACL 설정

```
FW1(config)# access-list Inside-inbound permit ip any any
FW1(config)# access-group Inside-inbound in interface inside

FW1(config)# access-list Outside-inbound permit ospf host 10.1.12.2 any
FW1(config)# access-group Outside-inbound in interface outside
```

잠시 후 R1의 라우팅 테이블을 확인해 보면, 원격지의 네트워크가 인스톨된다.

예제 16-13 R1의 라우팅 테이블

```
R1# show ip route ospf
    (생략)
Gateway of last resort is 10.1.12.2 to network 0.0.0.0

O*E2  0.0.0.0/0 [110/1] via 10.1.12.2, 00:05:22, Ethernet0/0
      10.0.0.0/8 is variably subnetted, 5 subnets, 2 masks
O     10.1.2.2/32 [110/11] via 10.1.12.2, 00:05:22, Ethernet0/0
```

트랜스패런트 모드에서의 보안정책 설정

트랜스패런트 모드에서의 보안정책을 설정하는 것은 라우터 모드와 크게 다르지 않다.
예를 들어, R1에서 R2까지 핑이 되게 하려면 MPF 또는 ACL을 사용하면 된다. ACL을
사용하여 R1의 10.1.12.1에서 R2의 10.1.12.2까지 핑이 되게 설정해 보자.

예제 16-14 FW1의 ACL

```
FW1(config)# access-list Outside-inbound permit icmp host 10.1.12.2 host 10.1.12.1
```

설정 후 R1에서 R2까지 핑이 된다.

예제 16-15 핑 테스트

```
R1# ping 10.1.12.2
Type escape sequence to abort.
Sending 5, 100-byte ICMP Echos to 10.1.12.2, timeout is 2 seconds:
!!!!!
Success rate is 100 percent (5/5), round-trip min/avg/max = 1/1/2 ms
```

트랜스패런트 모드에서의 NAT

트랜스패런트 모드 NAT 설정에는 몇 가지 제한 사항이 있다.

- IPv4와 IPv6 간의 주소변환은 지원하지 않는다.

- 정적/동적 PAT에서 **interface** 키워드를 지원하지 않는다. 트랜스패런트 모

드에서는 인터페이스에 IP주소를 부여하지 않기 때문이다.

- 변환된 내부 IP주소와 BVI의 IP주소가 동일한 네트워크 대역이 아니면, outside 인터페이스를 향하는 라우터에서 정적 경로 설정이 필요하다.

- 주소 변환 대상인 내부 IP주소가 방화벽에서 한 홉 이상 떨어져 있을 경우, inside 인터페이스를 향하는 라우터에서 정적 경로를 설정해야 한다.

다음 그림과 같이, R1이 공인 IP주소 1.1.1.1/24를 출발지 주소로 사용하여 외부와 통신하도록 FW1에서 NAT를 설정해 보자.

그림 16-2 트랜스패런트 모드에서의 NAT

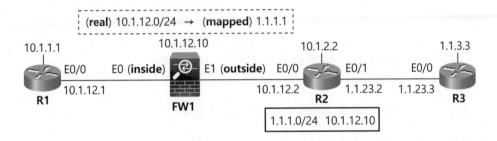

먼저, 외부 라우터인 R3에서 다음과 같이 라우팅을 설정한다.

예제 16-16 R3의 라우팅 설정

```
R3(config)# ip route 1.1.1.0 255.255.255.0 1.1.23.2
```

다음으로 FW1에서 NAT를 설정한다.

예제 16-17 NAT 설정

```
① FW1(config)# object network Inside_network
   FW1(config-network-object)# subnet 10.1.12.0 255.255.255.0
② FW1(config-network-object)# nat (inside,outside) dynamic ?
   network-object mode commands/options:
   A.B.C.D              Mapped IP address
   WORD                 Mapped network object/object-group name
   X:X:X:X::X/<0-128>   Enter an IPv6 prefix
   pat-pool             Specify object or object-group name for mapped source pat
                        pool
```

```
③ FW1(config-network-object)# nat (inside,outside) dynamic 1.1.1.1
```

① 주소 변환을 위한 네트워크 오브젝트를 생성한다.

② 트랜스패런트 모드에서는 **interface** 키워드를 지원하지 않는다.

③ inside에서 outside 방향으로 동적 PAT을 설정한다.

주소 변환이 동작하면 내부 주소가 1.1.1.1로 변환된다. 이처럼 변환된 주소가 BVI
의 대역(10.1.12.0/24)과 동일하지 않은 경우, 돌아오는 트래픽을 위해 정적 경로를
설정해야 한다. outside 인터페이스를 향하는 라우터인 R2에서 다음과 같이 정적
경로를 설정한다.

예제 16-18 정적 경로 설정

```
R2(config)# ip route 1.1.1.1 255.255.255.255 10.1.12.10
```

설정 후 R1에서 외부로 텔넷을 시도하면 성공한다.

예제 16-19 텔넷 테스트

```
R1# telnet 1.1.3.3
Trying 1.1.3.3 ... Open

User Access Verification

Password:
R3>
```

FW1에서 확인해 보면, 다음과 같이 R1의 주소가 1.1.1.1로 변환되어 있다.

예제 16-20 FW1의 NAT 테이블

```
FW1# show xlate
1 in use, 1 most used
Flags: D - DNS, e - extended, I - identity, i - dynamic, r - portmap,
       s - static, T - twice, N - net-to-net
TCP PAT from inside:10.1.12.1/33626 to outside:1.1.1.1/33626 flags ri idle 0:00:01 timeout 0:00:30
```

이상과 같이 트랜스패런트 모드에서의 NAT 설정에 대하여 살펴보았다.

ARP 검사

ASA는 트랜스패런트 모드에서 기본적으로 모든 ARP 패킷들을 통과시킨다. 그러나 ARP 검사(inspection) 기능을 이용하면 이를 제어할 수 있다. ARP 검사 기능을 활성화시키면 모든 ARP 패킷의 MAC 주소, IP주소 및 출발지 인터페이스를 정적 ARP 테이블 내용과 비교하고 다음과 같은 동작을 취한다.

- MAC 주소, IP 주소 및 출발지 인터페이스가 정적 ARP 테이블 내용과 일치하면 해당 패킷을 통과시킨다.

- MAC 주소, IP 주소 및 출발지 인터페이스 중 일부가 정적 ARP 테이블 내용과 일치하지 않으면 해당 패킷을 차단한다.

- MAC 주소, IP 주소 및 출발지 인터페이스 정보가 정적 ARP 테이블에 없으면, 해당 패킷을 모든 인터페이스로 전송(플러딩, flooding)시키거나 또는 차단할 수 있다.

ARP 검사 기능을 이용하면 ARP 스푸핑을 방지할 수 있다. ARP 스푸핑 (spoofing)이란 공격자가 자신의 MAC 주소를 다른 PC나 라우터의 MAC 주소인 것처럼 속이는 것을 말한다.

예를 들어, PC가 게이트웨이로 ARP 요청을 보내면 라우터가 자신의 MAC 주소를 알려준다. 이때, 공격자가 라우터의 MAC 주소 대신 자신의 MAC 주소를 ARP 응답 패킷을 이용하여 전송한다. 그러면, 라우터로 전송되는 모든 패킷이 공격자의 PC로 전송된다.

그림 16-3 ARP 스푸핑

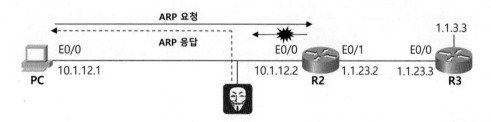

ARP 응답 패킷을 이용하여 자신의 MAC 주소를 라우터의 것으로 위장하여 공격할 때, ASA에 ARP 검사 기능이 활성화 되어있고, ARP 테이블에 라우터의 실제 MAC 주소가 등록되어 있다면 해당 패킷은 차단된다.

그림 16-4 ARP 스푸핑 차단

간편한 테스트를 위해 다음과 같이 이전 설정 일부를 제거한다.

예제 16-21 R2의 MAC 주소 변경하기

```
FW1(config)# clear configure object
```

ARP 검사를 설정하는 방법은 다음과 같다. 먼저 R1, R2에서 **show interface** 또는 **show arp** 명령어를 이용하여 R1, R2의 MAC 주소를 확인한다.

예제 16-22 R1, R2의 MAC 주소 확인

```
R1# show interfaces e0/0
Ethernet0/0 is up, line protocol is up
  Hardware is AmdP2, address is aabb.cc00.0100 (bia aabb.cc00.0100)
  Internet address is 10.1.12.1/24
    (생략)
R2# show interfaces e0/0
Ethernet0/0 is up, line protocol is up
  Hardware is AmdP2, address is aabb.cc00.0200 (bia aabb.cc00.0200)
  Internet address is 10.1.12.2/24
    (생략)
```

다음과 같이 ASA에서 확인해도 된다. 물론 현재 ARP 스푸핑 공격을 받고 있지 않아야 된다.

예제 16-23 MAC 주소 확인하기

```
FW1# ping 10.1.12.1
FW1# ping 10.1.12.2
```

```
FW1# show arp
        inside 10.1.12.1 aabb.cc00.0100 5
        outside 10.1.12.2 aabb.cc00.0200 3090
```

다음과 같이 정적 ARP 테이블을 만든다. **alias** 옵션을 사용하면 타임아웃 후에도 해당 정보가 사라지지 않는다.

예제 16-24 정적 ARP 테이블 만들기

```
FW1(config)# arp inside 10.1.12.1 aabb.cc00.0100 alias
FW1(config)# arp outside 10.1.12.2 aabb.cc00.0200
```

ARP 검사 동작 확인을 위해, 다음과 같이 R2의 E0/0의 MAC 주소를 임의로 변경한다.

예제 16-25 R2의 MAC 주소 변경하기

```
R2(config)# int e0/0
R2(config-if)# mac-address aaaa.9999.9999
```

다음과 같이 R1에서 R2으로 핑을 사용하면, 변환된 MAC 주소 정보가 등록된다.

예제 16-26 ARP 요청과 MAC 주소 등록

```
R1# ping 10.1.12.2
Type escape sequence to abort.
Sending 5, 100-byte ICMP Echos to 10.1.12.2, timeout is 2 seconds:
.!!!!
Success rate is 80 percent (4/5), round-trip min/avg/max = 1/1/1 ms

R1# show arp
Protocol  Address         Age (min) Hardware Addr     Type     Interface
Internet  10.1.12.1          -      aabb.cc00.0100    ARPA     Ethernet0/0
Internet  10.1.12.2          0      aaaa.9999.9999    ARPA     Ethernet0/0
Internet  10.1.12.10         0      5000.0004.0000    ARPA     Ethernet0/0
```

ARP 검사 기능을 활성화시킨다. **no-flood** 옵션을 사용하면 해당 인터페이스로 ARP 패킷을 플러딩시키지 않는다. 로그 메시지를 확인하기 위해 **logging enable** 명령어를 입력한다.

```
FW1(config)# arp-inspection inside enable
FW1(config)# arp-inspection outside enable no-flood

FW1(config)# logging enable
```

ARP 검사 상태를 확인하려면 show arp-inspection 명령어를 사용한다.

예제 16-28 ARP 검사 상태 확인

```
FW1# show arp-inspection
interface                  arp-inspection              miss
-----------------------------------------------------------
inside                     enabled                     flood
outside                    enabled                     no-flood
```

다음과 같이 R1에서 clear arp-cache 명령어를 입력하여 ARP 캐시 정보를 삭제한
다. 캐시 정보가 지워지지 않으면 여러 번 입력한다.

예제 16-29 ARP 캐시 삭제

```
R1# clear arp-cache

R1# show arp
Protocol  Address          Age (min)  Hardware Addr   Type   Interface
Internet  10.1.12.1          -         aabb.cc00.0100  ARPA   Ethernet0/0
Internet  10.1.12.10         0         5000.0004.0000  ARPA   Ethernet0/0
```

이번에는 R1에서 R2로 핑을 사용하면 실패한다.

예제 16-30 R1에서 R2로 핑 테스트

```
R1# ping 10.1.12.2
Type escape sequence to abort.
Sending 5, 100-byte ICMP Echos to 10.1.12.2, timeout is 2 seconds:
.....
Success rate is 0 percent (0/5)
```

FW1에서 확인해 보면, 다음과 같은 로그 메시지를 볼 수 있다.

예제 16-31 ARP 검사 로그 메시지

```
FW1# %ASA-3-322002: ARP inspection check failed for arp request received
from host aaaa.9999.9999 on interface outside. This host is advertising MAC
Address aaaa.9999.9999 for IP Address 10.1.12.2, which is statically bound to
MAC Address aabb.cc00.0200
```

R1에서 확인해 보면, R2의 MAC 주소가 등록되어 있지 않다.

예제 16-32 MAC 주소 확인하기

```
R1# show arp
Protocol  Address          Age (min)   Hardware Addr   Type   Interface
Internet  10.1.12.1            -        aabb.cc00.0100  ARPA   Ethernet0/0
Internet  10.1.12.2            0        Incomplete      ARPA
Internet  10.1.12.10           0        5000.0004.0000  ARPA   Ethernet0/0
```

R2에서 다음과 같이 MAC 주소를 디폴트 값으로 변경한다.

예제 16-33 기본 MAC 주소 설정

```
R2(config)# int e0/0
R2(config-if)# no mac-address
```

R1에서 R2로 핑을 사용하면 성공하고, 정상적인 ARP 정보가 등록된다.

예제 16-34 정상적인 ARP 정보 등록

```
R1# ping 10.1.12.2
Type escape sequence to abort.
Sending 5, 100-byte ICMP Echos to 10.1.12.2, timeout is 2 seconds:
!!!!!

R1# show arp
Protocol  Address          Age (min)   Hardware Addr   Type   Interface
Internet  10.1.12.1            -        aabb.cc00.0100  ARPA   Ethernet0/0
Internet  10.1.12.2            1        aabb.cc00.0200  ARPA   Ethernet0/0
Internet  10.1.12.10           10       5000.0004.0000  ARPA   Ethernet0/0
```

이상으로 트랜스패런트 모드의 ARP 검사 기능에 대하여 살펴보았다.

이더타입 ACL

이더타입 ACL은 16비트의 이더타입을 제어할 때 사용하며, 트랜스패런트 모드에서만 지원된다. 이더타입 ACL은 이더넷 V2 프레임만 제어하고 802.3 프레임은 타입 필드 대신 길이 필드를 사용하므로 지원하지 않는다. 그러나 BPDU는 예외이며, 기본적으로 허용하고, 제어할 수 있다.

예제 16-35 이더타입 ACL

```
FW1(config)# access-list ETHER-ACL ethertype permit ?

configure mode commands/options:
  bpdu
  ipx
  mpls-unicast
  mpls-multicast
  isis
  any
  <0x600-0xffff>   Specify ethertype value
```

명시적으로 any 키워드를 사용하여 모든 트래픽을 차단하면 물리계층 동작을 위한 auto-negotiation 기능 등을 제외한 모든 트래픽이 차단된다. 다음 ACL은 IPX는 차단하고, 0X1234와 MPLS 유니캐스트는 허용한다.

예제 16-36 IPX는 차단하고, 0X1234와 MPLS 유니캐스트는 허용하는 ACL

```
FW1(config)# access-list ETHER-ACL ethertype deny ipx
FW1(config)# access-list ETHER-ACL ethertype permit 0x1234
FW1(config)# access-list ETHER-ACL ethertype permit mpls-unicast

FW1(config)# access-group ETHER-ACL in interface inside
FW1(config)# access-group ETHER-ACL in interface outside
```

다음 ACL은 이더타입 0X1234만 차단한다.

예제 16-37 이더타입 0X1256만 차단하는 ACL

```
FW1(config)# access-list ETHER-ACL ethertype deny 1234
FW1(config)# access-list ETHER-ACL ethertype permit any

FW1(config)# access-group ETHER-ACL in interface inside
FW1(config)# access-group ETHER-ACL in interface outside
```

이더타입 ACL에서 묵시적인 차단은 IP나 ARP 트래픽에는 영향을 미치지 않는다. 그러나 명시적으로 모든 트래픽을 차단하면 IP나 ARP도 차단된다.

이상으로 ASA의 트랜스패런트 모드에 대하여 살펴보았다.

제17장
방화벽 이중화

방화벽 이중화 개요

ASA는 장애에 대비하기 위해, 두 개의 동일한 장비를 사용하여 이중화시킬 수 있다. 이중화가 구성된 방화벽은 모니터링 대상 인터페이스들의 상태를 체크하다가 장애가 발생하면 페일오버(failover, 역할 교대)가 동작한다.

이중화시 요구되는 조건

방화벽 이중화를 위해서는 반드시 다음의 조건을 만족해야 한다.

1) 동일한 장비
   이중화에 사용하는 두 장비는 모듈까지 포함하여 동일한 장비여야 한다. 장비는 동일하고 모듈이 다를 경우 이중화가 불가능하다.

2) 물리 인터페이스와 연결된 네트워크 상태
   각 장비에 사용되는 네트워크 인터페이스의 수량이나, 타입이 동일해야 한다.한쪽에 확장 인터페이스 카드를 설치하였으면 반대쪽에도 동일하게 설치해주어야 하며, 각 장비의 설정된 인터페이스들은 동일한 네트워크상에 위치해야 한다. 예를 들어, FW1에서 G0/0을 inside로 설정하였으면 FW2도 동일하게 G0/0을 inside로 설정한다.

3) RAM, flash 메모리
   RAM은 반드시 동일해야 하지만 플래시 메모리의 크기는 동일하지 않아도 된다. 그러나 플래시 메모리의 크기가 충분하지 않다면 페일오버 정보와 이미지등이 제대로 넘어가지 못하여 정상적으로 동작하지 않을 수 있으므로 반드시 남은 용량을 확인하도록 한다.

4) 소프트웨어 버전
   이중화 동작시에는 방화벽모드와 컨텍스트 모드와 함께 소프트웨어 버전도 동일해야한다. 그러나 소프트웨어 업그레이드시에는 일시적으로 버전이 달라도 무관하다.

5) 라이센스
   ASA 8.3 버전 이후부터 ASA 5505, 5510, 5512-X에서 이중화를 설정하려면 추가적인 라이센스(Security Plus)와 동일한 암호화 라이센스가 설정되어 있어야 한다.

액티브/스탠드바이 이중화와 액티브/액티브 이중화

이중화 설정 방식에는 액티브/스탠바이(active/standby) 이중화와 액티브/액티브 (active/active) 이중화가 존재한다. 액티브/스탠바이 이중화는 한 장비에서만 트래픽을 처리하며, 단일 컨텍스트 또는 다중 컨텍스트에서 모두 설정할 수 있다.

액티브/액티브 이중화는 페일-오버그룹(Failover Group)을 이용하여 두 장비 모두 트래픽을 처리하므로 부하 분산이 가능하다. 그러나 이중화 구성에서 다중 컨텍스트를 사용하므로 단일 컨텍스트에서는 설정할 수 없다.

스테이트풀 이중화와 스테이트리스 이중화

액티브/액티브, 액티브/스탠바이 이중화 모두가 스테이트풀(stateful) 이중화와 스테이트리스(stateless) 이중화를 지원한다.

기본적으로 이중화는 스테이트리스로 동작하므로, 페일오버가 일어나면 현재의 접속이 모두 끊기고, 종단장비들이 다시 접속을 시작해야 한다.

스테이트풀 이중화란 주 장비에 저장되고 있는 현재의 세션 정보를 스테이트풀 페일오버 링크를 통해 지속적으로 스탠바이 장비에게도 알려주는 것을 말한다. 따라서 장애가 발생하여 주 장비가 변경되어도 현재의 접속을 유지할 수 있다. 스테이트풀 이중화 동작시 주 장비는 다음과 같은 정보를 스탠바이 장비에게 알려준다.

- NAT 변환 테이블
- TCP 접속 상태
- UDP 접속 상태
- ARP 테이블
- MAC 주소 테이블 (트랜스패런트 모드로 동작시)
- HTTP 접속 상태 (HTTP 복사 기능 활성시)
- ISAKMP와 IPSec SA 테이블
- GTP PDP 접속 데이터베이스
- 라우팅 테이블

라우팅 테이블의 동기화는 상대편 장비에서 보내오는 라우팅 광고를 같이 받는 것이 아닌, 액티브 장비가 가지고 있던 RIB(Routing Information Base) 테이블을 동기화 하는 것을 말한다. 만약 장애가 발생하여 액티브 장비가 변경되면 네이버 세션은 새로 맺지만, 라우팅 광고를 받기 전까지는 액티브 장비에게서 받은 RIB 테이블을 기초로 하여 패킷을 전송한다.

반면, 다음의 정보는 전송하지 않는다.

- HTTP 접속 상태 (HTTP 복사 기능 비활성시)
- 이용자 인증 테이블 (uauth)
- DHCP 서버 주소 대여 정보
- Clientless SSL VPN 정보

이중화 링크

방화벽 이중화를 설정하기 위해서는 이중화 링크를 사용해야 한다. 이중화 링크는 어느 종류의 인터페이스를 사용해도 상관없지만, 이중화 링크로 지정되면 일반 트래픽은 전송할 수 없고 이중화 정보만 주고받는다. 따라서, 현재 사용중인 일반적인 인터페이스는 이중화 링크로 사용할 수 없다.

이중화 설정이 된 두 장비는 이중화 링크(failover link)를 통하여 방화벽의 상태정보를 교환한다. 이중화 링크를 통해서 연결된 두 방화벽은 다음과 같은 내용의 상대 장비 동작상태를 확인한다.

- 장비의 상태 (액티브 또는 스탠바이)
- 전원 상태
- 헬로 메시지
- 네트워크 연결 상태
- MAC 주소 교환
- 설정값 복사 및 동기화

다중 컨텍스트를 사용하는 경우, 이중화 링크는 시스템 컨텍스트 내에 존재한다. 시스템 컨텍스트 내에서 사용할 수 있는 인터페이스는 이중화 링크와 스테이트풀 이중화 링크뿐이다. 다른 모든 인터페이스들은 시큐리티 컨텍스트들 내부에서 사용된다. 페일오버가 일어날 때 IP 주소와 MAC 주소는 변경되지 않는다.

스테이트풀 이중화 링크

스테이트풀 이중화 기능을 사용하려면 스테이트풀 이중화 링크를 사용해야 한다. 스테이트풀 이중화 링크를 설정하는 옵션은 세 가지이다.

- 하나의 이더넷 인터페이스를 스테이트풀 이중화 링크 전용으로 사용(추천)
- 이중화 링크를 스테이트풀 이중화 링크 겸용으로 사용
- 일반 데이터 인터페이스를 스테이트풀 이중화 링크 겸용으로 사용(비추천)

전용 이더넷 인터페이스 사용하는 경우, 가급적이면 중간에 스위치를 넣어 사용하는 것이 좋다. 두 방화벽을 직접 연결하게 되면, 한쪽 장비에서 문제가 발생하여도 반대쪽 장비의 포트 또한 다운되므로 장애 해결에 걸림돌이 될 수 있다.

추가적으로 ASA는 Auto-MDI/MDIX를 지원하기 때문에 ASA간 연결에 크로스, 다이렉트 케이블 구분이 필요없다.

이중화 동작 상태 감시

이중화 링크를 통하여 연속 3회 헬로 메시지를 수신하지 못하면 이중화 인터페이스를 포함한 모든 인터페이스로 ARP 요청 패킷을 전송한다. 만약 이중화 인터페이스를 통하여 ARP 응답을 수신하면 별도의 추가적인 동작을 취하지 않는다. 즉, 페일오버가 일어나지 않는다.

만약 이중화 인터페이스로는 응답을 받지 못하고, 다른 인터페이스로는 주장비로부터 ARP 응답을 수신해도 페일오버가 일어나지 않는다. 다만, 이중화 링크에 장애가 발생한 것으로 간주한다.

만약, 어느 인터페이스를 통해서도 주장비로부터 ARP 응답을 수신하지 못하면 이중화가 동작하여 페일오버가 일어난다.

이중화 기능은 총 250개의 인터페이스 동작상태를 감시할 수 있다. 특히, 다수개의 컨텍스트가 공동으로 사용하는 인터페이스는 중요하므로 감시해야 한다. 감시중인 인터페이스로부터 홀드시간의 1/2 이내에 헬로 메시지를 수신하지 못하면 다음 동작이 일어난다.

1) Link Up/Down 테스트

2) 네트워크 동작 테스트

3) ARP 테스트

4) 브로드캐스트 핑 테스트

액티브/스탠바이 이중화

액티브/스탠바이 이중화에서는 평상시 주장비가 트래픽을 처리한다. 그러다, 주장비나 주장비와 접속된 인터페이스에 장애가 발생하면 스탠바이 장비가 주장비 역할을 이어받아 트래픽을 처리한다.

액티브/스탠바이 이중화 동작 방식

주장비 역할을 이어받은 장비는 장애가 발생한 주장비의 IP 주소, MAC 주소을 이어받아 트래픽을 전송한다. 주장비에서 스탠바이 장비로 바뀐 장비는 원래 스탠바이 장비의 IP 주소와 MAC 주소를 이어받는다.

세컨더리 장비가 먼저 부팅되면 액티브 장비가 되는데, 이 경우에는 자신의 MAC 주소와 액티브 IP 주소를 사용한다. 액티브 장비가 살아나도 현재의 장비가 액티브 장비 역할을 계속 수행한다.

주장비에서 명령어를 입력하면 항상 스탠바이 장비로 복사된다. **write standby** 명령어를 사용하면 스탠바이 장비의 동작중인 설정이 모두 지워지고, 액티브 장비의 것으로 대체된다.

스탠바이 장비는 주장비에서 복사된 설정을 저장하지 않는다. 따라서 주장비로부터 설정을 복사하는 동기과정이 끝나면 단일 컨텍스트 모드에서는 **write memory** 명령어, 복수 컨텍스트 모드에서는 **write memory all** 명령어를 사용하여 저장해야 한다.

다음의 경우에 페일오버가 동작한다.

- 장비의 하드웨어 또는 전원 장애 발생
- 소프트웨어 장애
- 감시 인터페이스에 과도한 장애 발생시
- 액티브 장비에서 **no failover active** 명령어를 사용한 경우 또는 스탠바이 장비에서 **failover active** 명령어를 사용한 경우

테스트 네트워크 구성

액티브/스탠바이 이중화 테스트를 위하여 다음과 같은 네트워크를 구성한다. FW1 을 액티브 장비로 사용하고 FW2를 스탠바이 장비로 사용한다.

그림 17-1 인터페이스 설정 정보

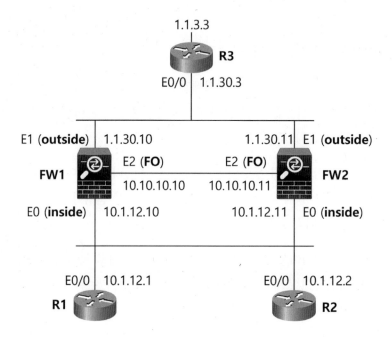

페일오버를 설정하면 스탠바이 장비는 마지막에 자동으로 액티브 장비의 설정을 복사한다. 따라서 액티브 장비에서 모든 설정을 하고, 스탠바이 장비에서는 인터페이스를 활성화시킨 후 페일오버 관련 설정만 한다.

먼저 인터페이스 관련 설정을 한다. 액티브 장비인 FW1에서 다음과 같이 인터페이스를 설정하고 활성화시킨다. 인터페이스에 IP 주소를 부여하면서 스탠바이 장비에서 사용할 주소까지 동시에 설정해야 한다. 페일오버 링크로 사용할 E2 인터페이스는 아직 설정하지 않는다.

예제 17-1 FW1 인터페이스 설정

```
FW1(config)# interface e0
FW1(config-if)# nameif inside
FW1(config-if)# ip address 10.1.12.10 255.255.255.0 standby 10.1.12.11
```

```
FW1(config-if)# no shut

FW1(config)# interface e1
FW1(config-if)# nameif outside
FW1(config-if)# ip address 1.1.30.10 255.255.255.0 standby 1.1.30.11
FW1(config-if)# no shut
```

스탠바이 장비인 FW2에서는 다음과 같이 인터페이스만 활성화시킨다.

예제 17-2 FW2의 인터페이스 설정

```
FW2(config)# interface e0
FW2(config-if)# no shut

FW2(config-if)# interface e1
FW2(config-if)# no shut

FW2(config-if)# interface e2
FW2(config-if)# no shut
FW2(config-if)# exit
```

각 라우터의 설정은 다음과 같다.

예제 17-3 각 라우터의 설정

```
R1(config)# interface e0/0
R1(config-if)# ip address 10.1.12.1 255.255.255.0
R1(config-if)# no shut

R2(config)# interface e0/0
R2(config-if)# ip address 10.1.12.2 255.255.255.0
R2(config-if)# no shut

R3(config)# interface e0/0
R3(config-if)# ip address 1.1.30.3 255.255.255.0
R3(config-if)# no shut
R3(config-if)# exit
R3(config)# interface lo0
R3(config-if)# ip address 1.1.3.3 255.255.255.0
```

설정이 끝난 후 FW1의 라우팅 테이블을 확인해 보면 다음과 같다.

예제 17-4 FW1 라우팅 테이블

```
FW1# show route
      (생략)
Gateway of last resort is not set

C     1.1.30.0 255.255.255.0 is directly connected, outside
C     10.1.12.0 255.255.255.0 is directly connected, inside
```

FW1에서 인접한 장비까지의 통신을 핑으로 확인한다.

예제 17-5 인접 장비 핑 테스트

```
FW1# ping 10.1.12.1
FW1# ping 10.1.12.2
FW1# ping 1.1.30.3
```

라우팅 설정

다음은 각 장비에서 OSPF 에어리어 0을 설정한다. 각 장비의 설정은 다음과 같다.

예제 17-6 각 장비의 OSPF 설정

```
R1(config)# router ospf 1
R1(config-router)# network 10.1.12.1 0.0.0.0 area 0
R1(config-router)# exit

R2(config)# router ospf 1
R2(config-router)# network 10.1.12.2 0.0.0.0 area 0
R3(config)# router ospf 1
R3(config-router)# network 1.1.30.3 0.0.0.0 area 0
R3(config-router)# network 1.1.3.3 0.0.0.0 area 0
R3(config-router)# exit

FW1(config)# router ospf 1
FW1(config-router)# network 10.1.12.10 255.255.255.255 area 0
FW1(config-router)# network 1.1.30.10 255.255.255.255 area 0
FW1(config-router)# exit
```

라우팅 설정이 끝나면 각 장비의 라우팅 테이블을 확인한다.

예를 들어, R1의 라우팅 테이블은 다음과 같다.

예제 17-7 R1의 라우팅 테이블

```
R1# show ip route
      (생략)
Gateway of last resort is not set

      1.0.0.0/8 is variably subnetted, 2 subnets, 2 masks
O        1.1.3.3/32 [110/21] via 10.1.12.10, 00:00:11, Ethernet0/0
O        1.1.30.0/24 [110/20] via 10.1.12.10, 00:00:11, Ethernet0/0
      10.0.0.0/8 is variably subnetted, 2 subnets, 2 masks
C        10.1.12.0/24 is directly connected, Ethernet0/0
L        10.1.12.1/32 is directly connected, Ethernet0/0
```

R1에서 R3까지 텔넷이 되는지 다음과 같이 확인한다.

예제 17-8 텔넷 테스트

```
R1# telnet 1.1.3.3
Trying 1.1.3.3 ... Open

User Access Verification

Password:
R3>
```

보안 정책 설정

다음은 보안 정책을 설정한다. 예를 들어, 외부 네트워크에 소속된 R3에서 내부
네트워크에 있는 R1, R2로 핑이 되도록 설정해 보자.

예제 17-9 핑 허용 ACL

```
FW1(config)# access-list Outside-inbound permit icmp host 1.1.30.3 10.1.12.0
255.255.255.0
FW1(config)# access-group Outside-inbound in interface outside
```

설정 후 R3에서 R1으로 핑을 해보면 성공한다.

```
R3# ping 10.1.12.1
Type escape sequence to abort.
Sending 5, 100-byte ICMP Echos to 10.1.12.1, timeout is 2 seconds:
!!!!!
Success rate is 100 percent (5/5), round-trip min/avg/max = 1/2/7 ms
```

이상으로 테스트 네트워크 구성이 끝났다.

액티브/스탠바이 페일오버 설정

이제, 액티브/스탠바이 페일오버를 설정해 보자. 액티브 장비로 동작시킬 FW1의 설정은 다음과 같다.

예제 17-11 액티브/스탠바이 페일오버 설정

```
① FW1(config)# failover lan unit primary
② FW1(config)# failover lan interface FO e2
③ FW1(config)# failover link FO
④ FW1(config)# failover key cisco123
⑤ FW1(config)# failover interface ip FO 10.10.10.10 255.255.255.0 standby 10.10.10.11
⑥ FW1(config)# failover

⑦ FW1(config)# interface e2
   FW1(config-if)# no shut
```

① 해당 장비를 페일오버 주 장비로 지정한다.

② E2 포트를 페일오버 정보를 송수신하는 페일오버 링크로 사용할 인터페이스로 지정하면서 동시에 인터페이스의 이름을 'FO'라고 설정한다.

③ 스테이트풀 (stateful) 페일오버 정보 전송용 인터페이스를 지정한다. 페일오버 링크인 FO 인터페이스를 동시에 스테이트풀 페일오버 인터페이스로 사용하려면 이처럼 인터페이스 이름만 지정하면 된다. 이 설정을 함으로써 스테이풀 페일오버가 동작한다. 그렇지 않으면 스테이트리스(stateless) 페일오버로 동작한다. 해당 설정은 액티브 장비에서만 하면 된다.

④ 패스워드를 지정한다. 패스워드는 액티브/스탠바이 이중화의 액티브 장비나, 액티브/액티브 이중화의 failover 그룹 1이 액티브되어 있는 장비에서 사용한다.

⑤ 이중화 링크에 액티브와 스탠바이 IP 주소를 지정한다.

⑥ 이중화를 활성화시킨다.

⑦ 페일오버 링크 및 스테이트풀 페일오버 링크로 사용한 인터페이스를 활성화시킨다.

FW2의 설정은 다음과 같다. 스탠바이 장비인 FW2에서는 인터페이스를 활성화시킨 상태에서 페일오버 관련 설정만 하면 된다.

예제 17-12 FW2의 페일오버 설정

```
FW2(config)# failover lan unit secondary
FW2(config)# failover lan interface FO e2
FW2(config)# failover interface ip FO 10.10.10.10 255.255.255.0 standby 10.10.10.11
FW2(config)# failover key cisco123
FW2(config)# failover
```

잠시 후 'Active mate를 찾았고, 설정을 복사하기 시작한다'는 메시지가 표시된다.

예제 17-13 설정 파일 복사 메시지

```
FW2# ..

        Detected an Active mate
Beginning configuration replication from mate.

Crashinfo is NOT enabled on Full Distribution Environment
End configuration replication from mate.

FW1#
```

모든 설정이 액티브 장비인 FW1과 동일하므로 프롬프트도 FW1로 변경된다. 설정 복사가 끝나면 다음과 같이 저장한다.

예제 17-14 설정 저장

```
FW1(config)# write memory
```

이상으로 액티브/스탠바이 페일오버 설정이 완료되었다.

액티브/스탠바이 페일오버 동작 확인

이번에는 액티브/스탠바이 페일오버의 동작을 확인해 보자.

다음과 같이 FW2에서 **show failover** 명령어를 사용하면 페일오버 관련된 전체적인 내용을 확인할 수 있다.

예제 17-15 페일오버 관련된 전체적인 내용 확인

```
FW1# show failover
Failover On
Failover unit Secondary
Failover LAN Interface: FO Ethernet2 (up)
Unit Poll frequency 1 seconds, holdtime 15 seconds
Interface Poll frequency 5 seconds, holdtime 25 seconds
Interface Policy 1
Monitored Interfaces 2 of 60 maximum
Version: Ours 9.1(5)16, Mate 9.1(5)16
Last Failover at: 06:27:47 UTC May 19 2016
        This host: Secondary - Standby Ready                    ①
            Active time: 99 (sec)
                Interface inside (10.1.12.11): Normal (Monitored)   ②
                Interface outside (1.1.30.11): Normal (Monitored)
        Other host: Primary - Active                            ③
            Active time: 246 (sec)
                Interface inside (10.1.12.10): Normal (Monitored)
                Interface outside (1.1.30.10): Normal (Monitored)

Stateful Failover Logical Update Statistics                     ④
        Link : FO Ethernet2 (up)
        Stateful Obj    xmit        xerr        rcv         rerr
        General         78          0           83          0
        sys cmd         75          0           75          0
        (생략)
```

① 현재의 장비 (FW2)가 '세컨더리'로 설정되어 있고, '스탠바이'로 동작하고 있다.

② outside와 inside 인터페이스의 동작 여부를 모니터링하고 있다. 액티브 장비의 모니터링 대상 인터페이스가 다운되면 스탠바이 방화벽이 액티브로 변경된다. 기본적으로 서브 인터페이스는 모니터링하지 않는다. 그러나 **monitor-interface** 명령어를 사용하여 원하는 서브 인터페이스의 정상 동작 여부를 모니터링할 수 있다. 주 인터페이스는 자동으로 모니터링한다. 그러나 **no monitor-interface** 명령어를 사용하면 모니터링 대상에서 제외할 수 있다.

③ 상대 장비 (FW1)가 '프라이머리'로 설정되어 있고, '액티브'로 동작하고 있다.

④ 스테이트풀 페일오버 관련 통계값들이 표시된다.

다음과 같이 FW2에서 **show running-config** 명령어를 사용하여 확인해 보면 FW1의 설정이 그대로 복사되어 있다.

예제 17-16 FW2에서 show run 명령어를 사용한 확인

```
FW1# show running-config
: Saved
:
: Serial Number: 123456789AB
: Hardware:   ASA5520, 512 MB RAM, CPU Pentium II 1000 MHz
:
ASA Version 9.1(5)16
!
hostname FW1
enable password 8Ry2Yjlyt7RRXU24 encrypted
names
!
interface Ethernet0
 nameif inside
 security-level 100
 ip address 10.1.12.10 255.255.255.0 standby 10.1.12.11
     (생략)
```

현재 FW1이 액티브이고 FW2가 스탠바이 모드로 동작한다.

그림 17-2 정상적인 경우의 트래픽 흐름

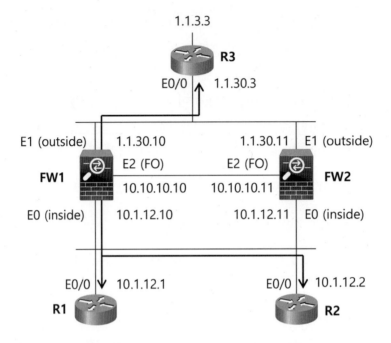

즉, 모든 트래픽이 FW1을 통해서만 전송된다. 스탠바이 상태의 장비(FW2)에서 설정모드로 들어가면 '액티브 장비로 설정이 복사되지 않는다'는 경고 메시지가 표시된다.

예제 17-17 경고 메시지

```
FW1# conf t
**** WARNING ****
        Configuration Replication is NOT performed from Standby unit to Active unit.
        Configurations are no longer synchronized.
```

액티브 장비의 모니터링 대상 인터페이스 등이 다운되면 스탠바이 장비가 액티브로 변경된다. 또, 다음과 같이 스탠바이 장비인 FW2에서 **failover active** 명령어를 사용해도 된다.

예제 17-18 스탠바이 장비를 액티브로 변경하기

```
FW1# failover active
```

```
Switching to Active
```

FW1은 스탠바이로 변경된다.

예제 17-19 액티브는 스탠바이로 변경된다

```
FW1#
        Switching to Standby
```

FW2에서 **show failover** 명령어로 확인하면 역할이 액티브로 변경되어 있다.

예제 17-20 역할 변경 확인

```
FW1# show failover
Failover On
Failover unit Secondary
Failover LAN Interface: FO Ethernet2 (up)
Unit Poll frequency 1 seconds, holdtime 15 seconds
Interface Poll frequency 5 seconds, holdtime 25 seconds
Interface Policy 1
Monitored Interfaces 2 of 60 maximum
Version: Ours 9.1(5)16, Mate 9.1(5)16
Last Failover at: 06:34:10 UTC May 19 2016
        This host: Secondary - Active
                Active time: 15 (sec)
                    Interface inside (10.1.12.10): Normal (Waiting)
                    Interface outside (1.1.30.10): Normal (Waiting)
        Other host: Primary - Standby Ready
                Active time: 382 (sec)
                    Interface inside (10.1.12.11): Normal (Waiting)
                    Interface outside (1.1.30.11): Normal (Waiting)
    (생략)
```

이제는 모든 트래픽이 다음 그림과 같이 FW2를 통하여 송수신된다.

그림 17-3 장애 발생시의 트래픽 흐름

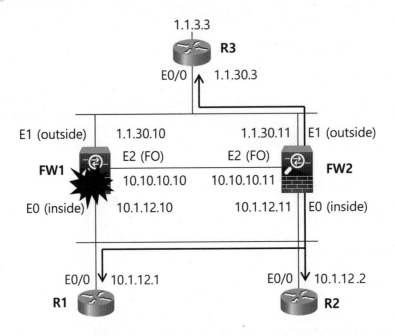

show failover 명령어를 특정 컨텍스트에서 사용하면 해당 컨텍스트에서의 이중화 내용만을 볼 수 있다. 모니터링 대상 인터페이스를 확인하려면 다음과 같이 show monitor-interface 명령어를 사용한다. 컨텍스트 모드에서는 해당 컨텍스트 안에서 명령어를 사용한다.

예제 17-21 FW2에서 show monitor-interface 명령어

```
FW1# show monitor-interface
        This host: Secondary - Active
                Interface inside (10.1.12.10): Normal (Monitored)
                Interface outside (1.1.30.10): Normal (Monitored)
        Other host: Primary - Standby Ready
                Interface inside (10.1.12.11): Normal (Monitored)
                Interface outside (1.1.30.11): Normal (Monitored)
```

다음과 같이 FW2에서 **no failover active** 명령어를 사용하여 다시 FW1이 액티브가 되게 해보자.

예제 17-22 다시 FW1이 액티브가 되게 하기

```
FW1# no failover active
        Switching to Standby
```

잠시 기다렸다가 FW1의 라우팅 테이블과 OSPF 네이버를 확인해 보자.

예제 17-23 FW1의 라우팅 테이블

```
FW1# show route
      (생략)
Gateway of last resort is not set

O     1.1.3.3 255.255.255.255 [110/11] via 1.1.30.3, 0:00:02, outside
C     1.1.30.0 255.255.255.0 is directly connected, outside
C     10.1.12.0 255.255.255.0 is directly connected, inside
C     10.10.10.0 255.255.255.0 is directly connected, FO

FW1# show ospf neighbor

Neighbor ID    Pri    State       Dead Time    Address      Interface
10.1.12.1       1     FULL/DR     0:00:36      10.1.12.1    inside
10.1.12.2       1     FULL/BDR    0:00:37      10.1.12.2    inside
1.1.3.3         1     FULL/DR     0:00:39      1.1.30.3     outside
```

FW2의 라우팅 테이블과 OSPF 네이버는 다음과 같다. 스탠바이 장비는 OSPF 네이버를 맺지 않지만, FW1으로부터 라우팅 정보를 공유하고 있다.

예제 17-24 FW2의 라우팅 테이블

```
FW1# show route
      (생략)
Gateway of last resort is not set

O     1.1.3.3 255.255.255.255 [110/11] via 1.1.30.3, 0:00:42, outside
C     1.1.30.0 255.255.255.0 is directly connected, outside
C     10.1.12.0 255.255.255.0 is directly connected, inside
C     10.10.10.0 255.255.255.0 is directly connected, FO

FW1# show ospf neighbor

FW1#
```

따라서 네트워크 장애가 발생하여 액티브 장비가 변경되는 경우, OSPF 네이버를 새로 맺는 도중에도 라우팅은 정상적으로 동작한다.

R1에서 R3으로 핑을 해보자.

예제 17-25 핑 테스트

```
R1# ping 1.1.30.3 repeat 100000

Type escape sequence to abort.
Sending 100000, 100-byte ICMP Echos to 1.1.30.3, timeout is 2 seconds:
!!!!!!!!!!!!!!!!!!!!!!!!!!!!!!!!!!!!!!!!!!!!!!!!!!!!!!!!!!!!!!!!!!!!
```

다시 다음과 같이 FW2를 액티브 장비로 동작시킨다.

예제 17-26 FW2를 액티브 장비로 동작시키기

```
FW1# failover active
          Switching to Active
```

동작이 전환되는 순간 하나의 핑만 빠지고 이후 정상적으로 통신이 되고 있는 것을 알 수 있다.

예제 17-27 라우팅 정보가 인스톨될 동안의 핑 단절

```
R1# ping 1.1.30.3 repeat 100000

Type escape sequence to abort.
Sending 100000, 100-byte ICMP Echos to 1.1.30.3, timeout is 2 seconds:
!!!!!!!!!!!!!!!!!!!!!!!!!!!!!!!!!!!!!!!!!!!!!!!!!!!.!!!!!!!!!!!!!!!!!!!!!!!!!!!!!!!!!!!!!!!!!!!!!
```

이번에는 스테이트풀 페일오버(stateful failover)가 동작하는 것을 확인해 보자. 다음과 같이 R1에서 외부 네트워크의 R3로 텔넷을 해보자.

예제 17-28 텔넷 테스트

```
R1# telnet 1.1.30.3
Trying 1.1.10.1 ... Open
```

현재 액티브 장비인 FW2에서 확인해 보면 다음과 같이 R1과 R2간의 텔넷 세션 정보가 보인다.

예제 17-29 FW2에서의 텔넷 세션 정보 확인

```
FW1# show conn
28 in use, 29 most used
TCP outside   1.1.30.3:23 inside   10.1.12.1:35873, idle 0:00:05, bytes 111, flags UIO
```

마지막에 표시된 플래그(flags)는 다음과 같은 의미이다.

- U : 현재 접속이 살아있다는 의미(connection is up)

- I : 데이터를 수신하고 있다는 의미(data in)

- O : 데이터를 송신하고 있다는 의미(data out)

스탠바이 장비인 FW1에서 확인해 보아도 다음과 같이 R1과 R2간의 텔넷 세션 정보가 보인다. 즉, 액티브 장비인 FW2가 텔넷 세션 정보를 스테이트풀 페일오버 링크를 통하여 FW1에게 전송했기 때문이다. 마지막의 플래그 부분이 U로만 표시되어 있는 것은 연결은 되어있지만 데이터 송수신은 없다는 의미이다.

예제 17-30 FW1의 텔넷 세션 정보

```
FW1# show conn
21 in use, 29 most used
TCP outside   1.1.30.3:23 inside   10.1.12.1:35873, idle 0:00:13, bytes 0, flags U
```

다시 FW1이 액티브가 되도록 해보자.

예제 17-31 다시 FW1이 액티브가 되도록 하기

```
FW1# failover active
          Switching to Active
```

FW1에 라우팅 정보가 인스톨되고, 텔넷이 끊기지 않고 동작한다.

텔넷 테스트

```
R1# telnet 1.1.30.3
Trying 1.1.30.3 ... Open


User Access Verification

Password:
R3>
R3>
*May  20  07:14:06.602:  %OSPF-5-ADJCHG:  Process  1,  Nbr  10.1.12.10  on
Ethernet0/0 from LOADING to FULL, Loading Done
R3>
```

만약, 스테이트리스 페일오버로 동작시키면 페일오버가 일어났을 때 텔넷이 끊긴다.

추가적인 액티브/스탠바이 이중화 설정사항

추가적인 액티브/스탠바이 이중화 설정사항은 다음과 같다. 대부분의 명령어는 주 장비에서 설정한다.

• 스테이트풀 이중화에서 HTTP 정보 복제하기

HTTP는 세션이 짧기 때문에 스테이트풀 페일오버에서 기본적으로 세션정보가 스탠바이 장비로 복제되지 않는다. 이를 복제하려면 액티브 장비에서 다음과 같이 설정한다.

예제 17-33 HTTP 정보 복제하기

```
FW1(config)# failover replication http
```

• 인터페이스 모니터링 활성 또는 비활성화

기본적으로 감시대상 물리적인 인터페이스는 활성화되고, 서브 인터페이스는 비활성화된다. 특정 인터페이스를 추가로 감시하려면 해당 컨텍스트 내부에서 다음 명령어를 사용한다.

인터페이스 모니터링 활성 또는 비활성화

```
FW1(config)# monitor-interface ?
Current available interface(s):
  inside    Name of interface Ethernet1
  outside   Name of interface Ethernet0
```

이상과 같이 액티브/스탠바이 페일오버에 대하여 살펴보았다.

액티브/액티브 이중화

액티브/액티브 이중화에서는 두 대의 방화벽이 모두 트래픽을 처리한다. 액티브/액티브 이중화는 ASA 5505를 제외하고 다중 컨텍스트가 사용 가능한 모든 장비에서 설정할 수 있다. 구성이 완료되면 두 장비 모두에서 트래픽을 처리하므로 부하 분산이 이루어지고, 장애 발생시 하나의 장비가 모든 트래픽을 처리한다.

액티브/액티브 이중화 동작 방식

액티브/액티브 이중화는 다중 컨텍스트 모드에서만 동작한다. 두 개 이상의 시큐리티 컨텍스트를 설정하고, 컨텍스트들을 failover 그룹으로 나눈다. failover 그룹은 하나 이상의 단순한 논리적인 그룹으로 최대 두개의 Failover 그룹으로 나눌 수 있다.

페일오버 그룹에 컨텍스트를 포함 시킨 후, 한 그룹의 컨텍스트는 FW1에서 액티브로 동작시키고, 나머지 한 그룹의 컨텍스트는 FW2에서 액티브로 동작시켜 두 장비 모두 액티브로 동작하게 만든다.

admin 컨텍스트는 항상 failover 그룹 1의 멤버이다. 특별히 할당하지 않은 컨텍스트들도 기본적으로 그룹 1의 멤버이다. 인터페이스 장애 감지, failover, 액티브/스탠바이 역할 등은 모두 그룹 별로 일어난다.

액티브/액티브 이중화를 동작시키려면 앞서 설명한 액티브/스탠바이와 동일한 설정을 하고, 페일오버 그룹 설정을 추가하면 된다. 즉, failover 그룹을 두 개 만들어, 각 컨텍스트를 서로 다른 그룹에 소속시키면 된다.

테스트 네트워크 구성

액티브/액티브 이중화 테스트를 위하여 다음과 같은 네트워크를 구성한다.

그림 17-4 Active/Active 페일오버를 위한 물리적인 네트워크 구성

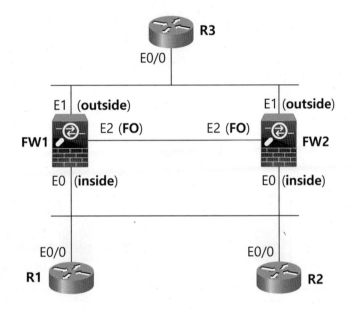

먼저 방화벽에서 Active/Active 페일오버 기능을 지원하는지 다음과 같이 확인한다.

예제 17-35 Active/Active 페일오버 확인

```
FW1# show version

Cisco Adaptive Security Appliance Software Version 9.1(5)16 <system>
    (생략)
Licensed features for this platform:
Maximum Physical Interfaces    : Unlimited      perpetual
Maximum VLANs                  : 100            perpetual
Inside Hosts                   : Unlimited      perpetual
Failover                       : Active/Active  perpetual
Encryption-DES                 : Enabled        perpetual
    (생략)
```

액티브/액티브 이중화는 시큐리티 컨텍스트를 사용해야 하므로 FW1, FW2의 모드를 변경한다.

```
FW1(config)# mode multiple
FW2(config)# mode multiple
```

방화벽이 다중 컨텍스트 모드로 재부팅 되었으면, 다음 그림과 같이 라우터와 방화
벽에서 인터페이스를 설정한다.

그림 17-5 인터페이스 설정 정보

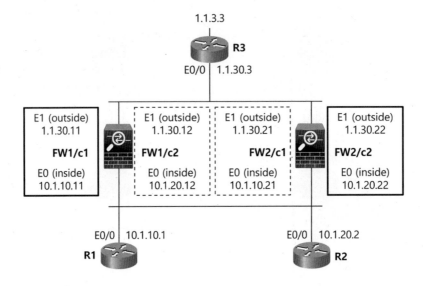

각 라우터의 설정은 다음과 같다.

예제 17-37 각 라우터의 설정

```
R1(config)# interface e0/0
R1(config-if)# ip address 10.1.10.1 255.255.255.0
R1(config-if)# no shut

R2(config)# interface e0/0
R2(config-if)# ip address 10.1.20.2 255.255.255.0
R2(config-if)# no shut

R3(config)# interface e0/0
R3(config-if)# ip address 1.1.30.3 255.255.255.0
R3(config-if)# no shut
R3(config-if)# exit
```

```
R3(config)# interface lo0
R3(config-if)# ip address 1.1.3.3 255.255.255.0
```

테스트 네트워크를 위한 라우터의 기본 설정이 완료되었다.

방화벽 인터페이스 및 컨텍스트 설정

액티브/스탠바이와 마찬가지로 액티브/액티브 페일오버도 대부분의 설정을 FW1
에서만 한다. 페일오버가 동작하면 FW1에서 FW2로 모든 설정이 복사되므로 FW2
에서는 인터페이스를 활성화시키고 페일오버 관련 설정만 하면 된다.

FW1에서 다음과 같이 인터페이스를 활성화시킨다.

예제 17-38 FW1 인터페이스 설정

```
FW1(config)# interface e0
FW1(config-if)# no shut
FW1(config-if)# exit

FW1(config)# interface e1
FW1(config-if)# no shut
FW1(config-if)# exit

FW1(config-if)# interface e2
FW1(config-if)# no shut
FW1(config-if)# exit
```

다음과 같이 시큐리티 컨텍스트를 만들고 인터페이스를 할당한다. 컨텍스트 c1은
R1, 컨텍스트 c2는 R2와의 통신을 위해 사용한다. 이때 페일오버 링크로 사용할
E2 인터페이스는 할당하지 않는다.

예제 17-39 시큐리티 컨텍스트 만들기

```
FW1(config)# admin-context admin
FW1(config)# context admin
FW1(config-ctx)# config-url admin.cfg
FW1(config-ctx)# exit

FW1(config)# context c1
```

```
FW1(config-ctx)# allocate-interface e0
FW1(config-ctx)# allocate-interface e1
FW1(config-ctx)# config-url c1.cfg
FW1(config-ctx)# exit

FW1(config)# context c2
FW1(config-ctx)# allocate-interface e0
FW1(config-ctx)# allocate-interface e1
FW1(config-ctx)# config-url c2.cfg
FW1(config-ctx)# exit
```

외부와 연결되는 인터페이스인 E1을 두 컨텍스트에서 공동으로 사용하므로 다음과
같이 시스템 컨텍스트에서 MAC 주소를 서로 다르게 사용하도록 설정한다.

예제 17-40 자동으로 MAC 주소 할당하기

```
FW1(config-ctx)# changeto system
FW1(config)# mac-address auto
```

이번에는 각 컨텍스트에서 인터페이스를 설정한다. 각 컨텍스트에서 앞서 설정한
정보가 남아있을 수 있으므로 **clear configure all** 명령어를 사용하여 지운다.

먼저 다음 그림과 같이 컨텍스트 c1을 설정한다.

그림 17-6 컨텍스트 C1 인터페이스 설정

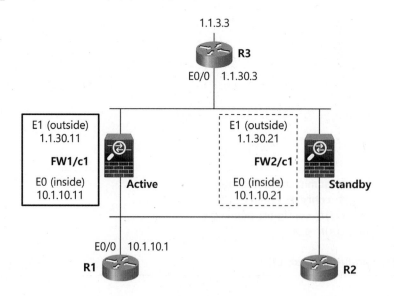

FW1의 설정은 다음과 같다.

예제 17-41 컨텍스트 c1 인터페이스 설정하기

```
① FW1(config)# changeto context c1
   FW1/c1(config)# clear configure all

   FW1/c1(config)# interface e0
   FW1/c1(config-if)# nameif inside
② FW1/c1(config-if)# ip address 10.1.10.11 255.255.255.0 standby 10.1.10.21
   FW1/c1(config-if)# exit

   FW1/c1(config)# interface e1
   FW1/c1(config-if)# nameif outside
③ FW1/c1(config-if)# ip address 1.1.30.11 255.255.255.0 standby 1.1.30.21
   FW1/c1(config-if)# exit
```

① 컨텍스트 설정을 위해 c1 컨텍스트로 이동한다.

② 내부 인터페이스인 E0에 액티브와 스탠바이 IP 주소를 지정한다. R1과의 통신을
   위해 평상시에는 FW1의 10.1.10.11 주소를 사용하고, 페일오버가 동작하면 FW2
   의 10.1.10.21 주소를 사용한다.

③ 외부 인터페이스인 E1에 액티브와 스탠바이 IP 주소를 지정한다. R3이 R1과 통신
   하기 위해서 평상시에는 FW1의 1.1.30.11 주소를 사용하고, 페일오버가 동작하면
   FW2의 1.1.30.21 주소를 사용한다.

이번에는 컨텍스트 c2를 설정한다.

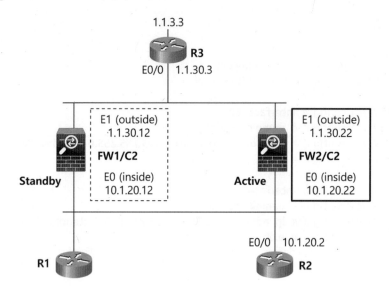

FW1에서 다음과 같이 설정한다.

예제 17-42 컨텍스트 c2 인터페이스 설정하기

```
FW1/c1(config)# changeto context c2
FW1/c2(config)# clear config all

FW1/c2(config)# interface e0
FW1/c2(config-if)# nameif inside
FW1/c2(config-if)# ip address 10.1.20.22 255.255.255.0 standby 10.1.20.12
FW1/c2(config-if)# exit

FW1/c2(config)# interface e1
FW1/c2(config-if)# nameif outside
FW1/c2(config-if)# ip address 1.1.30.22 255.255.255.0 standby 1.1.30.12
FW1/c2(config-if)# exit
```

설정이 끝나면 각 컨텍스트에서 라우팅 테이블을 확인하고, 인접 장비까지의 통신을 핑으로 확인한다. 예를 들어, c2에서는 다음과 같이 확인한다.

예제 17-43 c2의 라우팅 테이블

```
FW1/c2# show route
    (생략)
```

```
Gateway of last resort is not set

C    1.1.30.0 255.255.255.0 is directly connected, outside
C    10.1.20.0 255.255.255.0 is directly connected, inside

FW1/c2# ping 1.1.30.3
FW1/c2# ping 10.1.20.2
```

이상으로 컨텍스트 설정이 완료되었다.

라우팅 설정

다음에는 정적 경로를 이용하여 라우팅을 설정한다. R1, R2에서는 다음과 같이 FW1 방향으로 디폴트 루트를 설정한다.

예제 17-44 디폴트 루트 설정

```
R1(config)# ip route 0.0.0.0 0.0.0.0 10.1.10.11
R2(config)# ip route 0.0.0.0 0.0.0.0 10.1.20.22
```

R3에서는 각 컨텍스트 내부의 네트워크로 가는 정적 경로를 설정한다.

예제 17-45 라우팅 설정

```
R3(config)# ip route 10.1.10.0 255.255.255.0 1.1.30.11
R3(config)# ip route 10.1.20.0 255.255.255.0 1.1.30.22
```

각 컨텍스트에서도 R3으로 디폴트 루트를 설정한다.

예제 17-46 각 컨텍스트에서 디폴트 루트 설정

```
FW1/c1(config)# route outside 0 0 1.1.30.3
FW1/c1(config)# change context c2
FW1/c2(config)# route outside 0 0 1.1.30.3
```

설정 후 R1, R2에서 외부 네트워크인 1.1.3.3으로 텔넷이 되는지 확인한다. 예를 들어, R1에서의 확인결과는 다음과 같다.

예제 17-47 텔넷 테스트

```
R1# telnet 1.1.3.3
Trying 1.1.3.3 ... Open

User Access Verification

Password:
R3> quit

[Connection to 1.1.3.3 closed by foreign host]
R1#
```

이것으로 라우팅 설정이 완료되었다.

보안 정책 설정

다음은 보안 정책을 설정한다. 외부 네트워크에 소속된 R3에서 내부 네트워크에
있는 R1, R2과 핑이 되도록 설정해 보자.

예제 17-48 ACL 설정

```
FW1/c1(config)# access-list Outside-inbound permit icmp host 1.1.30.3 host 10.1.10.1
FW1/c1(config)# access-group Outside-inbound in interface outside
FW1/c1(config)# changeto context c2

FW1/c2(config)# access-list Outside-inbound permit icmp host 1.1.30.3 host 10.1.20.2
FW1/c2(config)# access-group Outside-inbound in interface outside
```

설정 후 R3에서 R1, R2으로 핑이 되는지 확인한다.

예제 17-49 핑 테스트

```
R3# ping 10.1.10.1
R3# ping 10.1.20.2
```

이상으로 액티브/액티브 페일오버를 테스트하기 위한 환경 설정이 끝났다. 페일오
버 자체 설정을 위해서는 라우팅이나 보안 정책 설정이 불필요하지만, 페일오버
동작 테스트를 위해서 앞서와 같은 내용들을 설정하였다.

액티브/액티브 페일오버 설정

이제, 다음 그림과 같이 액티브/액티브 페일오버를 설정해 보자.

그림 17-8 페일오버 설정

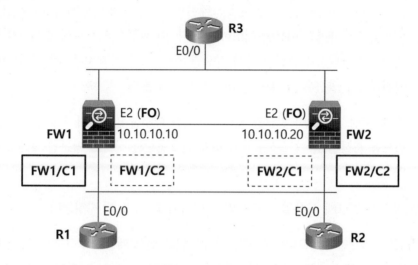

FW1의 설정은 다음과 같다.

예제 17-50 FW1의 페일오버 설정

```
① FW1(config)# failover lan unit primary
② FW1(config)# failover lan interface FO e2
③ FW1(config)# failover link FO
④ FW1(config)# failover key cisco123
⑤ FW1(config)# failover interface ip FO 10.10.10.10 255.255.255.0 standby 10.10.10.20
```

이 설정은 앞서 액티브/스탠바이 페일오버 설정과 동일하다. 즉, 액티브/액티브 페일오버를 설정하기 위해서는 먼저 액티브/스탠바이 페일오버 설정을 한다. 참고로 앞서 액티브/스탠바이 페일오버 설정에서 설명했던 것을 다시 반복한다.

① 해당 장비를 주장비 또는 보조장비로 지정한다.

② E2 포트를 페일오버 정보를 송수신하는 페일오버 링크로 사용할 인터페이스로 지정하면서 동시에 인터페이스의 이름을 'FO'라고 설정한다.

③ 스테이트풀 stateful) 페일오버 정보 전송용 인터페이스를 지정한다. 페일오버 링크인 FO 인터페이스를 동시에 스테이트풀 페일오버 인터페이스로 사용하려면 이처럼 인터페이스 이름만 지정하면 된다. 이 설정을 함으로써 스테이풀 페이오버가 동작한다. 이 설정을 하지 않으면 스테이트리스(stateless) 페일오버로 동작한다. 이 설정은 액티브 장비에서만 하면 된다.

④ 스테이트풀 페일오버 링크를 통해 전송되는 패킷을 암호화하기 위해 사용할 패스워드를 지정한다. 이 옵션을 지정하지 않으면 기본적으로 평문인 상태로 전송한다.

⑤ 이중화 링크에 사용할 액티브와 스탠바이 IP 주소를 지정한다.

설정을 마쳤으면 페일오버를 활성화 시키지 않고 먼저 페일오버 그룹을 두 개 만든다. 페일오버 그룹은 페일오버가 활성화된 상태에서 생성할 수 없다.

예제 17-51 페일오버 그룹 설정

```
   FW1(config)# failover group 1
①  FW1(config-fover-group)# primary
③  FW1(config-fover-group)# preempt
   FW1(config-fover-group)# exit

   FW1(config)# failover group 2
②  FW1(config-fover-group)# secondary
③  FW1(config-fover-group)# preempt
   FW1(config-fover-group)# exit
```

① 그룹 1은 FW1에서 액티브로 동작하도록 **primary** 명령어를 사용하였다.

② 그룹 2는 FW2에서 액티브로 동작하도록 **secondary** 명령어를 사용하였다.

③ 두 그룹 모두 스탠바이 상태에서 상대 장비에 장애가 발생하면 액티브가 될 수 있도록 **preempt** 명령어를 사용하였다.

다음과 같이 각 컨텍스트를 서로 다른 페일오버 그룹에 할당한다.

각 컨텍스트를 서로 다른 페일오버 그룹에 할당하기

```
FW1(config)# context c1
FW1(config-ctx)# join-failover-group 1
FW1(config-ctx)# exit

FW1(config)# context c2
FW1(config-ctx)# join-failover-group 2
FW1(config-ctx)# exit
```

마지막으로 시스템 컨텍스트에서 페일오버를 동작시킨다.

예제 17-53 페일오버 동작시키기

```
FW1# conf t
FW1(config)# failover
```

설정이 끝나면 다음과 같이 저장한다.

예제 17-54 저장하기

```
FW1(config)# write memory all
Building configuration...
Saving context :            system : (000/003 Contexts saved)
Cryptochecksum: 9902270b 65d0b1be f9a7aa36 4f652de2

2143 bytes copied in 0.220 secs
Saving context :            admin : (001/003 Contexts saved)
Cryptochecksum: 3ca1c8da 94f6b32a ba1a5bd3 aa2d0378

1731 bytes copied in 0.240 secs
Saving context :                c1 : (002/003 Contexts saved)
Cryptochecksum: 13b8e880 52975544 14bbac56 45ceb578

1997 bytes copied in 0.230 secs
Saving context :                c2 : (003/003 Contexts saved)
Cryptochecksum: 21a6d28f 9bfcf748 73a67772 ec14c430

1997 bytes copied in 0.240 secs
[OK]
```

다음은 FW2에서 인터페이스를 활성화시키고, 페일오버 관련 설정을 한다.

예제 17-55 FW2의 페일오버 설정

```
FW2(config)# interface e0
FW2(config-if)# no shut
FW2(config-if)# interface e1
FW2(config-if)# no shut
FW2(config-if)# interface e2
FW2(config-if)# no shut
FW2(config-if)# exit

FW2(config)# failover lan unit secondary
FW2(config)# failover lan interface FO e2
FW2(config)# failover link FO
FW2(config)# failover interface ip FO 10.10.10.10 255.255.255.0 standby 10.10.10.20
FW1(config)# failover key cisco123
FW2(config)# failover
```

잠시 후 다음과 같이 FW1에서 설정을 전송하기 시작한다는 메시지가 표시된다.

예제 17-56 설정을 전송하기 시작한다는 메시지

```
FW1#
Beginning configuration replication: Sending to mate.
End Configuration Replication to mate
```

FW2에서는 페일오버 상대를 찾았고, 설정을 받아온다는 메시지가 표시된다. 자동으로 인터페이스 및 컨텍스트가 설정된다.

예제 17-57 자동으로 서브 인터페이스 및 컨텍스트가 설정되는 화면

```
FW2(config)# failover
FW2(config)# ..

        State check detected an Active mate
Beginning configuration replication from mate.
Removing context 'admin' (1)... Done
INFO: Admin context is required to get the interfaces
INFO: Admin context is required to get the interfaces

Creating context 'admin'... Done. (2)

WARNING: Skip fetching the URL disk0:/admin.cfg
INFO: Admin context will take some time to come up .... please wait.
```

```
Creating context 'c1'... Done. (3)

WARNING: Skip fetching the URL disk0:/c1.cfg
Creating context 'c2'... Done. (4)

WARNING: Skip fetching the URL disk0:/c2.cfg
Crashinfo is NOT enabled on Full Distribution Environment
End configuration replication from mate.

        Group 1 Detected Active mate

        Group 2 Detected Active mate

        Group 2 preempt mate

FW1(config)#
```

설정 복사가 끝나고 엔터키를 누르면 앞서와 같이 프롬프트가 FW1로 변경되어 있다.

액티브/액티브 페일오버 동작 확인

이번에는 액티브/액티브 페일오버의 동작을 확인해 보자. 다음과 같이 FW2에서 **show failover** 명령어를 사용하면 페일오버 관련된 전체적인 내용을 확인할 수 있다.

예제 17-58 액티브/액티브 페일오버 동작 확인

```
FW1(config)# show failover
Failover On
Failover unit Secondary
Failover LAN Interface: FO Ethernet2 (up)
Unit Poll frequency 1 seconds, holdtime 15 seconds
Interface Poll frequency 5 seconds, holdtime 25 seconds
Interface Policy 1
Monitored Interfaces 4 of 60 maximum
Version: Ours 9.1(5)16, Mate 9.1(5)16
Group 1 last failover at: 17:51:24 UTC May 11 2016
Group 2 last failover at: 17:51:28 UTC May 11 2016

  This host:    Secondary
  Group 1       State:          Standby Ready   ①
                Active time:    0 (sec)
  Group 2       State:          Active          ②
                Active time:    45 (sec)
```

```
              c1 Interface inside (10.1.10.21): Normal (Monitored)   ③
              c1 Interface outside (1.1.30.21): Normal (Monitored)
              c2 Interface inside (10.1.20.22): Normal (Monitored)
              c2 Interface outside (1.1.30.22): Normal (Monitored)

Other host:   Primary
Group 1        State:          Active    ①
               Active time:    576 (sec)
Group 2        State:          Standby Ready   ②
               Active time:    6 (sec)
   (생략)
```

① 현재 FW2가 페일오버 그룹1에 대해서 스탠바이로 동작하고, FW1이 액티브로 동작한다.

② FW2가 페일오버 그룹2에 대해서 액티브로 동작하고, FW1이 스탠바이로 동작한다.

③ 각 컨텍스트 별로 모니터링되는 인터페이스를 표시한다.

현재 FW1은 c1에 대해서 액티브 상태이고, FW2는 c2에 대해서 액티브 상태이다. 즉, 다음 그림과 같이 R2와 외부간의 통신은 FW1/c1을 통하고, R3은 FW2/c2를 통한다.

그림 17-9 정상적인 경우의 트래픽 흐름

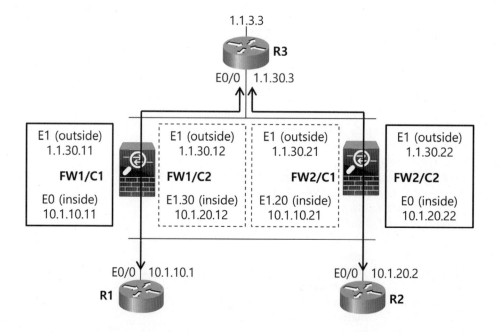

테스트를 위하여 R1에서 R3의 1.1.3.3으로 텔넷을 해 보자.

예제 17-59 텔넷 테스트

```
R1# telnet 1.1.3.3
Trying 1.1.3.3 ... Open

User Access Verification

Password:
R3>
```

R2에서도 R3의 1.1.3.3으로 텔넷을 한다.

예제 17-60 텔넷 테스트

```
R2# telnet 1.1.3.3
Trying 1.1.3.3 ... Open


User Access Verification

Password:
R3>
```

다음과 같이 FW1과 FW2의 컨텍스트 c1에서 **show conn** 명령어를 사용하여 확인해 보면 다음과 같이 R1에서 R3으로 향하는 트래픽은 FW1의 c1을 사용하고 있다.

예제 17-61 show conn 명령어를 사용한 확인

```
FW1/c1# show conn (FW1에서의 결과)
5 in use, 5 most used
TCP outside   1.1.3.3:23 inside   10.1.10.1:49379, idle 0:00:10, bytes 109, flags UIO

FW1/c1# show conn (FW2에서의 결과)
5 in use, 5 most used
TCP outside   1.1.3.3:23 inside   10.1.10.1:49379, idle 0:00:01, bytes 0, flags U
```

그러나 R2의 10.1.20.2으로 가는 트래픽은 FW2의 c2를 사용하고 있다.

예제 17-62 show conn 명령어를 사용한 확인

```
FW1/c2# show conn (FW1에서의 결과)
5 in use, 5 most used
TCP outside  1.1.3.3:23 inside  10.1.20.2:61156, idle 0:00:18, bytes 0, flags U

FW1/c2# show conn (FW2에서의 결과)
5 in use, 5 most used
TCP outside  1.1.3.3:23 inside  10.1.20.2:61156, idle 0:00:16, bytes 122, flags UIO
```

FW2에서 **failover active** 명령어를 사용하여 모든 그룹에 대해서 FW2가 액티브가 되게 해보자.

예제 17-63 FW2를 액티브로 동작시키기

```
FW1# failover active
```

다음과 같이 **show failover state** 명령어를 사용하여 확인해 보면 현재의 장비인 FW2가 두 개의 페일오버 그룹에 대해서 모두 액티브로 동작한다.

예제 17-64 show failover state 명령어를 사용한 확인

```
FW1# show failover state

                State          Last Failure Reason      Date/Time
This host  -    Secondary
    Group 1     Active         None
    Group 2     Active         None
Other host -    Primary
    Group 1     Standby Ready  None
    Group 2     Standby Ready  None

====Configuration State===
      Sync Done - STANDBY
====Communication State===
      Mac set
```

FW1과 FW2의 컨텍스트 c1에서 **show conn** 명령어를 사용하여 확인해 보면, R1에서 출발한 트래픽도 FW2의 c1을 통하여 전송된다.

show conn 명령어를 사용한 확인

```
FW1/c1# show conn (FW1에서의 결과)
9 in use, 9 most used
TCP outside   1.1.3.3:23 inside   10.1.10.1:54072, idle 0:00:03, bytes 0, flags U

FW1/c1# show conn (FW2에서의 결과)
9 in use, 9 most used
TCP outside   1.1.3.3:23 inside   10.1.10.1:54072, idle 0:00:11, bytes 111, flags UIO
```

즉, FW1에 장애가 발생하였으므로 다음 그림과 같이 두 개의 페일오버 그룹 모두에
대해서 FW2가 액티브로 동작하고 있다.

그림 17-10 장애 발생 시의 트래픽 흐름

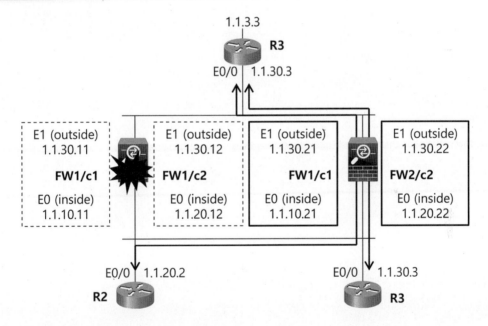

페일오버 그룹 1에 대해서 FW1을 다시 액티브 상태로 설정하려면, 다음과 같이
FW2에서 **no failover active group 1** 명령어를 사용한다.

예제 17-66 특정 그룹에 대한 페일오버 역할 교대

```
FW1# no failover active group 1
```

이상으로 ASA 이중화 기능에 대하여 살펴보았다.

제18장
ASDM

ASDM 개요

ASDM 기본설정

ASDM을 이용한 보안 설정

ASDM 개요

ASDM(adaptive security device manager)은 방화벽 설정과 모니터링을 GUI 방식으로 구현하는 소프트웨어이다. ASDM을 이용하면 단순한 설정이나 모니터링, 로그 관리는 기존의 CUI 방식보다 효율성이 좋기에 자주 사용되는 편이다. 이번 장에서는 ASDM의 설치와 기본적인 설정에 대해 알아보도록 한다.

테스트 네트워크 구성

다음과 같이 테스트 네트워크를 설정한다. 방화벽 설정은 ASDM을 사용할 PC와 연결된 E0만 설정하고 이후 인터페이스는 ASDM으로 설정해 보도록 한다.

그림 18-1 ASDM 테스트 네트워크

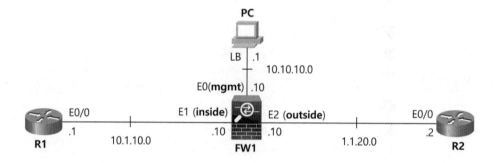

먼저, FW1의 설정은 다음과 같다.

예제 18-1 FW1의 설정

```
FW1(config)# interface e0
FW1(config-if)# nameif mgmt
FW1(config-if)# ip address 10.10.10.10 255.255.255.0
FW1(config-if)# management-only
FW1(config-if)# no shut
FW1(config-if)# exit
```

PC에서 다음과 같이 MS 루프백 인터페이스를 설정한다.

그림 18-2 MS 루프백 인터페이스 등록 정보

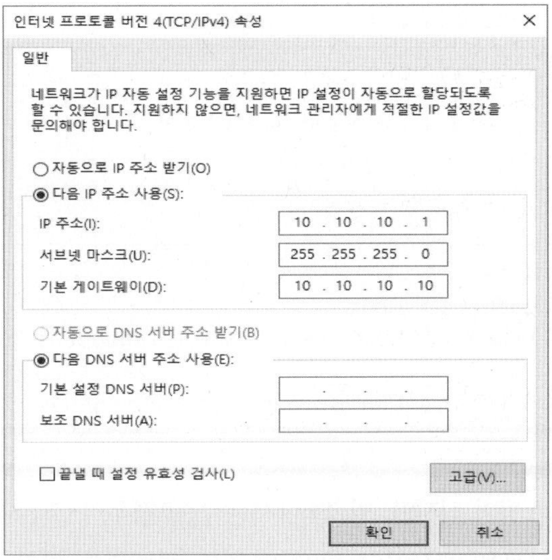

본서에서는 편의를 위해 ASDM의 설정은 루프백 인터페이스를 하였지만, 가상 PC를 통해서도 ASDM을 설치 및 관리가 가능하다.

계속해서 R1의 인터페이스 설정은 다음과 같다.

예제 18-2 R1의 설정

```
R1(config)# interface lo 0
R1(config-if)# ip address 1.1.1.1 255.255.255.0

R1(config)# interface e0/0
R1(config-if)# ip address 10.1.10.1 255.255.255.0
R1(config-if)# no shut
```

R2의 인터페이스와 라우팅 설정은 다음과 같다.

예제 18-3 R2의 설정

```
R2(config)# interface lo 0
R2(config-if)# ip address 2.2.2.2 255.255.255.0

R2(config)# interface e0/0
R2(config-if)# ip address 1.1.20.2 255.255.255.0
```

```
R2(config-if)# no shut

R2(config)# ip route 0.0.0.0 0.0.0.0 1.1.20.10
```

인터페이스 설정이 끝나면 FW1에서 루프백으로 통신이 되는지 확인을 해본다.

예제 18-4 핑 테스트

```
FW1# ping 10.10.10.1
Type escape sequence to abort.
Sending 5, 100-byte ICMP Echos to 10.10.10.1, timeout is 2 seconds:
!!!!!
Success rate is 100 percent (5/5), round-trip min/avg/max = 1/1/1 ms
```

만약 루프백에서는 핑이 되지만, 방화벽에서는 안될 경우, PC의 제어판-Windows방화
벽에서 방화벽 설정을 해제하고 다시 테스트 해보도록 한다.

그림 18-3 PC의 방화벽 설정 해제

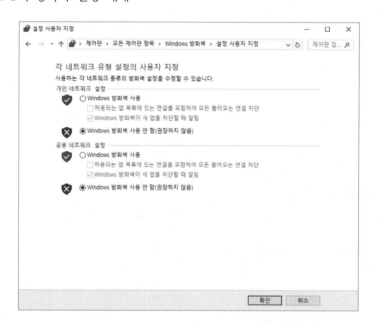

이제, ASDM을 설정해 볼 테스트 네트워크가 완성되었다.

ASDM 설치

ASDM을 설치하는 방법은 다음과 같다.

1) asdm.bin 파일을 tftp 서버에 복사한다.

예: d:\images\asdm\asdm-716.bin

2) 적당한 tftp 서버를 동작시키고 upload/download 폴드를 조정한다.

그림 18-4 tftp 설정

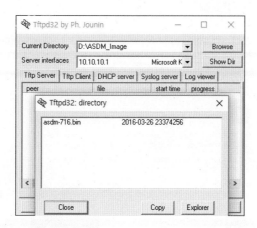

3) ASDM 파일을 FW1로 복사한다.

예제 18-5 ASDM 파일 FW1로 복사하기

```
FW1# copy tftp flash
Address or name of remote host []? 10.10.10.1
Source filename []? asdm-716.bin
Destination filename [asdm-716.bin]?
Accessing tftp://10.10.10.1/asdm-716.bin...!!!!!!!!!!!!!!!!!!!!!!!!!!!!!!!!!!!!!!!!!!!!!!!!!!!!!!!!!!!!!!!!!!!!!!!!
```

4) 방화벽에서 ASDM 동작을 위해 HTTP 서버를 활성화시킨다. 또, ASDM 접속을 위하여 HTTPS를 허용한다.

예제 18-6 ASDM 접속을 위한 HTTPS 허용

```
FW1(config)# http server enable
FW1(config)# http 10.10.10.1 255.255.255.255 inside
```

5) 브라우저의 주소창에 'https://10.10.10.10'를 입력하여 FW1과 접속을 시도하면 아래 그림과 같이 경고창이 뜨는 경우도 있다. 이것은 ASA 웹 서버의 인증서가 검증되지 않은 사설 인증서이기 때문이므로 무시하고 이동하면 된다.

그림 18-5 ASDM 접근 시 경고창

경고창을 통과하면 시스코의 ASDM 접속 프로그램(launcher)과 브라우저 중 어느 것을 사용할지 묻는다. 적당한 것을 선택한다.

그림 18-6 ASDM launcher와 브라우저 선택 화면

6) 실행을 하면 이용자명과 암호를 묻는데, 따로 설정되어 있지 않으면 공백으로 두고 확인을 누르며, **enable password**를 설정하였다면 username은 공백으로 둔 체 password에 설정한 패스워드를 입력한다. 잠시 후 다음과 같이 ASDM 화면이 나온다.

그림 18-7 ASDM 화면

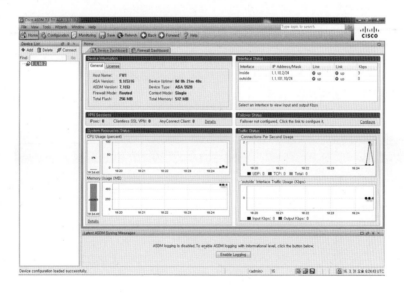

이상으로 ASDM을 이용하기 위한 테스트 네트워크 설정을 마쳤다.

ASDM 기본설정

ASDM에서는 CLI에서 설정하던 것과 동일하게 인터페이스, 라우팅, 액세스리스트 같은 ASA의 기능을 설정할 수 있다. 이번 절에서는 ASDM에서 방화벽의 여러 기능들을 설정해 보도록 한다.

인터페이스 설정

앞서 설정된 테스트 네트워크에서 설정하지 않았던 E1, E2 인터페이스를 ASDM에서 설정해 보자.

그림 18-8 ASDM 테스트 네트워크

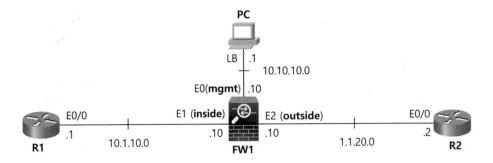

인터페이스를 포함한 방화벽은 모든 설정은 상단의 [Configuration]에 존재하며, 인터페이스 설정은 좌측 바에 [Interfaces]로 접근한다.

그림 18-9 ASDM 인터페이스 설정

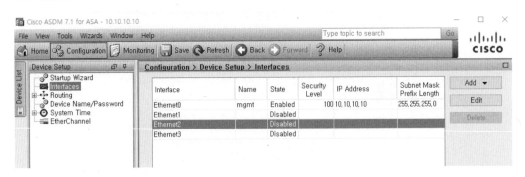

현재 E0(mgmt)를 제외한 모든 포트는 비활성화 상태(Disabled)인 것을 알 수 있다.

Ethernet1 칸을 더블 클릭, 또는 [Edit] 버튼 을 눌러 다음과 같이 설정한다.

그림 18-10 ASDM 인터페이스 설정(2)

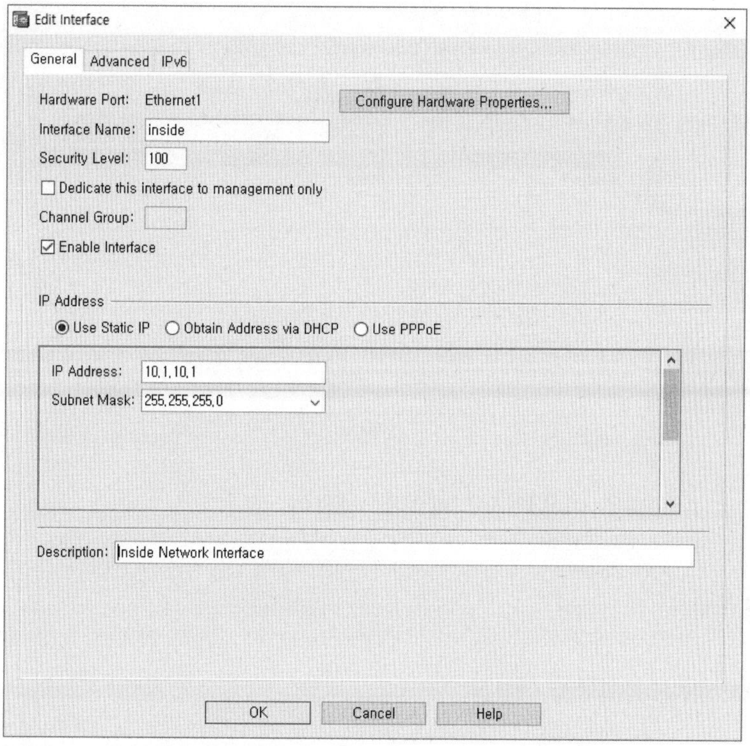

각 설정의 설명은 다음과 같다.

- Inteface Name : 인터페이스의 도메인 이름을 지정한다.

- Security Level : 시큐리티 레벨을 지정한다.

- Enable Interface : 인터페이스를 활성화 여부를 지정한다.

- IP Address : IP 주소지 정 방식을 정한다. 관리자가 직접 지정을 하는 [Use Static IP]와 DHCP를 이용하는 [Obtaion Address via DHCP], PPP를 이용하는 [PPPoE] 방식이 존재한다.

- Description : 인터페이스의 설명을 넣어준다.

E2도 동일한 설정을 하고 마지막에 하단의 [Apply]를 클릭하면 IP 설정이 끝난다.

그림 18-11 ASDM 인터페이스 설정(3)

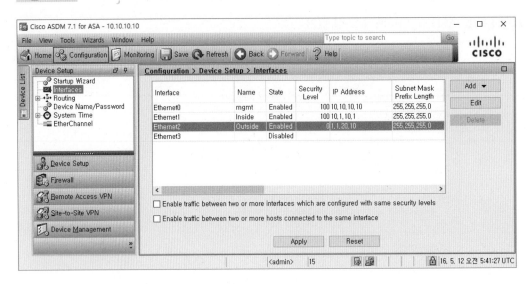

이상으로 ASDM을 이용한 인터페이스 설정이 끝났다.

라우팅 설정

이번에는 라우팅 설정을 해보자.

방화벽에서 outside로 나가는 디폴트 루트를 설정한 다음 내부에는 OSPF를 이용하여 디폴트 루트를 광고한다. 먼저 디폴트 루트부터 설정해 보자. [Configuration] -[Routing] 으로 이동하여 [Static Routes]를 클릭한다. 이후, [Add] 버튼을 클릭하여 다음과 같이 설정한다.

그림 18-12 ASDM 라우팅 설정(1)

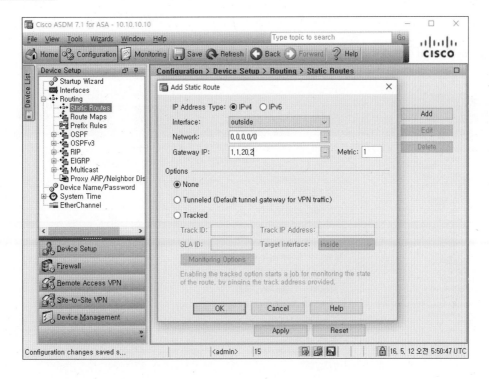

각 설정의 내용은 다음과 같다.

· IP Address Type : 정적경로의 IP주소 타입을 지정한다.

· Interface : 라우팅에 사용되는 인터페이스의 이름을 정한다.

· Network : 목적지 대역을 의미한다. IP/서브넷 식이나, 미리 지정해둔 이름으로 설정한다.

· Gateway IP : Network에 해당하는 패킷을 포워딩할 IP를 지정한다.

· Metric : 정적경로의 메트릭을 지정한다.

· Options : VPN이나 Track을 이용하여 정적경로를 생성할 수 있다.

설정이 끝났으면 [Apply]를 클릭하고 방화벽에 정적경로를 적용한다.
계속해서 OSPF를 설정하기 위해 [Routing] 하단에 [OSPF]로 들어간다.

먼저 Setup에서 OSPF 프로세스를 활성화 킨다. 사용을 원하지 않을 때에는 체크박스를 해제하면 된다. 또한 [Advanced]에서 디폴트 루트 광고를 설정할 수 있다.

그림 18-13 ASDM 라우팅 설정(2)

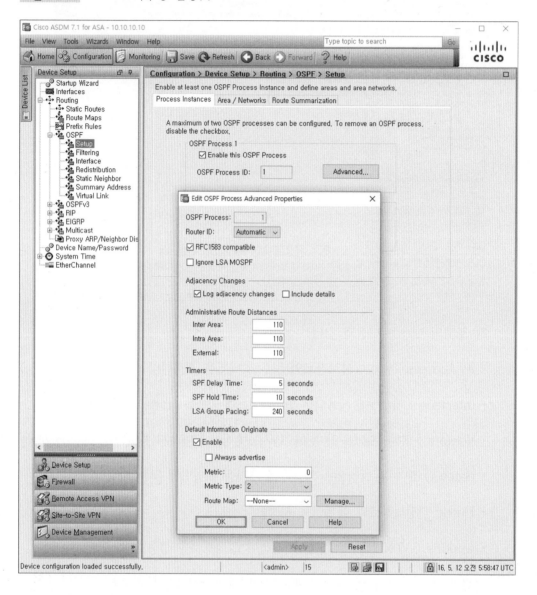

다음으로 [Area / Networks] 탭으로 이동하여 [Add]를 누른 후 광고할 네트워크를 지정한다.

그림 18-14 ASDM 라우팅 설정(3)

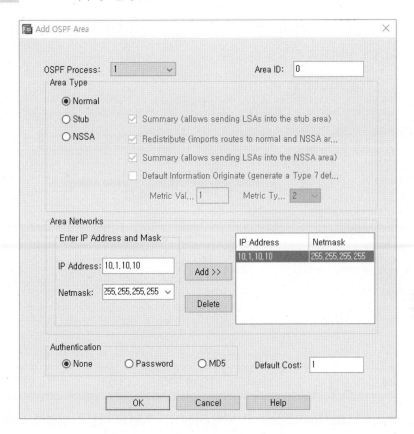

설정을 마치고 [Apply]를 누르면 적용이 완료된다. 이후, R1과 R2에 각각 OSPF, 정적 경로 설정을 마치면 라우팅 설정이 완료된다.

통신 확인

ASDM에서 핑이나 트레이스 루트를 이용하여 통신 상태를 확인하려면 상단 메뉴의 [Tools]에서 선택하여 지정할 수 있다.

그림 18-15 ASDM을 이용한 핑 테스트(1)

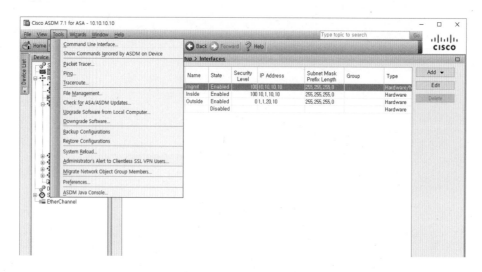

Tools에서 사용할 수 있는 기능들은 다음과 같다.

• Command Line Interface : CLI에서 사용하는 커맨드 라인을 입력하고 결과값을 확인 할 수 있다.

• Packet Tracer : 시스코에서 제공하는 시뮬레이터이다. 이를 사용하여 패킷의 흐름을 예상할 수 있다.

• Ping : 핑을 사용할 수 있다. ICMP뿐만 아니라 TCP Ping도 지원한다.

이외에도 ASA 내부의 파일들을 관리하거나 소프트웨어의 업그레이드/다운그레이드 컨피그 관리, 재부팅 등 시스템 전반적인 관리를 이곳에서 할 수 있다.

이곳의 기능들 중 핑을 이용하여 R1과 R2의 연결상태를 확인해 보자.

그림 18-16 ASDM을 이용한 핑 테스트(2)

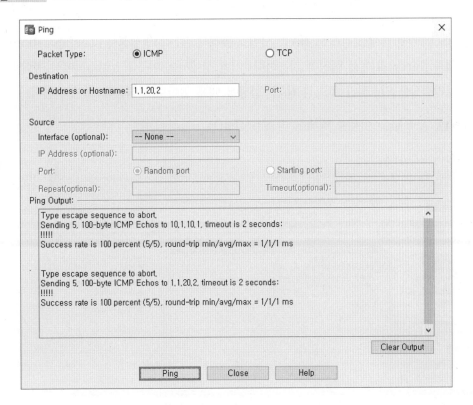

각 설정의 내용은 다음과 같다.

• Pcket Type : 핑에 사용될 타입을 지정한다. TCP를 사용할 경우 포트번호도 지정
가능하다.

• IP Address or Host : 목적지 주소 또는 이름을 지정한다.

• Interface, IP Address (optional) : 출발지 인터페이스나 주소를 지정 할 수 있다.

• Ping Output : 핑 결과를 확인 할 수 있다.

현재, R1 10.1.10.1과 R2 1.1.20.2에 핑을 해본 결과 정상적으로 통신이 되고 있는
것을 알 수 있다. 이상으로 기본적인 ASDM 설정에 대해 알아보았다.

ASDM을 이용한 보안 설정

ASDM에서 액세스 리스트, NAT, 서비스 폴리시 같은 보안설정은 [Configuration]의 좌측 [Firewall]에서 설정이 가능하다. 이번 장에서는 이곳 [Firewall]에서 방화벽의 보안설정중 기초적인 ACL과 NAT 설정에 대해 알아보고 적용해 보기로 한다.

그림 18-17 ASDM을 이용한 액세스 리스트 설정(1)

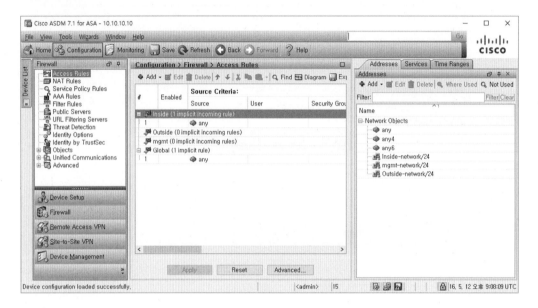

액세스 리스트 설정

액세스 리스트를 추가하기 위해서는 좌측의 [Access Rules]에 접근하여 중앙에 [Add] 버튼을 누르면 액세스 리스트 설정창이 나타난다.

이번에는 R2에서 돌아오는 ICMP 응답 패킷을 허용해주기 위한 액세스 룰을 지정하고 적용해 보도록 한다.

그림 18-18 ASDM을 이용한 액세스 리스트 설정(2)

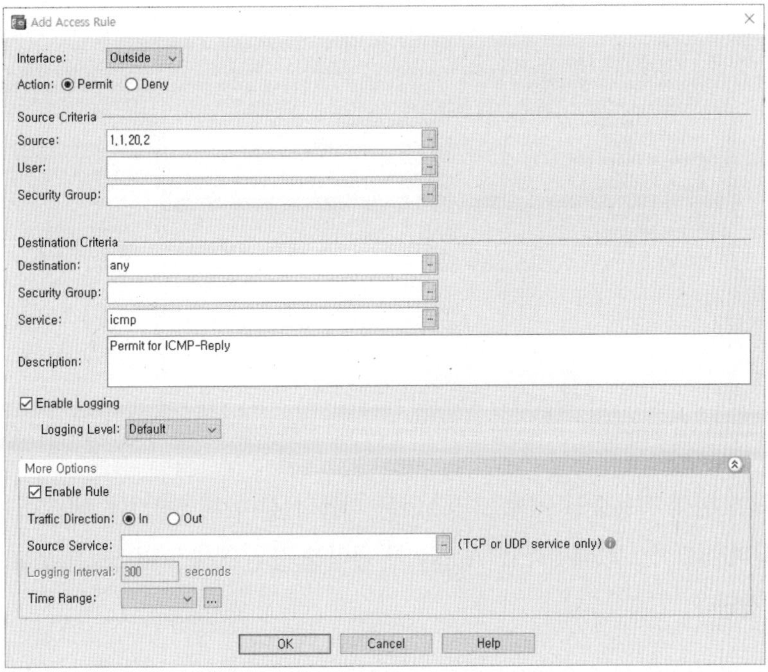

각 설정의 내용은 다음과 같다.

• Interface : 액세스 룰이 적용될 인퍼페이스를 지정한다.

• Action : 아래에 지정한 조건에 만족하는 패킷들을 허용 또는 차단할지를 정한다.

• Source Criteria : 출발지 정보이다. 이곳에서는 IP, User, Security Group중 하나를 설정해야 하는데 User의 경우 AD(Active Directory)를 사용중인 경우에 사용 가능하며, 시큐리티 그룹은 오브젝트 그룹을 뜻한다.

• Destination Criteria : 목적지 정보이다. 출발지와 동일하며 추가적으로 IP, ICMP, OSPF, TCP, UDP같은 패킷의 서비스 타입을 지정할 수 있다.

More Options를 선택하면 트래픽의 방향이나 출발지 서비스, 시간에 따라 활성화 비활성화를 선택가능한 Time Range를 지정할 수 있다.
설정을 마치고 [OK]버튼을 누른후 [Apply]를 다시 눌러주면 적용이 완료된다.

그림 18-19 ASDM을 이용한 액세스 리스트 설정(3)

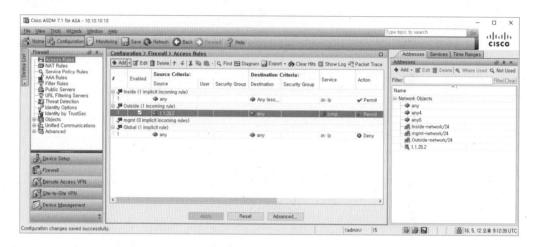

설정되어 현재 적용중인 액세스 리스트는 다음과 같이 체크박스에 체크가 된 상태로 표시되며 체크박스를 해제하고 [**Apply**]를 클릭할 경우 액세스 리스트는 inactive 상태로 변경된다.

설정을 확인하기 위해 R1에서 R2 1.1.20.2로 핑을 해본다.

예제 18-7 핑 테스트

```
R1# ping 1.1.20.2
Type escape sequence to abort.
Sending 5, 100-byte ICMP Echos to 1.1.20.2, timeout is 2 seconds:
!!!!!
Success rate is 100 percent (5/5), round-trip min/avg/max = 1/1/2 ms
R1#
```

이상으로 액세스 리스트 설정에 대해 알아보았다.

NAT 설정

이번에는 NAT를 설정해 보자. NAT 설정은 [NAT Rules]에서 할 수 있으며, CLI 방식과 동일하게 트와이스 NAT, 오브젝트 NAT, 트와이스 NAT으로 구분된다. 각각 [Before "Network Object NAT"], [Network Object NAT], [After "Network Object NAT"] 으로 표시되어 있다.

그림 18-20 ASDM을 이용한 NAT 설정(1)

기본적으로 [**Add**]를 누르면 트와이스 NAT를 설정할 수 있으며, [**Add**] 옆에 작은 화살표를 이용하여 트와이스 NAT 이외의 주소변환 정책을 설정할 수 있다.

추가적으로 오브젝트 NAT은 [NAT Rules]말고도 [Object]-[Network Objects/ Groups]에서 오브젝트를 생성하면서 설정 할 수 있다.

그림 18-21 ASDM을 이용한 NAT 설정(2)

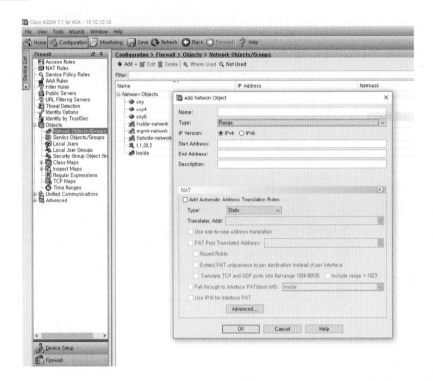

다음 그림과 같이 R1에서 R2로 나갈 때 출발지 주소가 5.5.5.5로 동적 PAT 되어 나가도록 설정해 보자.

그림 18-22 주소변환 정책

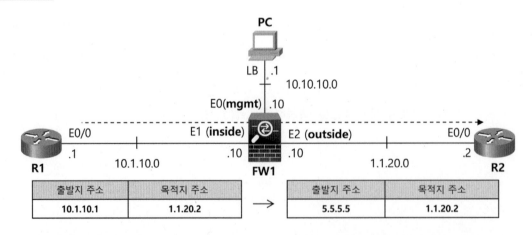

출발지 주소	목적지 주소
10.1.10.1	1.1.20.2

출발지 주소	목적지 주소
5.5.5.5	1.1.20.2

먼저 R2에 설정된 디폴트 루트를 삭제하고 5.5.5.0 에 대한 정적경로로 변경해 준다.

R2에서 정적경로 설정

```
R2(config)# no  ip route 0.0.0.0 0.0.0.0 1.1.20.10
R2(config)# ip route 5.5.5.0 255.255.255.0 1.1.20.10
```

다음으로 ASDM으로 돌아가 주소변환을 정책을 설정한다. 위의 주소변환은 출발지 주소만 변환되기 때문에 오브젝트 NAT를 사용한다.

ASDM에서 [Firewall]-[Object]-[Network Objectes/ Groups]로 가서 [add]를 클릭하여 네트워크 오브젝트를 생성하고 동시에 NAT 설정까지 마친다.

그림 18-23 ASDM을 이용한 NAT 설정(3)

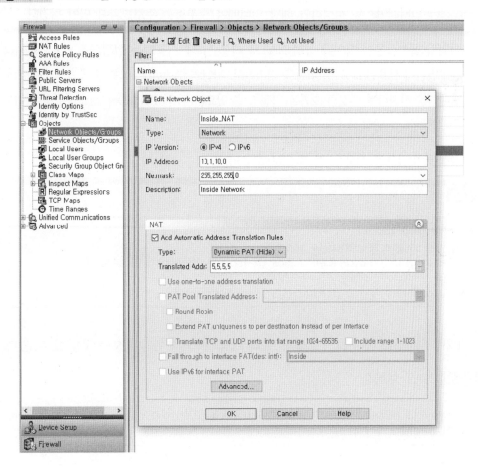

각 설정의 내용은 다음과 같다.

- Name : 오브젝트의 이름을 지정한다.

- Type : 범위를 지정할 타입이다. host, Network, Range 중 하나를 선택한다.

- NAT : 오브젝트 설정에서 추가옵션으로 오브젝트 NAT을 설정 할 수 있다. [Add
  Automatic Address Translation Rules]에 체크를 하면 NAT 정책이 설정된다.

- Type : 주소변환 타입을 선택할 수 있다. 정적/동적 NAT, 동적 PAT 설정이 가능하다.

- Translated Addr : 변환할 주소를 지정한다. 이곳에서는 위 그림과 같이 IP를 지정하
  거나 인터페이스를 지정하면 해당 인터페이스 주소로 주소변환이 되어 나간다.

이외의 옵션들은 정적이나 동적 NAT로 사용 할 때 사용되는 설정으로 1:1 변환이나
주소변환에 사용된 IP풀 설정 등을 의미한다. 하단의 [Advanced]를 통해 출발지 목적지
도메인을 지정하여 패킷의 흐름을 설정할 수 있으며, 또한 DNS Doctoring 활성화 여부
를 선택할 수 있다.

설정을 마쳤으면 적용을 한 후, R1에서 R2로 핑을 해본다.

예제 18-9 핑 테스트

```
R1# ping 1.1.20.2
Type escape sequence to abort.
Sending 5, 100-byte ICMP Echos to 1.1.20.2, timeout is 2 seconds:
!!!!!
Success rate is 100 percent (5/5), round-trip min/avg/max = 1/1/2 ms
```

R2에 디버깅을 해서 보면 출발지 주소가 5.5.5.5로 변환되어 오는 것을 알 수 있다.

예제 18-10 NAT 디버깅

```
*May 13 00:54:51.431: IP: s=5.5.5.5 (Ethernet0/0), d=1.1.20.2 (Ethernet0/0), len
100, rcvd 3
```

이상으로 NAT 설정에 대해 알아보았다.

부록

실습 네트워크 구축하기

본서의 내용을 따라하기 위해서는 실습 네트워크가 필요하다. 실습 네트워크는 실제 장비를 사용하거나, UnetLAB(Unified Networking LAB), GNS3, 다이나밉스와 같은 에뮬레이터를 사용할 수 있다.

본서에서 사용한 장비의 소프트웨어 버전은 다음과 같다.

- 시스코 라우터 15.4(1)T 버전
- 시스코 ASA5520 9.1(5)16 버전
- 시스코 스위치 15.1 버전

실습 네트워크는 각 장마다 조금씩 다르게 구성되어 있다. 부록을 통해 기본적인 구축방법을 익힌 후에, 각 장의 구성도를 참고하여 실습 네트워크를 구성하면 된다.

http://cafe.naver.com/pjnene 사이트에 접속하면, UnetLAB에서 사용할 수 있는 실습 네트워크 파일을 다운로드 할 수 있다.

라우터 설정

최근에 나오는 IOS 버전의 경우 보안을 강화하기 위하여 기본적으로 텔넷과 HTTP 서버 기능이 비활성화되어 있다.

본서의 내용에는 텔넷을 이용하거나 HTTP 서버로 접속하여 동작구성을 확인하는 경우가 많으므로 다음과 같이 활성화를 시켜주도록 한다.

먼저 텔넷을 활성화시키는 명령어는 다음과 같다.

예제 A-1 텔넷 설정

```
Router(config)# line vty 0 4
Router(config-line)# transport input telnet
Router(config-line)# password cisco
```

텔넷의 경우 vty에서 접속을 허용할 프로토콜과 접속 패스워드만 지정해주면 된다. 추가적으로 라우터의 관리를 하기 위한 설정모드로 진입하기 위해서는 **enable password**까지 설정해주면 된다.

HTTP 서버 기능을 활성화시키는 방법은 다음과 같다.

예제 A-2 HTTP 서버 설정

```
Router(config)# ip http server
Router(config)# enable password cisco
```

HTTP 서버는 enable 패스워드만 지정해주면 접속이 가능하다.

마이크로소프트 루프백 인터페이스 구성

실습 네트워크 구축에서 루프백 인터페이스를 설치하는 법을 살펴보자.

먼저, 실행창에 **hdwwiz**를 입력하여 하드웨어 추가마법사를 실행시킨다. 이 명령어는 윈도우 7부터 10까지 모두 통용되는 명령어이다.

그림 B-1 하드웨어 추가 마법사 실행

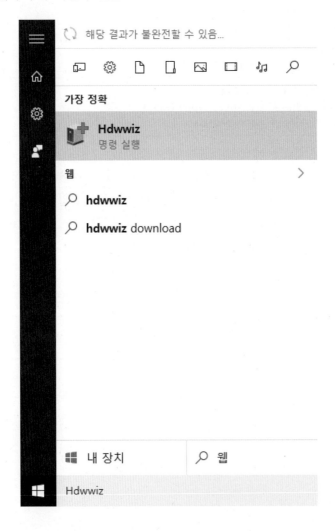

실행을 하면 다음과 같이 추가 마법사가 실행된다.

그림 B-2 하드웨어 추가 마법사 시작

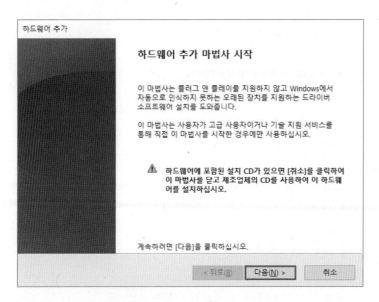

다음을 선택하고 **목록에서 직접 선택한 하드웨어 설치(고급)** 선택한다.

그림 B-3 하드웨어 추가

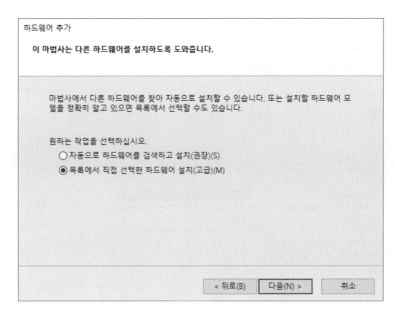

이후, 설치할 하드웨어 유형을 선택하는 창이 나오며 이곳에서 **네트워크 어댑터**를 선택하고 다음을 클릭한다.

그림 B-4 네트워크 어댑터 추가

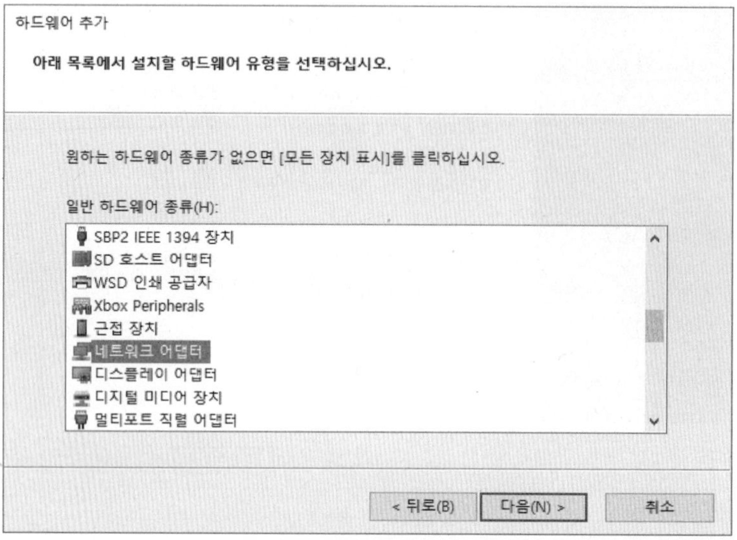

마이크로소프트 - 마이크로 소프트 KM-TEST 루프백 어댑터를 선택한다.

그림 B-5 마이크로 소프트 KM-TEST 루프백 어댑터 선택

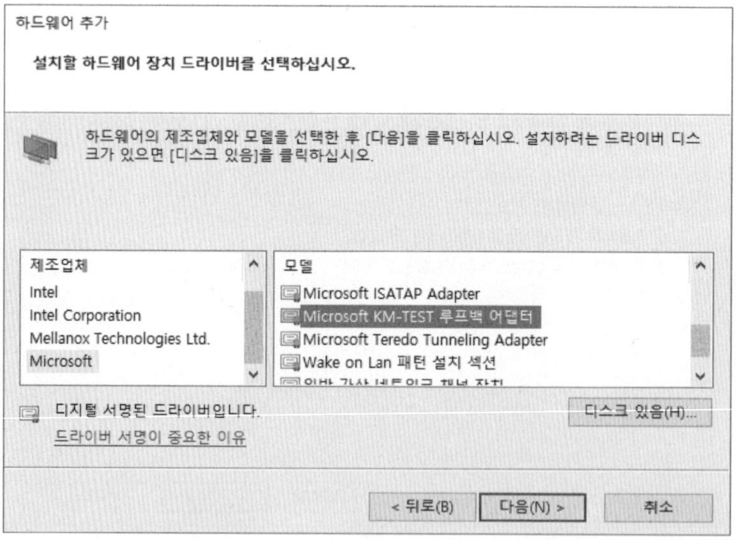

이후에는 선택지 없이 다음만 눌러주면 자동으로 설치가 완료되며 네트워크 연결에서 확인하면 다음과 같이 루프백 네트워크가 생성되어 있다.

그림 B-6 추가된 루프백 네트워크

이상으로 마이크로소프트 루프백 인터페이스 생성에 대해 알아보았다.

UnetLAB을 이용한 실습 네트워크 구축

실습 네트워크 구축에 필요한 프로그램들은 다음과 같다.
부록의 UnetLAB 설치 방법은 VMware Workstation11을 기준으로 설명되어 있다.

- 가상 머신 프로그램(VMware Workstation/Palyer 또는 Virtual Box)
- FTP 클라이언트 프로그램(WinSCP 등)

UnetLAB 다운로드 및 불러오기

http://www.unetlab.com 으로 접속하여, 홈페이지 상위 메뉴에서 **DOWNLOAD** 탭을 클릭한다. (http://www.unetlab.com/download/index.html)

그림 C-1 UnetLAB에서 지원하는 이미지 종류

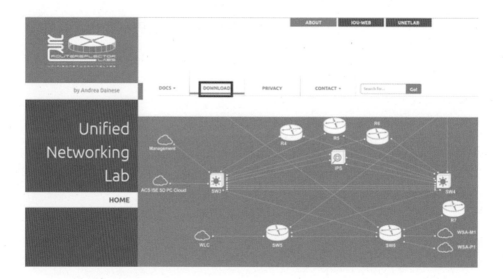

다음 링크에서 **Unified Networking Lab.ova** 파일을 다운로드 한다.

그림 C-2 UnetLAB 다운로드

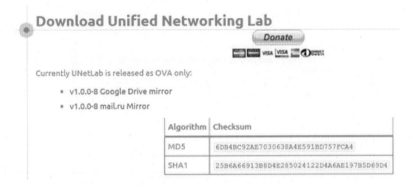

가상머신 프로그램을 실행하여 **File > Open**을 클릭하고, **Unified Networking Lab.ova** 파일을 불러온다.

그림 C-3 UnetLAB 불러오기

다음 그림과 같이 가상 머신에 적당한 이름을 부여하고 **import** 버튼을 클릭한다.

그림 C-4 가상머신 이름 설정

다음과 같은 창이 나타나면 **Accept** 버튼을 클릭한다.

그림 C-5 라이센스 동의하기

잠시 기다리면 다음과 같은 화면이 나타난다.

그림 C-6 UnetLAB 초기화면

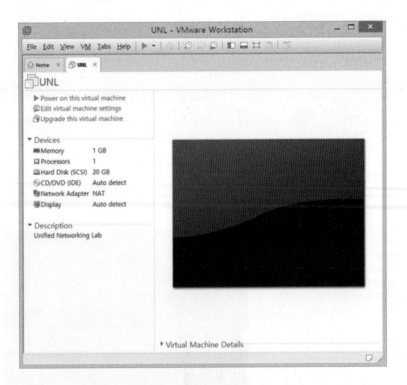

UnetLAB 가상머신 기본 설정

UnetLab 서버로 동작할 가상 머신의 기본 설정을 위해 **Edit virtual machine settings**를 클릭한다.

그림 C-7 가상머신 설정하기

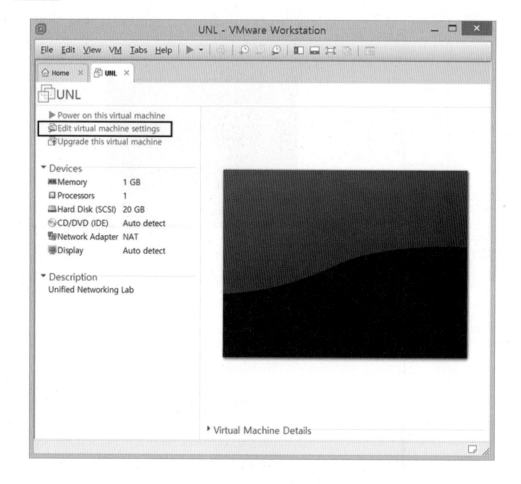

다음과 같이 가상 머신 세팅창이 나타나면, PC 성능에 따라 적당한 메모리를 선택한다. OK 버튼을 누르지 않고 계속해서 설정한다.

그림 C-8 메모리 설정

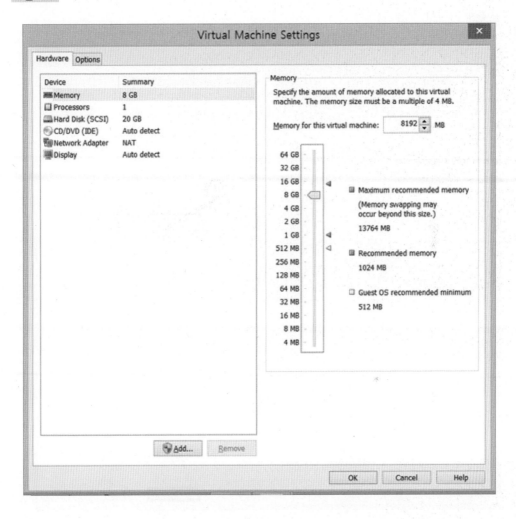

이어서 프로세서 개수를 설정한다. 마찬가지로 PC 성능에 따라 설정하면 된다. 또한 가상화 엔진 설정(Virtualization engine)에서 **Virtualize Inter VT-x/EPT or AMD-V/RVI 항목에 체크**한 후, OK 버튼을 클릭한다.

그림 C-9 가상화 성능 최적화

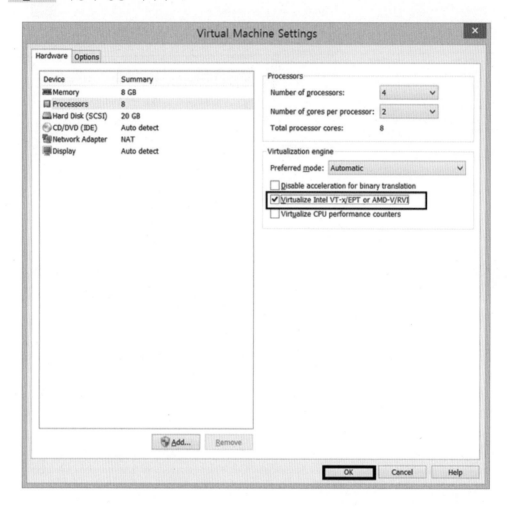

VMware와 UnetLAB 가상머신 네트워크 설정

VMware와 UnetLAB의 가상 네트워크를 설정한다. 해당 설정이 제대로 되어 있지 않으면 실습 일부가 제대로 동작하지 않을 수 있으므로 주의한다.

VMware 탭에서 **Edit > Virtual Network Editor**를 클릭한다.

그림 C-10 가상 네트워크 설정

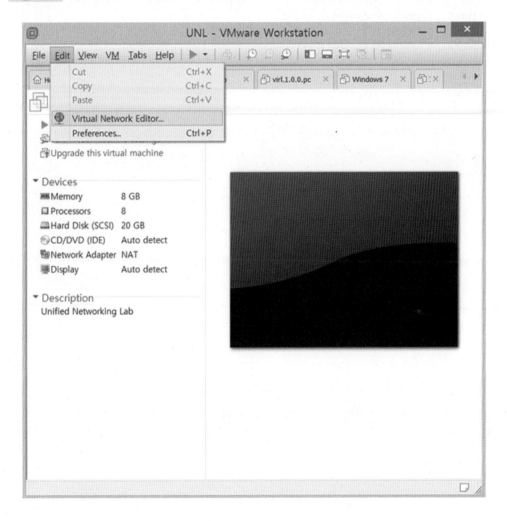

가상 네트워크 에디터(Virtual Network Editor) 창이 나타나면 **Add Network** 버튼을 클릭한다.

그림 C-11 가상 네트워크 추가하기

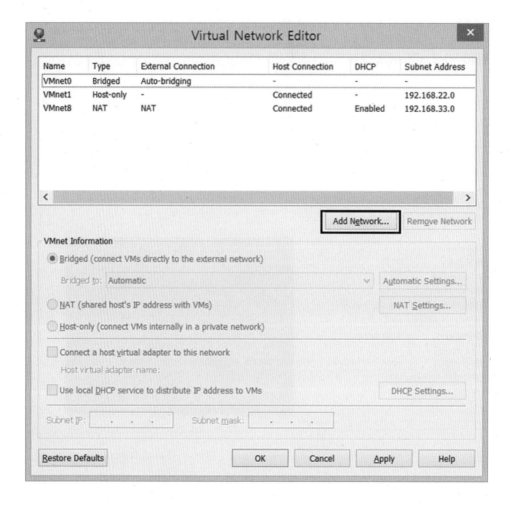

다음 설정은 실습 네트워크에서 사용되는 PC의 루프백 인터페이스를 위해 가상 네트워크를 추가하는 과정이다.

다음과 같은 창이 나타나면 **VMnet2**를 선택하고 **OK** 버튼을 누른다. VMnet2를 이미 다른 용도로 사용하고 있다면 다른 항목을 선택해도 된다. 단, 해당 번호가 PC의 루프백 인터페이스를 위한 가상 네트워크라는 것을 기억하면 된다.

그림 C-12 VMnet2 추가하기

VMnet2 항목이 추가되면 다음과 같이 **Bridged** 항목에 체크하고, 앞 절에서 만든 **마이크로소프트 루프백** 어댑터를 선택한다.

그림 C-13 VMnet2 설정

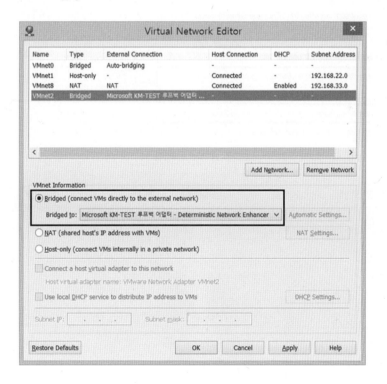

이번에는 VPC를 위해 가상 네트워크를 추가한다.

Add Network 버튼을 클릭하여, 가상 PC 설정을 위한 VMnet3을 추가한 다음, Host-only 항목을 선택하고, Connect a host virtual adapter to this network 항목에 체크한다. IP주소는 이후 실습 환경에 따라 적절히 설정하면 된다.

그림 C-14 VMnet3 설정

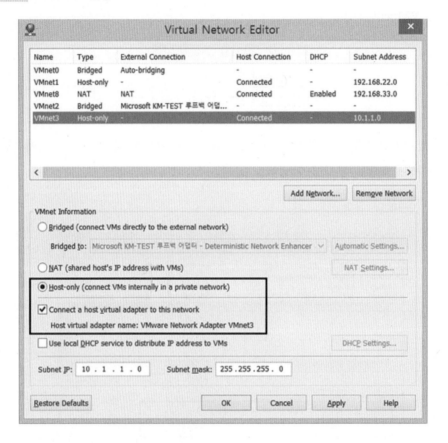

마지막으로 ASDM을 위해 가상 네트워크를 추가한다.

Add Network 버튼을 클릭하여 **VMnet4**를 추가하고, Bridged 항목에서 두 번째 루프백 인터페이스를 선택한다.

설정이 완료되면 **OK** 버튼을 클릭한다.

그림 C-15 VMnet4 설정

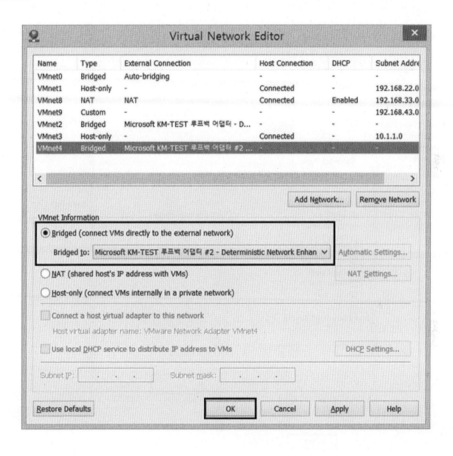

이번에는 UnetLAB 가상 머신의 네트워크 어댑터를 설정한다. 다시 **Edit virtual machine settings**를 클릭한다.

Virtual Machine Settings 창이 나타나면 **Add** 버튼을 클릭하고, 하드웨어 추가 마법사(Add Hardware Wizard)에서 네트워크 어댑터(**Network Adapter**)를 선택하고 **Next** 버튼을 클릭한다.

그림 C-16 가상 머신 네트워크 어댑터 추가하기

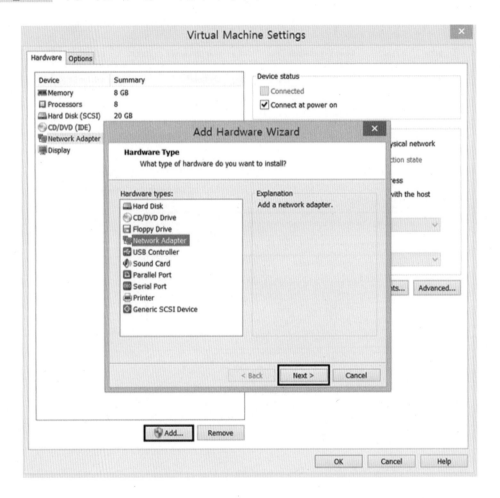

다음과 같이 **Custom** 항목을 선택하고, PC의 루프백 인터페이스를 위한 **VMnet2**를 선택한다. Connect at power on 항목은 체크되어 있는 상태로 두고 **Finish** 버튼을 클릭한다.

그림 C-17 네트워크 어댑터2 설정

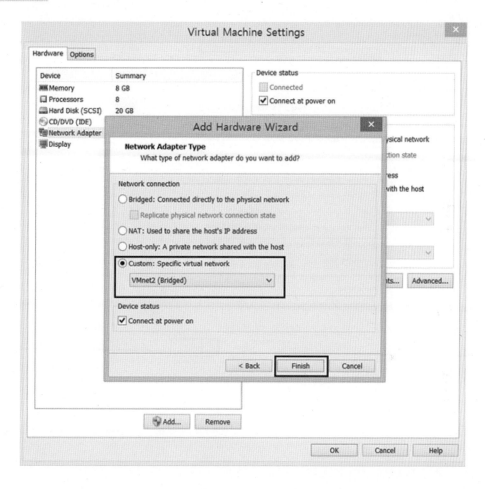

앞서 설정한 방법과 유사하게, 가상 PC를 위한 네트워크 어댑터3을 추가하고, 다음
과 같이 **Custom** 항목에서 **VMnet3**를 선택하고 **Finish** 버튼을 클릭한다.

그림 C-18 네트워크 어댑터3 설정

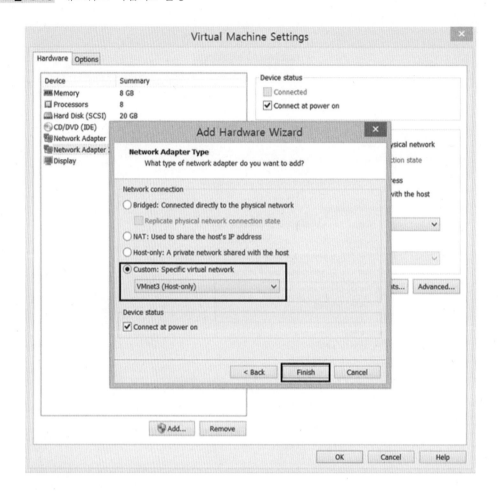

마지막으로 네트워크 어댑터4를 추가한 다음, **Custom** 항목에서 **VMnet4**를 선택하고 **Finish** 버튼을 클릭한다.

그림 C-19 네트워크 어댑터4 설정

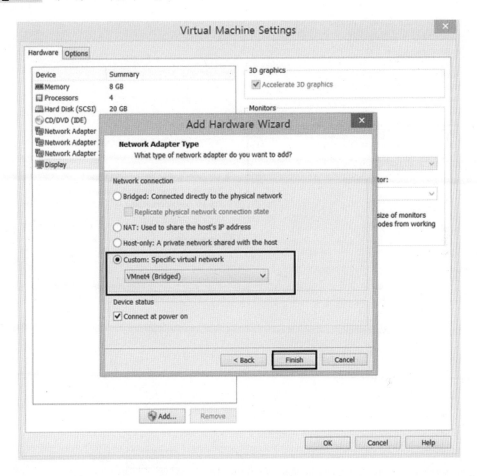

다음과 같이 4개의 네트워크 어댑터를 확인할 수 있다. 만약 Network Adapter(1)가 NAT로 설정되어 있지 않으면, 그림의 오른쪽과 같이 설정한다.

그림 C-20 가상 머신 네트워크 어댑터 정보

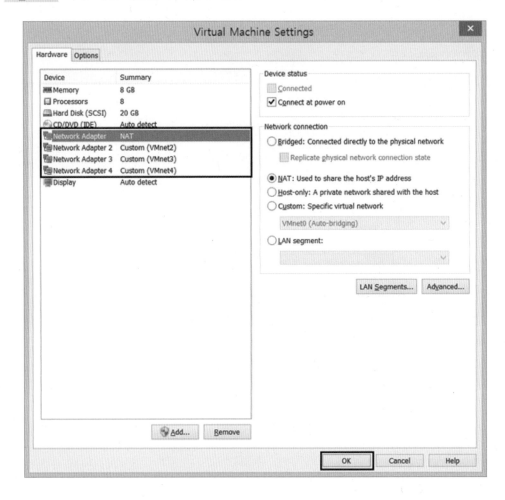

각 네트워크 어댑터(Network Adapter)는 UnetLAB의 Pnet 네트워크와 관련되어 있다. 네트워크 어댑터(1)가 Pnet0에 해당하며, 순서대로 숫자가 하나씩 증가하며 매칭된다.

설정된 네트워크 어댑터의 구성은 다음과 같다.

VMware 설정	네트워크	UnetLAB 가상머신	테스트 네트워크
	NAT	Network Adapter	Pnet0
Bridged (마이크로소프트 루프백 어댑터1)	VMnet2	Network Adapter 2	Pnet1
Host-only (VPC 대역)	VMnet3	Network Adapter 3	Pnet2
Bridged (마이크로소프트 루프백 어댑터2)	VMnet4	Network Adapter 4	Pnet3

UnetLAB 설치

이제 UnetLAB을 설치하고 최신 버전으로 업데이트한다. 다음과 같이 **Power on this Virtual machine**을 클릭하여 가상머신을 실행한다.

그림 C-21 가상 머신 실행하기

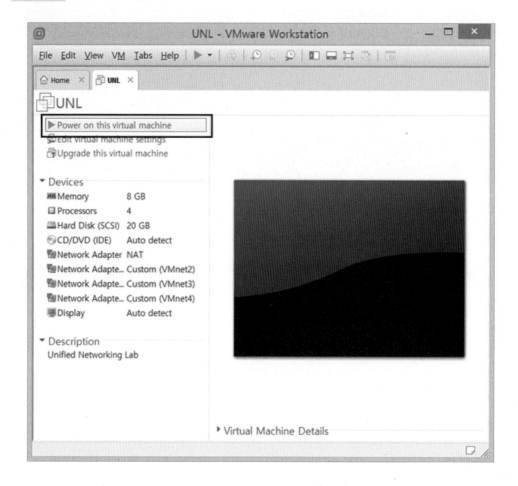

가상 머신이 실행되면 다음과 같은 부팅 화면이 나타난다.

그림 C-22 가상 머신 부팅 화면

잠시 기다리면 다음과 같은 화면이 나타난다.

그림 C-23 가상 머신 실행 화면

UNL - VMware Workstation
File Edit View VM Tabs Help
Home
UNL
Unified Networking Lab (default root password is 'unl')
Use http://192.168.33.134/
unl01 login:
To direct input to this VM, click inside or press Ctrl+G.

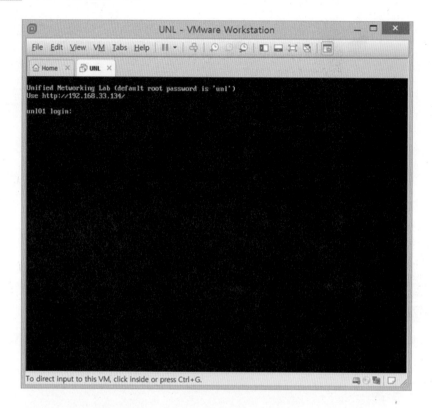

root 계정으로 로그인한다. 패스워드는 unl 이다.

그림 C-24 root 계정으로 로그인하기

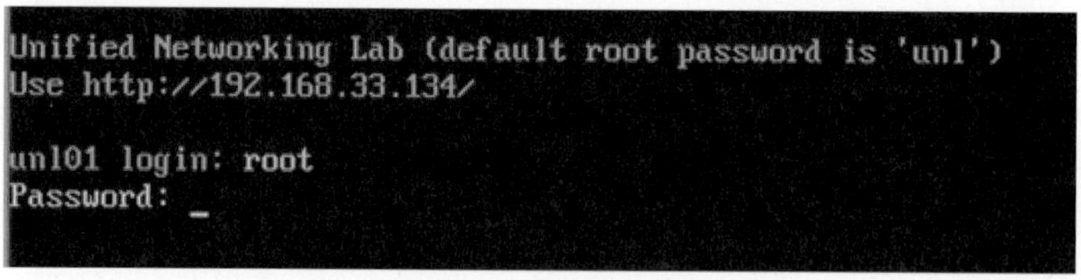

Unified Networking Lab (default root password is 'unl')
Use http://192.168.33.134/
unl01 login: root
Password: _

Root Password 창에서 루트 패스워드를 설정한다. **패스워드**를 입력하고, **Enter**를 누른다. 기본 패스워드인 unl을 그대로 사용하면 편하다.

그림 C-25 root 패스워드 입력

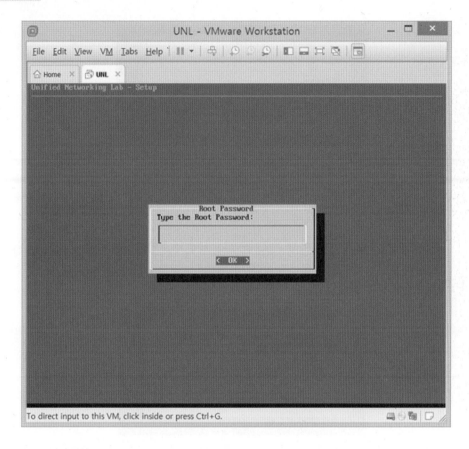

패스워드를 한 번 더 입력한다.

그림 C-26 root 패스워드 재입력

시스템에서 사용되는 호스트네임을 변경할 수 있다. 변경하지 않고 unl101을 그대로 사용한다. **Enter** 키만 누른다.

그림 C-27 호스트 네임 설정

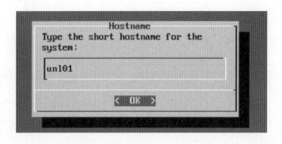

도메인 네임도 변경하지 않고 그대로 사용하도록 한다.

그림 C-28 도메인 네임 설정

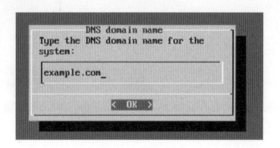

다음으로 UnetLAB 서버의 매니지먼트 IP주소 설정 방식을 선택한다. 원하는 IP를 직접 지정하려면 스태틱 방식을 선택한다. 방향키 ↓와 **space bar** 를 누르면 다음과 같이 스태틱 방식이 선택된다.

그림 C-29 스태틱 방식으로 지정하기

매니지먼트 IP 주소는 VMnet8(NAT) 대역으로 설정해야 한다. 설정하기 전에 먼저 다음과 같이 **Eidt > Virtual Network Editor**에서 VMnet8 정보를 확인해보자.

그림 C-30 VMnet8 정보 확인

현재 VMnet8이 192.168.33.0/24 대역을 사용하고 있다. 원하는 대역으로 변경해도 되지만 다른 가상 머신에 영향을 줄 수 있으므로 주의한다.

NAT Settings 버튼을 누르고, VMnet8 게이트웨이 주소를 확인해보자.

그림 C-31 VMnet8 IP 대역 확인

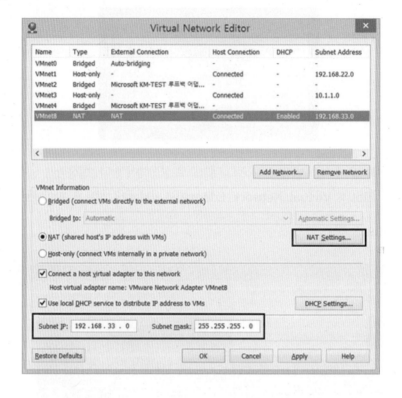

현재 VMnet8 게이트웨이 IP가 192.168.33.2로 설정되어 있다.

그림 C-32 VMnet8 게이트웨이 정보 확인

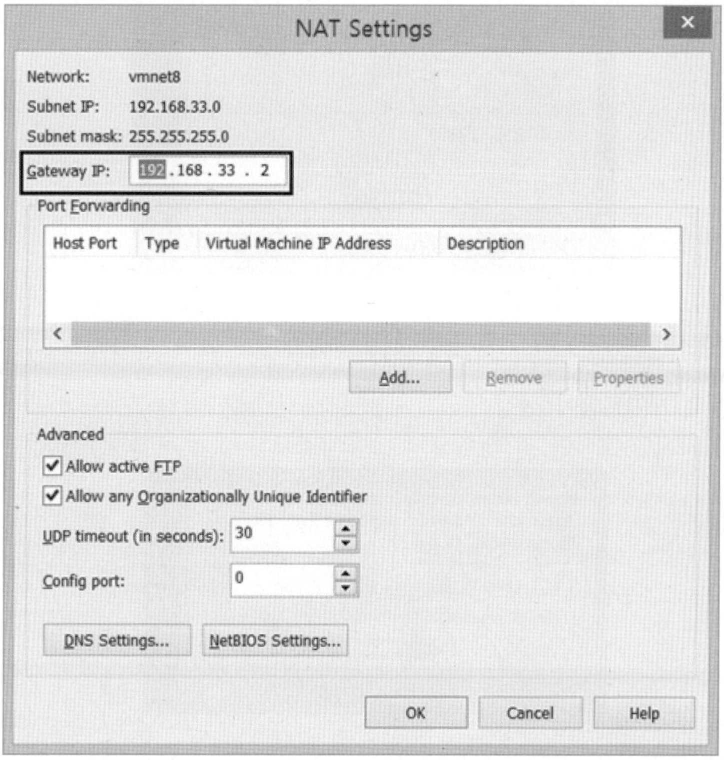

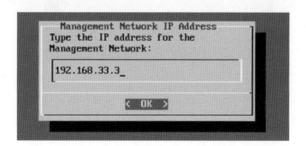

다시 설치 화면으로 돌아와서 매니지먼트 IP주소를 입력한다. 예를 들어 VMnet8이 192.168.33.0/24 대역을 사용한다면, **192.168.33.3** 등의 주소를 사용할 수 있다. 단, 게이트웨이 주소가 192.168.33.2 이므로 해당 주소는 사용하지 않는다.

그림 C-33 매니지먼트 IP 입력

매니지먼트 IP의 서브넷 마스크를 입력한다.

그림 C-34 서브넷 마스크 입력

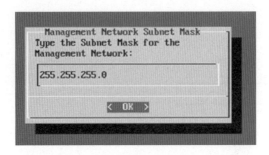

계속해서 게이트웨이 주소를 입력한다.

그림 C-35 디폴트 게이트웨이 설정

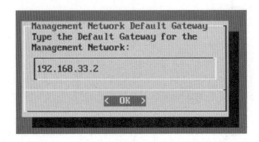

다음으로 첫 번째 DNS 서버 주소를 입력한다. 게이트웨이 주소를 사용하면 된다.

그림 C-36 DNS 서버1 설정

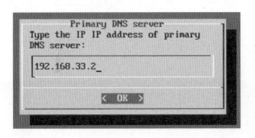

두 번째 DNS 서버 주소로는 **8.8.8.8**을 사용한다.

그림 C-37 DNS 서버2 설정

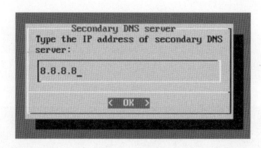

NTP 서버는 따로 설정하지 않고 넘어간다. **Enter** 키만 누른다.

그림 C-38 NTP 서버 설정

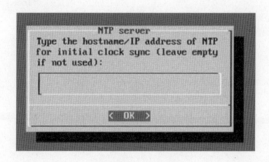

프록시 서버 설정은 변경하지 않는다. direct connection 설정을 그대로 두고, **Enter** 키만 누른다. 이후 가상머신이 재부팅된다.

그림 C-39 프록시 서버 설정

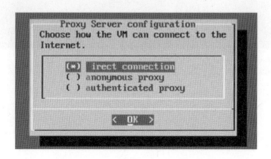

재부팅이 완료되면, 다음과 같이 설정한 매니지먼트 IP주소가 표시된다. root 계정, 설정한 패스워드를 입력하여 로그인한다.

그림 C-40 root 계정으로 로그인

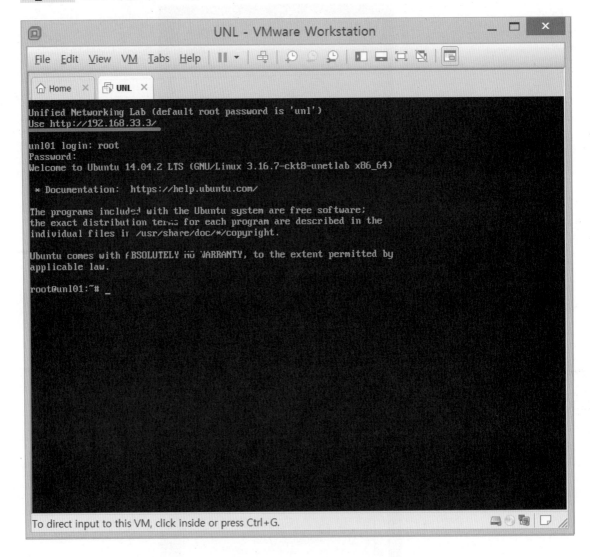

이후 ping 8.8.8.8 명령어를 입력하여 인터넷과 통신이 되는지 확인하고,
Ctrl + C 를 눌러 빠져나온다.

그림 C-41 인터넷 통신 확인

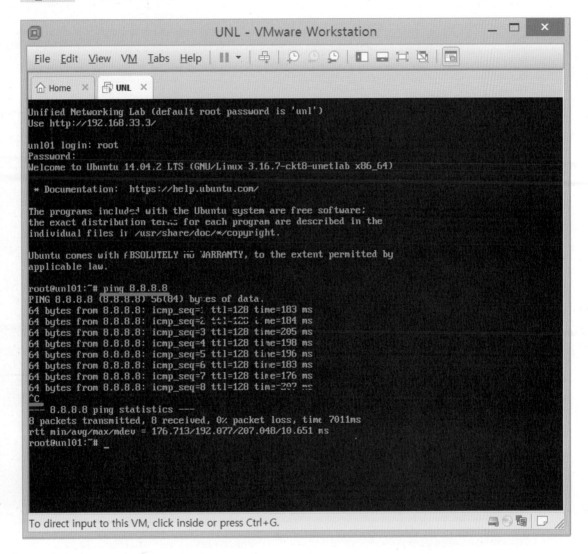

이제 UnetLAB 설치를 마쳤다.

UnetLAB 버전 업데이트

dpkg -l unetlab 명령어를 입력하여 현재 UnetLAB 버전을 확인한다.

그림 C-42 현재 UnetLAB 버전 확인

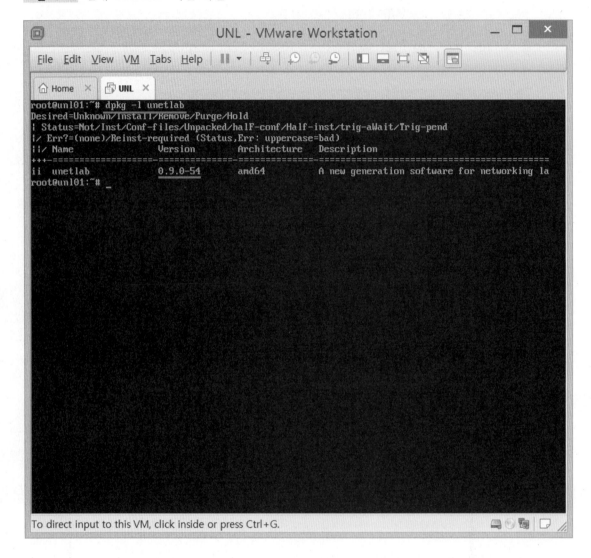

apt-get update 명령어를 입력한다.

그림 C-43 apt-get update

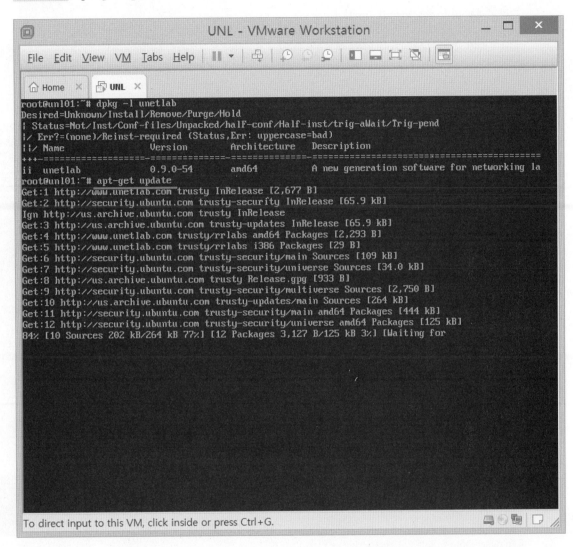

이어서 **apt-get install unetlab** 명령어를 입력한다.

잠시 후 Do you want to continue? [Y/n]에서 **Enter** 또는 y를 입력한다.

그림 C-44 apt-get install unetlab

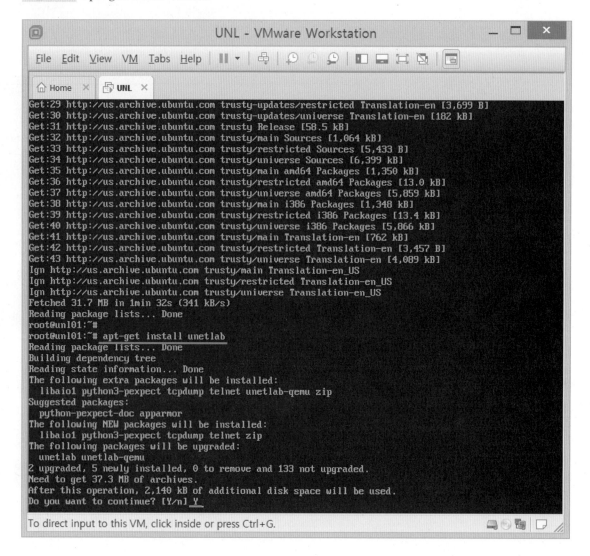

업데이트가 완료되고 **dpkg -l unetlab** 명령어를 입력하면 버전이 업데이트된 것을
확인할 수 있다.

그림 C-45 업데이트 버전 확인

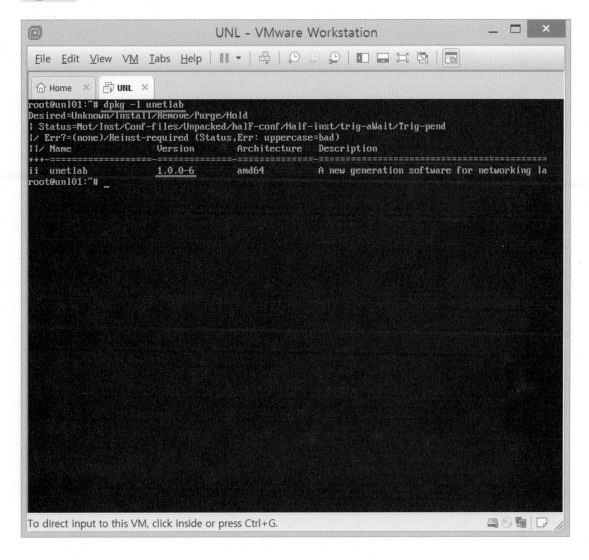

UnetLAB 접속하기

웹 브라우저에서 UnetLAB 매니지먼트 IP주소를 입력하고, 다음과 같은 화면이 나
타나면, USERNAME에 **admin**, PASSWORD에 **unl**을 입력하여 로그인한다.

그림 C-46 admin 계정으로 로그인하기

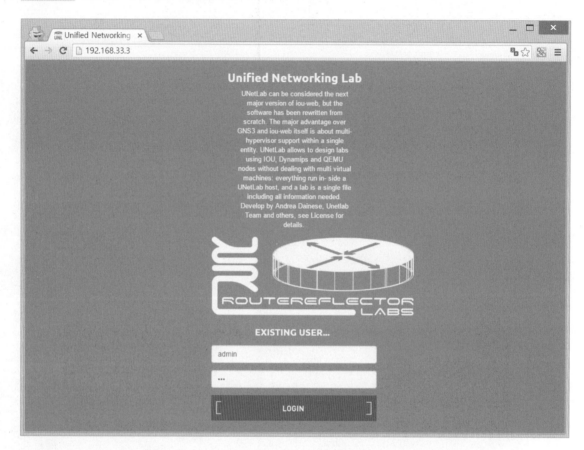

로그인 후에는 다음과 같은 홈 화면이 표시된다.

그림 C-47 UnetLAB 홈 화면

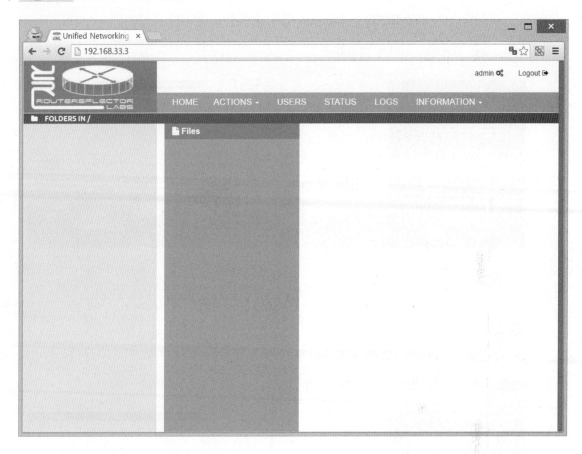

UnetLAB 서버에 장비 이미지 업로드하기

UnetLAB에서 지원하는 이미지는 UnetLAB 홈페이지(http://www.unetlab.com) 상위 메뉴에서 DOCS > Images 탭을 클릭하면 확인할 수 있다.

그림 C-48 지원하는 이미지 확인하기

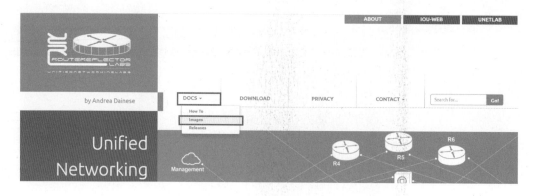

DOCS > How To 탭을 클릭하면 이미지 업로드 방법 또한 확인할 수 있다.

그림 C-49 이미지 업로드 방법 확인하기

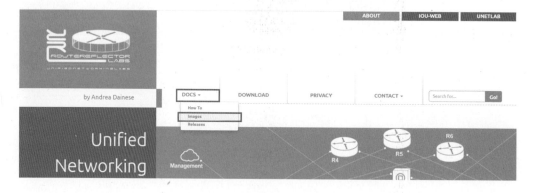

UnetLAB에서 지원하는 시스코 이미지는 다음과 같다. (2016.05.12. 기준)

그림 C-50 UnetLAB에서 지원하는 시스코 이미지

DYNAMIPS (CISCO IOS EMULATION)

- c7200-adventerprisek9-mz.152-4.S6 (supported cards: PA-FE-TX, PA-4E, PA-8E)
- c3725-adventerprisek9-mz.124-15.T14 (supported cards: NM-1FE-TX, NM-16ESW)
- c1710-bk9no3r2sy-mz.124-23
- Other images from the above series should work too

IOL (IOS ON LINUX ALSO KNOWN AS IOU)

- L2-ADVENTERPRISE-M-15.1-20131216.bin
- L2-ADVENTERPRISE-M-15.1-20140814.bin
- L2-IPBASEK9-M-15.1-20130726.bin
- L3-ADVENTERPRISEK9-M-15.4-1T.bin
- L3-ADVENTERPRISEK9-M-15.4-2T.bin
- L3-ADVIPSERVICES-M-15.1-2.9S.bin
- And others

QEMU

- Cisco ASA 8.0.2 (Singe and Multi Context)
- Cisco ASA 8.4.2 (Support Multi Context)
- Cisco ASA 9.1.15 (Support Multi Context)
- Cisco ASAv (ver 9.3.2.200; 9.4.1; 9.5.1)

다음의 시스코 IOS L2, L3 이미지를 업로드 해보자. (다른 이미지 파일 업로드 방법을 확인하고 싶으면, http://cafe.naver.com/pjnene에서 참고하면 된다.)

단, 이미지의 파일명이 아래와 일치해야 하므로 주의한다.

- c3725-adventerprisek9-mz.124-15.T14.bin
- c7200-adventerprisek9-mz.152-4.S6.bin

FTP 클라이언트 프로그램인 WinSCP를 설치하고 실행한다.

가상머신이 구동되는 상태에서, 다음 그림처럼 Host name에 UnetLAB 서버 **매니지먼트 IP주소**, User name에 **root**, Password에 root 계정의 **비밀번호**를 입력하고 **Login** 버튼을 클릭한다.

그림 C-51 WinSCP를 통한 root 계정 접속

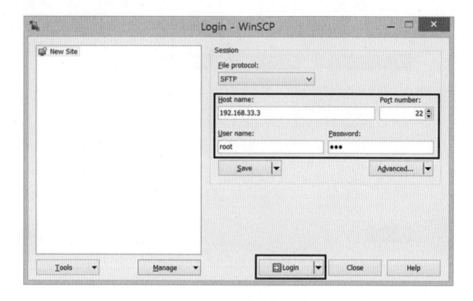

로그인 후에는 **/opt/unetlab/addons/dynamips** 경로로 이동한다. 그리고 bin
확장자를 가진 시스코 IOS 이미지를 마우스로 드래그하여 업로드한다.

그림 C-52 다이나밉스 이미지 업로드

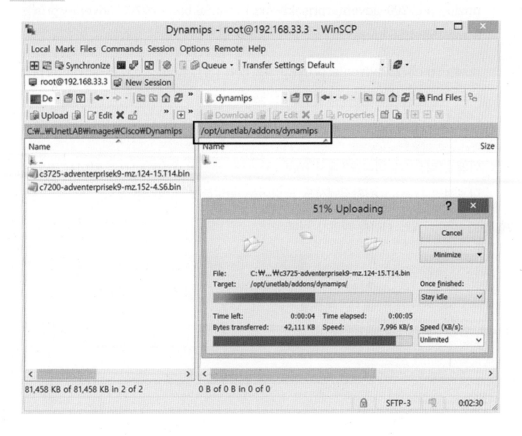

이미지 업로드가 완료되면, UnetLAB 가상머신 root 계정으로 로그인한다. 그리고 **cd /opt/unetlab/addons/dynamips** 를 입력해 경로를 변경하여, 다음 명령어를 입력한다.

unzip -p c7200-adventerprisek9-mz.152-4.S6.bin > c7200-adventerprisek 9-mz.152-4.S6.image

unzip -p c3725-adventerprisek9-mz.124-15.T14.bin > c3725-adventerpris ek9-mz.124-15.T14.image

아래 그림은 SecureCRT에서 root 계정으로 로그인한 모습이므로 보이는 화면이 다르지만, VMware 환경에서도 명령어는 동일하게 입력하면 된다.

그림 C-53 다이나밉스 이미지 확장자 변환

WinSCP에서 Refresh 버튼을 누르고 확인해 보면, 다음과 같이 **image** 파일이 생성되어 있다. 기존의 bin 파일은 삭제해도 된다.

그림 C-54 image 파일

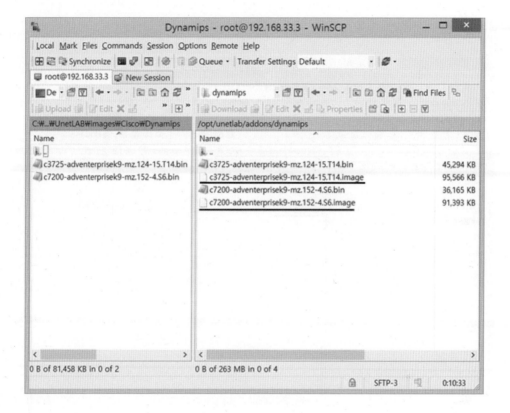

계속해서 ASA 9.15 버전의 qemu 이미지 파일을 업로드한다.

다음 그림과 같이 WinSCP에서 **/opt/unetlab/addons/qemu** 경로로 이동하고, **asa-9.15** 폴더를 생성한다. 폴더명이 동일해야 하므로 주의한다.

그림 C-55 ASA 이미지 업로드 폴더 생성

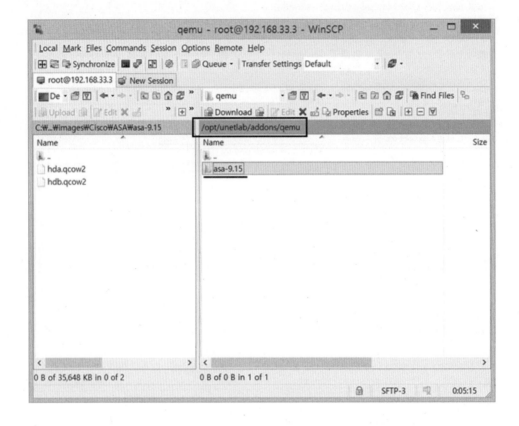

생성한 폴더로 이동하여 다음과 같이 **hda.qcow2**, **hdb.qcow2** 파일을 마우스로 드래그하여 업로드한다. 마찬가지로 해당 파일명은 동일해야 한다.

그림 C-56 ASA 이미지 업로드

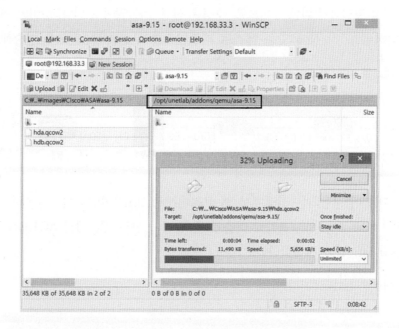

생성한 폴더로 이동하여 다음과 같이 **/opt/unetlab/wrappers/unl_wrapper -a fixpermissions** 명령어를 입력한다.

그림 C-57 이미지 설정

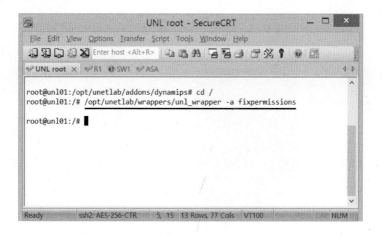

테스트 네트워크 구성하기

이번에는 업로드한 이미지를 이용하여 테스트 네트워크를 구성해 본다. 아래 테스트 네트워크는 라우터, 스위치, 방화벽, PC의 루프백 인터페이스, 인터넷망의 연결 방법만을 확인하기 위한 것이므로, 구성은 신경 쓰지 않아도 된다. 장비의 연결 방법을 익혀두고, 각 장에 맞는 테스트 네트워크를 구성할 수 있도록 연습해보자.

그림 C-58 테스트 네트워크

가상 머신이 구동되는 상태에서 웹 브라우저로 UnetLAB에 접속한 다음, admin 계정으로 로그인한다. 그리고 다음 그림과 같이 상위 메뉴에서 **ACTIONS > Add a new lab** 탭을 선택한다.

그림 C-59 새로운 LAB 추가하기

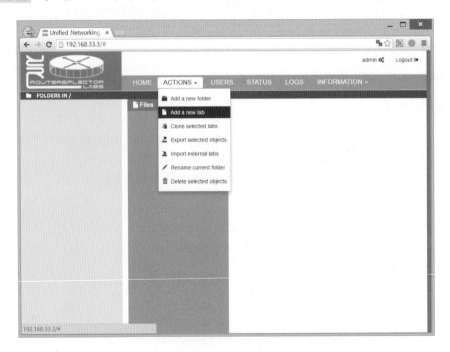

다음과 같이 창이 나타나면, 새로운 LAB을 위한 정보들을 입력하고 **SAVE** 버튼을 누른다.

그림 C-60 LAB 정보 입력하기

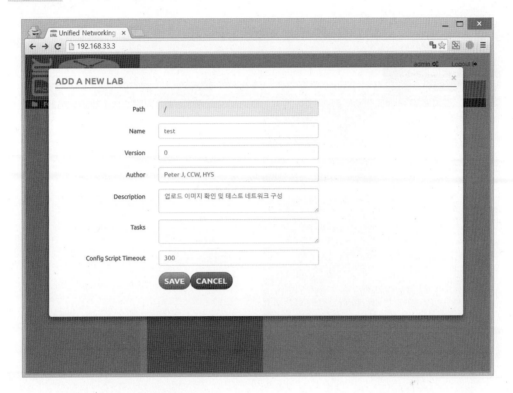

LAB이 만들어지면 **test.unl**을 더블 클릭한다. 그러면 오른쪽에 해당 LAB에 대한
정보가 표시된다. OPEN 버튼을 누르면 LAB 설정이 가능하다.

그림 C-61 test.unl 정보

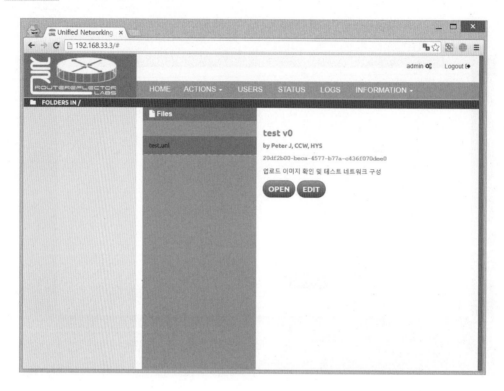

마우스를 왼쪽으로 가져가면 토글 메뉴가 표시된다. ① **Add an object**를 클릭하거나 빈 화면에서 마우스 오른쪽 버튼을 누르면 Add a new object 창이 나타난다.

② **Node**를 클릭하면 ③ 장비 아이콘이 생성되면서 알림 메시지가 표시된다. 적당한 위치에 아이콘을 위치시키고 클릭한다.

그림 C-62 새로운 장비 추가하기

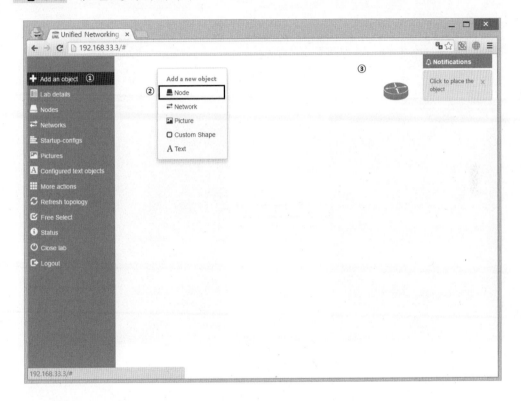

적당한 위치에서 아이콘을 클릭하면, 다음과 같이 장비 종류를 선택할 수 있는 창이 나온다. 먼저 다음과 같이 Cisco IOS 7260VXR(Dynamips) 항목을 선택하여 L3 장비를 추가해 보자.

그림 C-63 장비 이미지 선택하기

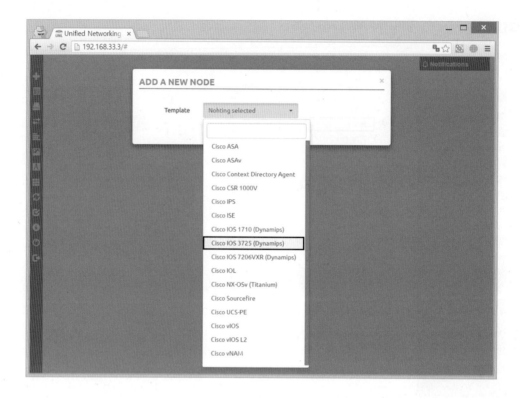

다음과 같이 L3 장비에 대한 정보를 입력할 수 있다. 이미지 제대로 업로드 되었다면 Image 항목에 자동으로 L3 이미지가 표시된다.

대부분의 기본 설정은 그대로 두고, Number of nodes to add 항목에 2를 입력하여2개의 L3 장비를 불러온다. 장비 이름을 **R**로 변경하고, 원하는 슬롯을 선택하여 **SAVE** 버튼을 누른다.

그림 C-64 시스코 IOS L3 장비 추가하기

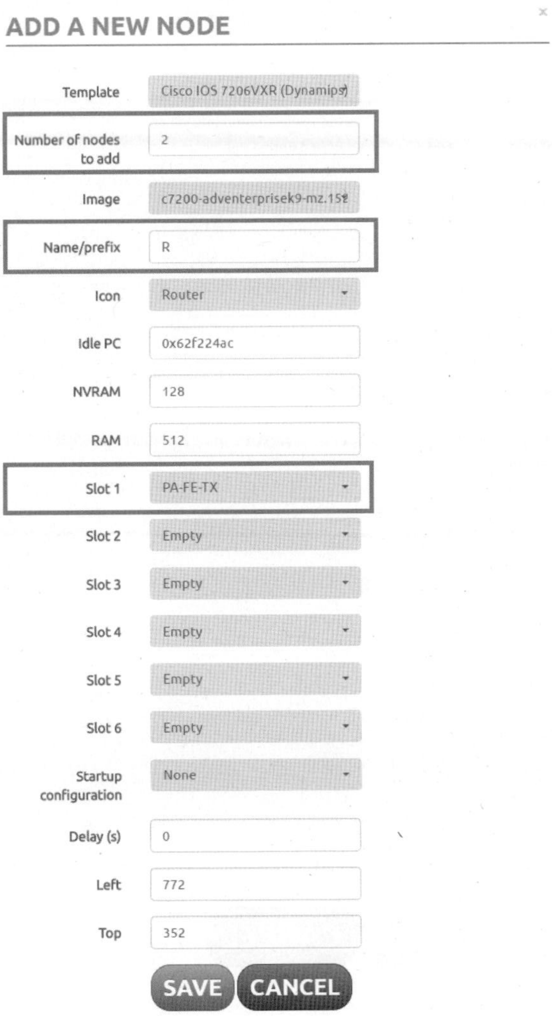

ADD A NEW NODE

Template	Cisco IOS 7206VXR (Dynamips)
Number of nodes to add	2
Image	c7200-adventerprisek9-mz.15!
Name/prefix	R
Icon	Router
Idle PC	0x62f224ac
NVRAM	128
RAM	512
Slot 1	PA-FE-TX
Slot 2	Empty
Slot 3	Empty
Slot 4	Empty
Slot 5	Empty
Slot 6	Empty
Startup configuration	None
Delay (s)	0
Left	772
Top	352

SAVE CANCEL

앞서 설정한 방법과 동일하게, 마우스 오른쪽 버튼을 클릭한 후 Node를 클릭하여 Cisco IOS 3725(Dynamips)를 선택한다.

장비 이름을 SW1, 아이콘을 Switch로 변경하고 SAVE 버튼을 누른다.

그림 C-65 시스코 IOS L2 장비 추가하기

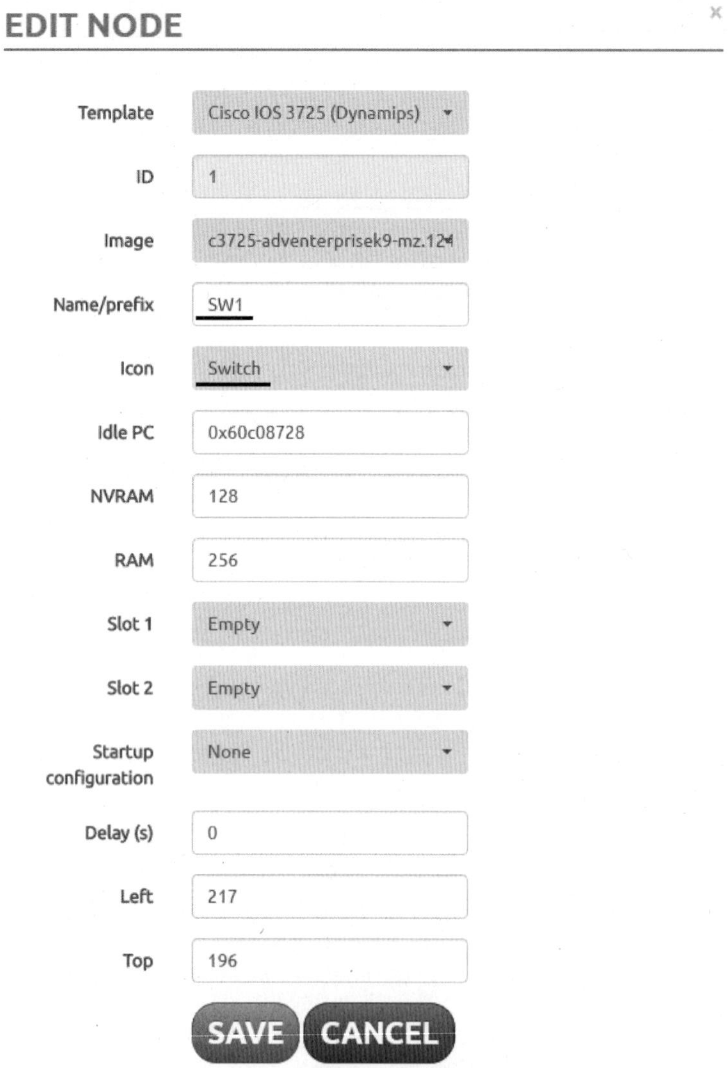

EDIT NODE

Template	Cisco IOS 3725 (Dynamips) ▾
ID	1
Image	c3725-adventerprisek9-mz.12◂
Name/prefix	SW1
Icon	Switch ▾
Idle PC	0x60c08728
NVRAM	128
RAM	256
Slot 1	Empty ▾
Slot 2	Empty ▾
Startup configuration	None ▾
Delay (s)	0
Left	217
Top	196

SAVE CANCEL

다음으로 Cisco ASA를 추가하고, 장비 이름만 **FW1**으로 변경한다.

그림 C-66 시스코 ASA 추가하기

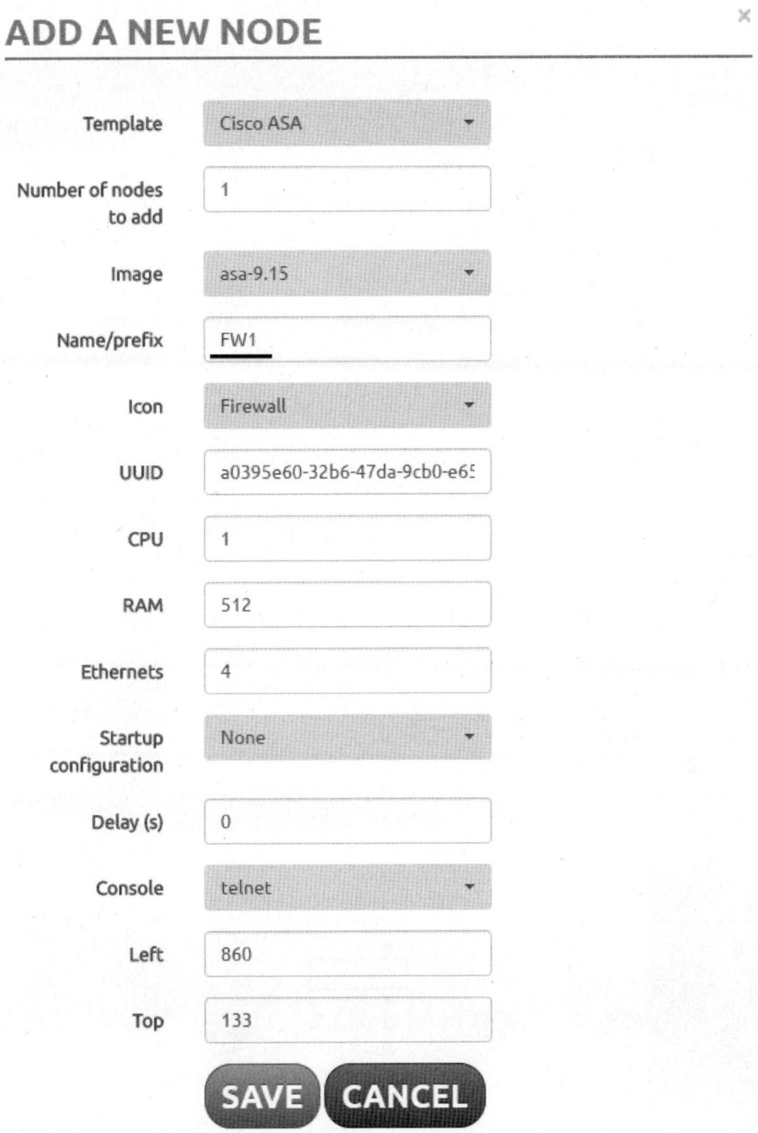

ADD A NEW NODE ✕

Template	Cisco ASA ▾
Number of nodes to add	1
Image	asa-9.15 ▾
Name/prefix	FW1
Icon	Firewall ▾
UUID	a0395e60-32b6-47da-9cb0-e65
CPU	1
RAM	512
Ethernets	4
Startup configuration	None ▾
Delay (s)	0
Console	telnet ▾
Left	860
Top	133

SAVE   CANCEL

이번에는 네트워크를 구성하고, 장비 인터페이스를 설정해 본다. 먼저 다음과 같이
시스코 라우터, 스위치, ASA를 마우스로 드래그하여 적당한 위치로 변경한다.

그림 C-67 장비 위치 변경하기

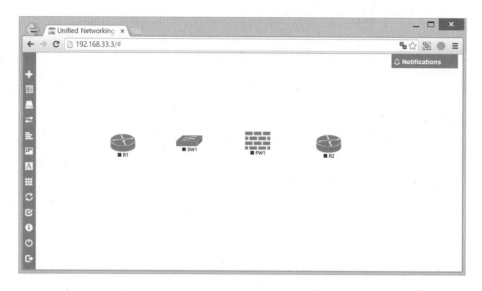

다음과 같이 토글 메뉴에서 Add an object를 클릭하거나 마우스 오른쪽 버튼을
클릭하여, **Network**를 선택한다.

그림 C-68 네트워크 추가하기

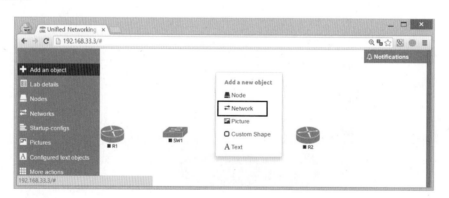

다음과 같이 **inside** 네트워크를 **bridge**로 구성한다. bridge 네트워크는 UnetLAB 서버 내의 장비들을 서로 연결할 때 사용하는 네트워크 타입이다. 만약 PC의 루프백이나 VMware에서 구동되는 가상 PC처럼 외부와 통신하도록 설정하려면 Pnet 타입을 사용하면 된다.

그림 C-69 inside 네트워크

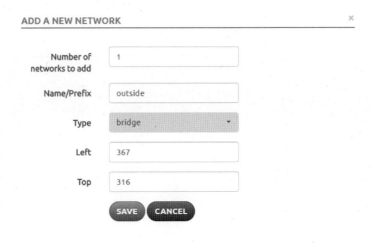

outside 네트워크도 **bridge**로 구성한다.

그림 C-70 outside 네트워크

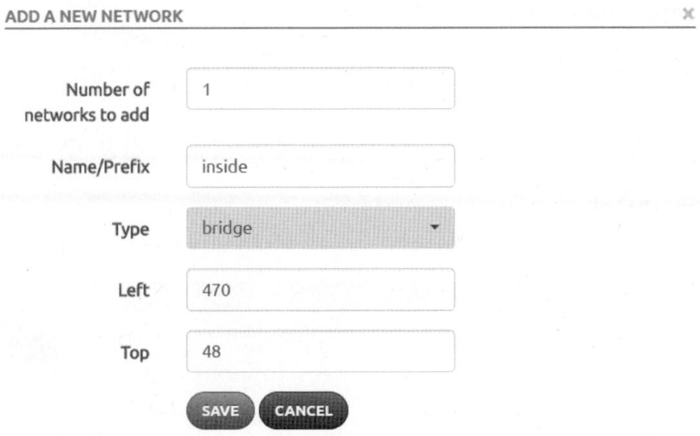

ADD A NEW NETWORK   ×

Number of networks to add	1
Name/Prefix	outside
Type	bridge ▾
Left	367
Top	316

SAVE CANCEL

화면 왼쪽 토글 메뉴에서 **Nodes**를 클릭하면 인터페이스 설정 창이 나타난다. 각 장비에서 5번째 아이콘을 클릭하여 다음과 같이 인터페이스를 설정한다.

- R1 fa0/0: inside

- R2 fa0/0: outside

- SW1 fa0/0: inside, fa0/1: inside

- ASA eth0: inside, eth1: outside

설정이 끝나면 다음과 같이 네트워크가 구성된 것을 확인할 수 있다.

그림 C-71 테스트 네트워크

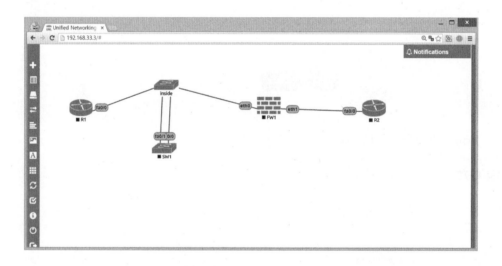

아이콘 위에서 오른쪽 버튼을 클릭하고 **start** 버튼을 누르면 장비가 실행된다.

그림 C-72 장비 실행하기

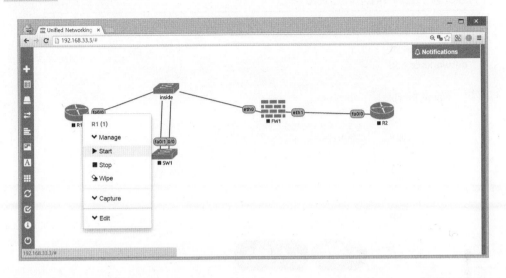

실행 중인 장비는 ▶ 모양으로 표시된다. 장비를 클릭하면 콘솔 창이 나타난다.

그림 C-73 실행 중인 장비

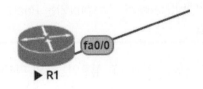

인터넷망과 연결을 위해서는 다음과 같이 네트워크를 추가하고 네트워크 타입을 Pnet0으로 설정한다. 앞서 인터넷 통신을 위해 NAT를 사용하도록, UnetLab 가상 머신의 첫 번째 네트워크 어댑터(Network Adapter)를 설정하였다. 해당 네트워크 어댑터는 Pnet0과 연결되어 있다.

그림 C-74 인터넷 통신을 위한 네트워크 설정

ADD A NEW NETWORK

Number of networks to add	1
Name/Prefix	Internet
Type	pnet0
Left	669
Top	395

SAVE   CANCEL

UnetLab 가상머신의 첫 번째 네트워크 어댑터(Network Adapter)는 Pnet0, 두 번째 네트워크 어댑터(Network Adapter2)는 Pnet1, 이와 같이 순서대로 증가한다는 것을 기억하자.

R2의 F1/0과 인터넷망을 연결하고 싶으면, R2의 인터페이스를 다음과 같이 설정한다.

그림 C-75 R2의 F1/0인터페이스 설정

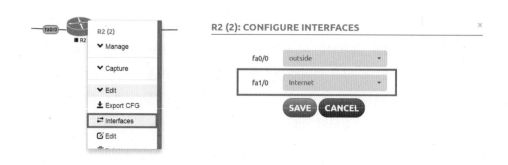

인터페이스 설정이 끝나면, 테스트 네트워크에 네트워크 아이콘이 표시된다.

그림 C-76 R2와 인터넷 연결

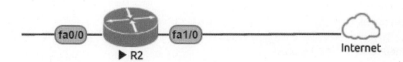

R2를 실행하여 F1/0에 DHCP를 설정하고 인터페이스를 활성화하면, 8.8.8.8로 핑이 성공한다.

그림 C-77 R2에서 8.8.8.8로 통신

```
R2(config)# interface f1/0
R2(config-if)# ip address dhcp
R2(config-if)# no shutdown
R2(config-if)#end
R2#
%SYS-5-CONFIG_I: Configured from console by console
%LINK-3-UPDOWN: Interface FastEthernet1/0, changed state to up
%LINEPROTO-5-UPDOWN: Line protocol on Interface FastEthernet1/0, changed st
%DHCP-6-ADDRESS_ASSIGN: Interface FastEthernet1/0 assigned DHCP address 192

R2# ping 8.8.8.8
Type escape sequence to abort.
Sending 5, 100-byte ICMP Echos to 8.8.8.8, timeout is 2 seconds:
!!!!!
Success rate is 100 percent (5/5), round-trip min/avg/max = 52/76/88 ms
R2#
```

이번에는 PC의 루프백 인터페이스와의 통신을 위해 다음과 같이 네트워크를 추가하고, 네트워크 타입을 Pnet1으로 설정한다.

그림 C-78 PC 루프백을 위한 네트워크 설정

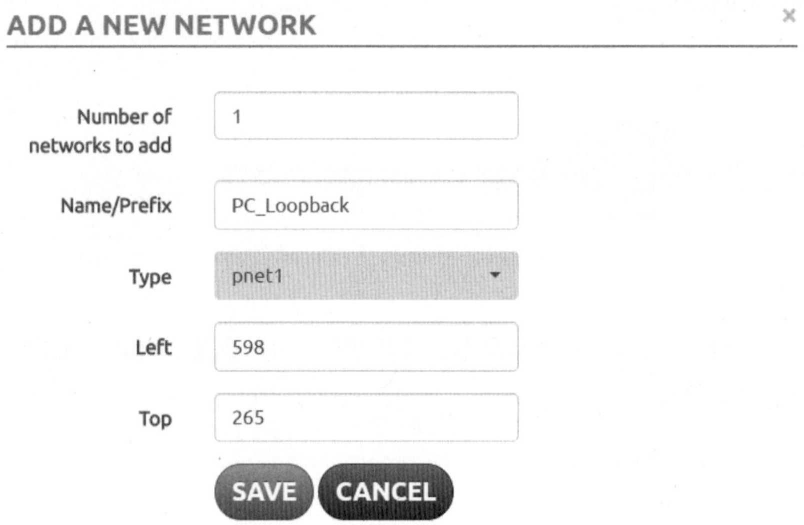

ADD A NEW NETWORK
Number of networks to add
1
Name/Prefix
PC_Loopback
Type
pnet1
Left
598
Top
265
SAVE
CANCEL

R1의 F1/0과 PC의 루프백 인터페이스를 연결하고 싶으면, R1의 인터페이스를 다음과 같이 설정한다.

그림 C-79 R1의 F1/0 인터페이스 설정

fa0/0
R2
R2 (2)
Manage
Capture
Edit
Export CFG
Interfaces
Edit
R2 (2): CONFIGURE INTERFACES
fa0/0
outside
fa1/0
Internet
SAVE
CANCEL

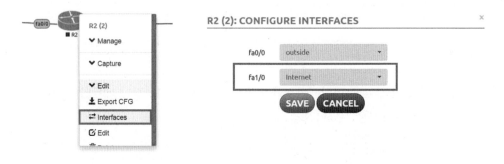

R1을 실행하여 F1/0에 IP를 설정하고 인터페이스를 활성화한 다음, PC의 루프백 인터페이스에도 같은 대역의 IP주소를 설정해 주고 게이트웨이 주소를 설정하면 통신에 성공한다.

이상으로 UnetLAB을 통한 실습 네트워크 구성에 대해 살펴보았다.